公路工程施工工艺标准系列图书

GONGLU GONGCHENG SHIGONG GONGYI BIAOZHUN XILIE TUSHU

常见桥梁工程施工工艺标准

CHANGJIAN QIAOLIANG GONGCHENG SHIGONG GONGYI BIAOZHUN

湖南路桥建设集团有限责任公司 / 编著

中南大學出版社
www.csupress.com.cn
·长沙·

公路工程施工工艺标准系列图书编委会

本书编写人员名单

主　　　　编：盛　希　杨春会

副　主　编：刘玉兰　石　柱　张泽丰

审 定 专 家：（以姓氏笔画排序）

刘学青　杨大伟　袁太平　谢国安　谭涌波

主要编写人员：（以姓氏笔画排序）

丁　虎　王　飞　朱和祥　刘学青　李　镭

李志杰　杨　会　杨大伟　余　翔　宋宣茂

张立华　周　斌　周笃荣　郑东辉　姜剑峰

袁　泉　徐　伟　郭建安　唐　霄　唐顶峰

盛柳江　彭箐芳　舒少华　童平江　谢飞腾

参与编写人员：（以姓氏笔画排序）

陈代云　罗晶琳　周智勇　夏雨成

统　　　　稿：

陈玉春　刘泽亚

序

FORWORD

湖南路桥建设集团有限责任公司(以下简称集团)始建于1954年，是全国首批获得公路工程施工总承包特级资质的大型国有企业，拥有公路设计甲级、施工总承包特级等各类资质50余项，业务涵盖路桥、市政、房建、轨道交通等基建领域，以及交通路网、智慧城市、文化旅游等多元产业，业务遍及亚洲、非洲的10多个国家和地区，以及全国20多个省级行政区。

60多年来，集团秉承产业报国、交通为民的历史使命，弘扬“创新、诚信、一流、奉献”的企业精神，先后承建了以南京长江三桥、矮寨大桥为代表的各类大中型桥梁1000余座，以京港澳高速公路、沪昆高速公路为代表的高速公路和高等级公路5000余公里，以湖南雪峰山、广东牛头山隧道为代表的隧道工程170余公里，在大跨径桥梁、长大隧道施工等领域形成了核心技术优势，享有“路桥湘军”的美誉。

集团是受国务院表彰的14家“全国先进企业”之一，获首届“中国桥梁十大英雄团队”“创鲁班奖工程特别荣誉企业”，荣获全国“五一劳动奖状”。先后荣获古斯塔夫斯·林德恩斯奖、GRAA国际道路成就奖等国际大奖两项，国家科学技术进步奖6项，国家优质工程奖5项，并多次荣获鲁班奖、詹天佑奖，拥有国家级、省部级工法、专利等科技成果200余项，多次被评为“全国优秀施工企业”，连续多年获评高新技术企业，2018年入选ENR“全球最大250家国际承包商”，受到业界推崇。

当前，我国公路建设已进入高质量发展阶段，在确保安全和环保的同时，如何持续提升工程品质和建造能力，是施工企业面临的一个重要课题。为适应日趋激烈的市场竞争环境，达到国家在安全、质量、环保方面的更高要求，集团明确了高质量快速发展的路径和措施，大力推进技术创新和管理升级，积极开展品质工程创建，着力提升企业的快速建造能力，在各项目加快推进项目管理和工艺标准化建设过程中，取得了良好的效果。为进一步提升企业管理能力和技术水平，加速成熟工艺和先进技术的推广应用，集团结合行业要求和企业发展需求，决定系统总结近年来标准化实施的成果，制订一套企业施工工艺标准，用于指导项目施工。

科学技术是第一生产力，创新是引领发展的第一动力，推动集团科技的发展，要在工程实践中应用更多新技术、新工艺、新材料和新设备，希望集团全体员工勇于创新、加强总结，努力打造核心技术，不断提升企业技术水平，为树立技术品牌，铸造精品工程，实现集团高质量快速发展而奋力拼搏。

杨宗伟

2019年3月

前言

PREFACE

为进一步提升湖南路桥建设集团有限责任公司(以下简称集团)的管理能力和技术水平，规范施工作业行为，推广成熟工艺和先进技术，实现技术资源共享，集团组织技术骨干和专家着手编写了“公路工程施工工艺标准”，自2016年开始起草，先后多次审稿、修改，直至最终定稿，共历时3年多。

本系列工艺标准的编写，是在现行公路工程施工标准和规范的基础上，参考了大量施工方案、技术总结、施工工法、论文专著等技术资料和文献，经总结、提炼而成的，是集团60多年来积累的公路工程施工经验和技术的系统总结。集团推行系列工艺标准，在提高生产效率、打造品质工程、强化安全管控等方面具有重要的作用。

“公路工程施工工艺标准”共分6册，包括《路基工程施工工艺标准》《路面工程施工工艺标准》《隧道工程施工工艺标准》《桥梁下部结构工程施工工艺标准》《常见桥梁工程施工工艺标准》和《悬索桥、斜拉桥施工工艺标准》。每项工艺标准包括总则、术语、施工准备、工艺设计和控制要求、施工工艺、质量标准、成品保护、安全环保措施、质量记录9个方面的内容。

《常见桥梁工程施工工艺标准》主要包括顶进箱涵、钢管拱桥上部结构、装配式梁桥上部结构、连续梁桥上部结构、桥梁加固等内容，每篇工艺标准分别介绍了不同工序、部位和单位工程的施工工艺。

本书是集团的企业标准之一，也可供同行参考。本书在编写过程中得到了集团各级领导的大力支持和专业领域多位专家的指导和帮助，参与编写的众多同事付出了大量的时间和精力，在此一并感谢。由于编写者水平有限，书中错漏之处在所难免，恳请读者批评斧正。

编　者

2019年3月

目录
CONTENTS

1 混凝土顶进箱涵制作施工工艺标准

1.1 总则

1.1.1 适用范围

本标准适用于在现有铁路、公路路基下面采用过地道桥立交通的公路与城市道路，也适用于采取顶进施工的单节整体混凝土箱涵的预制。

1.1.2 编制参考标准及规范

(1)《城镇地道桥顶进施工及验收规程》(CJJ 74—1999)。
(2)《公路桥涵设计通用规范》(JTG D60—2015)。
(3)《公路圬工桥涵设计规范》(JTG D61—2005)。
(4)《公路钢筋混凝土及预应力混凝土桥涵设计规范》(JTG 3362—2018)。
(5)《公路桥涵地基与基础设计规范》(JTG D63—2007)。
(6)《公路涵洞设计细则》(JTG/T D65 - 04—2007)。
(7)《道路桥梁工程施工手册》向中富编。

1.2 术语

单节箱涵是根据城市设施所需，在工作坑内一次性浇筑成的单节整体箱形结构，可以是单孔、双孔或多孔。

1.3 施工准备

1.3.1 技术准备

(1)项目技术主管要组织全体技术人员阅读施工图，理解设计意图和要求，收集施工图中存在的疑问，以便在施工交底时得到明确解决。还要对设计构思与施工图做到心中有数，并与设计人协商取得一致，以便正确施工，实现设计意图。

(2)完成对现场人员的安全技术、质量方针及质量意识的宣传教育工作。

(3)现场复核坐标、高程控制点，引测并建立可靠的临时控制点。

(4)根据核定的坐标控制点及设计图纸放线。

1.3.2 材料准备

(1)钢筋：品种、规格和性能等应符合国家现行标准规定和设计要求，应有出厂合格证和检测报告，进入现场应进行复试，确认合格后方可使用。

(2)混凝土：水泥、水、砂、碎石、外加剂等材料的各项指标均应满足规范和设计要求，确认合格后方可使用。

(3)其他材料：施工的支架及各类型材、扎丝、电焊条、氧气、乙炔等均应符合要求。

1.3.3 主要机具

混凝土箱涵制作需要的主要机具有专用模板和钢筋加工设备。

1.3.4 作业条件

(1)布置工地，修整施工便道，平整场地，机械设备进场。

(2)与有关部门协调办理施工所必需的有关手续。

(3)接通通信线路，确保通信畅通。

(4)接通水电，搭建临时设施。

(5)安放安全标志、施工防护设施、警示标识。

1.3.5 劳动力组织

现浇顶推梁施工工程施工劳动力组织如表1－1所示。

表1－1 现浇顶推梁施工工程施工劳动力组织

工种	人数	工作地点	职责范围
施工队长	1	整个施工现场	负责跟班组织施工管理工作、协助总指挥工作等
工班长	1	支架、模板、钢筋、预应力、顶推施工	负责跟班组织施工，协调各工种交叉作业等
技术员	1	整个施工现场	负责跟班解决施工中的技术问题，编写技术措施等
安全员	1	整个施工现场	负责跟班检查安全措施、安全措施的执行情况及安全教育工作，对安全生产负责
质量检查员	1	整个施工现场	负责跟班检查工程质量，组织各工种交接及质量保证措施的执行情况，对工程质量负责
测量工	2	施工现场	平面、高程放样等
模板工	6	顶推梁施工现场	模板工程
钢筋工	6	顶推梁施工现场	钢筋下料、钢筋制作、钢筋安装

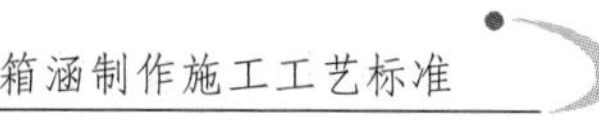

续表 1－1

工种	人数	工作地点	职责范围
拌和工 浇筑工	8	混凝土拌和、浇筑现场	混凝土拌和、混凝土浇筑
吊车司机	2	吊装现场	吊装施工
铲车司机	1	施工现场、 混凝土拌和站	物质转运、混凝土拌和机送料
普通司机	1	施工现场	运输车驾驶
电工	1	整个施工现场	负责现场动力、照明、通信等电器系统的维修保护
材料员	1	材料仓库	负责施工材料供应及管理
杂工	2	整个施工现场	钢筋搬运、模板转运、文明施工及现场清理等
总计	35		

注：此表为一个作业班施工配备人员，未计后勤、行政等人员。

1.4 工艺设计和控制要求

1.4.1 技术要求

(1)箱涵表面平整、直顺，无蜂窝、麻面等。

(2)在首节箱涵施工完成后对其质量状况、工艺细节等进行专题研究和分析，找出施工中存在的不足并加以改进，形成正式书面报告并经监理工程师审查和批准后，方可进行正式的全面施工。做到技术先进，经济合理，安全可靠，确保施工质量。

1.4.2 材料质量要求

(1)水泥：符合现行国家标准的规定，水泥的品种和强度等级应通过混凝土配合比试验选定。注意其特性不能对混凝土的强度、耐久性和工作性能产生不利影响。

(2)砂：采用级配良好、质地坚硬、颗粒洁净且粒径小于5 mm的天然河砂。

(3)粗集料：采用质地坚硬、洁净、级配合理、粒形良好、吸水率小的碎石或卵石。

(4)钢筋：经检验并符合现行国家标准的规定，具有出厂质量证明书和试验报告单。

1.4.3 职业健康安全要求

参加施工的人员应接受健康检查和安全技术教育，在身体合格，熟知和遵守本工种的安全技术操作规程的条件下(的基础上)进行考核，合格者方可上岗。从事特殊工种的人员应经过专业培训，获得合格证书后方可持证上岗。

操作人员按规定佩戴安全防护用品，并按职业健康保证的国家相关要求每隔一段时间进行一次身体检查。

1.4.4 环境要求

在工程施工期间，采取合理可行的措施，疏通施工区域内的污水，设置必要的拦污净化处理设施，防止将含有污染物或可见悬浮物的污水直接排放入河流中。在城区机械施工时应把噪音降低到规定标准以下。

1.5 施工工艺

1.5.1 工艺流程

混凝土顶进箱涵制作施工工艺流程表如图1－1所示。

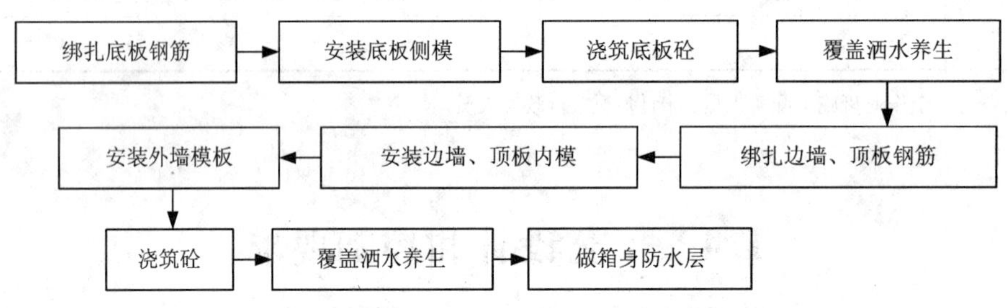

图1－1 混凝土顶进箱涵制作施工工艺流程图

1.5.2 操作工艺

1.5.2.1 模板及支架施工

1. 模板工程

箱涵墙身及顶板采用高强度光面七合板制作，每块模板要求位置准确，表面平整，接缝时做特殊处理，防止漏浆。模板安装时应与钢筋安装配合进行，妨碍绑扎钢筋的模板待钢筋安装完毕后进行，同时模板应避免与脚手架连接。模板安装前应清理干净并涂刷同一品种的脱模剂，不得使用废机油代替。墙身模板利用对拉螺杆固定，对拉螺杆两端设置丝口，利用模板和螺杆固定在模板压方上，通过螺母松紧调节模板的平整度并防止混凝土浇筑时侧模跑位，为保证对拉螺杆的重复使用，预埋PVC套管以方便螺杆拆出。墙身模板外侧利用钢管架及斜撑加固，内侧利用钢管剪刀撑和对撑加固。箱涵顶板用钢管组合支架支撑设置，支架上铺设方木后进行模板安装，支架利用可调钢顶托调节高度和平整度。端头模板利用组合钢模或七合板以钢管支撑加固。

2. 支架工程

支架采用钢管、钢顶托及管扣等材料组合施工，支架底部必须设置扫地横杆，立杆底部垫以木跳板。考虑箱涵顶板自重及施工荷载较大，应做好地基处理和砼垫层施工。为保证支架的整体稳定性，沿支架纵向每5～7排全高范围内设置剪力撑，斜杆与地面交角小于60°，并用管扣与立杆连接。

模板和支架施工后严格自检，经沉降观测并确保支撑稳固后方可报请监理工程师验收，合格后方可进入下道工序的施工。

1.5.2.2　箱涵混凝土浇筑

(1)箱涵分二次浇筑混凝土。第一次浇筑混凝土至底板内壁以上 30 cm 处，然后进行剩余部分的钢筋和模板安装，第二次浇筑时注意施工缝处的粗糙和干净，并注意混凝土的接茬振捣，以保证拆模后混凝土的外观质量良好。第一次浇筑为常规施工，浇筑时注意混凝土的振捣密实和底板表面的平整压光，第二次浇筑属于薄壁钢筋混凝土结构，必须保证混凝土的振捣密实和几何尺寸，以期达到混凝土结构内实外美的效果。

(2)浇筑混凝土前，应对支架、模板、钢筋和预埋件进行检查，并做好记录，符合设计要求后方可浇筑。模板内的杂物、积水和钢筋上的污垢应清理干净。模板如有缝隙，应填塞严密，模板内面应涂刷脱模剂。浇筑混凝土前，应检查混凝土的均匀性和坍落度。自高处向模板内倾卸混凝土时，为防止混凝土离析，应符合下列规定：

①从高处直接倾卸时，其自由倾落高度不宜超过 2 m，以不发生离析为宜。

②当倾落高度超过 2 m 时，应通过串筒、溜管或振动溜管等设施下落。

③在串筒出料口下方，混凝土堆积高度不宜超过 1 m。

(3)混凝土应按一定厚度、顺序和方向分层浇筑，应在下层混凝土初凝或能重塑前浇筑完成上层混凝土。上下层同时浇筑时，应从低处开始扩展升高，保持水平分层。

(4)浇筑混凝土时，宜采用振动器振实。用振动器振捣时，应符合下列规定：

①使用插入式振动器时，移动间距不应超过振动器作用半径的 1.5 倍；与侧模应保持 50～100 mm 的距离；插入下层混凝土 50～100 mm；每一处振动完毕后应边振动边徐徐提出振动棒；应避免振动棒碰撞模板、钢筋及其他预埋件。

②对每一振动部位，必须振动到该部位混凝土密实为止。密实的标志是混凝土停止下沉，不再冒气泡，表面呈现平坦、泛浆状。

1.5.2.3　模板及支架的拆除

(1)模板拆除时间：按相关规范的规定执行。

①承重模板拆除：应在混凝土强度能承受其自身重力及其他可能的叠加荷载时，方可拆除，当构件跨度不大于 4 m 时，在混凝土强度符合设计强度标准值的 75% 的要求后，方可拆除。

②非承重模板拆除：应在混凝土强度能保证其表面及棱角不致因拆模而受损坏时方可拆除，一般应在混凝土抗压强度达到 2.5 MPa 时方可拆除侧模板。

(2)模板拆除的顺序和方法：模板拆除应按设计顺序进行，设计无规定时，应遵循先支后拆，后支先拆的顺序；一般先拆侧模板，后拆底模板，先拆非承重部分，后拆承重部分。拆除时，不许猛烈橇打模板，防止模板弯曲变形；拆除后的模板要清理干净，涂油后分类存放；模板损坏要专人修理。

(3)拆除模板后，要及时从混凝土中取出对拉螺杆，并用砂浆进行孔洞填塞。

1.6　质量标准

（1）各种材料、各个工序应经常进行检验，保证符合设计和施工技术规范的要求。

（2）箱涵浇筑严格控制蜂窝麻面、气泡，杜绝空洞，出现质量问题必须正确处理好。

（3）确保分层混凝土之间的接缝质量，拆模后立即进行人工凿毛，接缝应平整密实，色泽一致，棱角分明，无明显错台。

（4）箱涵的构造尺寸要符合相关规范。

（5）顶进箱涵前端外轮廓应是正误差，尾端外轮廓应是负误差。

（6）箱体没有渗、漏现象。

（7）箱涵的质量检验标准如表 1－2 所示。

表 1－2　箱涵的质量检验标准

项目		规定值或允许偏差
轴线偏位/mm		明涵 20，暗涵 50
流水面高程/mm		±20
涵长/mm		+100，－50
混凝土强度/MPa		规定标准内
高度/mm		+5，－10
宽度/mm		±30
顶板厚/mm	明涵	+10，－0
	暗涵	不小于设计值
侧墙和底板厚度/mm		不小于设计值
平整度/mm		5

1.7　成品保护

成品保护措施有：

（1）焊接作业时，严禁在主筋上打火引弧，以防烧伤主筋。

（2）绑扎好的钢筋不得随意变更位置或进行切割，不得已切断时应予以恢复。

（3）不得在混凝土表面留下脚印或工具痕迹导致凹凸不平等。混凝土浇筑完毕适时加以覆盖并浇水养护，冬季或雨季施工应采取相应养护措施。混凝土拆模时间不得过早，不承重的侧模，一般宜在混凝土强度 2.5 MPa 以上方可拆模，承重的底板或顶板模板在混凝土强度足以安全承受其结构自身力和外加施工荷载时方可拆除。

（4）对于混凝土箱涵的运输、存放和顶进都应该遵守相关的技术规范和要求，不得使其表面或棱角产生破坏。

1.8 安全环保措施

(1)配备足够的安全防护品，如口哨、安全帽、红绿旗、警示牌、红色警示灯、铁丝网。

(2)新工人进场时，三级安全教育应到位。

(3)制订各种机械的安全操作规程和细则，严格实施，安全员要检查落实情况，建立奖惩制度并兑现。

(4)对经常使用的机械设备和电动工具，要加强日常保养工作，保持绝缘良好，运转正常，杜绝意外伤害事故的发生。

(5)电工必须持证上岗，严禁非电工人员接电，拉线。

(6)施工用电必须架空，且距地高度不得低于2.5 m，配电箱严格按照“一机一闸一箱一漏”设置。水泵必须接地，单机单闸。

(7)施工废水经过过滤、沉淀或其他方法处理后才排入河道。

(8)施工场地和运输道路经常洒水防护，尽可能防止灰尘对生产人员和其他人员造成危害及对农作物造成污染。

1.9 质量记录

混凝土箱涵制作质量验收应提供的书面记录有：

(1)材料检验试验记录。

(2)混凝土配合比、拌和、强度检验等记录。

(3)钢筋加工安装工序记录。

(4)模板安装工序记录。

(5)混凝土浇筑工序记录。

2 混凝土箱涵顶进工程施工工艺标准

2.1 总则

2.1.1 适用范围

本标准适用于封闭式顶管施工方法。

2.1.2 编制参考标准及规范

(1)《公路桥涵施工技术规范》(JTG/T F50—2011)。
(2)《公路桥涵地基与基础设计规范》(JTG D63—2007)。
(3)《公路涵洞设计细则》(JTG/T D65-04—2007)。
(4)《公路桥涵设计通用规范》(JTG D60—2015)。
(5)《城镇地道桥顶进施工及验收规程》(CJJ 74—1999)。

2.2 术语

2.2.1 非开挖技术

非开挖技术指的是不开挖地表或以最小的地表开挖量进行各种地下箱涵/管线探测、检查、铺设、更换或修复的施工技术。

2.2.2 起始工作坑/井

起始工作坑/井指的是为布置顶进施工设备而开挖的工作坑/井，顶进工作坑/井中一般设置有后背墙以承受施工过程中的反力。

2.2.3 接收/出口工作坑

接收/出口工作坑指的是为接收顶进施工设备而开挖的工作坑/井，有时也称为目标工作坑/井。

2.2.4 进入施工

进入施工指的是施工人员可以进入箱涵进行作业的施工方法，公认的进入和非进入箱涵直径划分一般以 900 mm 为界。

2.2.5 后背墙

后背墙是顶进箱涵时为顶进工作站提供反作用力的一种结构，有时也称为后背、后座或者后座墙等。

2.2.6 顶进力

顶进施工中的顶进力是指在施工中推进整个箱涵系统和相关机械设备向前运动的力，需要克服顶进中的各种阻力，同时在顶进过程中还会不断受到各种外界因素的影响（纠偏、后背的位移等）。

2.2.7 顶进箱涵

顶进箱涵指的是要顶进的各种箱涵，通常包括混凝土箱涵、钢筋混凝土箱涵、钢箱涵、玻璃钢箱涵、铸铁箱涵和陶土箱涵等。箱涵的接口要求平直，具有良好的密封性能。

2.3 施工准备

2.3.1 技术准备

（1）箱涵顶进施工前应熟悉设计文件、领会设计意图，且宜由设计单位进行设计交底。

（2）应在对工程进行全面施工调查和现场核对后，根据设计要求、合同条件及现场情况等，编制实施性施工组织设计，描述依照规范所必需的测量标志，包括要用到的顶进箱涵设备的类型、详细尺寸、施工原理、技术措施，以及泥浆、废弃物的处理等。

2.3.2 材料准备

要准备的材料有：顶铁、前止水墙、预埋螺栓、橡胶止水圈、压板、钢制导轨、顶管箱节等。

2.3.3 主要机具

主要机具有：主顶千斤顶、顶管机、导向油管、起重机、掘进机等。

2.3.4 作业条件

（1）预制箱涵完成并达到规范要求强度。

（2）工作坑及滑板施工完成。

2.3.5 劳动力组织

现浇顶推梁工程施工劳动力组织如表 2－1 所示。

表 2-1　现浇顶推梁工程施工劳动力组织

工种	人数	工作地点	职责范围
施工队长	1	整个施工现场	负责跟班组织施工管理工作、协助总指挥工作等
工班长	1	顶管施工现场	负责跟班组织施工，协调各工种交叉作业等
技术员	1	整个施工现场	负责跟班解决施工中的技术问题，编写技术措施等
安全员	1	整个施工现场	负责跟班检查安全措施、安全措施的执行情况及安全教育工作，对安全生产负责
质量检查员	1	整个施工现场	负责跟班检查工程质量，组织各工种交接及质量保证措施的执行情况，对工程质量负责
测量工	2	施工现场	平面、高程放样等
土、石开挖工	8	顶管施工现场	土石方开挖施工、住砂填充等
顶进工	6	顶进现场	顶进施工
挖掘机司机	1	挖掘现场	土石方开挖
吊车司机	1	顶管吊装现场	顶管吊装
铲车司机	1	施工现场 砼拌和站	物质转运、砼拌和机送料
普通司机	1	施工现场	运输车辆驾驶
电工	1	整个施工现场	负责现场动力、照明、通信等电器系统的维修保护
材料员	1	材料仓库	负责施工材料供应及管理
机修工	1	施工现场	机械、机具维修、保养
杂工	2	整个施工现场	钢筋搬运、模板转运、文明施工及现场清理等
总计	30		

注：此表为一个作业班施工配备人员，未计后勤、行政等人员。

2.4　工艺设计和控制要求

2.4.1　技术要求

(1)箱涵顶进过程中，顶管掘进机的中心和高程测量应符合下列规定：

①采用手工掘进时，顶管掘进机进入土层过程中，每顶进 300 mm，测量不应少于一次；箱涵进入土层后正常顶进时，每顶进 1000 mm，测量不应少于一次，纠偏时应增加测量次数。

②全段顶完后，应在每个箱节接口处测量其轴线位置和高程；有错口时，应测出相对高差。

③测量记录应完整、清晰。

(2)纠偏时应符合下列规定：

①应在顶进中纠偏。

②应采用小角度逐渐纠偏。

(3)箱涵顶进应连续作业。如遇下列情况时，应暂停顶进，并应及时处理：

①顶管掘进机前方遇到障碍。

②后背墙变形严重。

③顶铁发生扭曲现象。

④管位偏差过大且校正无效。

⑤顶力超过管端的允许值。

⑥油泵、油路发生异常现象。

⑦接缝中漏泥浆。

(4)顶进过程中的方向控制应满足下列要求：

①有严格的放样复核制度，并做好原始记录。顶进前必须遵守严格的放样复测制度，坚持三级复测：施工组测量员—项目管理部—监理工程师，确保测量万无一失。

②必须避免布设在工作井后方的后座墙在顶进时移位和变形，必须定时复测并及时调整。

③顶进纠偏必须勤测量、多微调，纠偏角度应保持在10′~20′，不得大于0.5°，并须设置偏差警戒线。

④初始推进阶段，方向主要是主顶千斤顶控制，一方面要减慢主顶推进速度，另一方面要不断调整油缸编组和机头纠偏。

⑤开始顶进前必须制订坡度计划，对每一米、每节管的位置、标高事先计算，确保顶进时正确，以最终符合设计坡度要求和质量标准为原则。

2.4.2 质量要求

(1)所用箱涵必须满足如下基本要求：

①能够抵抗箱涵内外的侵蚀。

②能够承受一定的静、动荷载。

③能够承受箱涵内外部的压力。

④具有良好的过流性能。

⑤较高的轴向承载能力。

⑥紧密的配合尺寸。

⑦端部要平整、垂直。

⑧箱涵长度方向上应保证平直度。

(2)顶铁应有足够的刚度：

①顶铁宜采用铸钢整体浇铸或采用型钢焊接成形；当采用焊接成形时，焊缝不得高出表面，且不得脱焊。

②顶铁的相邻面应互相垂直。

③同种规格的顶铁尺寸应相同。

④顶铁上应有锁定装置。

⑤顶铁单块放置时应能保持稳定。

2.4.3 职业健康安全要求

参加施工的人员应接受安全技术教育，熟知和遵守本工种的安全技术操作规程，并进行考核，合格者方可上岗。对从事特殊工种的人员应经过专业培训，获得合格证书后方可持证上岗。

操作人员应按规定佩戴安全防护用品，配备救生设施。

2.4.4 环境要求

在工程施工期间，采取合理可行的措施疏通施工区域内的污水，设置必要的拦污净化处理设施，防止将含有污染物或可见悬浮物的污水直接排放入河流中。

2.5 施工工艺

2.5.1 施工工艺流程

混凝土箱涵顶进工程施工工艺流程如图 2－1 所示。

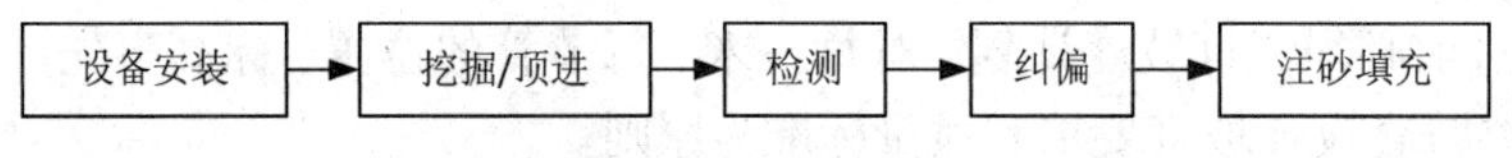

图 2－1 混凝土箱涵顶进工程施工工艺

2.5.2 操作工艺

(1)导轨应选用钢质材料制作，其安装应符合下列规定：

①两导轨铺设的顺直、平行、坡度和标高要同箱涵相一致。

②导轨安装的允许偏差应为：轴线位置 3 mm；顶面高程 0 ~ +3 mm；两轨内距 ±2 mm。

③安装后的导轨应牢固，不得在使用中产生位移，并应经常检查校核。

(2)千斤顶的安装应符合下列规定：

①千斤顶宜固定在支架上，并与箱涵中心的垂线对称，其合力的作用点应在箱涵中心的垂直线上。

②千斤顶在箱涵端面的着力点应在箱涵垂直高度的 1/5 处。

③当千斤顶多于一台时，宜取偶数，且其规格宜相同；当规格不同时，其行程应同步，并应将同规格的千斤顶对称布置。

④千斤顶的油路应并联，每台千斤顶应有进油、退油的控制系统。

(3)油泵安装和运转操作要点：

①油泵宜设置在千斤顶附近，油管应顺直、转角少。

②油泵应与千斤顶相匹配，并应有备用油泵；油泵安装完毕，应进行试运转。

③顶进开始时，应缓慢进行，待各接触部位密合后，再按正常顶进速度顶进。

④顶进中若发现油压突然增高，应立即停止顶进，检查原因并经处理后方可继续顶进。

⑤千斤顶活塞退回时，油压不得过大，速度不得过快。

(4)分块拼装式顶铁的质量应符合下列规定：

①顶铁应有足够的刚度。

②顶铁采用型钢焊接成形；当采用焊接成形时，焊缝不得高出表面，且不得脱焊。

③顶铁的相邻面应互相垂直。

④同种规格的顶铁尺寸应相同。

⑤顶铁上应有锁定装置。

⑥顶铁单块放置时应能保持稳定。

(5)顶铁的安装和使用应符合下列规定：

①安装后的顶铁轴线应与箱涵轴线平行、对称，顶铁与导轨和顶铁之间的接触面不得有泥土、油污。

②更换顶铁时，应先使用长度大的顶铁；顶铁拼装后应锁定。

③顶铁的允许连接长度应根据顶铁的截面尺寸确定。当采用截面为200 mm×300 mm 顶铁时，单行顺向使用的长度不得大于1.5 m；双行使用的长度不得大于2.5 m，且应在中间加横向顶铁相连。

④顶铁与管口之间应采用缓冲材料衬垫，当顶力接近箱节材料的允许抗压强度时，管端应增加U形或环形顶铁。

⑤顶进时，工作人员不得在顶铁上方及侧面停留，并应随时观察顶铁有无异常迹象。

(6)采用起重设备下管时应符合下列规定：

①正式作业前应试吊，吊离地面10 cm 左右时，检查重物捆扎情况和制动性能，确认安全后方可起吊。

②下箱涵时工作坑内严禁站人，当箱涵节距导轨小于500 mm 时，操作人员方可近前工作。

③严禁超负荷吊装。

(7)顶箱涵施工须配备垂直吊装和运输设备。可采用桥式起重机(即门式行车)，必须满足如下各项工作要求：

①掘进机和顶进设备的装拆。

②吊放和顶铁的装拆。

③土方和材料的垂直运输。

(8)起重机械应建立现场维修保养、定期检查和交接班制度，并遵照执行起重机械相关的安全操作规程。

(9)顶箱涵始发前，全部设备都应经过检查并经过试运转。主要包括液压、电器、压浆、气压、照明、通信、通风等操作系统是否正常工作，各种电表、压力表、换向阀、传感器、流量计等是否能正确显示其处于正常工作状态，然后进行联动调试，确认没有故障后，方可准备顶箱涵始发。

顶管掘进机在导轨上的中心线、坡度和高程应符合规定；制订了防止流动性土或地下水由洞口进入工作坑的措施；开启封门的措施完备。

(10)掘进作业要符合以下要求：

①顶管掘进机切入土体后，应严格控制其水平偏差不大于5 mm，其高程应为设定标高加上抛高数，其数值可根据土质情况、箱涵大小、顶管掘进机的自重以及顶进坡度等因素确定，以抵消机头到达接收坑后的“磕头”而引起的误差。当出现“磕头”现象时应迅速调整，必要时应拉回后重新顶进，但必须抓紧时间迅速完成，以减少对正面土体的扰动。

②顶管掘进机开始顶进 5 ~ 10 m 的范围，允许偏差应为：轴线位置 3 mm，高程 0 ~ +3 mm。当超过允许偏差时，应采取措施纠正。在软土层中顶进混凝土箱涵时，为防止箱节飘移，可将前 3 ~5 节箱与顶管掘进机连成一体。

③在顶管掘进机后接入第一节箱时，顶管掘进机尾部须有0 ~20 cm 处于导轨上，并应立即进行箱和顶管掘进机的连接。当顶进箱为混凝土企口箱时，应先在顶管掘进机尾部安装承口钢环，与企口管的插口均匀吻合。企口管和钢承口箱应以插口在前、承口在后的方法排列在顶进轴线方向上。

④开始人工挖土前，应先将顶管掘进机的刃口部分切入周边土体中。挖土程序按自上而下分层开挖，严防正面坍塌。必要时可辅以降水或注浆加固等施工措施，以保证土体的稳定。

⑤在顶进过程中应采取适当措施，经常保持顶管掘进机底部无积水现象，如遇积水，应及时排除，以防止土体基底软化。

⑥当挖土遇到地下障碍物时，应在采取安全措施的条件下，先清除障碍物，然后再继续顶进，如遇特殊或紧急情况，应及时采取应变措施，并向有关部门汇报。

⑦当顶进作业停顿时间较长时，为防止开挖面松动或坍塌，应对挖掘面及时采取正面支撑或全部封闭措施。

2.6 质量标准

(1)采用的箱涵和箱涵接缝应至少符合常规的箱涵和接缝标准，包括制作材料、误差、最小长度等。

(2)在箱涵顶进施工之前，首先要确定箱涵在垂直和水平方向上与设计轨迹的允许偏差，在这一最大偏差的限制下，所铺设的箱涵应满足如下两方面的要求：符合箱涵的既定功能要求；产生偏差的范围内不能损坏到其他的建筑和设备。

(3)顶进施工结束后，顶进箱涵应满足如下要求：顶进箱涵无偏移，箱节不错口，箱涵坡度不得有倒落水。箱涵接口套环应对正箱缝与箱端外周，箱端垫板黏接牢固、不脱落。箱涵接头密封良好，橡胶密封圈安放位置正确。需要时应按要求进行箱涵密封检验；箱节无裂纹、无渗水，箱涵内部不得有泥土、建筑垃圾等杂物。顶箱涵结束后，箱节接口的内侧间隙应按设计规定处理；设计无规定时，可采用石棉水泥、弹性密封膏或水泥砂浆密封，填塞物应抹平，不得突入箱内。钢筋混凝土箱涵的接口应填料饱满、密实，且与箱节接口内侧表面齐平，接口套环对正箱缝、贴紧，不脱落。

2.7 成品保护

（1）箱涵顶进工作坑必须有专用的出土和材料运输通道。向工作坑内运送物料时，必须使用专用通道，严禁在工作坑边其他位置向工作坑内运送、投掷任何物品、材料和工具。

（2）施工中，对地面以上设施及建（构）筑物采用合理及时的监控量测。明挖施工严格遵循时空效应，分层分段开挖，当变形接近保护警戒值时，采取补偿跟踪注浆控制周围土体的开挖形变，以实现对周边建筑物的保护。

（3）在顶进过程中设专人检查观测后背承载情况，发现失稳等情况时应立即停机处理。

2.8 安全环保措施

（1）顶箱涵工作坑四周必须采用围护措施，并采用彩钢瓦围护，雨帆布防护，并设醒目警示标牌。顶进时，过往车辆应减速慢行，且禁止大吨位、重载车辆通行。

（2）在顶进施工的区域，应考虑土体和地下水条件以及顶箱涵施工工艺，保证地层的沉降不大于允许的沉降值。

（3）顶进结束后，应对泥浆套的浆液进行置换。置换浆液一般可采用水泥砂浆掺和适量的粉煤灰。待压浆体凝结后（一般在 24 h 以上）方可拆除注浆管路，并换上闷盖将注浆孔封堵。

（4）施工完成后安全撤离现场，恢复施工现场的本来面目，做到不留隐患，对环境没有破坏和污染。

2.9 质量记录

箱涵顶进工程施工质量验收应提供的书面记录有：

（1）在箱涵顶进施中，应不间断地测量并记录顶进力、箱涵在垂直高程和侧向位置的偏离情况、箱涵的旋转、箱涵顶进长度、润滑注浆压力、应对箱涵的长度等工艺参数。

（2）记录数据中必须包括如下信息：施工时间、施工现场的详细位置、地层和和地下水条件等。当可能有污染存在时，应该进行取样分析。

3 圆管涵施工工艺

3.1 总则

3.1.1 适用范围

本标准适用于各级公路的圆管涵施工。

3.1.2 编制参考标准及规范

(1)《公路工程技术标准》(JTG B01—2014)。

(2)《公路工程质量检验评定标准》(JTG F80/1—2017)。

(3)《公路桥涵施工技术规范》(JTG/T F50—2011)。

(4)《公路桥涵设计通用规范》(JTG D60—2015)。

(5)《施工现场临时用电安全技术规范》(JGJ 46—2005)。

3.2 术语

管节抹带是指为防止接头漏水，对接缝处进行防水处理。一般圆管涵采用平口接头，其接缝通常先用热沥青浸透过的麻絮填塞，然后用热沥青填充，最后用涂满热沥青的油毛毡裹两层。

3.3 施工准备

3.3.1 技术准备

(1)施工人员应认真审核图纸及设计说明书，检查图纸的完整性、有无矛盾和错误。

(2)研究施工图纸并现场核对，领会设计意图。施工人员必须熟悉圆管涵所处的地形、地貌和工程地质状况。

(3)核对圆管涵与土石方、挡墙等工程的相互关系和施工衔接，明确其对现场布置和施工的影响。

(4)分项工程开工报告、施工方案及施工进度计划已得到批复。

3.3.2 材料准备

(1)所需的材料已进场并检验合格，圆管涵基础砼配合比已完成。

(2)管节制作厂家已取得监理工程师批复，已完成砼管的配合比批复，并完成各种试验检测。

3.3.3 主要机具

(1)机械：挖掘机、推土机、压路机、自卸卡车、吊车、混凝土搅拌机、砂浆搅拌机、柴油发电机、混凝土振捣棒、打夯机等。

(2)工具：铁锹(尖、平头两种)、手推车、钢卷尺、木抹子、铁抹子等。

(3)测量仪器：全站仪或经纬仪、水准仪、塔尺、钢尺等。

3.3.4 劳动力组织

圆管涵应由专业队伍施工，其劳动力组织如表3-1所示。

表3-1 圆管涵施工劳动力组织

工种	人数	工作地点	职责范围
施工队长	1	整个施工现场	负责跟班组织施工管理工作、协助总指挥工作等
技术员	1	整个施工现场	负责跟班解决施工中的技术问题、编写技术措施等
安全员	1	整个施工现场	负责跟班检查安全措施、安全措施的执行情况及安全教育工作，对安全生产负责
吊车司机	1	整个施工现场	负责吊机的操作及其日常维修保养。在施工员指挥下，正确进行构件、模板等起吊。
质检员	1	整个施工现场	负责跟班检查工程质量，组织各工种交接及质量保证措施的执行情况，对工程质量负责
试验员	1	整个施工现场	负责跟班检查工程试验检测、原材料试验检测
测量员	2	施工现场	负责施工测量放样及平面位置及高程复核
挖掘机操作工	1	基坑开挖	负责基坑的土方开挖
材料员	1	材料仓库	负责施工材料供应及管理
混凝土工	6	施工现场	负责混凝土的卸料、浇筑、振捣，洞口浆砌片石
模板工	5	施工现场	负责装拆模
总计	21		

注：此表为一个作业班施工配备人员，未计后勤、行政等人员。

3.4 工艺设计和控制要求

3.4.1 技术要求

(1)编制好详细的施工技术方案，并报监理工程师批准。

(2)开工前开工报告已得到监理工程师批准。

(3)施工前及时做好技术交底工作。

(4)施工严格按工艺流程，并做好工序检验，合格后方可进入下道工序施工。

3.4.2 材料质量要求

(1)水泥：采用普通硅酸盐水泥，水泥强度及各性能指标必须满足设计及规范要求。

(2)细集料(砂)：采用黄砂，黄砂的含泥量、细度模数、筛分必须满足设计及规范要求。

(3)粗集料(卵石)：采用级配1～3 cm卵石，卵石的含泥量、压碎值、针片状含量必须满足设计及规范要求。

(4)钢筋：钢筋表面不能锈损，采用正规厂家出厂并附有出厂合格证的产品，其强度必须满足规范及设计要求。

3.4.3 职业健康安全要求

制订并健全职业健康安全的管理制度，报监理、业主批准，并严格遵守制度施工。

3.4.4 环境要求

制订环境保护的管理制度，报监理、业主批准，并严格遵守制度施工。

3.5 施工工艺

3.5.1 工艺流程

圆管涵施工工艺流程图如表3－1所示。

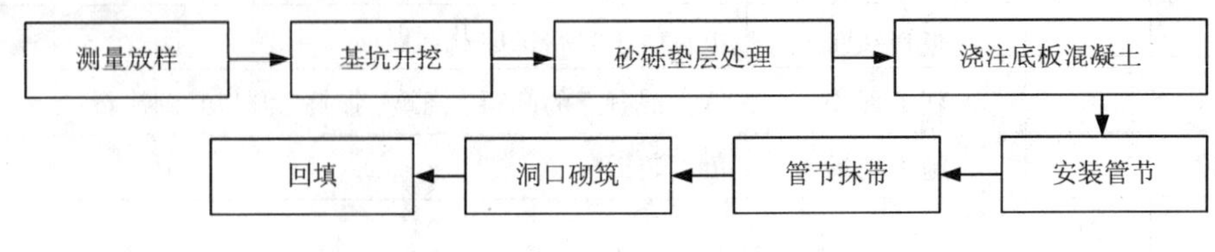

图3－1　圆管涵施工工艺流程图

3.5.2 基坑开挖及垫层施工

3.5.2.1 **基坑放样**

根据设计图纸和圆管涵的中心及纵、横轴线，用全站仪、钢尺进行基坑放样。基坑开挖前，应在纵横轴线上、基坑边桩以外设控制桩，每侧两个，供施工中随时校核放样用。

3.5.2.2 **基坑开挖**

基坑开挖前测量地面高程，控制开挖深度，开挖尺寸比圆管涵基础宽出 50 cm。

基坑开挖用人工配合挖掘机进行，开挖至设计标高上 20 ~ 30 cm 时，改用人工清理至设计标高，整平后检查基坑平面尺寸、位置、标高是否符合图纸设计，并进行基底承载力试验，合格后方可进行下一步工序。

3.5.2.3 **垫层施工**

基坑开挖完成后，先进行垫层施工，分层回填砂砾并夯实，压实度满足规范和设计要求。

砂砾垫层应为压实的连续级配材料层，不得有离析现象。

3.5.3 基础施工

3.5.3.1 **基础放样**

基坑挖好后，应重新放设涵洞的纵、横轴线，同时用经纬仪、钢尺对基础平面尺寸进行准确的细部放样。并用水准仪按涵洞分节抄平，逐节钉设水平桩，控制基底和基顶标高。

3.5.3.2 **基础模板与支架**

基础砼采用强度大、刚度好、尺寸标准、周转率高的定形组合钢模，组合钢模必须保证其满足表面平整、形状准确、板缝间不漏浆等要求。

模板安装前，在模板表面涂刷脱模剂，不得使用易黏在混凝土上或使混凝土变色的油料。

支立模板时为了防止模板位移凸出，支立侧模时须在模板外设立支撑固定。

模板安装完毕后，为保证位置准确，必须对其平面位置、平整度、垂直度、顶部标高、节点联系及纵、横向稳定性进行检查，合格后方可报监理工程师抽检，监理工程师认可后方可浇筑混凝土。浇筑时，发现模板有超过允许偏差值的可能应及时纠正。

3.5.3.3 **基础混凝土的浇筑及养护**

混凝土宜采用集中拌和，罐车运输。拌和前对各种原材料质量进行严格检查。砼浇筑时，必须对运到施工现场的砼进行严格的检查。如砼的坍落度、和易性。

浇筑前先对支架、模板进行检查，模板内的杂物、积水应清理干净，模板如有缝隙必须填塞严密。

为了防止混凝土自高处向模内倾卸时发生离析，在浇筑基础时，砼的倾卸高度不超过 2 m，卸料高度超过 2 m 时通过串筒、溜槽(管)卸至浇筑部位。

混凝土按一定厚度顺序和水平方向分层浇筑，上层混凝土在下层混凝土初凝前浇筑完成；上下层同时浇筑时，上层与下层浇筑距离保持 1.5 m 以上，浇筑厚度不超过 30 cm。

混凝土的振捣采用插入式振捣，移动不超过振捣器作用半径的 1.5 倍，与侧模应保持 5 ~ 10 cm 的距离。

混凝土浇筑应连续进行，因故间断时，其间断时间应小于前层混凝土初凝时间。

混凝土浇筑完成后，在收浆后尽快养护，混凝土的养护采用洒水养护，养护时间不得少于7 d。

3.5.4 钢筋混凝土圆管的安装及护壁混凝土浇筑

钢筋砼圆管涵管节采用工厂集中预制，汽车运至现场后，吊车安装，管涵成品应符合下列要求：

①管节端面应平整并与其轴线垂直。斜交管涵进出水口管节的外端面应按斜交角度进行处理。

②管壁内侧表面应平直圆滑，如有蜂窝，每处面积不得大于30 mm×30 mm，其深度不得超过10 mm，总面积不得超过全面积的1%，并不得露筋，蜂窝处修补完善后方可使用。

③管外壁必须注明适用的管顶填土高度，相同的管节应堆置在一处，以便于取用，防止弄错。

④管节在运输、装卸过程中，应采取防碰撞措施，避免管节损坏。

3.5.4.1 **管节安装**

(1)管节安装，应先在基础上标示出涵管中心线，并先安装进水口或出水口处的端部管节以控制涵管全长，然后逐节安装中部管节。安装管节采用人工配合吊机安装，安装时从下游开始，使接头面向上游，每节涵管应紧贴于基座上，使管节受力均匀，并保持整体轴线不出现偏位。各相邻管节应保持底面不出现错口，安装时应用水平仪对接头处进行检查。相邻管节的接缝宽度应不大于1~2 cm。

(2)安装管节注意事项：

①应注意按涵顶填土高度取用相应的管节。管节检查合格后方可使用。

②各管节应按流水坡度安装平顺，当管壁厚度不一致时应调整高度使内壁齐平，管节必须垫稳坐实，管道内不得遗留泥土等杂物。

(3)管节沉降缝与基础沉降缝的端面必须严格一致，不得有犬牙交错现象，非沉降缝的管节接缝，应尽量顶紧。

3.5.4.2 **接缝处理**。

为防止接头漏水，应对接缝处进行防水处理。一般圆管涵采用平口接头，其接缝通常先用热沥青浸透过的麻絮填塞，然后用热沥青填充，最后用涂满热沥青的油毛毡裹两层。有条件的施工队也可对管身段进行涂热沥青防水处理。

3.5.4.3 **浇筑护壁混凝土**。

浇筑护壁砼的工艺与浇筑基础砼相同。

3.5.5 沉降缝施工

涵洞洞口、洞身与端墙、翼墙、进出水口、急流槽交接处必须设置沉降缝。具体设置位置视结构物和地基土的情况而定。

3.5.5.1 **沉降缝设置**

沉降缝在中央分隔带中心设一道，然后向两侧每隔6 m左右各设一道。应以设在路基中部和行车道外侧为宜。沉降缝均垂直于洞身轴线，要求洞身、钢筋连同基础一同断开。

3.5.5.2 **沉降缝的施工方法**

沉降缝必须贯穿整个断面(包括基础、管节)。沉降缝的施工，要求做到使缝两边的构造物能自由沉降，又能严密防止水分渗漏。

沉降缝具体施工方法如下:

基础部分：沉降缝宽 1 ~2 cm，采用沥青木板预留，沉降缝内用砂子填实，也可将沥青木板留下，作为防水之用。

涵身部分：涵身沉降缝外侧以热沥青浸泡的麻絮填塞，用直径 2 cm 的热沥青浸泡过的麻绳绕沉降缝一周，外用三油两毡包裹。

3.5.5.3 **沉降缝的施工质量要求**

沉降缝端面应整齐、方正，基础和涵身不得上下交错，应贯通，嵌塞物紧密填实。

3.5.6 洞口砌筑

圆管涵进出水口工程主要是浆砌石块，包括沟底铺砌和其他进出水口处理工程。

涵洞出入口的沟床应整理顺直，与上、下排水系统的连接应圆顺、稳固，保证流水顺畅，避免损害路堤。施工中应注意:

(1)砂浆要严格按配合比拌和，标号不小于设计值，拌和时间不少于 2 min，拌和均匀。

(2)砌筑时砌块错缝，坐浆挤缝，嵌紧后砂浆饱满无空洞现象。

(3)外圈定位和转角处，选择形状方正、较大的片石，并长短相向与里层片石咬接。

(4)较大的片石用于下层，砌筑时选择形状和尺寸较为合适的片石，敲除尖锐突出部分，不得用高于砂浆砌缝的小石块在下面支垫。

(5)砌缝不大于 2 cm，且无干缝、死缝。

3.5.7 台背回填

(1)台背回填前，将桥台背回填范围内的杂土、杂物清除，根据现场放样，挖出台背回填范围的下口、上口及台背回填过渡段与路基连接处台阶(台阶尺寸为 200 cm×30 cm)。将余土运走，基底整平后用压路机进行碾压。

(2)根据计算的每层回填材料数量，用装载机或自御汽车运输上料，人工配合推土机(场地允许时用平地机)整平，然后用振动压路机进行碾压。经检验压实度合格后，再进行下一层的填筑。

(3)机械碾压不到的区域用小型压实机具夯实。小型压实机具夯实不到的转角或死角，应用人工夯实设备夯实。

(4)台背回填过渡段、桥台锥坡填土与台背回填同时进行。

3.6 质量标准

3.6.1 涵洞总体要求

(1)涵洞施工应严格按照设计图纸、施工规范和有关技术操作规程要求进行。

(2)各接缝、沉降缝位置正确，填缝无空鼓、开裂、漏水现象；若有预制构件，其接缝应与沉降缝吻合。

(3)涵洞内不得遗留建筑垃圾、杂物等。

3.6.2 混凝土圆管管节成品质量

(1)管节端面应平整并与轴线垂直；斜交管涵进出口管节的外端面应按斜交角度进行处理。

(2)混凝土管节成品质量应符合表3－2的规定。

表3－2 混凝土圆管管节成品质量标准

项次	检查项目	规定值或允许偏差
1	混凝土强度/MPa	在合格标准内
2	内径/mm	不小于设计值
3	壁厚/mm	正值不限，负值不少于－3
4	顺直度	矢度不大于管节长的0.2%
5	长度/mm	+5，－0

3.6.3 外观鉴定

管壁顺直，接缝平整，填缝饱满。不符合要求时，减1~3分。

3.6.4 实测项目

实测项目标准见表3－3要求。

表3－3 实测项目标准

项次	检查项目		规定值或允许偏差	检查方法和频率	权值
1	管座或垫层混凝土强度		在合格标准内	按检验标准	3
2	管座或垫层宽度、厚度		不小于设计值	尺量：抽查3个断面	2
3	相邻管节底面错台/mm	管径≤1 m	3	尺量：检查3~5个接头	2
		管径≥1 m	5		

3.7 成品保护

(1)涵洞完成后，当涵洞砼强度或砌体砂浆强度达到75%以后，方可进行台背回填，涵洞顶上填土必须在大于50 cm时，才允许机械设备通过。

(2)涵洞的防水层及沉降缝施工必须严格按照设计图纸要求进行施工，防水层要填充饱满，油毛防水层及沉降缝位置回填材料不得直接回填坚硬的石块等材料，以免破坏涵洞防水层，使涵洞出现涵内漏水等病害。

(3)混凝土浇筑完成后，要覆盖洒水养生，养生时间不得小于7 d。

(4)冬季混凝土及砂浆砌筑要采取防冻保温措施。

3.8 安全环保措施

3.8.1 安全措施

(1)施工现场安全管理措施：

①施工前，应对施工现场、机具设备及安全防护设施等进行全面检查，确认符合安全要求后方可施工。

②施工道路平整、坚实、保证畅通。危险地点悬挂《安全色》(GB 2893—2008)和《安全标志及其使用导则》(GB 2894—2008)规定的警告牌或明显的红灯示警。

③施工现场人员，必须佩戴安全帽，特殊工种按规定要佩戴好防护用品。

④要保证安全检查制度的落实，对检查中发现的安全问题、安全隐患，要立即登记、整改以消除隐患。定人、定措施、定经费、定完成日期，在隐患没有消除前，必须采取可靠的防护措施。如有危及人身安全的险情，立即停工，处理合格后方可施工。把安全生产责任制与各级管理者的经济利益挂钩，严明奖惩，保证“管生产必须管安全”。

(2)基坑开挖安全防护措施：

①边坡的留设应符合规范要求，其坡度的大小，则应根据土壤的性质、水文地质条件、施工方法、开挖深度、工期长短等因素确定。

②如有必要，应当在雨季来临之时，设置临时支撑，以防雨水冲洗导致基坑垮塌。

③应做好施工排水，尽量避免在坑槽边缘堆置大量土方、材料和机械设备；坑槽开挖后不宜暴露太久，应立即进行基础和地下结构的施工；对滑坡地段的挖方，应遵循先整治后开挖和由上至下的开挖顺序，严禁先切除坡脚或在滑坡体上弃土。

④为了保证施工过程中边坡附近施工人员的安全，应在边坡旁设置防护栏杆，防护栏杆高度为1.2 m，横向钢管间距为0.3 m，钢管埋入土层深度为70 mm，水平方向设置两道水平杆，第一道自地面起50 mm。钢管连接处采用十字扣相连。

(3)施工用电安全管理措施

施工现场用电按《施工现场临时用电安全技术规范》(JGJ 46—2005)要求进行设计、检测。所有电力设备设专人检查维护，并设示警标志。操作电气设备，要符合如下规定：

①非专职电气操作人员，不得操作电气设备。

②操作电气设备，戴绝缘手套，穿电工绝缘靴并站在绝缘板上。

③手持式电气设备的操作手柄和工作中必须接触的部位，有良好绝缘，使用前进行绝缘检查。

④低压电气设备加装触电保护。

⑤电气设备有良好的接地保护，每班均由专人检查。

⑥施工现场自备发电机，以防止突然停电造成安全事故。

⑦所有施工用电线路均按施工组织设计要求分别定位悬挂，由值班电工负责检查管理。

⑧施工现场用电应采用三相五线制供电系统，采用三级配电二级保护方式，用电设备实行“一机一闸一漏(漏电保护器)一箱(配电箱)”；漏电保护装置与设备相匹配，不得用一个开关直接控制两台以上的用电设备。

⑨自备发电机组应采用三相四线制中性点直接接地系统，接地电阻值不得大于4 Ω。发电机组应与外电线路电源联锁，严禁并联运行；应设置短路保护和过负荷保护装置。

⑩电缆线采取埋地或架空敷设，严禁沿地面敷设；电缆类型应根据负荷大小、允许电压损失计算确定。

⑪固定式配电箱及开关箱的底面与地面垂直距离不得小于1.3 m，移动式配电箱及开关箱的底面与地面垂直距离应大于0.6 m。配电箱及开关箱应安装在干燥、通风及常温场所，应分设工作接零和保护接零端子汇流排；配电箱应采取防晒、防尘措施，并配锁。

⑫生活照明用电，不得擅自拉线、装插座；不得私自使用电炉及其他功率较大的电器。

(4)施工机械的使用应遵守的安全措施：

①车辆驾驶员和各类机械操作员必须持证上岗，严禁无证操作。对驾驶员、机械操作人员定期进行《安全规程》教育。机械使用前应经过调试、检测，确认技术性能和安全装置状态良好后方可投入使用。

②严禁酒后驾驶车辆、机械，严禁“三超”，禁止机械超负荷和带“病”运转，并坚持“三查一检”制。

③机械设备在施工现场集中停放，严禁对运转中的机械设备进行检修、保养。液压系统发生故障，停止检修作业时，应释放压力。不得在坡道上停放或检修机械，当需要在坡道上检修时应做好防护。

④机械作业的指挥人员，指挥信号必须准确，操作人员必须听从指挥，严禁违令作业。

(5)起重作业应严格执行《建筑机械使用安全技术规程》和《建筑安装人员安全技术操作规程》中的有关规定和要求。

(6)使用钢丝绳的机械，在运行中禁止人员跨越钢丝绳，用钢丝绳起吊、拖拉重物时，现场人员应远离作业半径，并对钢丝绳进行保养，检查更换。

(7)对机械设备、各种车辆定期检查，对查出的隐患按“三不放过”的原则进行处理，并制订防范措施，防止发生伤害事故。

(8)全部机械设备均分别制订安全操作规程，并挂牌。

(9)施工机械应指定操作人员负责保管，轮班作业应执行交接班制度。

(10)操作人员应熟悉机械的性能和操作方法，并具有在机械发生事故时采取紧急措施的能力；操作人员不得擅自离开工作岗位，严禁疲劳作业。

(11)机械设备在施工现场停放时应选择安全地点，并将带负荷的部件放松，并设有制动、防滑、防冻措施。

(12)危险地段作业时，应设立安全警示标志，并设专人指挥。

(13)在高压线下附近作业或通过时，施工机械与输电线之间应满足最小安全距离要求。在埋有电缆、管道的地点作业时，施工前应在地面设立安全警示标志，未探明地下设施位置走向前，应由专人现场监护作业，严禁使用挖掘机、装载机、推土机等大型机械盲目作业。

(14)起重指挥应由技术培训合格专职人员担任，作业前，应对机械设备、现场环境、行驶道路、架空电线及其他建筑物和吊重物情况进行了解，确定吊装方法。

(15)起重臂和吊起的重物下面有人停留或行走时不得起吊；吊索和附件捆绑不牢时不得起吊；吊件上站人、重量不明、无指挥或信号不清时不得起吊。

(16)不得使用起重机进行斜拉、斜吊，起吊重物时不得在重物上堆放或悬挂零星物件。不得忽快忽慢和突然制动，不得带荷自由下落。

(17)起重用的钢丝绳吊索(无弯曲)安全系数应大于6，捆绑吊索安全系数应大于8。

3.8.2 环境保护

(1)加强施工现场管理，做到现场工完料清，垃圾、杂物堆放整齐，并及时处理；坚持做到场地整洁、道路平顺畅通、排水畅通、标志醒目，使生产环境标准化。

(2)对开挖边坡及填方坡面应及时按设计要求进行防护，防止水土流失。

(3)施工废水、废气、废油、生活污水、垃圾不得排入耕地、饮渠、河流。

(4)合理布置施工场地，生产、生活设施尽量布置在征地线以内，少占或不占耕地，保护自然环境。

3.9 质量记录

圆管涵施工质量验收应提供的书面记录有：

(1)工程放样与定位测量记录、测量复核记录。

(2)基坑检验表。

(3)基础模板安装、混凝土浇筑及成品检验记录。

(4)墙身模板安装、混凝土浇筑及成品检验记录。

(5)盖板模板安装、钢筋加工、混凝土浇筑及成品检验记录。

(6)建筑材料质量检验记录。

4 箱形通道(涵洞)施工工艺标准

4.1 总则

4.1.1 适用范围

本标准适用于箱形通道(涵洞)新建、改建和扩建工程的施工。

4.1.2 编制参考标准及规范

(1)《公路桥涵施工技术规范》(JTG/T F50—2011)。
(2)《公路工程质量检验评定标准》(JTG F80/1—2017)。
(3)《公路工程技术标准》(JTG B01—2014)。
(4)《公路桥涵设计通用规范》(JTG D60—2015)。
(5)《公路钢筋混凝土及预应力混凝土桥涵设计规范》(JTG 3362—2018)。
(6)《公路圬工桥涵设计规范》(JTG D61—2005)。

4.2 术语

箱涵指的是洞身以钢筋混凝土箱形管节修建的涵洞。箱涵由一个或多个方形或矩形断面组成，一般由钢筋混凝土或圬工制成，但钢筋混凝土应用较广，当跨径小于4 m时，采用箱涵，对于管涵，钢筋混凝土箱涵是一个便宜的替代品，墩台、上下板全部都一致浇筑。

4.3 施工准备

4.3.1 技术准备

(1)施工人员应认真审核图纸及设计说明书，检查图纸的完整性以及有无矛盾和错误。

(2)研究施工图纸并现场核对，领会设计意图。施工人员必须熟悉箱涵所处的地形、地貌和工程地质状况。

(3)核对箱形通道(涵洞)与土石方、挡墙等工程的相互关系和施工衔接，明确其对箱形通道(涵洞)现场布置和施工的影响。

(4)核对箱形通道(涵洞)与洞外接线道路、排水系统和设施的布置是否与地形、地貌、水文、气象等条件相适应。

(5)核对箱形通道(涵洞)进出口位置、结构是否与洞口环境相适应。

(6)对拟建箱形通道(涵洞)的施工场地进行清理，对施工区域内有碍施工的电杆、建筑物、道路等均应拆迁或移改。

(7)做好技术交底工作，编制箱形通道(涵洞)的施工方案，并报建设和监理单位审批。

(8)对箱形通道(涵洞)附近增设水准点、导线控制点进行交桩和复测。

(9)应在现场修好适当的便道，平整足够的场地，做好临时排水工作，用于材料设备的进场安置。

4.3.2 材料准备

(1)钢筋：品种、规格和性能等应符合国家现行标准规定和设计要求，应有出厂合格证和检测报告，进入现场应进行复试，确认合格后方可使用。

(2)混凝土：水泥、水、砂、碎石、外加剂等材料各项指标均应满足规范和设计要求，确认合格后方可使用。

(3)其他材料：施工的支架各类型材、扎丝、电焊条、氧气、乙炔等。

4.3.3 主要机具

(1)机械：挖掘机、推土机、压路机、自卸卡车、吊车、混凝土搅拌机、砂浆搅拌机、柴油发电机、混凝土振捣棒、钢筋弯曲机、打夯机等。

(2)工具：铁锹(尖、平头两种)、手推车、钢卷尺、木抹子、铁抹子等。

(3)测量仪器：全站仪或经纬仪、水准仪、塔尺、钢尺等。

4.3.4 作业条件

(1)箱形通道(涵洞)的位置和开挖范围已经确定，征地工作已经完成。

(2)箱形通道(涵洞)施工场区进行了平整，现场修好了适当的便道，已做好临时排水工作，为保证各种设备行走安全，对不利于施工机械行走的松软地面进行了碾压或夯实处理，

(3)箱形通道(涵洞)附近设有足够的平面控制点和水准测量基点。

(4)各种施工机具已经到位；施工建筑材料准备就绪。

4.3.5 劳动力组织

一般箱形通道(涵洞)应由专业队伍施工，其劳动力组织如表4－1所示。

表 4－1　箱形通道(涵洞)施工劳动力组织

工种	人数	工作地点	职责范围
施工队长	1	整个施工现场	负责跟班组织施工管理工作、协助总指挥工作等
技术员	1	整个施工现场	负责跟班解决施工中的技术问题，编写技术措施等
安全员	1	整个施工现场	负责跟班检查安全措施、安全措施的执行情况及安全教育工作，对安全生产负责
吊车司机	1	整个施工现场	负责吊机的操作及其日常维修保养。在施工员指挥下，正确进行构件、模板等起吊
质检员	1	整个施工现场	负责跟班检查工程质量，组织各工种交接及质量保证措施的执行情况，对工程质量负责
试验员	1	整个施工现场	负责跟班检查工程试验检测、原材料试验检测
测量员	2	施工现场	负责施工测量放样及平面位置及高程复核
挖掘机操作工	1	基坑开挖	负责基坑的土方开挖
材料员	1	材料仓库	负责施工材料供应及管理
自卸卡车司机	4	施工现场	负责基坑开挖土石方运输
模板工	4	施工现场	负责基础、墙身、顶板支架、模板安装与拆除
钢筋工	2	钢筋加工场、现场	负责底板、墙身、顶板钢筋的制作绑扎
混凝土工	4	施工现场	负责砼卸料、浇筑、振捣，洞口浆砌片石工程
电工	1	整个施工现场	负责现场动力、照明、通信等电器系统的维修保护
杂工	2	整个施工现场	负责基础整修、搬运、现场清理、砼养护等
总计	27		

注：此表为一个作业班施工配备人员，未计后勤、行政等人员。

4.4　工艺设计和控制要求

4.4.1　技术要求

4.4.1.1　挖基技术要求

(1)基础开挖应符合图纸要求并按照规范有关规定执行。当在原有灌溉水流的沟渠修筑时，应开挖临时通道以保护好灌溉水流。

(2)基槽开挖后，应紧接着进行垫层铺设、涵管敷设及基槽回填等作业。

4.4.1.2　垫层与基础技术要求

(1)砂砾垫层应为压实的连续材料层，其压实度应在95%以上，按重型击实法试验测定；砂砾垫层应分层摊铺压实，不得有离析现象，否则要重新拌和铺筑。

(2)石灰土作垫层时，混合料的配合比设计，应在施工前报监理工程师批准；施工中要拌和均匀，分层摊铺，分层压实，其压实度应在90%以上，按重型击实法试验测定。

(3)混凝土基座应按规范规定施工，基座尺寸及沉降缝应符合图纸所示，沉降缝位置应与管节的接缝位置相一致。

4.4.1.3 **箱形通道(涵洞)现场浇筑技术要求**

(1)在浇筑底板以前，应清除基座上的杂物，然后按图纸立模板、绑扎钢筋、浇筑混凝土。

(2)底板混凝土强度达到设计强度的70%后，方可在底板上立模浇筑侧板及顶板。

(3)在浇筑侧板上的倒角时，应按图纸和工程师的指示预埋搭板联结锚固筋。

(4)严格按图纸所示的标高、纵坡和预拱度，设置垫层和基座以及浇筑涵洞混凝土。

4.4.1.4 **箱形通道(涵洞)施工技术要求**

(1)现浇混凝土涵洞的台帽、台身、一字墙如为整体式时，台身和基础可以连续浇筑，也可不连续浇筑。八字式洞口或锥坡式洞口与涵台之间应为分离式。

(2)混凝土的涵台及基础分别浇筑时，基础顶面与涵台相接部分应拉成毛面，并设置锚固钢筋。基础、涵台及洞口建筑(帽石除外)采用石砌时，应符合规范规定的要求。

(3)涵台可按图纸设置的沉降缝处分段修筑。

(4)图纸有要求将钢筋混凝土顶板用锚栓与涵台锚固在一起时，应按图纸规定或监理工程师批准的其他方法固定锚栓。

4.4.1.5 **台背填土技术要求**

台背回填必须在箱形通道(涵洞)混凝土强度达到设计强度的75%以后，方可进行填土，填土应两个涵台同时对称填筑，并按回填规范进行回填。在涵洞上填土时，第一层的最小摊铺厚度不得小于300 mm，并防止剧烈的冲击。

4.4.1.6 **沉降缝技术要求**

(1)设置沉降缝的道数、缝宽和位置应按图纸或工程师指示进行施工，并按图纸规定填塞嵌缝料或采用监理工程师批准的加氟化钠等防腐掺料的沥青浸过的麻絮或纤维板紧密填塞，以及用有纤维掺料的沥青嵌缝膏或其他材料封缝。

(2)在缝处应加铺抗拉强度较高的卷材，如沥青玻璃纤维布或油毡，加铺的层数及宽度按图纸所示，具体的施工方法应经监理工程师批准。

4.4.1.7 **防水层技术要求**

(1)混凝土顶板、侧板外表面上在填土前应涂刷沥青胶结材料和其他材料，以形成防水层。

(2)涂刷的层数或厚度应按图纸要求进行。

4.4.2 材料质量要求

(1)水泥：应符合现行国家行业标准《通用硅酸盐水泥》(GB 175—2007)的规定，水泥的品种和强度等级应通过混凝土配合比试验选定，且其特性应不会对混凝土的强度、耐久性和工作性能产生不利影响。当混凝土中采用碱活性集料时，宜选用含碱量不大于0.6%的低碱水泥。

(2)细集料：细集料宜采用级配良好、质地坚硬、颗粒洁净且粒径小于5 mm的河砂；当河砂不易得到时，可采用符合规定的其他天然砂或人工砂。细集料的技术指标应符合《建设用砂》(GB 14684—2011)的规定，检验内容应包括外观、级配、含泥量、泥块含量等，检验试

验方法应符合现行行业标准《公路工程集料试验规程》(JTG E42—2005)的规定。

(3)粗集料：宜采用质地坚硬、洁净、级配合理、吸水率小的碎石或卵石，其技术指标应符合《建筑用卵石、碎石》(GB/T 14685—2011)的规定。检验内容应包括外观、颗粒级配、针片状颗粒含量、含泥量、泥块含量、压碎值指标等，检验试验方法应符合现行行业标准《公路工程集料试验规程》(JTG E42—2005)的规定。

(4)水：符合国家标准的饮用水可直接作为混凝土的拌制和养护用水；当采用其他水源或对水质有疑问时，应对水质进行检验。

(5)外加剂：使用的外加剂，与水泥、矿物掺和料之间应具有良好的相容性。所采用的外加剂，应是经过具备相关资质的检测机构检验并附有检验合格证明的产品，且其质量应符合现行国家标准《混凝土外加剂》(GB 8076—2008)的规定。外加剂的品种和掺量应根据使用要求、施工条件、混凝土原材料的变化等进行试验确定。

4.5 施工工艺

4.5.1 工艺流程

(1)箱形通道(涵洞)施工工艺流程如图4－1所示。

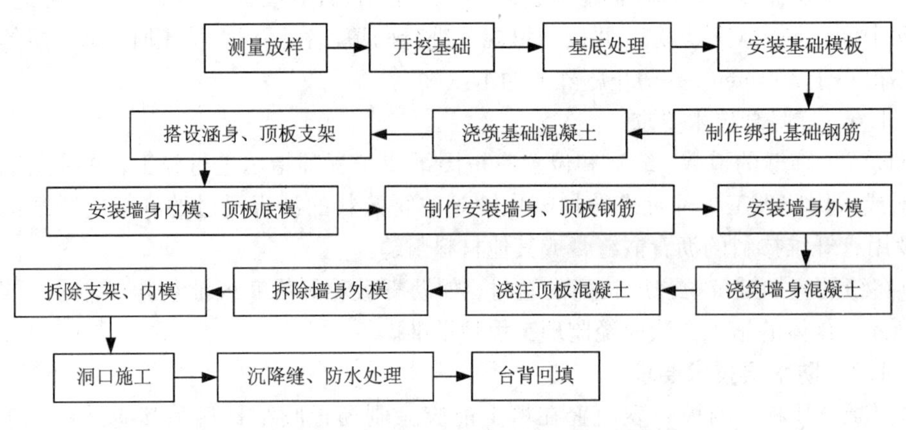

图4－1 箱形通道(涵洞)施工工艺流程图

4.5.2 操作工艺

4.5.2.1 施工放样

(1)根据设计图纸给定的里程桩号及涵洞与线路中线的夹角，计算出涵洞中心点及各特征点的坐标，利用设计及加密导线点坐标和水准点高程，用全站仪进行测设，放出基础轴线及平面位置，并测量其高程。为便于检查校核，基础轴线控制桩延长至基坑外并加以固定。

(2)通过基地宽度、高程计算出开挖线。开挖基坑的底部宽度为换填宽度，换填高度范围垂直开挖，涵洞混凝土基础以上部分开挖边坡根据地质情况按照一定的坡率，放样完成后用石灰洒出开挖边界线。

4.5.2.2 **基坑开挖**

开挖基坑前将进入基坑范围内的地表水截断、引开，使之在开挖和浇筑过程中坑中无积水。排水挖沟工程量比较大时，开挖采用挖掘机配合人工，当挖至离设计标高差 20 ~ 30 cm 时采用人工清理、修整至设计标高。检测地基承载力，视地基承载力情况按监理工程师指示处理，基坑验收合格后，立即装模和做浇筑砼的准备工作，基坑开挖应注意以下事项：

(1) 土方挖送离坑壁坡顶 10 m 以外，以免压塌边坡。

(2) 泥土不挤占施工便道，不得堵塞交通。

(3) 留一边场地进工程用料。

(4) 坑槽有水时，挖集水井排水。

(5) 基坑最终开挖深度要依据触探资料确定并经监理工程师确认。

(6) 基坑达到各项设计要求后，妥善修整，在最短的时间里铺垫层浇筑砼，不得暴露太久。暴露太久时，要重新施测承载力。

4.5.2.3 **涵身施工**

1. 测量放线

在平整的垫层上面精确放样箱涵的平面位置并弹出墨线，同时根据现场实际情况确定沉降缝的设置，沉降缝设置按 6 m 左右并在地基明显变化处及涵身与洞口衔接处设置。

2. 钢筋工程

钢筋加工由钢筋加工场统一加工。

(1) 钢筋应具备原制造厂的质量证明书及出厂合格证，运到工地后应做抽样检查，其技术要求应符合设计及施工规范的要求。

(2) 钢筋焊接前，必须根据施工条件进行试焊，经检验合格后方可正式施焊。焊工必须持证上岗。

(3) 钢筋调直和清除污锈。

①钢筋表面油渍、漆污、铁锈等均应清除干净。

②钢筋应平直，无局部弯折，成盘的钢筋和弯曲的钢筋均应调直。

③加工后的钢筋，在表面上不应有削弱钢筋截面的伤痕。

(4) 钢筋安装。

①钢筋安装分两次进行，第一次安装底板至倒角上 10 cm 位置的全部钢筋及涵身竖向主筋，第二次安装剩余钢筋。安装钢筋时，钢筋位置、保护层的厚度应符合设计的要求。

②绑扎和焊接的钢筋或钢筋骨架，在安装过程中不得出现变形、开焊或松脱现象。涵身竖向主筋绑扎前在顶、底部设置定位钢筋，在定位钢筋上标明钢筋位置来保证钢筋间距或采用钢筋定位模具来进行定位。

③为保证保护层的必要厚度，在钢筋与模板之间用垫块控制保护层厚度，垫块强度不应低于设计的砼强度，并应互相错开，呈梅花形布置。

④钢筋骨架应绑扎结实，并有足够的刚度，在灌注砼过程中不应发生任何松动。

⑤钢筋绑扎方法：在钢筋交叉处，用铁丝按逐点改变绕丝方向(8 字形分布)交错扎结，或按双对角线(十字形)方式扎结牢固。

⑥箍筋应与主筋围紧，箍筋与主筋交叉点处应以铁丝绑扎结实。

⑦钢筋骨架经绑扎安装就位后，应妥善加以保护，不得在其上行走和递送材料。

3. 模板及支架施工

(1)模板工程。

箱形涵洞在箱体底板混凝土浇筑完成、强度达到2.5 MPa后，绑扎、成形腹板钢筋，然后开始安装侧模和顶板模板，最后绑扎、成形顶板钢筋，浇筑混凝土。顶板支架为满堂式，支架采用扣件式钢管支架，立杆间距为80 cm×80 cm，横杆连接高度为1.2 m，立杆顶托上横向放置间距为0.8 m钢管作为横梁。腹板模板固定采用对拉杆对拉固定，拉杆横竖向间距不宜大于60 cm，两模板间穿PVC管确保对拉杆重复利用。

箱涵墙身及顶板采用122 cm×244 cm×18 cm高强度光面七合板制作或采用钢模板制作，制作时根据沉降缝的分幅宽度和设计尺寸的要求进行，每块模板要求位置准确，表面平整，线条顺直，接缝严密不漏浆，使混凝土表面光滑。涵身模板于底节或上节混凝土搭接5 cm，在混凝土面上粘贴厚橡胶条保证接头位置不漏浆。同时堵头模板采用吊锤球法或靠水平尺法确保端头竖直。在模板加固前逐根检查拉杆孔与PVC管是否严密，对于有空隙位置喷泡沫胶或玻璃胶等防止漏浆。

模板安装时应与钢筋安装配合进行，妨碍绑扎钢筋的模板待钢筋安装完毕后进行，同时模板应避免与脚手架连接。

模板安装前应清理干净并涂刷同一品种的脱模剂，不得使用废机油代替。墙身模板利用ϕ14 mm对拉螺杆固定，对拉螺杆两端设置丝口，利用模板和螺杆固定在模板压方上，通过螺母松紧调节模板的平整度并防止砼浇筑时侧模跑位，对拉螺杆按水平60 cm，纵向80 cm间距均匀设置，为保证对拉螺杆的重复使用，预埋PVC套管以方便螺杆拆出。

墙身模板外侧利用钢管架及斜撑加固，内侧利用钢管剪刀撑和对撑加固。箱涵顶板用钢管组合支架支撑设置，支架上铺设方木后进行模板安装，支架利用可调钢顶托调节高度和平整度。端头模板利用组合钢模或七合板以钢管支撑加固(图4-2)。

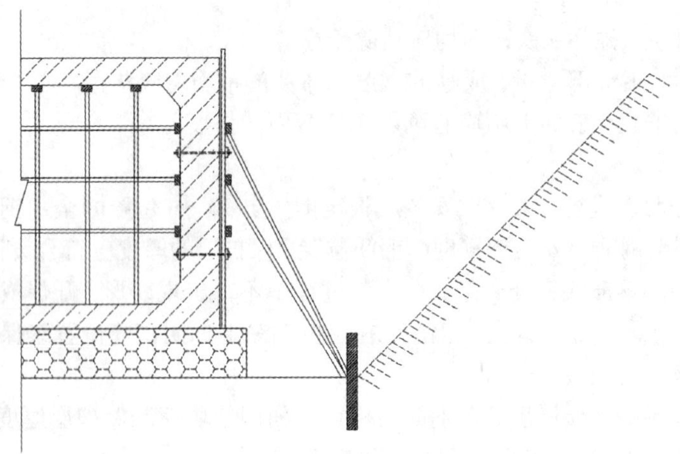

图4-2　箱涵支架及模板图

(2)支架工程。

支架采用ϕ48 mm钢管，钢顶托及管扣等材料组合施工，支架和模板模安装宽度以超过箱涵100~120 cm为宜，立杆间距不大于100 cm，水平间距不大于120 cm，支架底部必须设置扫地横杆、立杆底部垫以木跳板。考虑箱涵顶板自重及施工荷载较大，同时地基处理并已施工砼垫层。为保证支架的整体稳定性，沿支架纵向每5~7排全高范围内设置剪力撑，斜杆与地面交角小于60°，并用管扣与立杆连接。

模板和支架施工后严格自检，经沉降观测并确保支撑稳固后方可报请监理工程师验收，合格后方可进入下道工序的施工。

4.5.2.4 箱涵砼浇筑

1. 箱形通道(涵洞)应分层浇筑砼

箱涵分两次浇筑砼，第一次浇筑砼至底板内壁以上30 cm处，然后进行剩余部分的钢筋和模板安装，第二次浇筑时注意施工缝处要粗糙和干净，并注意砼的接茬振捣，以保证拆模后砼的外观质量良好。第一次浇筑为常规施工，浇筑时注意砼的振捣密实和底板表面平整压光，第二次浇筑属于薄壁钢筋砼结构，必须保证砼的振捣密实和几何尺寸，以达到砼结构内实外美的效果。

2. 砼运输

砼运输至施工现场后不得有离析、严重泌水或坍落度严重损失等现象，经试验人员取样检测其坍落度、和易性等常规指标合格后方可入模浇筑，考虑到箱涵的高度和宽度，为保证砼的连续浇筑，可采用砼输送泵或吊车配合串筒进行砼的浇筑施工。

3. 砼的浇筑

(1)浇筑混凝土前，应对支架、模板、钢筋和预埋件进行检查，并做好记录，符合设计要求后方可浇筑。模板内的杂物、积水和钢筋上的污垢应清理干净。模板如有缝隙，应填塞严密，模板内面应涂刷脱模剂。浇筑混凝土前，应检查混凝土的均匀性和坍落度。

(2)自高处向模板内倾卸混凝土时，为防止混凝土离析，应符合下列规定：

①从高处直接倾卸时，其自由倾落高度不宜超过2 m，不发生离析。

②当倾落度超过2 m时，应通过串筒、溜管或振动溜管等设施下落。

③在串筒出料口下面，混凝土堆积高度不宜超过1 m。

(3)混凝土应按一定厚度、顺序和方向分层浇筑，应在下层混凝土初凝或能重塑前浇筑完成上层混凝土。上、下层同时浇筑时，应从低处开始扩展升高，保持水平分层。

(4)浇筑混凝土时，宜采用振动器振实。用振动器振捣时，应符合下列规定：

①使用插入式振动器时，移动间距不应超过振动器作用半径的1.5倍；与侧模应保持50~100 mm的距离；插入下层混凝土50~100 mm；每一处振动完毕后应边振动边徐徐提出振动棒；应避免振动棒碰撞模板、钢筋及其他预埋件。

②对每一振动部位，必须振动到该部位混凝土密实为止。密实的标志是混凝土停止下沉，不再冒气泡，表面呈现平坦、泛浆状。

(5)混凝土的浇筑应连续进行，如因故必须间断时，其间断时间应小于前层混凝土的初凝时间或能重塑的时间。混凝土的运输、浇筑及间歇的全部时间不得超过表4-2的规定。

表 4-2　混凝土的运输、浇筑及间歇的全部允许时间/min

混凝土强度等级	气温不高于 25℃	气温高于 25℃
≤C30	210	180
>C30	180	150

注：当混凝土中掺有促凝或缓凝剂时，其允许时间应根据试验结果确定。

(6)结构混凝土浇筑完成后，对混凝土裸露面应及时进行修整、抹平，待定浆后再抹第二遍并压光或拉毛。当裸露面面积较大或气候不良时，应加盖防护，但开始养生前，覆盖物不得接触混凝土面。

(7)结构混凝土期间，应设专人检查支架、模板、钢筋和预埋件等的稳固情况，当发现有松动、变形、移位时，应及时处理。

4. 模板及支架的拆除

模板拆除时间按规范的规定执行：

(1)承重模板拆除：应在混凝土强度能承受其自身重力及其他可能的叠加荷载时，方可拆除，当构件跨度不大于 4 m 时，在混凝土强度符合设计强度标准值的 75% 的要求后，方可拆除。

(2)非承载重模板拆除：应在混凝土强度能保证其表面及棱角不致因拆模而受损坏时方可拆除，一般应在混凝土抗压强度达到 2.5 MPa 时方可拆除侧模板。

(3)模板拆除的顺序和方法：模板拆除应按设计顺序进行，设计无规定时，应遵循先支后拆，后支先拆的顺序；一般先拆侧面模板，后拆底板，先拆非承重部分，后拆承重部分。拆除时，不许猛烈橇打混凝土表面及模板，防止模板弯曲变形；拆除后的模板要清理干净，钢筋涂油后要分类存放；模板损坏要专人修理。

(4)拆除模板后，应及时从砼中取出对拉螺栓，并用砂浆进行孔洞填塞。

5. 砼的养生

(1)对于在施工现场养护的混凝土，应根据施工对象、环境、水泥品种、外加剂以及对混凝土性能的要求等提出具体的养护方案，并应严格执行规定的养护制度。

(2)一般混凝土浇筑完成后，应在收浆后尽快予以覆盖和洒水养护。对炎热天气浇筑的混凝土以及桥面等大面积裸露的混凝土，待收浆后予以覆盖和洒水养生。覆盖时不得损伤或污染混凝土的表面。

(3)混凝土养护用水的条件与拌和用水相同。

(4)箱涵顶板砼养护采用麻袋或锯屑覆盖，四周保水养护，箱涵墙身设专用养护水管，专人 24 h 洒水养护。

(5)混凝土的洒水养护时间一般为 7 d，可根据空气的湿度、温度和水泥品种及掺用的外加剂等情况，酌情延长或缩短。每天洒水次数以能保持混凝土表面经常处于湿润状态为度。

(6)混凝土强度没达到 2.5 MPa 前，不得使其承受行人、运输工具、模板、支架及脚手架等荷载。

4.5.2.5 沉降缝的设置

1. 沉降缝的划分

根据设计要求按6 m设沉降缝一道，也可作为箱涵节数的划分，地基明显变化处及涵洞口衔接处设置沉降缝。

2. 施工方法

(1)沉降缝宽2 cm，砼浇筑前在沉降缝位置先埋设2 cm厚的塑料泡沫板，安装固定好，待砼浇筑拆模后，再掏出泡沫板并清除缝内的碎泡沫，用水冲洗干净，经监理工程师验收合格后，方可进行下一道工序的施工。

(2)涵墙及顶板可沿正反两面填塞沥青麻絮。底板只能单面填塞，沉降缝填塞沥青麻絮时必须塞紧挤实。

(3)一道沉降缝长度(6 m)的箱涵涵身施工完毕后，即可间隔进行下一道沉降缝长度(6 m)的箱涵涵身施工，最后逐段施工完毕。

(4)沉降缝应为通缝，不得错位。沉降缝施工时应将泡沫板清理干净，采用浸透热沥青的麻絮填塞饱满，外侧做15 cm宽"二毡三油"。

4.5.2.6 台背填土

在涵身砼强度达到设计强度后，进行台背回填。填土前先清除各种杂物和台背不适宜材料。台背采用内摩擦角较大的设计图纸规定的透水性材料分层两台背同时对称填筑压实，每层压实厚度15 cm左右，全部划线控制填土施工，用压路机压实，压路机压不到的地方用小型打夯机夯实，压实强度须达96%以上。填筑范围详见表4－3。

表4－3 台背填筑范围表

构造物类型	底部处理长度/m	上部处理长度/m	备注
涵洞	每侧≥2	每侧>(2+2h)	含台前溜坡及锥坡且需超长0.3 m压实

注：h为路基填土高度减去路面及路床厚度。

在涵洞顶上填土时，第一层松铺厚度不得小于30 cm，并要防止剧烈冲撞。只有涵顶上填土厚度大于50 cm时，才允许施工机械、车辆通行。由专门负责台背回填的技术人员指导施工，每层均需拍摄影像资料。

4.5.2.7 洞口砌筑

箱形通道(涵洞)涵身施工完毕后即可进行洞口建筑的施工，一般箱涵洞口为八字式或一字式，采用砼基础及洞外砌为M7.5砂浆砌片石，帽石采用砼。

洞口砌筑前要将多余土清除修整。根据施工图纸放样挂线、挖基、砌筑。基础地基承载力不少于设计值。砌筑采用的石料应强韧、密实与耐久，质地适当细致，色泽均匀，无风化剥落和裂纹，获得质检通过和监理工程师认可。片石的厚度不少于15 cm，镶面石料应选择尺寸稍大并且有较平整表面。砂浆严格按配比配料，采用机械式砂浆搅拌机拌和。砌筑时片石大面朝下，砂浆饱满，不得有空洞，不得用碎石填心。墙面勾缝一致，整齐、美观。

洞口建筑均为常规施工工艺，但应注意砼的几何尺寸和外观质量，特别是八字墙身和帽石，应做到大面平整、表面光洁、颜色一致、棱角分明、线条顺适。

4.6 质量标准

4.6.1 总体要求

(1)基本要求:

①箱涵施工应严格按照设计图纸、施工规范和有关技术操作规程要求进行。

②各接缝、沉降缝位置正确,填缝无空鼓、开裂、漏水现象;若有预制构件,其接缝应与沉降缝吻合。

③箱涵内不得遗留建筑垃圾、杂物等。

(2)实测项目要求如表 4-4 所示。

表 4-4 箱形通道(涵洞)总体实测项目

项次	检查项目	规定值或允许偏差	检查方法及频率	权值
1	轴线偏位/mm	明涵 20,暗涵 50	经纬仪:检查 2 处	2
2*	流水面高程/mm	±20	水准仪、尺量:检查洞口 2 处,拉线检查中间 1~2 处	3
3	涵底铺砌厚度/mm	+40, -10	尺量:检查 3~5 处	1
4	长度/mm	+100, -50	尺量:检查中心线	1
5*	孔径/mm	±20	尺量:检查 3~5 处	3
6	净高/mm	明涵 ±20,暗涵 ±50	尺量:检查 3~5 处	1

注:* 实际工程无项次 3 时,该项不参与评定。

(3)外观鉴定要求:

①洞身顺直,进出口、洞身、沟槽等衔接平顺,无阻水现象。不符合要求时减 1~3 分。

②帽石、一字墙或八字墙等应平直,与路线边线型匹配、棱角分明。不符合要求时减 1~3 分。

③涵洞处路面平顺,无跳车现象。不符合要求时减 2~4 分。

④外露混凝土表面平整,颜色一致。不符合要求时减 1~3 分。

4.6.2 涵台

(1)基本要求:

①所用水泥、砂、石、水、外掺剂、混合材料的质量和规格必须符合有关技术规范的要求,按规定的配合比施工。

②地基承载力及基础埋置深度须满足设计要求。

③混凝土不得出现露筋和空洞现象。

④砌块应错缝、坐浆挤紧,嵌缝料和砂浆饱满,无空洞、宽缝、大堆砂浆填隙和假缝。

(2)实测项目要求如表 4-5 所示。

表 4－5 实测项目标准

项次	检查项目		规定值或允许偏差	检查方法及频率	权值
1*	混凝土或砂浆强度/MPa		在合格标准内	按相关标准检查	3
2	涵台断面尺寸/mm	片石砌体	±20	尺量：检查3～5处	1
		混凝土	±15		
3	竖直度或斜度/mm		0.3%台高	吊垂线或经纬仪：测量2处	1
4*	顶面高程/mm		±10	水准仪：测量3处	2

注：＊实际工程无项次3时，该项不参与评定。

(3)外观鉴定要求：

①涵台线条顺直，表面平整。不符合要求时减1～3分。

②蜂窝、麻面面积不得超过该面面积的0.5%。不符合要求时，每超过0.5%减3分；深度超过10 mm者必须处理。

③砌缝匀称，勾缝平顺，无开裂和脱落现象。不符合要求时减1～3分。

4.6.3 箱形通道(涵洞)浇筑

(1)基本要求：

①混凝土所用的水泥、砂、石、水、外掺剂及混合材料的质量规格必须符合有关技术规范的要求，按规定的配合比施工。

②地基承载力及基础埋置深度须满足设计要求。

③箱体不得出现露筋和空洞现象。

(2)箱形涵洞现场浇筑技术要求：

①在浇筑底板以前，应清除基座上的杂物，然后按图纸立模板、绑扎钢筋、浇筑混凝。

②底板混凝土强度达到设计强度的70%后，方可在底板上立模浇筑侧板及顶板。

③在浇筑侧板上的牛腿时，应按图纸和工程师的指示预埋搭板联结锚固筋。

④严格按图纸所示的标高、纵坡和预拱度，设置垫层和基座以及浇筑涵洞混凝土。

(3)实测项目要求如表4－6所示。

表 4－6 箱形通道(涵洞)浇筑实测项目

项次	检查项目		规定值或允许偏差	检查方法和频率	权值
1*	混凝土强度/MPa		在合格标准内	按相关标准检查	3
2	高度/mm		+5，－10	尺量：检查3个断面	1
3	宽度/mm		±30	尺量：检查3个断面	1
4	顶板厚/mm	明涵	+10，－0	尺量：检查3～5处	2
		暗涵	不小于设计值		
5	侧墙和底板厚/mm		不小于设计值	尺量：检查3～5处	1

续表 4－6

项次	检查项目	规定值或允许偏差	检查方法和频率	权值
6	平整度/mm	5	2 m 直尺： 每 10 m 检查 2 处×3 尺	1

注：＊实际工程无项次 3 时，该项不参与评定。

(4)外观鉴定要求：

①混凝土表面平整，棱线顺直，无严重啃边、掉角。不符合要求时每处减 0.5～2 分。

②蜂窝、麻面面积不得超过该面面积的 0.5%，不符合要求时，每超过 0.5% 减 3 分；深度超过 1 cm 者必须处理。

③混凝土表面出现非受力裂缝，减 1～3 分，裂缝宽度超过设计规定或设计未规定时超过 0.15 mm 必须处理。

4.6.4 一字墙和八字墙

(1)基本要求：

①砌块、砂、水的质量和规格应符合有关规范的要求，混凝土或砂浆应按规定的配合比施工。

②地基承载力及基础埋置深度必须满足设计要求。

③砌块应分层错缝砌筑，坐浆挤紧，嵌填饱满密实，不得有空洞。

④抹面应压光、无空鼓现象。

(2)实测项目要求如表 4－7 所示。

表 4－7 实测项目

项次	检查项目	规定值或允许偏差	检查方法和频率	权值
1*	砼或砂浆强度/MPa	在合格标准内	按相关标准检查	4
2	平面位置/mm	50	经纬仪：检查墙两端	1
3	顶面高程/mm	±20	水准仪：检查墙两端	1
4	底面高程/mm	±50	水准仪：检查墙两端	1
5	竖直度或坡度/%	0.5	吊垂线：每墙检查 2 处	1
6*	断面尺寸/mm	不小于设计	尺量：各墙两端断面	2

注：＊实际工程无项次 3 时，该项不参与评定。

(3)外观鉴定要求：

①墙体直顺、表面平整。不符合要求时，减 1～3 分。

②砌缝无裂缝，勾缝平顺，无脱落、开裂现象。不符合要求时减 1～4 分。

③混凝土墙蜂窝、麻面面积不得超过该面面积的 0.5%。不符合要求时，每超过 0.5% 减 3 分；深度超过 1 cm 者必须处理。

4.7 成品保护

(1)涵洞完成后，当涵洞砼强度或砌体砂浆强度达到75%以后，方可进行台背回填，涵洞顶上填土必须在大于50 cm时，才允许机械设备通过。

(2)涵洞台背回填，必须在涵洞侧板和顶板施工完毕且基底铺砌施工完毕后，且砼强度达到设计强度的75%以上时方可进行。台背回填必须两侧对称进行，防止一侧偏填导致台身被挤倒。

(3)如果涵洞与路线有交叉，必须在醒目位置做好防护标记，必要时设置防撞墩，采取限高、放宽、保护架等措施。

(4)涵洞的防水层及沉降缝施工必须严格按照设计图纸要求进行施工，防水层要填充饱满，油毛防水层及沉降缝位置回填材料不得直接回填坚硬的石块等材料，以免破坏涵洞防水层，使涵洞出现涵内漏水等病害。

(5)混凝土浇筑完成后，要覆盖洒水养生，养生时间不得少于7 d。

(6)冬季混凝土及砂浆砌筑要采取防冻保温措施。

4.8 安全环保措施

4.8.1 安全措施

(1)施工现场安全管理措施:

①施工前，应对施工现场、机具设备及安全防护设施等进行全面检查，确认符合安全要求后方可施工。

②施工道路平整、坚实、保证畅通。危险地点悬挂《安全色》(GB 2893—2008)和《安全标志及其使用导则》(GB 2894—2008)规定的警告牌或明显的红灯示警。

③现场生产、生活区按《消防法》规定应布设足够的消防水源和消防设施。房屋、库棚、料场等的消防安全距离应符合《消防法》的规定。现场的易燃杂物，随时清除，严禁在有火种的场所附近堆放。

④施工现场人员，必须佩戴安全帽，特殊工种按规定佩戴好防护用品。

⑤要保证安全检查制度的落实，对检查中发现的安全问题、安全隐患，要立即登记、整改以消除隐患。定人、定措施、定经费、定完成日期，在隐患没有消除前，必须采取可靠的防护措施。如有危及人身安全的险情，须立即停工，处理合格后方可施工。把安全生产责任制与各级管理者的经济利益挂钩，严明奖惩，保证“管生产必须管安全”。

(2)基坑开挖安全防护措施:

①边坡设置:边坡的留设应符合规范要求，其坡度的大小，则应根据土壤的性质、水文地质条件、施工方法、开挖深度、工期长短等因素确定。

②设置支撑:如有必要，应当在雨季来临之时，设置临时支撑，以防雨水冲洗导致基坑垮塌。

③临时排水:应做好施工排水，尽量避免在坑槽边缘堆置大量土方、材料和机械设备;

坑槽开挖后不宜暴露太久，应立即进行基础和地下结构的施工；对滑坡地段的挖方，应遵循先整治后开挖和由上至下的开挖顺序，严禁先切除坡脚或在滑坡体上弃土。

④基坑边防护栏杆的搭设：为了保证施工过程中边坡附近施工人员的安全，应在边坡旁设置防护栏杆，防护栏杆高度为1.2 m，横向钢管间距为0.3 m，钢管埋入土层深度为70 mm，水平方向设置两道水平杆，第一道自地面起50 mm。钢管连接处采用十字扣相连。

(3)脚手架搭设安全防护措施：

①支架搭设工作必须由持有《特种作业人员操作证》的专业架子工进行，上岗前必须进行安全教育考试，合格后方可上岗。

②在脚手架上的作业人员必须穿防滑鞋，正确佩戴安全带，着装灵便。

③进入施工现场必须佩戴合格的安全帽，系好下颚带，锁好带扣。

④登高(2 m以上)作业时必须系合格的安全带，系挂牢固，高挂低用。

⑤脚手板必须铺严、实、平稳，不得有探头板，要与架体拴牢。

⑥架上作业人员应做好分工、配合，传递杆件应把握好重心，平稳传递。

⑦作业人员应佩戴工具袋，不要将工具放在架子上，以免掉落伤人。

⑧架设材料要随上随用，以免放置不当掉落伤人。

⑨在搭设作业中，地面上配合人员应避开可能落物的区域。

⑩严禁在架子上作业时嬉戏、打闹、躺卧，严禁攀爬脚手架。

⑪严禁酒后上岗，严禁高血压、心脏病、癫痫病等不适宜登高作业人员上岗作业。

⑫搭拆脚手架时，要有专人协调指挥，地面应设警戒区，要有旁站人员看守，严禁非操作人员入内。

⑬脚手架基础必须平整夯实，具有足够的承载力和稳定性，立杆下必须放置垫座和通板，有畅通的排水设施。

⑭搭、拆架子时必须设置物料提上、吊下设施，严禁抛掷。

⑮遇6级(含6级)以上大风天、雪、雾、雷雨等特殊天气应停止架子作业。雨雪天气后作业时必须采取防滑措施。

(4)施工用电安全管理措施：

施工现场用电按《施工现场临时用电安全技术规范》(JGJ 46—2005)的要求进行设计、检测。所有电气设备设专人检查维护，并设示警标志，操作电气设备要符合如下规定：

①非专职电气操作人员，不得操作电气设备。

②操作电气设备必须戴绝缘手套、穿电工绝缘靴并站在绝缘板上。

③手持式电气设备的操作手柄和工作中必须接触的部位应有良好绝缘，并在使用前进行绝缘检查。

④低压电气设备加装触电保护。

⑤电气设备有良好的接地保护，每班均由专人检查。

⑥施工现场自备发电机，以防止突然停电造成安全事故。

⑦所有施工用电线路均按施工组织设计要求分别定位悬挂，由值班电工负责检查管理。

⑧施工现场用电应采用三相五线制供电系统，采用三级配电二级保护方式，用电设备实行“一机一闸一漏(漏电保护器)一箱(配电箱)”；漏电保护装置与设备相匹配，不得用一个开关直接控制两台以上的用电设备。

⑨自备发电机组应采用三相四线制中性点直接接地系统，接地电阻值不得大于4 Ω。发电机组应与外电线路电源联锁，严禁并联运行；应设置短路保护和过负荷保护装置。

⑩电缆线采取埋地或架空敷设，严禁沿地面敷设；电缆类型应根据负荷大小、允许电压损失计算确定。

⑪固定式配电箱及开关箱的底面与地面垂直距离不得小于1.3 m，移动式配电箱及开关箱的底面与地面垂直距离应大于0.6 m。配电箱及开关箱应安装在干燥、通风及常温场所，应分设工作接零和保护接零端子汇流排；配电箱应采取防晒、防尘措施，并配锁。

⑫生活照明用电，不得擅自拉线、装插座；不得私自使用电炉及其他功率较大的电器。

(5)施工机械的安全措施：

①车辆驾驶员和各类机械操作员必须持证上岗，严禁无证操作。对驾驶员、机械操作人员定期进行《安全规程》教育。机械使用前应经过调试、检测，确认技术性能和安全装置状态良好后方可投入使用。

②严禁酒后驾驶车辆、机械，严禁“三超”，禁止机械超负荷和带“病”运转，并坚持“三查一检”制。

③机械设备在施工现场集中停放，严禁对运转中的机械设备进行检修、保养。液压系统发生故障，停止检修作业时，应释放压力。不得在坡道上停放或检修机械，当需要在坡道上检修时应做好防护。

④机械作业的指挥人员发出的指挥信号必须准确，操作人员必须听从指挥，严禁违令作业。

⑤起重作业应严格执行《建筑机械使用安全技术规程》和《建筑安装人员安全技术操作规程》中的有关规定和要求。

⑥使用钢丝绳的机械，在运行中禁止人员跨越钢丝绳，用钢丝绳起吊、拖拉重物时，现场人员应远离作业半径，并对钢丝绳进行保养，检查更换。

⑦对机械设备、各种车辆定期检查，对查出的隐患按“三不放过”的原则进行处理，并制订防范措施，防止发生伤害事故。

⑧全部机械设备均分别制订安全操作规程，并挂牌。

⑨施工机械应指定操作人员负责保管，轮班作业应执行交接班制度。

⑩操作人员应熟悉机械的性能和操作方法，并具有在机械发生事故时采取紧急措施的能力；操作人员不得擅自离开工作岗位，严禁疲劳作业。

⑪机械设备在施工现场停放时应选择安全地点，并将带负荷的部件放松，同时设有制动、防滑、防冻措施。

⑫危险地段作业时，应设立安全警示标志，并设专人指挥。

⑬在高压线下附近作业或通过时，施工机械与输电线之间应满足最小安全距离要求。在埋有电缆、管道的地点作业时，施工前应在地面设立安全警示标志，未探明地下设施位置走向前，应由专人现场监护作业，严禁使用挖掘机、装载机、推土机等大型机械盲目作业。

⑭起重指挥应由技术培训合格专职人员担任，作业前，应对机械设备、现场环境、行驶道路、架空电线及其他建筑物和吊重物情况进行了解，确定吊装方法。

⑮起重臂和吊起的重物下面有人停留或行走时不得起吊，吊索和附件捆绑不牢时不得起吊，吊件上站人、重量不明、无指挥或信号不清时不得起吊。

⑯不得使用起重机进行斜拉、斜吊，起吊重物时不得在重物上堆放或悬挂零星物件。不得忽快忽慢和突然制动，不得带荷自由下落。

⑰起重用的钢丝绳吊索(无弯曲)其安全系数应大于6，捆绑吊索安全系数应大于8。

(6)混凝土与砌体工程的安全措施：

①混凝土工程使用的模板及支架结构的稳定性、刚度和强度应满足施工要求，其承载力应满足支撑新浇混凝土的重力、侧压力以及施工过程中产生荷载的要求。

②地面以下的模板安装、拆除，应先检查坑壁稳定和支护牢固情况，深长基础宜分层支模，边装边支，逐层施工。

③地面以上的模板安装，应分段分层自下而上地逐层支撑稳固。

④模板支架应安装在坚固的地基上，并有足够的支撑面积。

⑤钢筋加工时调直机应固定，手与飞轮应保持安全距离，调至钢筋末端时，应防止甩动和弹起伤人。钢筋切断机操作时，不得将两手分在刀片两侧俯身送料，不得切断直径超过机械规定的钢筋。钢筋弯曲机工作台应安装牢固，旋转半径内和机身不设固定锁子的一侧，严禁站人。

⑥混凝土搅拌作业时，不得将头、手伸入料斗和机架之间，手和工具不得伸入搅拌筒内扒料、出料。料斗升起时，人员不得从料斗下方穿行，作业后应将料斗落到坑内，当升起或清除料斗内杂物时，应将料斗用链条扣牢。

⑦使用吊斗(罐)运输混凝土时，吊斗(罐)不得碰撞栏杆和脚手架，严禁超载吊运。

⑧混凝土浇筑平台应搭设牢固，浇筑基础部位混凝土时，应检查基坑边坡稳定情况，浇筑时安装或搭设的溜槽必须绑扎牢固，并严禁人员在上面作业。

⑨砌体工程施工时，应先做好排水，经常检查基坑边坡，高出地面时，人员不得靠近墙脚或坡脚，不得采用从上向下自由滚落的方式运输石料。

⑩砌筑用石料不宜超过50 kg，砌筑中应防止砸伤手脚。

(7)冬雨季施工的安全措施：

①进入冬季前，施工现场的人行道板、跳板和作业场所应采取防滑措施。

②操作机械时，应有防冻措施，驾驶车辆不得在有积雪和冰层的道路上快速行驶，上下坡和急转弯时，应避免紧急制动。

③雨季施工应制订施工期间的防洪、排涝安全防护措施。

④雨季前，必须对施工场地、材料堆放、生活驻地、运输便道及水电设备的防洪、防雨、排涝等设施进行检查，排涝沟渠必须疏通；人行通道、跳板和作业场所等应采取防滑措施。

⑤暴雨前后，应对脚手架、边坡、基坑、临时房屋和设施等进行检查，发现倾斜、变形、下沉、漏雨、漏电或有可能发生坍塌的施工地段，应及时修复和加固。

⑥处于洪水可能淹没地段的机械设备、材料等应采取防洪措施。

4.8.2 环保措施

①在进行盖板涵施工时，应尽量少破坏天然植被，以便最大限度地保护自然景观。

②工程剩余的废料，应根据各自情况分别处理，不得任意裸露弃置。

③清洗施工机械、设备及工具的废水、废油等有害物资以及生活污水，不得直接排放于附近小溪、河流或其他水域中，也不得倾泻于饮用水源附近的土地上，以防污染水质和土壤。

④在进行箱涵施工时，由机械设备与工艺操作所产生的噪声，不得超过当地政府规定的标准，否则应采取消声措施或避开夜间施工作业。

⑤施工现场存放油料时必须对库房进行防渗漏处理，储存和使用都要采取隔油措施，以防油料污染附近水质。

4.9 质量记录

箱涵施工质量验收应提供的书面记录有：

(1)工程放样与定位测量记录、测量复核记录。

(2)基坑检验表。

(3)基础模板安装、混凝土浇筑及成品检验记录。

(4)墙身及顶板模板安装、钢筋加工、混凝土浇筑及成品检验记录。

(5)建筑材料质量检验记录。

(6)洞口八字墙、一字墙等施工质量检查记录。

(7)涵洞内铺砌及接线质量检验记录。

(8)工序质量评定表。

5 波纹钢管(板)涵施工工艺标准

5.1 总则

5.1.1 适用范围

本标准适用于公路涵洞、通道采用的波纹钢管和波纹钢板件，其他行业的涵洞、通道所采用的波纹钢管和波纹钢板件可参照使用。

5.1.2 编制参考标准及规范

(1)《公路桥涵施工技术规范》(JTG/T F50—2011)。
(2)《公路工程质量检验评定标准》(JTG F80/1—2017)。
(3)《公路工程技术标准》(JTG B01—2014)。
(4)《公路桥涵设计通用规范》(JTG D60—2015)。
(5)《公路圬工桥涵设计规范》(JTG D61—2005)。
(6)《公路涵洞通道用波纹钢管(板)》(JT/T 791—2010)。

5.2 术语

5.2.1 螺旋波纹钢圆管

螺旋波纹钢圆管是指钢板或钢带经加工制成的螺旋形波纹圆管。

5.2.2 波纹钢板件

波纹钢板件是指波纹板涵组成部件，钢板经环向加工制成的具有一定曲面的波纹板件。

5.3 施工准备

5.3.1 技术准备

(1)施工人员应认真审核图纸及设计说明书，检查图纸的完整性以及有无矛盾和错误。

(2)施工图纸与现场情况进行对比核对，领会设计意图。施工人员必须熟悉通道(涵洞)所处的地形、地貌和工程地质状况。

(3)核对通道(涵洞)与土石方、挡墙等工程的相互关系和施工衔接，明确其对通道(涵洞)现场布置和施工的影响。

(4)核对排水系统和设施的布置是否与地形、地貌、水文、气象等条件相适应。

(5)核对进出口形式与接线的布置是否与地形、地貌、水文、经过该处的人员、车辆的大小、交通类型等相适应。

(6)对拟建通道(涵洞)的施工场地进行清理，对施工区域内有碍施工的电杆、建筑物、道路等均应拆迁或移改。

(7)做好技术交底工作，编制施工方案，并报建设和监理单位审批。

(8)对涵洞(通道)附近增设的水准点、导线控制点进行交桩和复测。

(9)应在现场修好适当的便道，平整足够的场地，做好临时排水工作，用于材料设备的进场安置。

5.3.2 材料准备

通道(涵洞)所用的各种原材料，均应符合现行国家或行业标准的规定，并应在进场时对其性能和质量进行检验。

5.3.3 主要机具

(1)机械：挖掘机、自卸卡车、起重设备、压路机、打夯机、混凝土搅拌机、砂浆搅拌机、柴油发电机、混凝土振捣棒等。

(2)工具：铁锹(尖、平头两种)、手推车、木抹子、铁抹子、波形板涵拼装专业设备等。

(3)测量仪器：全站仪或经纬仪、水准仪、塔尺、钢尺等。

5.3.4 作业条件

(1)波形钢管(板)涵洞(通道)的位置和开挖范围已经确定，征地工作已经完成。

(2)施工场区进行了平整，现场修好了适当的便道，已做好临时排水工作，为保证各种设备行走安全，对不利于施工机械行走的松软地面进行碾压或夯实处理。

(3)通涵附近设有足够的平面控制点和水准测量基点。

(4)各种施工机具已经到位；施工建筑材料准备就绪。

5.3.5 劳动力组织

一般波形钢板通道(涵洞)应由专业队伍施工，其劳动力组织如表5－1所示。

表5－1 施工劳动力组织

工种	人数	工作地点	职责范围
施工队长	1	整个施工现场	负责跟班组织施工管理工作、协助总指挥工作等
技术员	1	整个施工现场	负责跟班解决施工中的技术问题，编写技术措施等

续表 5-1

工种	人数	工作地点	职责范围
安全员	1	整个施工现场	负责跟班检查安全措施、安全措施的执行情况及安全教育工作，对安全生产负责
质检员	1	整个施工现场	负责跟班检查工程质量，组织各工种交接及质量保证措施的执行情况，对工程质量负责
试验员	1	整个施工现场	负责跟班检查工程试验检测、原材料试验检测
测量员	2	施工现场	负责施工测量放样及平面位置及高程复核
挖掘机操作工	1	基坑开挖	负责基坑的土方开挖
吊车司机	1	施工现场	波形钢管吊装、波形钢板拼接施工
材料员	1	材料仓库	负责施工材料供应及管理
自卸卡车司机	4	施工现场	负责基坑开挖土石方运输
普工	6	施工现场	负责基础处理、波形钢管涵吊装作业的配合、锲形部位的回填压实、二次防锈处理等
模板工	4	施工现场	负责装拆模
混凝土工	6	施工现场	负责混凝土的卸料、浇筑、振捣，洞口浆砌片石
电工	1	整个施工现场	负责现场动力、照明、通信等电器系统的维修保护
杂工	2	整个施工现场	负责基坑整修、混凝土或砂浆养护材料搬运及现场清理、保卫等
总计	33		

注：此表为一个作业班施工配备人员，未计后勤、行政等人员。

5.4 工艺设计和控制要求

5.4.1 技术要求

5.4.1.1 基础技术要求

波形钢管（板）通涵是一种柔性结构，具有横向补偿位移的特性，具有较大的抗沉降能力。管节地基应予压实，并做成与管身弧度密贴的弧形管座，管座所用的材料应匀质且无大石块等硬物。波形钢管不得直接置于岩石地基或混凝土基座上，应在管节和地基之间设置砂砾垫层或其他适宜材料；对于软土地基，应先对其进行处理，再填筑一层厚度不小于200 mm的砂砾垫层并夯实紧密。

5.4.1.2 安装施工技术要求

（1）拼装管节时，上游管节的端头应置于下游管节的内侧，不得反置；采用法兰盘或管箍环向拼接时，应将螺栓孔的位置对准，并按产品设计规定的扭矩值进行螺栓的施拧。

（2）管节或块件之间的接缝应采用不透水的弹性材料进行嵌塞，宽度宜为2～5 mm；接缝嵌塞材料应连续，不得有漏水现象。

(3)各管节应顺水流方向安装平顺，垫稳坐实，安装完成后管内不得遗留泥土等杂物。

(4)波形钢管涵宜设置预拱度，其大小应根据地基可能产生的下沉量、涵底纵坡和填土高度等因素综合确定，但管涵中心的高程应不高于进水口的高程。

(5)在涵洞的进出水口处，当波形钢管节的管端与涵洞刚性相连时，宜采用直径不小于 20 mm 的螺栓，按不大于 500 mm 的间距，将管节与端墙墙体予以锚固。

5.4.1.3　**管顶最小填土厚度要求**

管顶填土的最小厚度应在符合表 5 -2 的规定后，方可允许车辆通行。

表 5 -2　波形钢管涵管顶最小填土厚度/mm

管涵直径/m	车辆轴载 100 ~ 200 kN	车辆轴载 201 ~ 500 kN	车辆轴载 501 ~ 1000 kN	车辆轴载 1001 ~ 2000 kN
0.75	400	600	800	1200
0.80 ~ 1.25	600	800	1200	1600
1.30 ~ 2.00	800	1200	1600	2000
3.00 ~ 4.00	1200	1600	2000	2500

5.4.1.4　**洞口施工防止裂缝措施**

为防止端墙裂缝，可采取以下两种措施：

(1)基础做好后，上下游的片石砌筑高度和沙砾基础上顶面标高一致时开始拼装波纹管，在管体安装就位完毕后，可以采取不砌筑端墙，而将波纹管的填土填至路顶面标高 15 d 后再砌筑端墙，也就是波纹管终止了管壁的变形后。

(2)波纹管安装就位完毕后，可以将两端端墙砌至与波纹管管顶齐平就不再砌筑，波纹管管顶部未砌筑的部分片石可以排列两排沙土袋来挡土，等到波纹管管顶填土填至路基最大设计标高 15 d 后再将沙袋清理掉砌筑上下游的端墙。

5.4.2　材料质量要求

(1)波形钢管、波形钢板：加工成波纹钢管(板)的材质性能符合《碳素结构钢》(GB/T 700—2006)要求。加工后的半成品的壁厚、波距、波高、直径或跨径、拼装用的高强度螺栓、法兰等，应符合现行国家行业标准《公路涵洞通道用波纹钢管(板)》(JT/T 791—2010)的规定。

采用碳素结构钢的波纹钢管、波纹钢板件和管箍、法兰盘及高强度螺栓、螺母，出厂前应进行热浸镀锌防腐处理：

①热镀锌所用的锌应为《锌锭》(GB/T 470—2008)规定的 1#或 0#锌，钢表面处理的最低等级为 Sa2.5，热浸镀锌技术应符合表 5 -3 的规定。

表 5－3　热浸镀锌质量要求

项目	要求
单位附着量/(g·m^{-2})	强腐蚀环境：波纹钢管、波纹钢板件和管箍≥600，螺栓、螺母≥350； 中等或弱腐蚀环境：波纹钢管、波纹钢板件和管箍≥300，螺栓、螺母≥175
镀锌层附着性	镀锌层应与金属结合牢固，经锤击试验不剥离，不凸起
外观质量	锌层应均匀完整、颜色一致，无漏镀锌缺陷，表面光滑，不允许有流挂、滴瘤或结块
锌层均匀性	锌层应均匀，无金属铜的红色沉淀物
锌层耐盐雾性	耐盐雾性试验后，基材不应出现腐蚀现象

注：强腐蚀性：指金属表面均匀腐蚀大于0.5 mm/a；中等腐蚀：指金属表面均匀腐蚀(0.1～0.5)mm/a；弱腐蚀性：指金属表面均匀腐蚀小于0.1 mm/a。

②当采用热浸镀铝、静电喷涂等其他防腐方法代替镀锌时，应有试验验证资料，确保其防腐性能不低于表5－3规定的热浸镀锌方法的相应要求。

(2)填土的材料宜采用砾类土、砂类土，或砾、卵石与细粒土的混合物；当细粒土的成分为黏性土或粉土时，所掺入的石料体积应占总体积的2/3以上。在距波形钢管0.3 m范围内的填土中，不得含有尺寸超过80 mm的石块、混凝土块、冻土块、高塑性黏土块或其他有害腐蚀材料。

5.5　施工工艺

5.5.1　工艺流程

波纹钢管(板)涵施工工艺流程如图5－1所示。

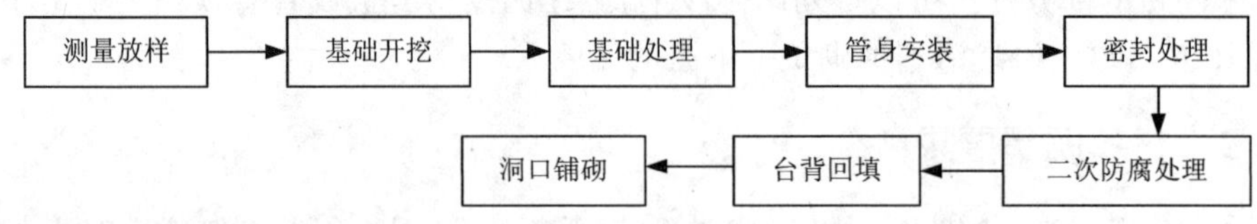

图5－1　波纹钢管(板)涵施工工艺流程图

5.5.2　工艺流程

5.5.2.1　施工放样

基础放样要求放出中轴与基础各端角坐标点位置和各坐标点标高，各点放好样后在开挖前必须引出坑外3 m设引出桩，固定牢靠以便随时恢复检查。施工放样后，应进行现场核对和水系、路系调查，如果平面位置、流水面高程等与现场实际情况不符，应提出变更方案，报业主、监理批准后实施。

5.5.2.2　**基础开挖**

(1)有设计要求时，按照设计要求开挖地基；没有设计要求时，基础垫层厚和开槽宽度参见表5－4，为了便于机械碾压，建议采用基础标准宽度。

表5－4　基础开挖参考数据表

地质条件	基础最小厚度/cm		基础最小宽度/m	基础标准宽度/m
优质土地基	可直接将地基作基础		$2\times1.5+\phi$	$2\times3.0+\phi$
一般性	管径 $\phi<0.9$ m	20	$2\times1.5+\phi$	$2\times3.0+\phi$
	0.9 m$\leqslant$管径 $\phi\leqslant2.0$ m	30	$2\times1.5+\phi$	$2\times3.0+\phi$
	管径 $\phi>2.0$ m	0.2ϕ	$2\times1.5+\phi$	$2\times3.0+\phi$
岩石地基	20～40 cm，但当填土高度大于5 m时，填土高度每增加1.0 m，其厚度增加4 cm		$2\times1.5+\phi$	$2\times3.0+\phi$
软土地基	$(0.3\sim0.5)\phi$ 或50 cm以上		$2\times1.5+\phi$	$2\times3.0+\phi$

(2)基坑开挖应按要求进行，当基底土为淤泥等不良土层时，应换填处理，应避免超挖，如超挖，应将松动部分清除，其处理方案应报监理、设计单位批准。

(3)挖至标高的土质基坑不得长期暴露、扰动或浸泡，并应及时检查基坑尺寸、高程、基底承载力。符合要求后，应立即进行基础施工。

5.5.2.3　**基础处理**

(1)优质土地基。

未经筛分的砂、碎石、砂砾土以及砂质土都是比较理想的地基材料，但须清除10 cm以上的石块等硬物。

(2)一般性土质地基。

承载能力不太高的普通地基，须设一定厚度的基础。但是，若将涵管地基槽原状土经严格夯实(其夯实度到重型击实密实度的90%以上)以后，也可直接将波纹管置于地基上。

(3)岩石地基。

除设计要求有规定之外，波纹管也不能直接置于岩石或混凝土基床上，因为过于刚性的支承，不但会降低管壁本身所具有的良好柔性，而且还会减小涵管的承载能力。所以对岩石地基应挖掉一部分软岩，换填上一层优质土，并认真夯实。开挖软岩沟槽，不能使用烈性炸药和放深孔炮，以避免将过多的外层炸松散。岩石风化层地基不能作为基础，须换填上3倍直径宽度的填土。

(4)软土地基。

当涵管处于软土地基上时，应对软土路基进行处理，根据软基厚度，小于5 m深时，宜采用清淤抛石处理方法；大于5 m深时，宜采用CFG基桩加固，然后在其上填一层大于50 cm厚的优质砂砾垫层，并夯实紧密。

(5)喀斯特地形地基。

当涵管处于喀斯特地形时，应采用特殊处理，增加地基整体性，使其沉降一致，一般换填100 cm沙砾或碎石，分层密实，地基表面向下50 cm及100 cm位置设两道双向土工格栅，长度与涵洞通长，宽度一般为(2×3+孔径)m。

(6)预留拱度

埋设于一般土质地基上的波纹管，经过一段时间，常会产生一定的下沉，而且往往是管道中部大于两端。因此，铺设于路堤下的波纹管的管身要设置预留拱度。其大小要根据地基土可能出现的下沉量、涵底纵坡和填土高度等因素综合考虑，通常可为管长的0.2%～1%，以确保管道中部不出现陷现或滑坡，如图5-2所示。

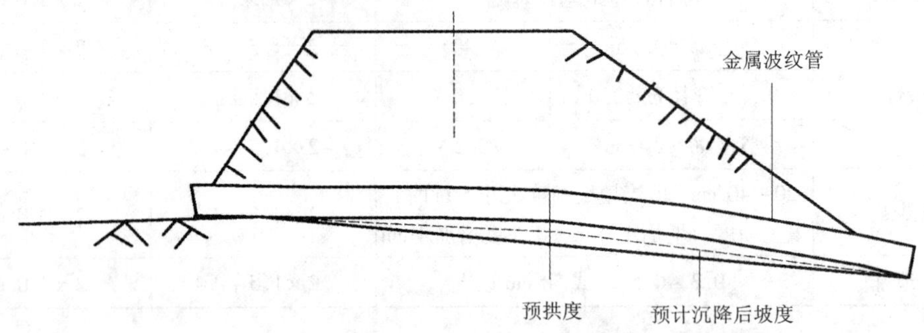

图5-2 波纹管安装预留拱度示意

5.5.2.4 **管身安装**

(1)管身安装前要求准确放出管涵的轴线和进、出水口的位置，拼装时要注意端头板片和中间板片的位置，管涵的安装必须按照正确的轴线和图纸所示的坡度敷设。

(2)管身安装应紧贴在砂砾垫层上，使管涵能受力均匀。基础顶面坡度与设计坡度一致，并且在管身沿横向设预拱度为管节长度的0.2%～1%，以确保管道中部不出现凹陷或逆坡。

(3)管身采用数块Q235热轧钢板连接一周整体成形后再进行纵向连接。由中心向两端对称进行安装。安装时先安装底片，然后分别向上拼接。每安装5 m进行一次管节的圆度和位置校正。如出现偏位，采用千斤顶在偏位的方向向上顶管节进行纠偏。

(4)管节安装须在管节内外搭设施工脚手架，以方便施工操作。

5.5.2.5 **密封处理**

管节全部拼装完成后，应检查管节位置是否符合设计要求。并在管身内侧所有钢板拼缝处采用密封胶进行密封防止泄漏。

5.5.2.6 **二次防腐处理**

(1)涵管出厂时，涵管及配套附件已经过镀锌处理。其镀锌厚度大于或等于63 μm，平均厚度84 μm，在没有盐碱水或有害工业废水浸泡以及涵管内不经常流水的情况下，其镀膜即可防止锈蚀。

(2)一般情况下，可在管节内外管壁涂上或喷上沥青漆或乳化沥青两遍，一般沥青涂层的厚度要达到0.5～1 mm，以加强防腐蚀作用。从外观看管壁内外均匀地涂成了黑管即可。待乳化沥青或沥青漆干燥后才能进行通道(或涵洞)的回填。

(3)特殊环境下，在管内做水泥砂浆保护层。

5.5.2.7 **通涵回填**

(1)锲形部位回填。

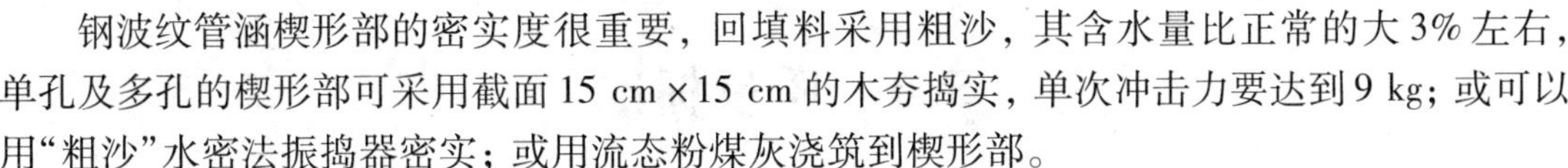

钢波纹管涵楔形部的密实度很重要，回填料采用粗沙，其含水量比正常的大3%左右，单孔及多孔的楔形部可采用截面15 cm×15 cm的木夯捣实，单次冲击力要达到9 kg；或可以用“粗沙”水密法振捣器密实；或用流态粉煤灰浇筑到楔形部。

管底两侧楔形部位处的填筑可采用4种方案：

①采用粗沙“水密法”振荡器密实。

②采用级配良好的天然砂砾(含水量要求比最佳含水量大2%左右)，人工用木棒在管身外向内侧进行夯实，木棒的作用点必须紧贴管身，每个凹槽部位都必须夯实到位。

③采用轻型混凝土回填。

④最大粒径不超过3 cm的级配碎石回填。然后用小型夯实机械斜向夯实，确保管底的回填质量。

(2)涵管两侧的部位回填。

采用级配良好的天然砂砾或级配碎石。在管身最大直径两侧50 cm外使用18 t压路机碾压，50 cm范围内使用小型夯实机械夯实，以避免压路机等大型机械设备对管涵的撞击，但密实度要求达到96%。靠近管体周围0.5 m范围内，不允许有大于50 mm的石块等硬物。

钢波纹管涵在填土之前，在波纹涵管的侧面每20～30 cm高度做出填高标示，以便确定每层的压实程度及状态。

填筑时应对称、均衡地进行，分层填筑、分层压实，每层压实后的厚度为15～20 cm，压实度要求达到95%方可进行下层填筑。填筑前在管节两侧上用红色油漆按每20 cm高度标注，填筑时按标注线控制。

填筑必须在涵管两侧同步对称进行，两侧的回填土高差不得大于30 cm。

管顶填土厚度小于50 cm时，不得使用大于6 t的压路机械碾压，也不允许施工机械通行。

管体两侧及顶部10 m范围内不允许使用强夯机械。

5.5.2.8　洞口铺砌及护坡防护

洞口采用端墙形式或与路基边坡同坡率的斜口形式。洞口铺砌及护坡防护为M7.5浆砌片石，应选择几何尺寸相对长和短的石块交错在同一层使之形成错锁结构，保证错缝砌筑，不得出现竖缝、通缝。外露面要选择石块质地适当，细致色泽均匀，无风化剥落无裂纹的大石块进行凿面凿纹，以确保工程外露面的平整和准确的几何尺寸。

为防止端墙裂缝，可采取以下两种措施：

(1)基础做好后，上下游的片石砌筑高度和沙砾基础上顶面标高一致时开始拼装波纹管，在管体安装就位完毕后，可以采取不砌筑端墙，而将波纹管的填土填至路顶面标高15 d后再砌筑端墙，也就是波纹管终止了管壁的变形后。

(2)波纹管安装就位完毕后，可以将两端端墙砌至与波纹管管顶平齐就不再砌筑，波纹管管顶部未砌筑的部分片石可以排列两排沙土袋来挡土，等到波纹管顶部填土填至路基最大设计标高15 d后再将沙袋清理掉砌筑上下游的端墙。

5.6 质量标准

5.6.1 涵洞总体要求

(1)基本要求如下:

①通道(涵洞)施工应严格按照设计图纸、施工规范和有关技术操作规程的要求进行。

②各接缝、沉降缝位置正确,填缝无空鼓、开裂、漏水现象;若有预制构件,其接缝应与沉降缝吻合。

③通道(涵洞)内不得遗留建筑垃圾、杂物等。

(2)实测项目如表 5-5 所示。

表 5-5 拱形通道(涵洞)总体实测项目

项次	检查项目	规定值或允许偏差	检查方法及频率	权值
1	轴线偏位/mm	明涵 20,暗涵 50	经纬仪:检查 2 处	2
2*	流水面高程/mm	±20	水准仪、尺量:检查洞口 2 处,拉线检查中间 1~2 处	3
3	涵底铺砌厚度/mm	+40,-10	尺量:检查 3~5 处	1

注:* 实际工程无项次 3 时,该项不参与评定。

(3)外观鉴定如下:

①洞身顺直,进出口、洞身、沟槽等衔接平顺,无阻水现象。不符合要求时减 1~3 分。

②帽石、一字墙或八字墙等应平直,与路线边线型匹配、棱角分明。不符合要求时减 1~3 分。

③涵洞处路面平顺,无跳车现象。不符合要求时减 2~4 分。

④外露混凝土表面平整,颜色一致。不符合要求时减 1~3 分。

5.6.2 一字墙和八字墙

(1)基本要求如下:

①砌块、砂、水的质量和规格应符合有关规范的要求,混凝土或砂浆应按规定的配合比施工。

②地基承载力及基础埋置深度必须满足设计要求。

③砌块应分层错缝砌筑,坐浆挤紧,嵌填饱满密实,不得有空洞。

④抹面应压光、无空鼓现象。

(2)实测项目如表 5-6 所示。

表5-6 一字墙和八字墙总体实测项目

项次	检查项目	规定值或允许偏差	检查方法和频率	权值
1*	混凝土或砂浆强度/MPa	在合格标准内	按相关标准检查	4
2	平面位置/mm	50	经纬仪：检查墙两端	1
3	顶面高程/mm	±20	水准仪：检查墙两端	1
4	底面高程/mm	±50	水准仪：检查墙两端	1
5	竖直度或坡度/%	0.5	吊垂线：每墙检查2处	1
6*	断面尺寸/mm	不小于设计	尺量：各墙两端断面	2

注：*实际工程无项次3时，该项不参与评定。

(3)外观鉴定如下：

①墙体直顺、表面平整。不符合要求时减1~3分。

②砌缝无裂缝；勾缝平顺，无脱落、开裂现象。不符合要求时减1~4分。

③混凝土墙蜂窝、麻面面积不得超过该面面积的0.5%。不符合要求时，每超过0.5%减3分；深度超过10mm者必须处理。

5.7 成品保护

(1)须做二次防腐处理的波纹钢管(板)通涵，需在喷涂的沥青漆或乳化沥青干后才能进行填土施工。

(2)波纹钢管(板)通道涵洞顶部填土时，对直径1.25 m及以上的，宜在管内设置一排竖向临时支撑；对直径大于2.0 m的，宜在管内竖向和横向设置十字临时支撑，防止其在填土工程中产生变形。管内的临时支撑应在填土不再下沉后方可拆除。

(3)管顶填土的最小厚度应在符合表5-2的规定后，方可允许车辆通行。

5.8 安全环保措施

5.8.1 安全措施

(1)施工现场安全管理措施：

①挖掘机装车作业时，铲斗应尽量放低，不得砸撞车辆，严禁车厢内有人。严禁铲斗从汽车驾驶室顶上越过。

②严禁在机械运行范围内停留，机械行走前应检查周围情况，确认无障碍后鸣笛操作。

③在运输、装卸、堆放和安装管节或块件时，应采取措施防止其损坏，不得对管节和块件进行敲打或碰撞硬物。管节在搬运、安装时不得滚动；块件在运输、堆放时相互间宜设置适宜的材料予以隔离。

④管节安装、块件拼装时须吊装作业，应按照吊装作业的安全操作规程进行。施工作业所需的机械设备的维修、使用、停放均应按照操作规程进行。

(2)冬雨季施工的安全措施:

①进入冬季前,施工现场的人行道板、跳板和作业场所应采取防滑措施。

②操作机械时,应有防冻措施,驾驶车辆不得在有积雪和冰层的道路上快速行驶,上下坡和急转弯时,应避免紧急制动。

③雨季施工应制订施工期间的防洪、排涝安全防护措施。

④雨季前,必须对施工场地、材料堆放、生活驻地、运输便道及水电设备的防洪、防雨、排涝等设施进行检查,排涝沟渠必须疏通;人行通道、跳板和作业场所等应采取防滑措施。

⑤暴雨前后,应对脚手架、边坡、基坑、临时房屋和设施等进行检查,发现倾斜、变形、下沉、漏雨、漏电或有可能发生坍塌的施工地段,应及时修复和加固。

⑥处于洪水可能淹没地段的机械设备、材料等应采取防洪措施。

(3)施工用电安全管理措施:

施工现场用电按《施工现场临时用电安全技术规范》(JGJ 46—2005)的要求进行设计、检测。所有电力设备设专人检查维护,并设示警标志,由有资质的人员操作电气设备。

5.8.2 环保措施

(1)在进行通涵施工时,应尽量少破坏天然植被,以便最大限度地保护自然景观。

(2)工程剩余的废料,应根据各自情况分别处理,不得任意裸露弃置。

(3)清洗施工机械、设备及工具的废水、废油等有害物资以及生活污水,不得直接排放于附近小溪、河流或其他水域中,也不得倾泻于饮用水源附近土地上,以防污染水质和土壤。

(4)由机械设备与工艺操作所产生的噪声,不得超过当地政府规定的标准,否则应采取消声措施或避开夜间施工作业。

(5)施工现场存放油料时必须对库房进行防渗漏处理,储存和使用都要采取隔油措施,以防油料污染附近水质。

5.9 质量记录

波纹钢管(板)涵施工质量验收的书面记录有:

(1)工程放样与定位测量记录、测量复核记录。

(2)基坑检验表。

(3)建筑材料质量检验记录。

(4)洞口八字墙、一字墙等施工质量检查记录。

(5)涵洞内铺砌及接线质量检验记录。

(6)工序质量评定表。

6　盖板式通道（涵洞）施工工艺标准

6.1　总则

6.1.1　适用范围

本标准适用于盖板式通道（涵洞）新建、改建和扩建工程的施工。

6.1.2　编制参考标准及规范

（1）《公路桥涵施工技术规范》（JTG/T F50—2011）。
（2）《公路工程质量检验评定标准》（JTG F80/1—2017）。
（3）《公路工程技术标准》（JTG B01—2014）。
（4）《公路桥涵设计通用规范》（JTG D60—2015）。
（5）《公路钢筋混凝土及预应力混凝土桥涵设计规范》（JTG 3362—2018）。
（6）《公路圬工桥涵设计规范》（JTG D61—2005）。

6.2　术语

盖板涵是涵洞的一种形式，它受力明确，构造简单，施工方便。盖板涵主要由盖板、涵台及基础等部分组成。盖板涵与单跨简支板梁桥的结构形式基本相同，盖板涵的跨径较小。

6.3　施工准备

6.3.1　技术准备

（1）施工人员应认真审核图纸及设计说明书，检查图纸的完整性以及有无矛盾和错误。

（2）研究施工图纸并现场核对，领会设计意图。施工人员必须熟悉盖板通道（涵洞）所处的地形、地貌和工程地质状况。

（3）核对盖板通道（涵洞）与土石方、挡墙等工程的相互关系和施工衔接，及其对盖板通道（涵洞）现场布置和施工的影响。

（4）核对盖板涵排水系统和设施的布置是否与地形、地貌、水文、气象等条件相适应。

(5)核对盖板通道和进出口形式与接线的布置是否与地形、地貌、水文、经过该处的人员、车辆的大小、交通类型等相适应。

(6)核对盖板通道(涵洞)进出口位置、结构是否与洞口环境相适应。

(7)对拟建盖板通道(涵洞)的施工场地进行清理,对施工区域内有碍施工的电杆、建筑物、道路等均应拆迁或移改。

(8)做好技术交底工作,编制施工方案,并报建设和监理单位审批。

(9)对盖板涵附近增设水准点、导线控制点进行交桩和复测。

(10)应在现场修好适当的便道,平整足够的场地,做好临时排水工作,用于材料设备的进场安置。

6.3.2 材料准备

(1)钢筋:品种、规格和性能等应符合国家现行标准规定和设计要求,应有出厂合格证和检测报告,进入现场应进行复试,确认合格后方可使用。

(2)混凝土:水泥、水、砂、碎石、外加剂等材料各项指标均应满足规范和设计要求,确认合格后方可使用。

(3)其他材料:施工的支架各类型材、扎丝、电焊条、氧气、乙炔等。

6.3.3 主要机具

(1)机械:挖掘机、推土机、压路机、自卸卡车、混凝土搅拌机、砂浆搅拌机、柴油发电机、混凝土振捣棒、钢筋弯曲机、打夯机等。

(2)工具:铁锹(尖、平头两种)、手推车、钢卷尺、木抹子、铁抹子等。

(3)测量仪器:全站仪或经纬仪、水准仪、塔尺、钢尺等。

6.3.4 作业条件

(1)盖板通道(涵洞)的位置和开挖范围已经确定,征地工作已经完成。

(2)盖板涵施工场区进行了平整,现场修好了适当的便道,已做好临时排水工作,为保证各种设备行走安全,对不利于施工机械行走的松软地面进行了碾压或夯实处理。

(3)盖板涵附近设有足够的平面控制点和水准测量基点。

(4)各种施工机具已经到位;施工建筑材料准备就绪。

6.3.5 劳动力组织

一般盖板式通道(涵洞)应由专业队伍施工,其劳动力组织如表6-1所示。

表6-1 盖板涵施工劳动力组织

工种	人数	工作地点	职责范围
施工队长	1	整个施工现场	负责跟班组织施工管理工作、协助总指挥工作等
技术员	1	整个施工现场	负责跟班解决施工中的技术问题,编写技术措施等

续表 6－1

工种	人数	工作地点	职责范围
安全员	1	整个施工现场	负责跟班检查安全措施、安全措施的执行情况及安全教育工作，对安全生产负责
质检员	1	整个施工现场	负责跟班检查工程质量，组织各工种交接及质量保证措施的执行情况，对工程质量负责
试验员	1	整个施工现场	负责跟班检查工程试验检测、原材料试验检测
测量员	2	施工现场	负责施工测量放样及平面位置及高程复核
挖掘机操作工	1	基坑开挖	负责基坑的土方开挖
材料员	1	材料仓库	负责施工材料供应及管理
自卸卡车司机	4	施工现场	负责基坑开挖土石方运输
吊车司机	1	整个施工现场	负责吊机的操作及其日常维修保养。在施工员指挥下，正确进行构件、模板等起吊
模板工	6	施工现场	负责基础、墙身、盖板的支架、模板安装与拆除；在墙身、盖板现浇过程中检查、确保支架、模板的稳定
钢筋工	2	钢筋加工棚、现场	钢筋的制作与安装
混凝土工	6	施工现场	负责混凝土的卸料、浇筑、振捣，洞口浆砌片石
电工	1	整个施工现场	负责现场动力、照明、通信等电器系统的维修保护
杂工	2	整个施工现场	负责基坑整修、混凝土或砂浆养护材料搬运及现场清理、保卫等
总计	31		

注：此表为一个作业班施工配备人员，未计后勤、行政等人员。

6.4　工艺设计和控制要求

6.4.1　技术要求

6.4.1.1　**挖基技术要求**

(1)基础开挖应符合图纸要求并按照规范有关规定执行。当在原有灌溉水流的沟渠修筑时，应开挖临时通道以保护好灌溉水流。

(2)基槽开挖后，应紧接着进行垫层铺设、垫层压实及基槽回填等作业。如果出现不可避免的耽误，无论是何原因，均应采取必要措施以保护基槽的暴露面不致破坏。

6.4.1.2　**垫层与基础技术要求**

(1)砂砾垫层应为压实的连续材料层，其压实度应在95%以上，按重型击实法试验测定；砂砾垫层应分层摊铺压实不得有离析现象，否则要重新拌和铺筑。

(2)石灰土作垫层时，混合料的配合比设计应在施工前报监理工程师批准；施工中要拌和均匀，分层摊铺，分层压实，其压实度应在90%以上，按重型击实法试验测定。

(3)混凝土基座应按规范规定施工，基座尺寸及沉降缝应符合图纸所示。

6.4.1.3 盖板通道(涵洞)施工技术要求

(1)现浇混凝土涵洞的台帽、台身、一字墙如为整体式时，台身和基础可以连续浇筑，也可不连续浇筑。八字式洞口或锥坡式洞口与涵台之间应为分离式。

(2)混凝土的涵台及基础分别浇筑时，基础顶面与涵台相接部分应拉成毛面，并设置锚固钢筋。基础、涵台及洞口建筑(帽石除外)采用石砌时，应符合关于浆砌工程规定的要求。

(3)涵台或盖板，应按图纸设置的沉降缝处分段修筑。

(4)图纸要求将钢筋混凝土盖板用锚栓与涵台锚固在一起时，应按图纸规定或工程师批准的其他方法固定锚栓。

(5)当设计有支撑梁时，应在安装或浇筑盖板之前完成。

(6)安装预制混凝土盖板，应注意下列事项：

①涵台帽强度达到设计强度的70%以上。

②安装后，盖板上的吊装装置应用砂浆或工程师批准的其他材料填满；相邻板块之间采用高等级(1∶2)水泥砂浆填塞密实。

③盖板安装前，应检查成品及涵台尺寸。

6.4.1.4 台背填土技术要求

台背回填必须在支撑梁(或涵底铺砌)及盖板安装且砂浆强度及混凝土强度达到设计强度的75%以后，方可进行填土。填土应两个涵台同时对称填筑，并按回填规范进行回填。在涵洞上填土时，第一层的最小摊铺厚度不得小于300 mm，并防止剧烈的冲击。

6.4.1.5 沉降缝技术要求

(1)设置沉降缝的道数、缝宽和位置应按图纸或监理工程师指示进行施工，并按图纸规定填塞嵌缝料或采用监理工程师批准的加氟化钠等防腐掺料的沥青浸过的麻絮或纤维板紧密填塞，和用有纤维掺料的沥青嵌缝膏或其他材料封缝。

(2)在缝处应加铺抗拉强度较高的卷材，如沥青玻璃纤维布或油毡，加铺的层数及宽度按图纸所示，具体的施工方法应经监理工程师批准。

6.4.1.6 防水层技术要求

(1)混凝土盖板或顶板、侧板外表面上在填土前应涂刷沥青胶结材料和其他材料，以形成防水层。

(2)涂刷的层数或厚度应按图纸要求进行。

6.4.2 材料质量要求

(1)水泥：应符合现行国家行业标准《通用硅酸盐水泥》(GB 175—2007)的规定，水泥的品种和强度等级应通过混凝土配合比试验选定，且其特性应不会对混凝土的强度、耐久性和工作性能产生不利影响。当混凝土中采用碱活性集料时，宜选用含碱量不大于0.6%的低碱水泥。

(2)细集料：细集料宜采用级配良好、质地坚硬、颗粒洁净且粒径小于5 mm的河砂；当河砂不易得到时，可采用符合规定的其他天然砂或人工砂。细集料的技术指标应符合《建设用砂》(GB 14684—2011)的规定，检验内容应包括外观、级配、含泥量、泥块含量等，检验试

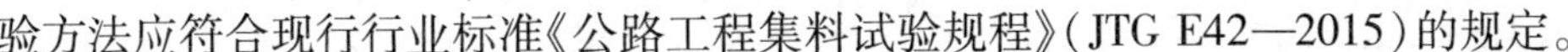

验方法应符合现行行业标准《公路工程集料试验规程》(JTG E42—2015)的规定。

(3)粗集料：宜采用质地坚硬、洁净、级配合理、吸水率小的碎石或卵石，其技术指标应符合《建筑用卵石、碎石》(GB 14685—2011)的规定。检验内容应包括外观、颗粒级配、针片状颗粒含量、含泥量、泥块含量、压碎值指标等，检验试验方法应符合现行行业标准《公路工程集料试验规程》(JTG E42—2015)的规定。

(4)水：符合国家标准的饮用水可直接作为混凝土的拌制和养护用水；当采用其他水源或对水质有疑问时，应对水质进行检验。

(5)外加剂：使用的外加剂，与水泥、矿物掺和料之间应具有良好的相容性。所采用的外加剂，应是经过具备相关资质的检测机构检验并附有检验合格证明的产品，且其质量应符合现行国家标准《混凝土外加剂》(GB 8076—2008)的规定。外加剂的品种和掺量应根据使用要求、施工条件、混凝土原材料的变化等进行试验确定。

6.5 施工工艺

6.5.1 工艺流程

(1)盖板涵施工工艺流程如图6-1所示。

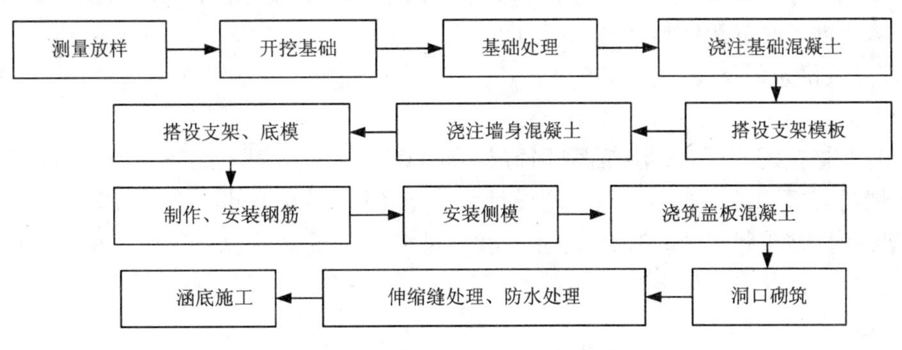

图6-1 盖板涵施工工艺流程图

(2)盖板涵台背回填施工工艺如图6-2所示。

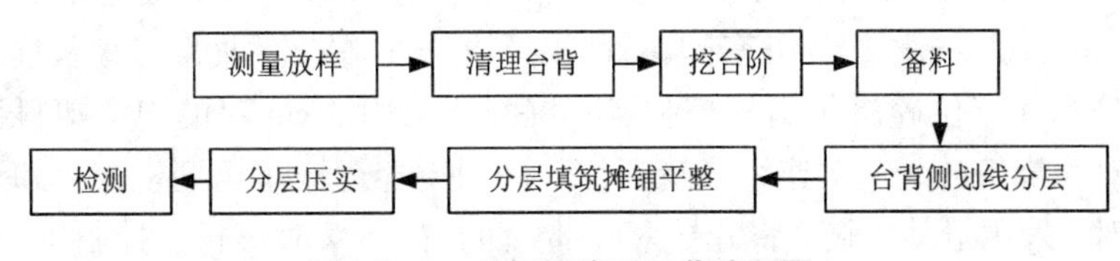

图6-2 盖板涵施工工艺流程图

6.5.2 操作工艺

6.5.2.1 **施工放样**

基础放样要求放出中轴与基础各端角坐标点位置和各坐标点标高，各点放好样后在开挖前必须引出坑外3 m设引出桩，固定牢靠以便随时恢复检查。施工放样后，应进行现场核对和水系调查，如果平面位置、流水面高程等与现场实际情况不符，应提出变更方案，报业主、监理批准后实施。

6.5.2.2 **基坑开挖**

开挖基坑前将进入基坑范围内的地表水截断、引开，使之在开挖和浇筑过程中坑中无积水，排水挖沟工程量比较大时，开挖采用挖掘机配合人工，当挖至离设计标高差20~30 cm时采用人工清理、修整至设计标高，检测地基承载力，视地基承载力情况按监理工程师指示处理，基坑验收合格后，立即装模和做浇筑砼的准备工作，基坑开挖注意事项：

(1)土方挖送离坑壁坡顶10 m以外，以免压塌边坡。

(2)泥土不挤占施工便道，不得堵塞交通。

(3)要注意为工程用料及施工预留场地。

(4)坑槽有水时，挖集水井排水。

(5)基坑最终开挖深度要依据触探资料确定并经监理工程师确认。

(6)基坑达到各项设计要求后，妥善修整，在最短的时间里铺垫层浇筑砼，不得暴露太久。暴露太久时，要重新检测基底承载力。

6.5.2.3 **浇筑混凝土**

1. 浇筑基础砼

浇筑时严格按配比下料，浇筑厚度每层不超过30 cm，用插入式振捣棒振捣密实。基础浇筑注意墙身装模部位平整，按施工图设计，沉降缝每4~6 m设一处，沉降缝处用厚度为2 cm的塑料泡沫板隔开。基础顶面与涵台相接部分应拉毛面并埋设与台身相连的施工缝连接钢筋，以便与台身牢固相接。

2. 浇筑墙身砼

模板采用1.2 m×1.5 m钢模，模板安装前清除干净无锈迹，涂刷脱模剂。按施工图设计，沉降缝每4~6 m设一处，分节段安装模板和浇筑墙身砼，墙身沉降缝与基础沉降缝位置一致。模板每次安装两节台身模板，每节台身模板用方木或钢管加夹具连接成一个整体，在浇筑下节台身时可整体位移模板，以免重复安装，加快施工进度。模板用ϕ12 mm对拉螺栓拉紧，间距60 cm×100 cm。螺栓外套塑料管，以利拆模时螺栓的抽取。模板安装完成后，要重新测量各点坐标和定位砼浇筑高程控制点。沉降缝采用2 cm厚的泡沫塑料板隔开，每节涵台前后两幅对称浇筑砼，一次连续浇筑到位。砼用搅拌运输车运到模板中卸下，当卸料高度大于2.0 m时，采用滑动串筒，将砼导入底部，防止砼下落时离析。控制每层30 cm下料，然后层层采用振捣棒振捣密实，振捣棒快进慢拔。振捣器要垂直地插入混凝土内，并要插至前一层混凝土，以保证新浇混凝土与先浇混凝土结合良好，插进深度一般为5~10 cm，振捣密实到砼停止下沉，不冒气泡，表面呈现平坦、泛浆状为止。每一节段的砼分层浇筑，间断时间不能超过前层砼的初凝时间，如因发生故障，间断时间已超过砼初凝时间，应按施工缝处理。在浇筑砼的过程中经常观察模板有否变形，支撑、拉杆有否松动，如有变形马上采取

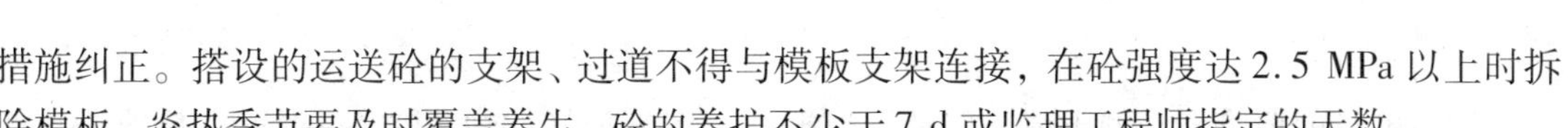

措施纠正。搭设的运送砼的支架、过道不得与模板支架连接，在砼强度达2.5 MPa以上时拆除模板，炎热季节要及时覆盖养生，砼的养护不少于7 d或监理工程师指定的天数。

3. 浇筑盖板砼

(1)模板安装：模板采用1.2 m×1.5 m钢模，支架采用钢架管和CKC支架，在已浇筑的基础上立支架装盖板底模，底模须均匀涂抹脱模剂，模板的连接处要用玻璃胶封密防止漏浆。盖板可以采用分块浇筑，也可以连续浇筑，但要考虑砼的拌制、运输、人员配备能力大小来决定一天的工作量。注意安装好块与块之间的隔板，严保盖板的几何线条。

(2)钢筋安装：将预先制做好的钢筋运到现场，按图纸规格规定将钢筋安装、焊接、绑扎。钢筋运输注意保证钢筋不变形。如变形则需进行调整，钢筋摆放两端要拉好线，保证端头整齐一致，保证准确留置砼的保护层厚度，钢筋与模板底部要采用不小于浇筑砼标号的砼垫块，将钢筋架设在垫块上，高度不小于4 cm厚，保证钢筋有一定的保护层。钢筋安装经监理工程师检查合格后浇筑砼，砼浇筑时注意沉降缝处用2 cm厚的塑料泡沫板隔开，与墙身沉降缝位置保持一致，两头涵端模内侧用小钢筋采用点焊拉牢，外侧采用钢管或木条夹紧撑牢，保证涵端砼边整齐美观。

(3)砼制作浇筑、运输和养生：拌和一定要搅拌均匀，颜色一致，没有离析现象，控制好水灰比。运输过程中尽量不损失水分，缩短运输时间。整平时多用铲，少用锄、耙。盖板厚度一次性完成。采用插入式振捣棒和平板振捣器振捣，振捣棒插入深度20 cm左右，尽量不碰模板、钢筋，振捣要密实，插入稍快抽提稍慢，振捣到砼不下沉，表面平整，没有气泡为止。盖板面采用平板振捣器捣实整平。盖板顶面最后用木抹子拉毛。

在炎热天气混凝土施工，在浇筑前的混凝土温度不应超过32℃。浇筑后应用湿麻布覆盖并喷雾状水养生，或用其他方法冷却养生。

4. 沉降缝、防水层处理

盖板、墙身、基础沉降缝应为通缝，不得错位。沉降缝施工时应将泡沫板清理干净，采用浸透热沥青的麻絮填塞饱满，外侧做15 cm宽“二毡三油”。

5. 台背填土

在盖板强度达到设计强度后，进行台背回填。填土前先清除各种杂物和台背不适宜材料。台背采用设计图纸规定的透水性材料，分层填筑压实，每层压实厚度15 cm左右，全部划线控制填土施工，用压路机压实，压路机压不到的地方用小型打夯机夯实，压实强度达96%以上。填筑范围详见表6－2。

表6－2　填筑范围表

构造物类型	底部处理长度	上部处理长度	备注
涵洞	每侧≥2 m	每侧＞$(2+2h)$m	含台前溜坡及锥坡且需超长0.3 m压实

注：h为路基填土高度减去路面及路床厚度。

在通道顶上填土时，第一层松铺厚度不得小于30 cm，并要防止剧烈冲撞。只有盖板上填土厚度大于50 cm时，才允许施工机械、车辆通行。由专门负责台背回填的技术人员指导施工，每层均须拍摄影像资料。

6. 洞口砌筑

洞口砌筑前要将多余的土清除修整。根据施工图纸放样挂线、挖基、砌筑。基础地基承载力不小于设计值。砌筑采用的石料应强韧、密实与耐久，质地适当细致，色泽均匀，无风化剥落和裂纹，并通过质检和获得监理工程师认可。片石的厚度不小于15 cm，镶面石料应选择尺寸稍大并且有较平整表面的。砂浆严格按配比配料，采用机械式砂浆搅拌机拌和。砌筑时片石大面朝下，砂浆饱满，不得有空洞，不得用碎石填芯。墙面勾缝一致，整齐、美观。

6.6 质量标准

6.6.1 涵洞总体要求

(1)基本要求如下：

①盖板式通道（涵洞）施工应严格按照设计图纸、施工规范和有关技术操作规程的要求进行。

②各接缝、沉降缝位置正确，填缝无空鼓、开裂、漏水现象；若有预制构件，其接缝应与沉降缝吻合。

③盖板式通道(涵洞)内不得遗留建筑垃圾、杂物等。

(2)实测项目如表6－3所示。

表6－3 盖板式通道(涵洞)总体实测项目

项次	检查项目	规定值或允许偏差	检查方法及频率	权值
1	轴线偏位/mm	明涵20，暗涵50	经纬仪：检查2处	2
2*	流水面高程/mm	±20	水准仪、尺量：检查洞口2处，拉线检查中间1~2处	3
3	涵底铺砌厚度/mm	+40，－10	尺量：检查3~5处	1
4	长度/mm	+100，－50	尺量：检查中心线	1
5*	孔径/mm	±20	尺量：检查3~5处	3
6	净高/mm	明涵±20，暗涵±50	尺量：检查3~5处	1

注：*实际工程无项次3时，该项不参与评定。

(3)外观鉴定如下：

①洞身顺直，进出口、洞身、沟槽等衔接平顺，无阻水现象。不符合要求时减1~3分。

②帽石、一字墙或八字墙等应平直，与路线边线型匹配、棱角分明。不符合要求时减1~3分。

③涵洞处路面平顺，无跳车现象。不符合要求时减2~4分。

④外露混凝土表面平整，颜色一致。不符合要求时减1~3分。

6.6.2 涵台

(1)基本要求如下:

①所用水泥、砂、石、水、外掺剂、混合材料的质量和规格必须符合有关技术规范的要求,按规定的配合比施工。

②地基承载力及基础埋置深度须满足设计要求。

③混凝土不得出现露筋和空洞现象。

④砌块应错缝、坐浆挤紧,嵌缝料和砂浆饱满,无空洞、宽缝、大堆砂浆填隙和假缝。

(2)实测项目如表6-4所示。

表6-4 涵台总体实测项目

<table>
<tr><th>项次</th><th colspan="2">检查项目</th><th>规定值或允许偏差</th><th>检查方法及频率</th><th>权值</th></tr>
<tr><td>1*</td><td colspan="2">混凝土或砂浆强度/MPa</td><td>在合格标准内</td><td>按相关标准检查</td><td>3</td></tr>
<tr><td rowspan="2">2</td><td rowspan="2">涵台断面尺寸/mm</td><td>片石砌体</td><td>±20</td><td rowspan="2">尺量:检查3~5处</td><td rowspan="2">1</td></tr>
<tr><td>混凝土</td><td>±15</td></tr>
<tr><td>3</td><td colspan="2">竖直度或斜度/mm</td><td>0.3%台高</td><td>吊垂线或经纬仪:测量2处</td><td>1</td></tr>
<tr><td>4*</td><td colspan="2">顶面高程/mm</td><td>±10</td><td>水准仪:测量3处</td><td>2</td></tr>
</table>

注:*实际工程无项次3时,该项不参与评定。

(3)外观鉴定如下:

①涵台线条顺直,表面平整。不符合要求时减1~3分。

②蜂窝、麻面面积不得超过该面面积的0.5%。不符合要求时,每超过0.5%减3分;深度超过10 mm者必须处理。

③砌缝匀称,勾缝平顺,无开裂和脱落现象。不符合要求时减1~3分。

6.6.3 盖板制作

(1)基本要求如下:

①混凝土所用水泥、砂、石、水、外掺剂及拌和料的质量和规格必须符合有关技术规范的要求,按规定的配合比施工。

②分块施工时接缝应与沉降缝吻合。

③板体不得出现露筋和空洞现象。

(2)实测项目如表6-5所示。

表 6-5　盖板制作总体实测项目

<table>
<tr><th>项次</th><th colspan="2">检查项目</th><th>规定值或允许偏差</th><th>检查方法及频率</th><th>权值</th></tr>
<tr><td>1*</td><td colspan="2">混凝土强度/MPa</td><td>在合格标准内</td><td>按相关标准检查</td><td>3</td></tr>
<tr><td rowspan="2">2*</td><td rowspan="2">高度/mm</td><td>明涵</td><td>+10，-0</td><td rowspan="4">尺量：抽查 30% 的板，每板检查 3 个断面</td><td rowspan="2">2</td></tr>
<tr><td>暗涵</td><td>不小于设计值</td></tr>
<tr><td rowspan="2">3</td><td rowspan="2">宽度/mm</td><td>现浇</td><td>±20</td><td rowspan="2">1</td></tr>
<tr><td>预制</td><td>±10</td></tr>
<tr><td>4</td><td colspan="2">长度/mm</td><td>+20，-10</td><td>尺量：抽查 30% 的板，每板检查两侧</td><td>1</td></tr>
</table>

注：* 实际工程无项次 3 时，该项不参与评定。

(3) 外观鉴定如下：

①混凝土表面平整，棱线顺直，无严重啃边、掉角。不符合要求时减 1 ~2 分。

②蜂窝、麻面面积不得超过该面面积的 0.5%。不符合要求时，每超过 0.5% 减 3 分；深度超过 10 mm 者必须处理。

③混凝土表面出现非受力裂缝，减 1 ~3 分；裂缝宽度超过设计规定或设计未规定时超过 0.15 mm 必须处理。

6.6.4　盖板安装

(1) 基本要求如下：

①安装前，盖板、涵台、墩及支承面检验必须合格。

②盖板就位后，板与支承面须密合，否则应重新安装。

③板与板之间接缝填充材料的规格和强度应符合设计要求，并与沉降缝吻合。

(2) 实测项目如表 6-6 所示。

表 6-6　盖板安装总体实测项目

项次	检查项目	规定值或允许偏差	检查方法和频率	权值
1	支承面中心偏位/mm	10	尺量：每孔抽查 4 ~6 个	2
2	相邻板最大高差/mm	10	尺量：抽查 20%	1

(3) 外观鉴定如下：

板的填缝应平整密实。不符合要求时减 1 ~2 分。

6.6.5　一字墙和八字墙

(1) 基本要求如下：

①砌块、砂、水的质量和规格应符合有关规范的要求，混凝土或砂浆应按规定的配合比施工。

②地基承载力及基础埋置深度必须满足设计要求。

③砌块应分层错缝砌筑，坐浆挤紧，嵌填饱满密实，不得有空洞。

④抹面应压光、无空鼓现象。

(2)实测项目如表6－7所示。

表6－7 一字墙和八字墙总体实测项目

项次	检查项目	规定值或允许偏差	检查方法和频率	权值
1*	混凝土或砂浆强度/MPa	在合格标准内	按相关标准检查	4
2	平面位置/mm	50	经纬仪：检查墙两端	1
3	顶面高程/mm	±20	水准仪：检查墙两端	1
4	底面高程/mm	±50	水准仪：检查墙两端	1
5	竖直度或坡度/%	0.5	吊垂线：每墙检查2处	1
6*	断面尺寸/mm	不小于设计	尺量：各墙两端断面	2

注：*实际工程无项次3时，该项不参与评定。

(3)外观鉴定如下：

①墙体直顺、表面平整。不符合要求时，减1～3分。

②砌缝无裂缝；勾缝平顺，无脱落、开裂现象。不符合要求时减1～4分。

③混凝土墙蜂窝、麻面面积不得超过该面面积的0.5%。不符合要求时，每超过0.5%减3分；深度超过10 mm者必须处理。

6.7 成品保护

(1)涵洞完成后，当涵洞砼强度或砌体砂浆强度达到75%以后，方可进行台背回填，涵洞顶上填土必须大于50 cm时，才允许机械设备通过。

(2)涵洞台背回填，必须在涵洞盖板施工完毕且基底铺砌施工完毕后，且砼强度达到设计强度的75%以上时方可进行。台背回填必须两侧对称进行，防止一侧偏填导致台身被挤倒。

(3)如果涵洞与路线有交叉，必须在醒目位置做好防护标记，必要时设置防撞墩，采取限高、放宽、保护架等措施。

(4)涵洞的防水层及沉降缝施工必须严格按照设计图纸要求进行施工，防水层要填充饱满，油毛防水层及沉降缝位置回填材料不得直接回填坚硬的石块等材料，以免破坏涵洞防水层，使涵洞出现涵内漏水等病害。

(5)混凝土浇筑完成后，要覆盖洒水养生，养生时间不得小于7 d。

(6)冬季混凝土及砂浆砌筑要采取防冻保温措施。

6.8 安全环保措施

6.8.1 安全措施

(1)施工现场安全管理措施:

①施工前,应对施工现场、机具设备及安全防护设施等进行全面检查,确认符合安全要求后方可施工。

②施工道路平整、坚实、保证畅通。危险地点悬挂《安全色》(GB 2893—2008)和《安全标志及其使用导则》(GB 2894—2008)规定的警告牌或明显的红灯示警。

③现场生产、生活区按《消防法》规定应布设足够的消防水源和消防设施。房屋、库棚、料场等的消防安全距离应符合《消防法》的规定。现场的易燃杂物,随时清除,严禁在有火种的场所附近堆放。

④施工现场人员,必须佩戴安全帽,特殊工种按规定要佩戴好防护用品。

⑤要保证安全检查制度的落实,对检查中发现的安全问题、安全隐患,要立即登记、整改以消除隐患。定人、定措施、定经费、定完成日期,在隐患没有消除前,必须采取可靠的防护措施。如有危及人身安全的险情,立即停工,处理合格后方可施工。把安全生产责任制与各级管理者的经济利益挂钩,严明奖惩,保证"管生产必须管安全"。

(2)基坑开挖安全防护措施:

①边坡的留设应符合规范要求,其坡度的大小,则应根据土壤的性质、水文地质条件、施工方法、开挖深度、工期长短等因素确定。

②如有必要,应当在雨季来临之时,设置临时支撑,以防雨水冲洗导致基坑垮塌。

③应做好施工排水,尽量避免在坑槽边缘堆置大量土方、材料和机械设备;坑槽开挖后不宜暴露太久,应立即进行基础和地下结构的施工;对滑坡地段的挖方,应遵循先整治后开挖和由上至下的开挖顺序,严禁先切除坡脚或在滑坡体上弃土。

④为了保证施工过程中边坡附近施工人员的安全,应在边坡旁设置防护栏杆,防护栏杆高度为1.2 m,横向钢管间距为0.3 m,钢管埋入土层深度为70 mm,水平方向设置两道水平杆,第一道自地面起50 mm。钢管连接处采用十字扣相连。

(3)脚手架搭设安全防护措施:

①支架搭设工作必须由持有《特种作业人员操作证》的专业架子工进行,上岗前必须进行安全教育考试,合格后方可上岗。

②在脚手架上作业人员必须穿防滑鞋,正确佩戴使用安全带,着装灵便。

③进入施工现场必须佩戴合格的安全帽,系好下颚带,锁好带扣。

④登高(2 m以上)作业时必须系合格的安全带,系挂牢固,高挂低用。

⑤脚手板必须铺严、实、平稳。不得有探头板,要与架体拴牢。

⑥架上作业人员应做好分工、配合,传递杆件应把握好重心,平稳传递。

⑦作业人员应佩戴工具袋,不要将工具放在架子上,以免掉落伤人。

⑧架设材料要随上随用,以免放置不当掉落伤人。

⑨在搭设作业中,地面上配合人员应避开可能落物的区域。

⑩严禁在架子上作业时嬉戏、打闹、躺卧，严禁攀爬脚手架。

⑪严禁酒后上岗，严禁有高血压、心脏病、癫痫病等不适宜登高作业人员上岗作业。

⑫搭拆脚手架时，要有专人协调指挥，地面应设警戒区，要有旁站人员看守，严禁非操作人员入内。

⑬脚手架基础必须平整夯实，具有足够的承载力和稳定性，立杆下必须放置垫座和通板，有畅通的排水设施。

⑭搭、拆架子时必须设置物料提上、吊下设施，严禁抛掷。

⑮遇6级(含6级)以上大风天、雪、雾、雷雨等特殊天气应停止架子作业。雨雪天气后作业时必须采取防滑措施。

(4)施工用电安全管理措施：

施工现场用电按《施工现场临时用电安全技术规范》(JGJ 46—2005)的要求进行设计、检测。所有电力设备设专人检查维护，并设示警标志，操作电气设备要符合如下规定：

①非专职电气操作人员，不得操作电气设备。

②操作电气设备必须戴绝缘手套、穿电工绝缘靴并站在绝缘板上。

③手持式电气设备的操作手柄和工作中必须接触的部位应有良好绝缘，并在使用前进行绝缘检查。

④低压电气设备加装触电保护。

⑤电气设备有良好的接地保护，每班均由专人检查。

⑥施工现场自备发电机，以防止突然停电造成安全事故。

⑦所有施工用电线路均按施工组织设计要求分别定位悬挂，由值班电工负责检查管理。

⑧施工现场用电应采用三相五线制供电系统，采用三级配电二级保护方式，用电设备实行一机一闸一漏(漏电保护器)一箱(配电箱)；漏电保护装置与设备相匹配，不得用一个开关直接控制两台以上的用电设备。

⑨自备发电机组应采用三相四线制中性点直接接地系统，接地电阻值不得大于4 Ω。发电机组应与外电线路电源联锁，严禁并联运行；应设置短路保护和过负荷保护装置。

⑩电缆线采取埋地或架空敷设，严禁沿地面敷设；电缆类型应根据负荷大小、允许电压损失计算确定。

⑪固定式配电箱及开关箱的底面与地面垂直距离不得小于1.3 m，移动式配电箱及开关箱的底面与地面垂直距离应大于0.6 m。配电箱及开关箱应安装在干燥、通风及常温场所，应分设工作接零和保护接零端子汇流排；配电箱应采取防晒、防尘措施，并配锁。

⑫生活照明用电，不得擅自拉线、装插座；不得私自使用电炉及其他功率较大的电器。

(5)施工机械的安全措施：

①车辆驾驶员和各类机械操作员必须持证上岗，严禁无证操作。对驾驶员、机械操作人员定期进行《安全规程》教育。机械使用前应经过调试、检测，确认技术性能和安全装置状态良好后方可投入使用。

②严禁酒后驾驶车辆、机械，严禁“三超”，禁止机械超负荷和带“病”运转，并坚持“三查一检”制。

③机械设备在施工现场集中停放，严禁对运转中的机械设备进行检修、保养。液压系统发生故障，停止检修作业时，应释放压力。不得在坡道上停放或检修机械，当需要在坡道上

检修时应做好防护。

④机械作业的指挥人员发生的指挥信号必须准确，操作人员必须听从指挥，严禁违令作业。

⑤起重作业应严格执行《建筑机械使用安全技术规程》和《建筑安装人员安全技术操作规程》中的有关规定和要求。

⑥使用钢丝绳的机械，在运行中禁止人员跨越钢丝绳，用钢丝绳起吊、拖拉重物时，现场人员应远离作业半径，并对钢丝绳进行保养，检查更换。

⑦对机械设备、各种车辆定期检查，对查出的隐患按“三不放过”的原则进行处理，并制订防范措施，防止发生伤害事故。

⑧全部机械设备均分别制订安全操作规程，并挂牌。

⑨施工机械应指定操作人员负责保管，轮班作业应执行交接班制度。

⑩操作人员应熟悉机械的性能和操作方法，并具有在机械发生事故时采取紧急措施的能力；操作人员不得擅自离开工作岗位，严禁疲劳作业。

⑪机械设备在施工现场停放时应选择安全地点，并将带负荷的部件放松，同时设有制动、防滑、防冻措施。

⑫危险地段作业时，应设立安全警示标志，并设专人指挥。

⑬在高压线下附近作业或通过时，施工机械与输电线之间应满足最小安全距离要求。在埋有电缆、管道的地点作业时，施工前应在地面设立安全警示标志，未探明地下设施位置走向前，应由专人现场监护作业，严禁使用挖掘机、装载机、推土机等大型机械盲目作业。

⑭起重指挥应由技术培训合格专职人员担任，作业前，应对机械设备、现场环境、行驶道路、架空电线及其他建筑物和吊重物情况进行了解，确定吊装方法。

⑮起重臂和吊起的重物下面有人停留或行走时不得起吊，吊索和附件捆绑不牢时不得起吊，吊件上站人、重量不明、无指挥或信号不清时不得起吊。

⑯不得使用起重机进行斜拉、斜吊，起吊重物时不得在重物上堆放或悬挂零星物件。不得忽快忽慢和突然制动，不得带荷自由下落。

⑰起重用的钢丝绳吊索(无弯曲)其安全系数应大于6，捆绑吊索安全系数应大于8。

(6)混凝土与砌体工程的安全措施：

①混凝土工程使用的模板及支架结构的稳定性、刚度和强度应满足施工要求，其承载力应满足支撑新浇混凝土的重力、侧压力以及施工过程中产生荷载的要求。

②地面以下的模板安装、拆除，应先检查坑壁稳定和支护牢固情况，深长基础宜分层支模，边装边支，逐层施工。

③地面以上的模板安装，应分段分层自下而上地逐层支撑稳固。

④模板支架应安装在坚固的地基上，并有足够的支撑面积。

⑤钢筋加工时调直机应固定，手与飞轮应保持安全距离，调至钢筋末端时，应防止甩动和弹起伤人。钢筋切断机操作时，不得将两手分在刀片两侧俯身送料，不得切断直径超过机械规定的钢筋。钢筋弯曲机工作台应安装牢固，旋转半径内和机身不设固定锁子的一侧，严禁站人。

⑥混凝土搅拌作业时，不得将头、手伸入料斗和机架之间，手和工具不得伸入搅拌筒内扒料、出料。料斗升起时，人员不得从料斗下方穿行，作业后应将料斗落到坑内，当升起或清除料斗内杂物时，应将料斗用链条扣牢。

⑦使用吊斗(罐)运输混凝土时，吊斗(罐)不得碰撞栏杆和脚手架，严禁超载吊运。

⑧混凝土浇筑平台应搭设牢固，浇筑基础部位混凝土时，应检查基坑边坡稳定情况，浇筑时安装或搭设的溜槽必须绑扎牢固，并严禁人员在上面作业。

⑨砌体工程施工时，应先做好排水，经常检查基坑边坡，高出地面时，人员不得靠近墙脚或坡脚，不得采用从上向下自由滚落的方式运输石料。

⑩砌筑用石料不宜超过 50 kg，砌筑中应防止砸伤手脚。

(7)冬雨季施工的安全措施：

①进入冬季前，施工现场的人行道板、跳板和作业场所应采取防滑措施。

②操作机械时，应有防冻措施，驾驶车辆不得在有积雪和冰层的道路上快速行驶，上下坡和急转弯时，应避免紧急制动。

③雨季施工应制订施工期间的防洪、排涝安全防护措施。

④雨季前，必须对施工场地、材料堆放、生活驻地、运输便道及水电设备的防洪、防雨、排涝等设施进行检查，排涝沟渠必须疏通；人行通道、跳板和作业场所等应采取防滑措施。

⑤暴雨前后，应对脚手架、边坡、基坑、临时房屋和设施等进行检查，发现倾斜、变形、下沉、漏雨、漏电或有可能发生坍塌的施工地段，应及时修复和加固。

⑥处于洪水可能淹没地段的机械设备、材料等应采取防洪措施。

6.8.2　环保措施

①在进行盖板涵施工时，应尽量少破坏天然植被，以便最大限度地保护自然景观。

②工程剩余的废料，应根据各自情况分别处理，不得任意裸露弃置。

③清洗施工机械、设备及工具的废水、废油等有害物资以及生活污水，不得直接排放于附近小溪、河流或其他水域中，也不得倾泻于饮用水源附近土地上，以防污染水质和土壤。

④在进行箱涵施工时，由机械设备与工艺操作所产生的噪声，不得超过当地政府规定的标准，否则应采取消声措施或避开夜间施工作业。

⑤施工现场存放油料时必须对库房进行防渗漏处理，储存和使用都要采取隔油措施，以防油料污染附近水质。

6.9　质量记录

盖板涵施工质量验收应提供的书面记录有：

(1)工程放样与定位测量记录、测量复核记录。

(2)基坑检验表。

(3)基础模板安装、混凝土浇筑及成品检验记录。

(4)墙身模板安装、混凝土浇筑及成品检验记录。

(5)盖板模板安装、钢筋加工、混凝土浇筑及成品检验记录。

(6)建筑材料质量检验记录。

(7)洞口八字墙、一字墙等施工质量检查记录。

(8)涵洞内铺砌及接线质量检验记录。

(9)工序质量评定表。

7 拱形通道(涵洞)施工工艺标准

7.1 总则

为适应集团公司的发展需要，提高拱形通道(涵洞)施工技术水平，保证拱形通道(涵洞)工程的质量和安全，依据国家和行业相关的规范、规程和标准，结合以往类似工程的施工经验，特编制拱形通道(涵洞)施工工艺标准。

7.1.1 适用范围

本标准适用于拱形通道(涵洞)新建、改建和扩建工程的施工。

7.1.2 编制参考标准及规范

(1)《公路工程技术标准》(JTG B01—2014)。

(2)《公路桥涵设计通用规范》(JTG D60—2015)。

(3)《公路圬工桥涵设计规范》(JTG D61—2005)。

(4)《公路钢筋混凝土及预应力混凝土桥涵设计规范》(JTG 3362—2018)。

(5)《公路桥涵施工技术规范》(JTG/T F50—2011)。

(6)《公路工程质量检验评定标准》(JTG F80/1—2017)。

7.2 术语

拱涵是指洞身顶部呈拱形的涵洞，一般超载潜力较大，砌筑技术容易掌握，便于群众修建，是一种普遍的涵洞形式。

7.3 施工准备

7.3.1 技术准备

(1)施工人员应认真审核图纸及设计说明书，检查图纸的完整性以及有无矛盾和错误。

(2)研究施工图纸并现场核对，领会设计意图。施工人员必须熟悉拱形通道(涵洞)所处的地形、地貌和工程地质状况。

(3)核对拱形通道(涵洞)与土石方、挡墙等工程的相互关系和施工衔接，明确其对拱形通道(涵洞)现场布置和施工的影响。

(4)核对拱形通道排水系统和设施的布置是否与地形、地貌、水文、气象等条件相适应。

(5)核对拱形通道和进出口形式与接线的布置是否与地形、地貌、水文、经过该处的人员、车辆的大小、交通类型等相适应。

(6)核对拱形通道(涵洞)进出口位置、结构是否与洞口环境相适应。

(7)对拟建拱形通道(涵洞)的施工场地进行清理，对施工区域内有碍施工的电杆、建筑物、道路等均应拆迁或移改。

(8)做好技术交底工作，编制施工方案，并报建设和监理单位审批。

(9)对拱形通道附近增设水准点、导线控制点进行交桩和复测。

(10)应在现场修好适当的便道，平整足够的场地，做好临时排水工作，用于材料设备的进场安置。

7.3.2　材料准备

(1)钢筋：品种、规格和性能等应符合国家现行标准规定和设计要求，应有出厂合格证和检测报告，进入现场应进行复试，确认合格后方可使用。

(2)混凝土：水泥、水、砂、碎石、外加剂等材料各项指标均应满足规范和设计要求，确认合格后方可使用。

(3)其他材料：施工的支架各类型材、扎丝、电焊条、氧气、乙炔等。

7.3.3　主要机具

(1)机械：挖掘机、推土机、压路机、自卸卡车、吊车、混凝土搅拌机、砂浆搅拌机、柴油发电机、混凝土振捣棒、钢筋弯曲机、打夯机等。

(2)工具：铁锹(尖、平头两种)、手推车、钢卷尺、木抹子、铁抹子等。

(3)测量仪器：全站仪或经纬仪、水准仪、塔尺、钢尺等。

7.3.4　作业条件

(1)拱形通道(涵洞)的位置和开挖范围已经确定，征地工作已经完成。

(2)施工场区进行了平整，现场修好了适当的便道，已做好临时排水工作，为保证各种设备行走安全，对不利于施工机械行走的松软地面进行了碾压或夯实处理。

(3)附近设有足够的平面控制点和水准测量基点。

(4)各种施工机具已经到位；施工建筑材料准备就绪。

7.3.5　劳动力组织

一般拱形通道(涵洞)应由专业队伍施工，其劳动力组织如表7－1所示。

表7-1 盖板涵施工劳动力组织

工种	人数	工作地点	职责范围
施工队长	1	整个施工现场	负责跟班组织施工管理工作、协助总指挥工作等
技术员	1	整个施工现场	负责跟班解决施工中的技术问题，编写技术措施等
安全员	1	整个施工现场	负责跟班检查安全措施、安全措施的执行情况及安全教育工作，对安全生产负责
质检员	1	整个施工现场	负责跟班检查工程质量，组织各工种交接及质量保证措施的执行情况，对工程质量负责
试验员	1	整个施工现场	负责跟班检查工程试验检测、原材料试验检测
测量员	2	施工现场	负责施工测量放样及平面位置及高程复核
挖掘机操作工	1	基坑开挖	负责基坑的土方开挖
材料员	1	材料仓库	负责施工材料供应及管理
自卸卡车司机	4	施工现场	负责基坑开挖土石方运输
吊车司机	1	整个施工现场	负责吊机的操作及其日常维修保养。在施工员指挥下，正确进行构件、模板等起吊
模板工	6	施工现场	负责基础、墙身、盖板的支架、模板安装与拆除；在墙身、盖板现浇过程中检查、确保支架、模板的稳定
钢筋工	2	钢筋加工棚、现场	钢筋的制作与安装
混凝土工	6	施工现场	负责混凝土的卸料、浇筑、振捣，洞口浆砌片石
电工	1	整个施工现场	负责现场动力、照明、通信等电器系统的维修保护
杂工	2	整个施工现场	负责基坑整修、混凝土或砂浆养护材料搬运及现场清理、保卫等
总计	31		

注：此表为一个作业班施工配备人员，未计后勤、行政等人员。

7.4 工艺设计和控制要求

7.4.1 技术要求

7.4.1.1 挖基技术要求

(1)基础开挖应符合图纸要求并按照规范有关规定执行。当在原有灌溉水流的沟渠修筑时，应开挖临时通道以保护好灌溉水流。

(2)基槽开挖后，应紧接着进行垫层铺设、垫层压实及基槽回填等作业。如果出现不可避免的耽误，无论是何原因，均应采取必要措施以保护基槽的暴露面不致破坏。

7.4.1.2 垫层与基础技术要求

(1)砂砾垫层应为压实的连续材料层，其压实度应在95%以上，按重型击实法试验测定；

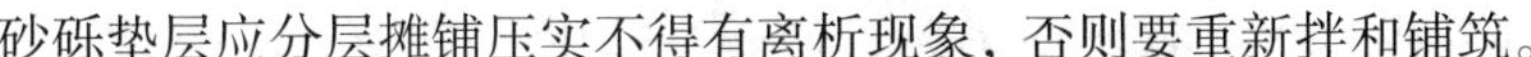

砂砾垫层应分层摊铺压实不得有离析现象，否则要重新拌和铺筑。

(2)石灰土作垫层时，混合料的配合比设计应在施工前报监理工程师批准；施工中要拌和均匀，分层摊铺，分层压实，其压实度应在90%以上。

(3)混凝土基座应按规范规定施工，基座尺寸及沉降缝应符合图纸所示。

7.4.1.3　**拱形通道(涵洞)施工技术要求**

(1)现浇混凝土涵洞的台帽、台身、一字墙如为整体式时，台身和基础可以连续浇筑，也可不连续浇筑。八字式洞口或锥坡式洞口与涵台之间应为分离式。

(2)让混凝土的涵台及基础分别浇筑时，基础顶面与涵台相接部分应拉成毛面，并设置锚固钢筋。基础、涵台及洞口建筑(帽石除外)采用石砌时，应符合关于浆砌工程规定的要求。

(3)涵台或拱圈应在图纸设置的沉降缝处分段修筑。

(4)图纸有要求将钢筋混凝土拱圈用锚栓与涵台锚固在一起时，应按图纸规定或工程师批准的其他方法固定锚栓。

(5)当设计有支撑梁时，应在安装或浇筑盖板之前完成。

(6)当拱形通道(涵洞)为整体式基础时，在支架搭设前基础混凝土强度应达到设计强度的70%以上；为分离式基础时，应对支架基础承载力进行验算，根据验算结果对地基进行检查处理。

7.4.1.4　**台背填土技术要求**

台背回填必须在支撑梁(或涵底铺砌)及盖板安装且砂浆强度及混凝土强度达到设计强度的75%以后，方可进行填土，填土应两个涵台同时对称填筑，并按回填规范进行回填。在涵洞上填土时，第一层的最小摊铺厚度不得小于300 mm，并防止剧烈的冲击。

7.4.1.5　**沉降缝技术要求**

(1)设置沉降缝的道数、缝宽和位置应按图纸或监理工程师指示进行施工，并按图纸规定填塞嵌缝料或采用监理工程师批准的加氟化钠等防腐掺料的沥青浸过的麻絮或纤维板紧密填塞，或用有纤维掺料的沥青嵌缝膏或其他材料封缝。

(2)在缝处应加铺抗拉强度较高的卷材，如沥青玻璃纤维布或油毡，加铺的层数及宽度按图纸所示，具体的施工方法应经监理工程师批准。

7.4.1.6　**防水层技术要求**

(1)混凝土盖板或顶板、侧板外表面上在填土前应涂刷沥青胶结材料和其他材料，以形成防水层。

(2)涂刷的层数或厚度应按图纸要求进行。

7.4.2　材料质量要求

(1)水泥：应符合现行国家行业标准《通用硅酸盐水泥》(GB 175—2007)的规定，水泥的品种和强度等级应通过混凝土配合比试验选定，且其特性应不会对混凝土的强度、耐久性和工作性能产生不利影响。当混凝土中采用碱活性集料时，宜选用含碱量不大于0.6%的低碱水泥。

(2)细集料：细集料宜采用级配良好、质地坚硬、颗粒洁净且粒径小于5 mm的河砂；当河砂不易得到时，可采用符合规定的其他天然砂或人工砂。细集料的技术指标应符合《建设用砂》(GB 14684—2011)的规定，检验内容应包括外观、级配、含泥量、泥块含量等，检验试

验方法应符合现行行业标准《公路工程集料试验规程》(JTG E42—2015)的规定。

(3)粗集料：宜采用质地坚硬、洁净、级配合理、吸水率小的碎石或卵石，其技术指标应符合《建筑用卵石、碎石》(GB 14685—2011)的规定。检验内容应包括外观、颗粒级配、针片状颗粒含量、含泥量、泥块含量、压碎值指标等，检验试验方法应符合现行行业标准《公路工程集料试验规程》(JTG E42—2015)的规定。

(4)水：符合国家标准的饮用水可直接作为混凝土的拌制和养护用水；当采用其他水源或对水质有疑问时，应对水质进行检验。

(5)外加剂：使用的外加剂，与水泥、矿物掺和料之间应具有良好的相容性。所采用的外加剂，应是经过具备相关资质的检测机构检验并附有检验合格证明的产品，且其质量应符合现行国家标准《混凝土外加剂》(GB 8076—2008)的规定。外加剂的品种和掺量应根据使用要求、施工条件、混凝土原材料的变化等进行试验确定。

7.5 施工工艺

7.5.1 工艺流程

(1)拱涵(通道)施工工艺流程如图7-1所示。

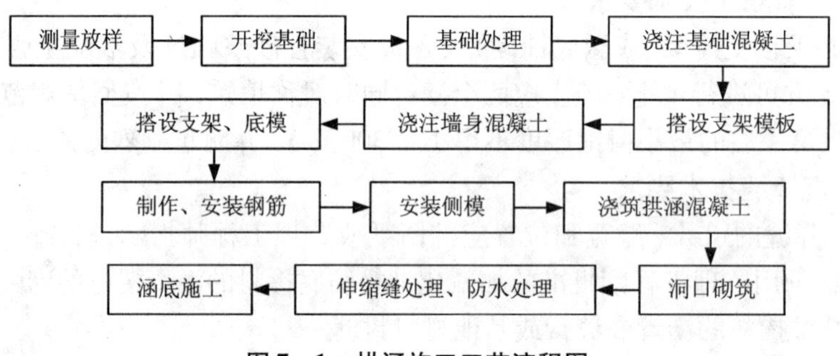

图7-1　拱涵施工工艺流程图

(2)拱涵(通道)背回填施工工艺流程如图7-2所示。

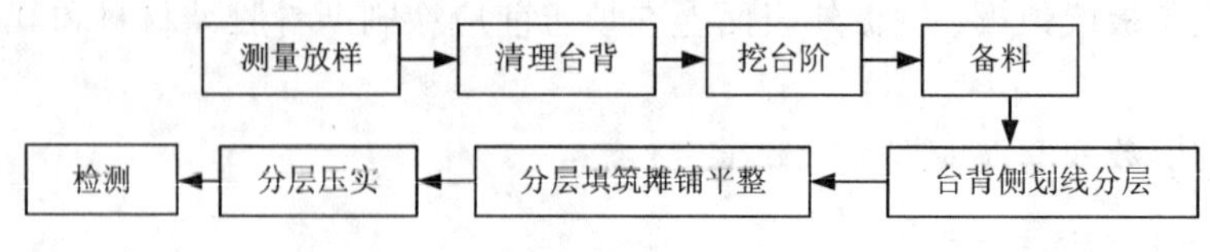

图7-2　拱涵(通道)施工工艺流程图

7.5.2 操作工艺

7.5.2.1　施工放样

基础放样要求放出中轴与基础各端角坐标点位置和各坐标点标高，各点放好样后在开挖前必须引出坑外3 m设引出桩，固定牢靠以便随时恢复检查。施工放样后，应进行现场核对和水系调查，如果平面位置，流水面高程等与现场实际情况不符，应提出变更方案，报业主、监理批准后实施。

7.5.2.2　**基坑开挖**

开挖基坑前将进入基坑范围内的地表水截断、引开，使之在开挖和浇筑过程中坑中无积水，排水挖沟工程量比较大时，开挖采用挖掘机配合人工，当挖至离设计标高差 20 ~ 30 cm 时采用人工清理、修整至设计标高，检测地基承载力，视地基承载力情况按监理工程师指示处理，基坑验收合格后，立即装模和做浇筑砼的准备工作，基坑开挖注意以下事项：

(1)土方挖送离坑壁坡顶 10 m 以外，以免压塌边坡。

(2)泥土不挤占施工便道，不得堵塞交通。

(3)要注意为工程用料及施工预留场地。

(4)坑槽有水时，挖集水井排水。

(5)基坑最终开挖深度要依据触探资料确定并经监理工程师确认。

(6)基坑达到各项设计要求后，妥善修整，在最短的时间里铺垫层浇筑砼，不得暴露太久。暴露太久时，要重新检测承基底承载力。

7.5.2.3　**浇筑混凝土**

1. 浇筑基础砼

浇筑时严格按配比下料，浇筑厚度每层不超过 30 cm，用插入式振捣棒振捣密实。基础浇筑注意墙身装模部位平整，按施工图设计，沉降缝每 4 ~ 6 m 设一处，沉降缝处用厚度为 2 cm 的塑料泡沫板隔开。基础顶面与涵台相接部分应拉毛面并埋设与台身相连的施工缝连接钢筋，以便与台身牢固相接。

2. 浇筑墙身砼

模板采用 1.2 m × 1.5 m 钢模，模板安装前清除干净无锈迹，涂刷脱模剂。按施工图设计，沉降缝每 4 ~ 6 m 设一处，分节段安装模板和浇筑墙身砼，墙身沉降缝与基础沉降缝位置一致。模板每次安装两节台身模板，每节台身模板用方木或钢管加夹具连接成一个整体，在浇筑下节台身时可整体位移模板，以免重复安装，加快施工进度。模板用 ϕ12 mm 对拉螺栓拉紧，间距 60 cm × 100 cm。螺栓外套塑料管，以利拆模时螺栓的抽取。模板安装完成后，要重新测量各点坐标和定位砼浇筑高程控制点。沉降缝采用 2 cm 厚的泡沫塑料板隔开，每节涵台前后两幅对称浇筑砼一次连续浇筑到位。砼用搅拌运输车运到模板中卸下，当卸料高度大于 2.0 m 时，采用滑动串筒，将砼导入底部，防止砼下落时离析。控制每层 30 cm 下料，然后层层采用振捣棒振捣密实，振捣棒快进慢拔。振捣器要垂直地插入混凝土内，并要插至前一层混凝土，以保证新浇混凝土与先浇混凝土结合良好，插进深度一般为 5 ~ 10 cm，振捣密实到砼停止下沉，不冒气泡，表面呈现平坦、泛浆状为止。每一节段的砼分层浇筑，间断时间不能超过前层砼的初凝时间，如因发生故障，间断时间已超过砼初凝时间，应按施工缝处理。在浇筑砼的过程中经常观察模板有否变形，支撑、拉杆有否松动，如有变形马上采取措施纠正。搭设的运送砼的支架、过道不得与模板支架连接。在砼强度达 2.5 MPa 以上时拆除模板，炎热季节要及时覆盖养生，砼的养护不少于 7 d 或监理工程师指定的天数。

7.5.2.4　**支架安装**

1. 支架安装

支架整体、杆配件、节点、地基、基础和其他支撑物应进行强度和稳定验算。支架安装应考虑支架受载后的沉陷、弹性变形等因素预留施工拱度。支架宜采用标准化、系列化、通用化的构件拼装。常用的支架有：木支架、碗扣式支架和钢管支架。无论使用何种支架，均应进行施工图设计，并验算其强度和稳定性。

根据结构形式、承受的荷载大小及需要的卸落量，为便于支架的拆卸，应在支架适当部位设置相应的木楔、木马、砂筒或千斤顶等落模设备。

支架安装完毕后，应对其平面、顶部标高、节点联结及纵向稳定性进行全面检查，符合要求后方可进行下道工序。

2. 拱架安装

安装拱架前，应对拱架立柱和拱架支承面进行详细检查，准确调整拱架支承面和顶部标高，并复测跨度，确认无误后方可进行安装。

各片拱架在同一节点处的标高应尽量一致，以便于拼装平联杆件。在风力较大的地区，应设置缆风绳。

拱架应按规定预留施工拱度和稳定性，并考虑拆卸方便。无论采用何种材料的拱架，均应进行施工图设计，拱架应有足够的强度、刚度。

常用的拱架形式和安装方法如下：

(1)木拱架安装：

①拱架所用的材料规格及质量应符合要求，各杆件应采用材质较强、无损伤及湿度不大的木材。

②拱架的强度和刚度应满足变形要求，杆件在竖直与水平面内，要由交叉杆件联结牢固。

③木拱架制作安装时，应基础牢固，立柱正直，节点连接应采取可靠措施保证拱架的整体稳定性，高拱架横向稳定应有保证措施。

④应注意拱架的弧形木的制作：一般跨度为 2 ~ 3 m，弧形木上缘应按拱圈的内侧弧线制成弧形，见图 7 - 3。

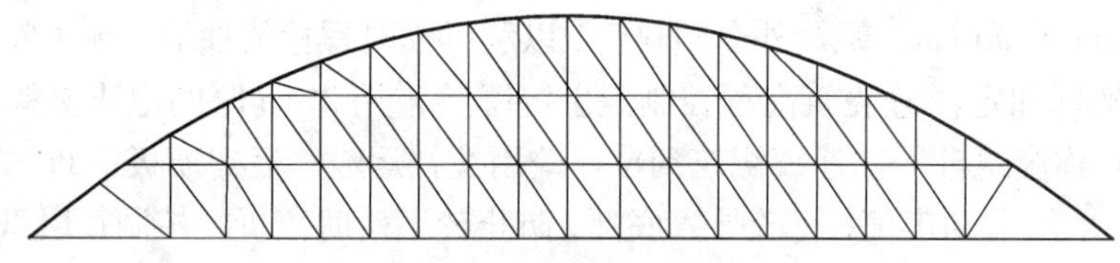

图 7 - 3　木拱架示意图

(2)钢拱架安装：

①工字梁钢拱架由工字钢梁基本节(分成几种不同长度)、楔形插节、拱顶铰及拱脚铰等基本构件组成。用选配工字钢梁长度和楔形插节节数的方法，可使拱架使用于多种拱度和跨度的拱桥施工，见图 7 - 4。

②横桥方向拱架的片数应根据拱圈的宽度和承重合理组合，拱片间可用角钢或木杆等杆件联结，以保证结构的整体稳定性。

(3)扣件式钢管拱架：

钢管拱架组成排架的纵、横间距应按承受拱圈自重计算，各排架顶部的标高应符合设计

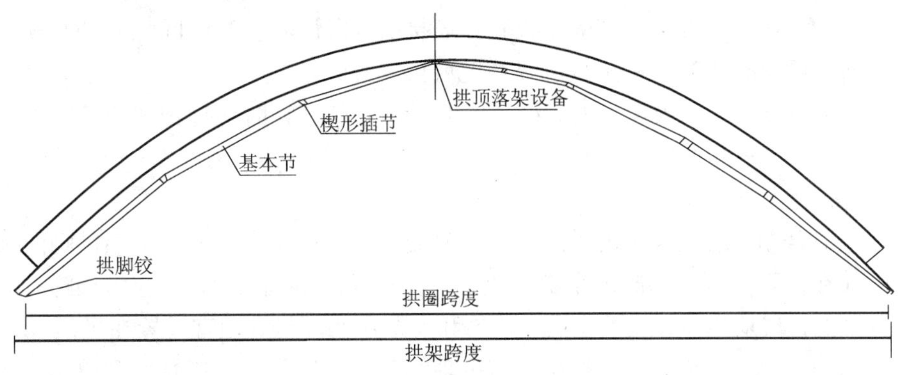

图 7-4　钢拱架示意图

要求，为保证排架的稳定应设置足够的斜撑、剪力撑、扣件和缆风绳，见图 7-5。

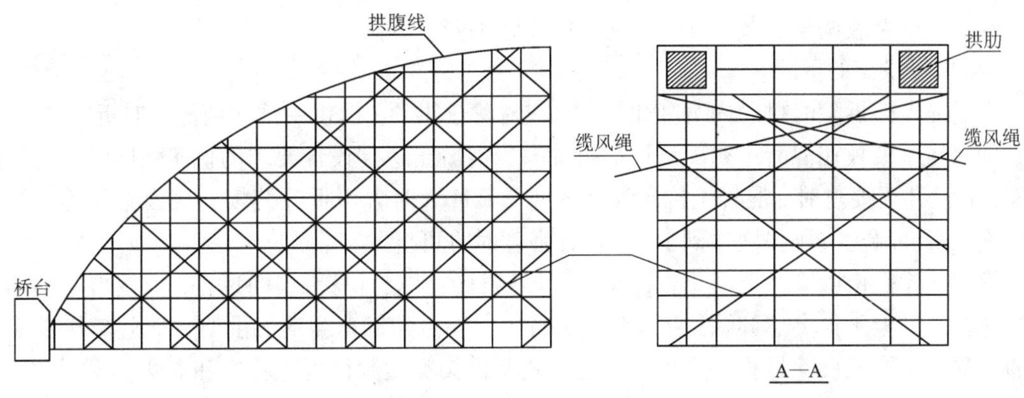

图 7-5　钢管拱架示意图

7.5.2.5　拱圈模板（底模、侧模）安装

（1）拱圈模板。

拱圈模板（底模）宜采用双面覆膜酚醛多层板（或竹胶板），也可采用组合钢模板。采用多层板时，板背后加弧形木或横梁，多层板板厚依弧形木或横梁间距的大小来定。模板接缝处粘贴双面胶条填实，保证板缝拼装严密，不漏浆。

侧模板应按拱圈弧线分段制作，间隔缝处设间隔缝模板并应在底板或侧模上留置孔洞，待分段浇筑完成，清除杂物后再封堵。

在拱轴线与水平面倾角较大区段，应设置顶面盖板，以防混凝土流失。模板顶面标高误差应不大于计算跨径的 1/1000，且不超过 30 mm。

（2）钢筋绑扎。

拱脚接头钢筋预埋：钢筋混凝土无铰拱的拱圈的主筋一般伸入墩台内，因此在浇筑墩台混凝土时，应按设计要求预埋拱圈插筋，伸出的插接头应错开，保证同一截面钢筋接头的数量不大于 50%。

钢筋接头布置：为适应拱圈在浇筑过程中的变形，拱圈的主钢筋或钢筋骨架一般不应使用通长的钢筋，宜在适当位置的间隔中设置钢筋接头，但最后浇筑的间隔缝处必须设钢筋接头，直到其前一段混凝土浇筑完毕且沉降稳定后再进行联结。

绑扎顺序：分环浇筑拱圈时，钢筋可分环绑扎。分环绑扎时各种预埋钢筋应临时加以固定，并在浇筑混凝土前进行检查和校正。

(3)拱圈混凝土浇筑。

混凝土连续浇筑：跨径较小的拱圈或拱肋混凝土应按拱圈全跨度从两端拱脚向拱顶对称连续浇筑，并在拱脚混凝土初凝前全部完成。跨径较大的拱圈或拱肋，应沿拱跨方向分段对称浇筑，分段的位置应以拱架受力对称、均匀和变形小为原则，且宜设置在拱顶、L/4 部位、拱脚及拱架节点等处；各节段的接缝面应与拱轴线垂直，各分段点应预留间隔槽，期宽度宜为0.5～1.0 m，槽内有钢筋接头，其宽度应满足钢筋接头的需要。

在倾斜面上浇筑混凝土时，应从低处逐渐扩展升高，保持水平分层，混凝土浇筑完成后应及时洒水养护。因拱肋中下部倾斜度较大，防止混凝土向下坍落，需在其顶部扣压模板。

拱圈在浇筑过程中，应随时监测拱架的变形，如变形量超过计算值，应及时查明原因，并采取加固拱架或调整加载顺序的措施，保证施工安全。

(4)模板拱架的拆除。

为保证支架拆除时拱肋内力变化均匀，应对称于拱顶，由拱中部向两侧同时拆除。

顶部扣压模板在混凝土初凝后即可拆除。当混凝土达到设计要求的抗压强度时方可拆除侧模，若设计无要求时，混凝土抗压强度达到2.5 MPa时方可拆除侧模。底模必须等到拱圈最后施工段混凝土抗压强度达到100%设计强度时方可拆除。

拱架拆除是由拱圈及上部结构的重量逐渐转移给拱圈自身承担的过程，应按拟定的卸落程序进行。拱架不得突然卸除，在卸除中，当达到一定的卸落量时，拱架才能脱离拱圈实现力的转移。在拱架拆除过程中应根据结构形式及拱架类型制订拆除程序和方法。

7.5.2.6 台背填土

在盖板强度达到设计强度后，进行台背回填。填土前先清除各种杂物和台背不适宜材料。台背采用内摩擦角较大的透水性材料分层，左右对称填筑压实，每层压实厚度15 cm 左右，全部划线控制填土施工，用压路机压实，压路机压不到的地方用小型打夯机夯实，压实强度达96%以上。填筑范围详见表7－2。

表7－2 填筑范围表

构造物类型	底部处理长度/m	上部处理长度/m	备注
涵洞	每侧≥2 m	每侧＞(2＋2h) m	含台前溜坡及锥坡且需超长0.3 m压实

其中：h为路基填土高度减去路面及路床厚度。

在通道顶上填土时，第一层松铺厚度不得小于30 cm，并要防止剧烈冲撞。只有盖板上填土厚度大于50 cm时，才允许施工机械和车辆通行。由专门负责台背回填的技术人员指导施工，每层均须拍摄影像资料。

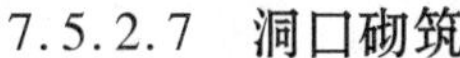

7.5.2.7 **洞口砌筑**

洞口砌筑前要将多余的土清除修整。根据施工图纸放样挂线、挖基、砌筑。基础地基承载力不少于设计值。砌筑采用的石料应强韧、密实与耐久，质地适当细致，色泽均匀，无风化剥落和裂纹，并通过质检和获得监理工程师认可。片石的厚度不小于 15 cm，镶面石料应选择尺寸稍大并且有较平整表面的。砂浆严格按配比配料，采用机械式砂浆搅拌机拌和。砌筑时片石大面朝下，砂浆饱满，不得有空洞，不得用碎石填芯。墙面勾缝一致，整齐、美观。

7.6 质量标准

7.6.1 涵洞总体要求

(1)基本要求如下：

①拱形通道（涵洞）施工应严格按照设计图纸、施工规范和有关技术操作规程的要求进行。

②各接缝、沉降缝位置正确，填缝无空鼓、开裂、漏水现象；若有预制构件，其接缝应与沉降缝吻合。

③通道(涵洞)内不得遗留建筑垃圾、杂物等。

(2)实测项目如表 7－3 所示。

表 7－3 涵洞通道(涵洞)总体实测项目

项次	检查项目	规定值或允许偏差	检查方法及频率	权值
1	轴线偏位/mm	明涵 20，暗涵 50	经纬仪：检查 2 处	2
2*	流水面高程/mm	±20	水准仪、尺量：检查洞口 2 处，拉线检查中间 1～2 处	3
3	涵底铺砌厚度/mm	+40，－10	尺量：检查 3～5 处	1

注：＊实际工程无项次 3 时，该项不参与评定。

(3)外观鉴定如下：

①洞身顺直，进出口、洞身、沟槽等衔接平顺，无阻水现象。不符合要求时减 1～3 分。

②帽石、一字墙或八字墙等应平直，与路线边线型匹配、棱角分明。不符合要求时减 1～3 分。

③涵洞处路面平顺，无跳车现象。不符合要求时减 2～4 分。

④外露混凝土表面平整，颜色一致。不符合要求时减 1～3 分。

7.6.2 涵台

(1)基本要求如下：

①所用水泥、砂、石、水、外掺剂、混合材料的质量和规格必须符合有关技术规范的要求，按规定的配合比施工。

②地基承载力及基础埋置深度须满足设计要求。

③混凝土不得出现露筋和空洞现象。

④砌块应错缝、坐浆挤紧，嵌缝料和砂浆饱满，无空洞、宽缝、大堆砂浆填隙和假缝。

(2)实测项目如表7－4所示。

表7－4　涵台总体实测项目

项次	检查项目		规定值或允许偏差	检查方法及频率	权值
1△	混凝土或砂浆强度/MPa		在合格标准内	按相关标准检查	3
2	涵台断面尺寸/mm	片石砌体	±20	尺量：检查3～5处	1
		混凝土	±15		
3	竖直度或斜度/mm		0.3%台高	吊垂线或经纬仪：测量2处	1
4△	顶面高程/mm		±10	水准仪：测量3处	2

(3)外观鉴定如下：

①涵台线条顺直，表面平整。不符合要求时减1～3分。

②蜂窝、麻面面积不得超过该面面积的0.5%。不符合要求时，每超过0.5%减3分；深度超过10 mm者必须处理。

③砌缝匀称，勾缝平顺，无开裂和脱落现象。不符合要求时减1～3分。

7.6.3　拱圈

(1)基本要求如下：

①所用水泥、砂、石、水、外掺剂、混合材料的质量和规格必须符合有关技术规范的要求，按规定的配合比施工。

②地基承载力及基础埋置深度须满足设计要求。

③混凝土不得出现露筋和空洞现象。

④砌块应错缝、坐浆挤紧，嵌缝料和砂浆饱满，无空洞、宽缝、大堆砂浆填隙和假缝。

(2)实测项目如7－5所示。

表7－5　拱圈总体实测项目

项次	检查项目	规定值或允许偏差	检查方法及频率	权值
1△	混凝土强度/MPa	在合格标准内	按相关标准检查	3
2△	拱圈厚度/mm	±15	尺量：抽查拱顶、拱脚3处	2
3	内弧线偏离设计弧线/mm	±20	样板：抽查拱顶、1/4跨3处	1

(3)外观鉴定如下：

①线形圆顺，表面平整。不符合要求时减1～3分。

②混凝土蜂窝、麻面面积不得超过该面面积的0.5%。不符合要求时，每超过0.5%减3

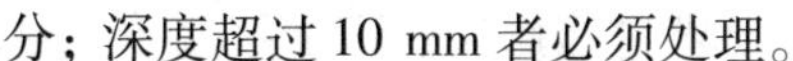

分;深度超过 10 mm 者必须处理。

③砌缝匀称,勾缝平顺,无开裂和脱落现象。不符合要求时减 1 ~3 分。

7.6.4 一字墙和八字墙

(1)基本要求如下:

①砌块、砂、水的质量和规格应符合有关规范的要求,混凝土或砂浆应按规定的配合比施工。

②地基承载力及基础埋置深度必须满足设计要求。

③砌块应分层错缝砌筑,坐浆挤紧,嵌填饱满密实,不得有空洞。

④抹面应压光、无空鼓现象。

(2)实测项目如表 7 –6 所示。

表 7 –6 一字墙和八字墙总体实测项目

项次	检查项目	规定值或允许偏差	检查方法和频率	权值
1△	混凝土或砂浆强度/MPa	在合格标准内	按相关标准检查	4
2	平面位置/mm	50	经纬仪:检查墙两端	1
3	顶面高程/mm	±20	水准仪:检查墙两端	1
4	底面高程/mm	±50	水准仪:检查墙两端	1
5	竖直度或坡度/%	0.5	吊垂线:每墙检查 2 处	1
6△	断面尺寸/mm	不小于设计	尺量:各墙两端断面	2

(3)外观鉴定如下:

①墙体直顺、表面平整。不符合要求时,减 1 ~3 分。

②砌缝无裂缝;勾缝平顺,无脱落、开裂现象。不符合要求时减 1 ~4 分。

③混凝土墙蜂窝、麻面面积不得超过该面面积的 0.5%。不符合要求时,每超过 0.5% 减 3 分;深度超过 10 mm 者必须处理。

7.7 成品保护

(1)拱形通道(涵洞)完成后,当涵洞砼强度或砌体砂浆强度达到 75% 以后,方可进行台背回填,涵洞顶上填土必须大于 50 cm 时,才允许机械设备通过。

(2)涵洞台背回填,必须在涵洞盖板施工完毕且基底铺砌施工完毕后,且砼强度达到设计强度的 75% 以上时方可进行。台背回填必须两侧对称进行,防止一侧偏填导致台身被挤倒。

(3)如果涵洞与路线有交叉,必须在醒目位置做好防护标记,必要时设置防撞墩,采取限高、放宽、保护架等措施。

(4)涵洞的防水层及沉降缝施工必须严格按照设计图纸要求进行施工，防水层要填充饱满，油毛防水层及沉降缝位置回填材料不得直接回填坚硬的石块等材料，以免破坏涵洞防水层，使涵洞出现涵内漏水等病害。

(5)混凝土浇筑完成后，要覆盖洒水养生，养生时间不得小于7 d。

(6)冬季混凝土及砂浆砌筑要采取防冻保温措施。

7.8 安全环保措施

7.8.1 安全措施

(1)施工现场安全管理措施：

①施工前，应对施工现场、机具设备及安全防护设施等进行全面检查，确认符合安全要求后方可施工。

②施工道路平整、坚实、保证畅通。危险地点悬挂《安全色》(GB 2893—2008)和《安全标志及其使用导则》(GB 2894—2008)规定的警告牌或明显的红灯示警。

③现场生产、生活区按《消防法》规定应布设足够的消防水源和消防设施。房屋、库棚、料场等的消防安全距离符合《消防法》的规定。现场的易燃杂物，随时清除，严禁在有火种的场所附近堆放。

④施工现场人员，必须佩戴安全帽，特殊工种按规定要佩戴好防护用品。

⑤要保证安全检查制度的落实，对检查中发现的安全问题、安全隐患，要立即登记、整改以消除隐患。定人、定措施、定经费、定完成日期，在隐患没有消除前，必须采取可靠的防护措施。如有危及人身安全的险情，立即停工，处理合格后方可施工。把安全生产责任制与各级管理者的经济利益挂钩，严明奖惩，保证“管生产必须管安全”。

(2)基坑开挖安全防护措施：

①边坡的留设应符合规范要求，其坡度的大小，则应根据土壤的性质、水文地质条件、施工方法、开挖深度、工期长短等因素确定。

②如有必要，应当在雨季来临之时，设置临时支撑，以防雨水冲洗导致基坑垮塌。

③应做好施工排水，尽量避免在坑槽边缘堆置大量土方、材料和机械设备；坑槽开挖后不宜暴露太久，应立即进行基础和地下结构的施工；对滑坡地段的挖方，应遵循先整治后开挖和由上至下的开挖顺序，严禁先切除坡脚或在滑坡体上弃土。

④为了保证施工过程中边坡附近施工人员的安全，应在边坡旁设置防护栏杆，防护栏杆高度为1.2 m，横向钢管间距为0.3 m，钢管埋入土层深度为70 mm，水平方向设置两道水平杆，第一道自地面起50 mm。钢管连接处采用十字扣相连。

(3)脚手架搭设安全防护措施：

①支架搭设工作必须由持有《特种作业人员操作证》的专业架子工进行，上岗前必须进行安全教育考试，合格后方可上岗。

②在脚手架上作业人员必须穿防滑鞋，正确佩戴使用安全带，着装灵便。

③进入施工现场必须佩戴合格的安全帽，系好下颚带，锁好带扣。

④登高(2 m以上)作业时必须系合格的安全带，系挂牢固，高挂低用。

⑤脚手板必须铺严、实、平稳。不得有探头板，要与架体拴牢。

⑥架上作业人员应做好分工、配合，传递杆件应把握好重心，平稳传递。

⑦作业人员应佩戴工具袋，不要将工具放在架子上，以免掉落伤人。

⑧架设材料要随上随用，以免放置不当掉落伤人。

⑨在搭设作业中，地面上配合人员应避开可能落物的区域。

⑩严禁在架子上作业时嬉戏、打闹、躺卧，严禁攀爬脚手架。

⑪严禁酒后上岗，严禁高血压、心脏病、癫痫病等不适宜登高作业人员上岗作业。

⑫搭拆脚手架时，要有专人协调指挥，地面应设警戒区，要有旁站人员看守，严禁非操作人员入内。

⑬脚手架基础必须平整夯实，具有足够的承载力和稳定性，立杆下必须放置垫座和通板，有畅通的排水设施。

⑭搭、拆架子时必须设置物料提上、吊下设施，严禁抛掷。

⑮遇6级(含6级)以上大风天、雪、雾、雷雨等特殊天气应停止架子作业。雨雪天气后作业时必须采取防滑措施。

(4)施工用电安全管理措施：

施工现场用电按《施工现场临时用电安全技术规范》(JGJ 46—2005)的要求进行设计、检测。所有电力设备设专人检查维护，并设示警标志，操作电气设备要符合如下规定：

①非专职电气操作人员，不得操作电气设备。

②操作电气设备必须戴绝缘手套、穿电工绝缘靴并站在绝缘板上。

③手持式电气设备的操作手柄和工作中必须接触的部位应有良好绝缘，并在使用前进行绝缘检查。

④低压电气设备加装触电保护。

⑤电气设备有良好的接地保护，每班均由专人检查。

⑥施工现场自备发电机，以防止突然停电造成安全事故。

⑦所有施工用电线路均按施工组织设计要求分别定位悬挂，由值班电工负责检查管理。

⑧施工现场用电应采用三相五线制供电系统，采用三级配电二级保护方式，用电设备实行一机一闸一漏(漏电保护器)一箱(配电箱)；漏电保护装置与设备相匹配，不得用一个开关直接控制两台以上的用电设备。

⑨自备发电机组应采用三相四线制中性点直接接地系统，接地电阻值不得大于4 Ω。发电机组应与外电线路电源联锁，严禁并联运行；应设置短路保护和过负荷保护装置。

⑩电缆线采取埋地或架空敷设，严禁沿地面敷设；电缆类型应根据负荷大小、允许电压损失计算确定。

⑪固定式配电箱及开关箱的底面与地面垂直距离不得小于1.3 m，移动式配电箱及开关箱的底面与地面垂直距离应大于0.6 m。配电箱及开关箱应安装在干燥、通风及常温场所，应分设工作接零和保护接零端子汇流排；配电箱应采取防晒、防尘措施，并配锁。

⑫生活照明用电，不得擅自拉线、装插座；不得私自使用电炉及其他功率较大的电器。

(5)施工机械的安全措施：

①车辆驾驶员和各类机械操作员必须持证上岗，严禁无证操作。对驾驶员、机械操作人员定期进行《安全规程》教育。机械使用前应经过调试、检测，确认技术性能和安全装置状态

良好后方可投入使用。

②严禁酒后驾驶车辆、机械，严禁“三超”，禁止机械超负荷和带“病”运转，并坚持“三查一检”制。

③机械设备在施工现场集中停放，严禁对运转中的机械设备进行检修、保养。液压系统发生故障，停止检修作业时，应释放压力。不得在坡道上停放或检修机械，当需要在坡道上检修时应做好防护。

④机械作业的指挥人员发出的指挥信号必须准确，操作人员必须听从指挥，严禁违令作业。

⑤起重作业应严格执行《建筑机械使用安全技术规程》和《建筑安装人员安全技术操作规程》中的有关规定和要求。

⑥使用钢丝绳的机械，在运行中禁止人员跨越钢丝绳，用钢丝绳起吊、拖拉重物时，现场人员应远离作业半径，并对钢丝绳进行保养，检查更换。

⑦对机械设备、各种车辆定期检查，对查出的隐患按“三不放过”的原则进行处理，并制订防范措施，防止发生伤害事故。

⑧全部机械设备均分别制订安全操作规程，并挂牌。

⑨施工机械应指定操作人员负责保管，轮班作业应执行交接班制度。

⑩操作人员应熟悉机械的性能和操作方法，并具有对机械发生事故时采取紧急措施的能力；操作人员不得擅自离开工作岗位，严禁疲劳作业。

⑪机械设备在施工现场停放时应选择安全地点，并将带负荷的部件放松，同时设有制动、防滑、防冻措施。

⑫危险地段作业时，应设立安全警示标志，并设专人指挥。

⑬在高压线下附近作业或通过时，施工机械与输电线之间应满足最小安全距离要求。在埋有电缆、管道的地点作业时，施工前应在地面设立安全警示标志，未探明地下设施位置走向前，应由专人现场监护作业，严禁使用挖掘机、装载机、推土机等大型机械盲目作业。

⑭起重指挥应由技术培训合格专职人员担任，作业前，应对机械设备、现场环境、行驶道路、架空电线及其他建筑物和吊重物情况进行了解，确定吊装方法。

⑮起重臂和吊起的重物下面有人停留或行走时不得起吊，吊索和附件捆绑不牢时不得起吊，吊件上站人、重量不明、无指挥或信号不清时不得起吊。

⑯不得使用起重机进行斜拉、斜吊，起吊重物时不得在重物上堆放或悬挂零星物件。不得忽快忽慢和突然制动，不得带荷自由下落。

⑰起重用的钢丝绳吊索(无弯曲)其安全系数应大于6，捆绑吊索安全系数应大于8。

(6)混凝土与砌体工程的安全措施：

①混凝土工程使用的模板及支架结构的稳定性、刚度和强度应满足施工要求，其承载力应满足支撑新浇混凝土的重力、侧压力以及施工过程中产生荷载的要求。

②地面以下的模板安装、拆除，应先检查坑壁稳定和支护牢固情况，深长基础宜分层支模，边装边支，逐层施工。

③地面以上的模板安装，应分段分层自下而上地逐层支撑稳固。

④模板支架应安装在坚固的地基上，并有足够的支撑面积。

⑤钢筋加工时调直机应固定，手与飞轮应保持安全距离，调至钢筋末端时，应防止甩动

和弹起伤人。钢筋切断机操作时，不得将两手分在刀片两侧俯身送料，不得切断直径超过机械规定的钢筋。钢筋弯曲机工作台应安装牢固，旋转半径内和机身不设固定锁子的一侧，严禁站人。

⑥混凝土搅拌作业时，不得将头、手伸入料斗和机架之间，手和工具不得伸入搅拌筒内扒料、出料。料斗升起时，人员不得从料斗下方穿行，作业后应将料斗落到坑内，当升起或清除料斗内杂物时，应将料斗用链条扣牢。

⑦使用吊斗(罐)运输混凝土时，吊斗(罐)不得碰撞栏杆和脚手架，严禁超载吊运。

⑧混凝土浇筑平台应搭设牢固，浇筑基础部位混凝土时，应检查基坑边坡稳定情况，浇筑时安装或搭设的溜槽必须绑扎牢固，并严禁人员在上面作业。

⑨砌体工程施工时，应先做好排水，经常检查基坑边坡，高出地面时，人员不得靠近墙脚或坡脚，不得采用从上向下自由滚落的方式运输石料。

⑩砌筑用石料不宜超过 50 kg，砌筑中应防止砸伤手脚。

(7)冬雨季施工的安全措施：

①进入冬季前，施工现场的人行道板、跳板和作业场所应采取防滑措施。

②操作机械时，应有防冻措施，驾驶车辆不得在有积雪和冰层的道路上快速行驶，上下坡和急转弯时，应避免紧急制动。

③雨季施工应制订施工期间的防洪、排涝安全防护措施。

④雨季前，必须对施工场地、材料堆放、生活驻地、运输便道及水电设备的防洪、防雨、排涝等设施进行检查，排涝沟渠必须疏通；人行通道、跳板和作业场所等应采取防滑措施。

⑤暴雨前后，应对脚手架、边坡、基坑、临时房屋和设施等进行检查，发现倾斜、变形、下沉、漏雨、漏电或有可能发生坍塌的施工地段，应及时修复和加固。

⑥处于洪水可能淹没地段的机械设备、材料等应采取防洪措施。

7.8.2　环保措施

①在进行盖板涵施工时，应尽量少破坏天然植被，以便最大限度地保护自然景观。

②工程剩余的废料，应根据各自情况分别处理，不得任意裸露弃置。

③清洗施工机械、设备及工具的废水、废油等有害物资以及生活污水，不得直接排放于附近小溪、河流或其他水域中，也不得倾泻于饮用水源附近土地上，以防污染水质和土壤。

④在进行箱涵施工时，由机械设备与工艺操作所产生的噪声，不得超过当地政府规定的标准，否则应采取消声措施或避开夜间施工作业。

⑤施工现场存放油料时必须对库房进行防渗漏处理，储存和使用都要采取隔油措施，以防油料污染附近水质。

7.9　质量记录

拱形通道(涵洞)施工质量验收应提供的书面记录有：

(1)工程放样与定位测量记录、测量复核记录。

(2)基坑检验表。

(3)基础模板安装、混凝土浇筑及成品检验记录。

(4)墙身模板安装、混凝土浇筑及成品检验记录。

(5)盖板模板安装、钢筋加工、混凝土浇筑及成品检验记录。

(6)建筑材料质量检验记录。

(7)洞口八字墙、一字墙等施工质量检查记录。

(8)涵洞内铺砌及接线质量检验记录。

(9)工序质量评定表。

8 现浇顶推箱梁工程施工工艺标准

8.1 总则

8.1.1 适用范围

本标准适用于等截面，跨径一般为40～50 m，平曲线以及竖曲线为同曲率的预应力砼连续梁。

8.1.2 编制参考标准及规范

《公路桥涵施工技术规范》(JTG/T F50—2011)。

8.2 术语

顶推法施工是沿桥轴线方向的桥台后设置预制场，设置钢导梁、临时墩、滑道、水平千斤顶施力装置，分节预制混凝土梁段，用纵向预应力筋连成整体，将梁逐段顶出去(拉出去)再在空出的制梁台座上继续下一个梁段的浇筑，如此反复循环施工桥梁的方法。

8.3 施工准备

8.3.1 技术准备

(1)熟悉施工设计图纸和设计资料，调查了解施工现场环境和气候条件，根据桥跨数量、设备条件、场地情况及工期要求，确定预制、顶推的方案，编制施工工艺和施工组织设计，开工报告须经监理工程师审核批准。

(2)参加施工的人员应接受安全技术教育，熟知和遵守本工种的安全技术操作规程，并进行考核，合格者方可上岗。对从事特殊工种的人员应经过专业培训，获得合格证书后方可持证上岗。

8.3.2 材料准备

(1)钢筋、钢绞线：品种、规格和性能等应符合国家现行标准规定和设计要求，应有出厂合格证和检测报告，进入现场应进行复试，确认合格后方可使用。

(2)砼：水泥、水、砂、碎石、外加剂等材料各项指标均应满足规范和设计要求，确认合格后方可使用。

(3)其他材料：施工的支架及各类型材、扎丝、电焊条、氧气、乙炔、各类支座等符合要求。

8.3.3 主要机具

(1)主要机具设备：顶推施工用水平千斤顶、拉索、拉锚器；梁体施工用钢筋弯曲机、钢筋调直机、钢筋切断机、电焊机、砼振捣器；预应力施工用千斤顶、压浆机、水泥浆搅拌机。

(2)工具：气割焊枪、钢筋扳手、锤子、钢筋钩、尺子等。

顶推时至少应在两个墩上设置保险千斤顶，如遇到滑移故障用竖向千斤顶将梁顶高时，起顶的反力值不得大于计算反力的1.1倍，起顶高度不得超过设计规定或大于10 mm。(另多点顶推时，各点水平千斤顶应保证同步运行，最好采用智能千斤顶操作系统)

8.3.4 作业条件

(1)所需材料、机具及时进场，机械设备状况良好。

(2)顶推梁预制场地应设在桥台后面桥轴线的引道或引桥上，其长度、宽度应满足梁段预制施工作业的需要。预制台座的强度、刚度(挠度及基础的沉降)和稳定性均应符合设计要求。预制场地上应搭设固定或活动的作业棚，其长度宜大于2倍预制梁段长度，使梁段作业不受天气影响，并便于混凝土养护。

(3)顶推梁施工方案已审批，作业面具备施工条件。

8.3.5 劳动力组织

现浇顶推箱梁工程施工劳动力组织如表8-1所示。

表8-1 现浇顶推箱梁工程施工劳动力组织

工种	人数	工作地点	职责范围
施工队长	1	整个施工现场	负责跟班组织施工管理工作、协助总指挥工作等
工班长	1	支架、模板、钢筋、预应力、顶推施工	负责跟班组织施工，协调各工种交叉作业等
技术员	1	整个施工现场	负责跟班解决施工中的技术问题，编写技术措施等
安全员	1	整个施工现场	负责跟班检查安全措施、安全措施的执行情况及安全教育工作，对安全生产负责
质检员	1	整个施工现场	负责跟班检查工程质量，组织各工种交接及质量保证措施的执行情况，对工程质量负责
测量工	2	施工现场	平面、高程放样等
架子工	8	支架施工	支架施工

续表 8-1

工种	人数	工作地点	职责范围
模板工	8	顶推梁施工现场	模板工程
钢筋工	14	顶推梁施工现场	钢筋下料、钢筋制作、钢筋安装
预应力工	8	顶推梁施工现场	预应力筋下料、预应力管道安装、预应力张拉、压浆
拌和工 浇筑工	12	混凝土拌和、浇筑现场	混凝土拌和、混凝土浇筑
顶推工	8	顶推现场	顶推施工
电工	1	整个施工现场	负责现场动力、照明、通信等电器系统的维修保护
材料员	1	材料仓库	负责施工材料供应及管理
杂工	4	整个施工现场	钢筋搬运、模板转运、文明施工及现场清理等
总计	71		

注：此表为一个作业班施工配备人员，未计砼站、后勤等人员。

8.4 工艺设计和控制要求

8.4.1 技术要求

在首段顶推样板梁施工完成后对其质量状况、工艺细节等进行专题研究和分析，找出施工中存在的不足并加以改进，形成正式书面报告并经监理工程师审查和总监办批准后，方可进行正式全面施工。

顶推时，应派专人进行巡视检查，如出现导梁杆件有变形、螺丝松动、导梁与主梁联结处有变形或混凝土开裂等情况，应停止顶推，进行处理。梁段中未压浆的各预应力钢材的锚具如有松动，应停止顶推，并将松动的锚具重新张拉、锚固。采用拉杆方式顶推时，如出现拉杆有变形、锚碇联结螺丝有松动等情况，应及时处理。

8.4.2 材料质量要求

(1)钢筋、砼、预应力、绑扎丝、电焊条、氧气、乙炔、各类支座等材料的品种、规格、性能和规格等应符合国家现行标准规定和设计要求，应有出厂合格证和检测报告，进入现场应进行复试，确认合格后方可使用。

(2)顶推梁预制台座、施工的支架各类型材均应满足受力要求。

8.4.3 职业健康安全要求

参加施工的人员应接受安全技术教育，熟知和遵守本工种的安全技术操作规程，并进行考核，合格者方可上岗。对从事特殊工种的人员应经过专业培训，获得合格证书后方可持证上岗。

顶推梁预制台座、施工的支架、顶推操作工作平台应设安全防护设施，人行爬梯、防护栏杆要连接牢固。操作人员应按规定佩戴安全防护用品，配备救生设施。

8.4.4 环境要求

在工程施工期间，采取合理可行的措施，疏通施工区域内的污水，设置必要的拦污净化处理设施，防止将含有污染物或可见悬浮物的污水直接排放入河流中。

8.5 施工工艺

8.5.1 工艺流程

现浇顶推箱梁工程施工工艺流程如图 8－1 所示：

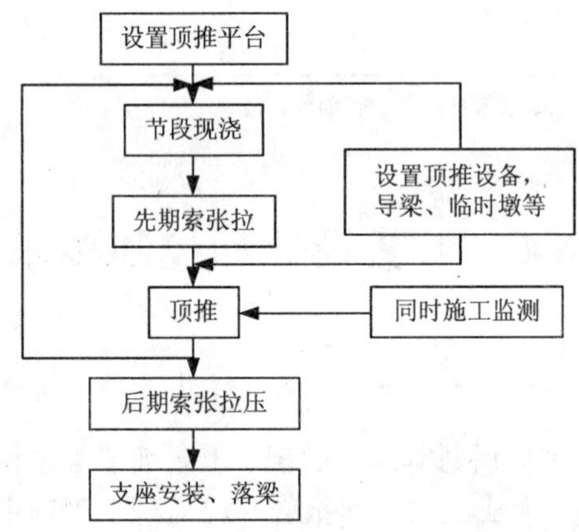

图 8－1 现浇顶推箱梁工程施工工艺流程

8.5.2 操作工艺

8.5.2.1 **预制场的设置**

(1) 顶推预制场包括预制台座和过渡孔，要考虑主梁浇筑平台和模板、钢筋、钢索、钢导梁的加工场地，混凝土搅拌站的设置，砂、石、水泥的堆放和运输路线。预制台座平台必须满足箱梁预制顶推符合桥梁设计高度的要求。在预制台座前设置过渡孔，布置小距离过渡墩，满足预制梁段逐步顶推过渡到标准跨径的要求。

(2) 在桥台后面的桥轴线位置的引道或引桥上设置预制场。对于纵坡小于 1.5% 的桥梁，预制场地设在上坡桥台后面，如纵坡大于 1.5% 则设在下坡的桥台后面。为了加快施工进度，在有条件时，也可在桥两端设预制场地，从两岸相对顶推。如桥头引道直线长度受到限制，也可在引桥或靠岸一孔上设置“临空式”的预制台座。

(3) 预制场布设时应考虑梁段悬出时反压段的长度、梁段底板与腹（顶）板的预制长度、导梁拼装的长度和机具设备材料进入预制作业线的长度；此外，还应考虑第一跨顶出时，梁体本身的稳定安全度。预制场地的宽度应考虑梁段两侧施工作业的需要。

(4) 在桥端路基上或引桥上设置预制台座时，其地基或引桥的强度、刚度和稳定性应符

合设计要求，必须将地基先碾压整平，并采取排水措施，使其不沉陷、不积水，如地基承载力不足时，宜选用桩基础。在平整、密实的地基浇筑砼台座，砼基础台座尺寸必须满足强度、刚度、稳定性要求，并应做好台座地基的防水、排水设施，以防沉陷。在荷载作用下，台座顶面变形不应大于2 mm。对引桥上的预制台座、临时墩的基础、装配式大梁、横梁、纵梁均应进行设计计算，使台座的强度、刚度（挠度及基础的沉降）和稳定性均符合设计要求。

(5)当顶推桥梁设在竖曲线上时，台后预制段各台座支点的标高，应在同一半径的竖曲线圆弧轨迹上。

(6)台座的轴线应与桥梁轴线的延长线重合，台座的纵坡应与桥梁的纵坡一致。台座施工的允许偏差如下：

①轴线偏差：5 mm。

②相邻两支承点上台座中滑移装置的纵向顶面标高差：2 mm。

③同一个支承点上滑移装置的横向顶面标高差：1 mm。

④台座（包括滑移装置）和梁段底模板顶面标高差：2 mm。

8.5.2.2 **顶推装置的设置**

为减小顶推时产生的内力，节省临时张拉束，保证顶推顺利实施和施工质量，可采用设置导梁、临时墩、滑动与导向装置、墩旁临时撑架、斜缆索加固或两端对顶跨中合拢梁段等措施。

1. 导梁

为减少顶推过程中主梁前端的悬臂负弯矩，在梁段前端设置导梁。导梁一般采用钢桁梁或钢板梁，设置的长度一般为顶推跨径的0.6 ~0.7 倍，合理的导梁长度应使主梁最大的悬臂负弯矩和运营阶段的支点负弯矩基本相近。刚度为主梁的1/15 ~1/9，最好将导梁从根部至前端拼成变刚度或分段变刚度。主梁端部的顶板、底板内预埋厚钢板或型钢伸出梁端与导梁连接，主梁端应设横隔梁加固，导梁与箱梁接头处应用预应力束连接，以防梁端接头处的砼开裂。

采用钢桁架导梁时，应注意导梁与梁体连接处的刚度的协调，不得采用刚度过小的导梁，并应减小每个节点的非弹性变形，使导梁前端的挠度不大于设计要求。导梁的系梁可用贝雷桁架或万能杆件拼制，并可在导梁底部用加劲弦杆或型钢分段加劲。

导梁全部节间拼装应平整，预埋在梁段前端的预埋件联结强度、刚度必须满足梁顶推时的安全要求。导梁拼装允许误差：

①导梁中线：5 mm；

②导梁纵、横向底面高程：±5 mm。

2. 临时墩

如跨径较大，现场条件允许时，应在设计跨径中间设置临时墩以减小顶推跨径。临时墩的设计要满足强度和刚度要求，不但要考虑梁体的垂直荷载和顶推水平摩阻力，还要考虑顶推启动和停止时的惯性作用，河中临时墩还要考虑施工期间通航和水流、杂物冲击的影响。临时墩设计还要考虑临时墩受力和温度的变形对顶推高程误差的影响，拆除和恢复航道的方案。

临时墩可以采用钢管、钢筋混凝土空心墩、钢筋混凝土实心墩、薄钢管空心混凝土墩，一般采用薄钢管空心混凝土墩，并利用斜拉索或水平索锚碇在永久桥墩上，以加强临时墩抵抗水平力的能力。

各联主梁顶推作业完成并落位到正式支座上以后，即可拆除临时墩。

3. 滑动装置

为减小顶推力，在每个墩的上下游以及箱梁腹板的下面设置滑动装置。水平—竖向千斤顶顶推方式的滑动装置，一般由摩擦垫、滑块(支承块)、滑板和滑道组成。摩擦垫用氯丁橡胶与钢板夹层制成后，黏附在滑块顶面，其尺寸大小应根据墩顶反力和橡胶板容许承载力计算决定。滑块可用铸钢或高强度混凝土块制成，其高度不宜小于正式支座的高度，其尺寸不宜小于摩擦垫和滑板的尺寸。滑板有多种构造，一般宜用硬木板、钢板夹橡胶板等黏聚四氟乙烯板(四氟板)组成，四氟板面积由最大反力计算确定，对无侧限的容许应力可按5 MPa计算，对有侧限的可按15 MPa计算。滑道一般可用不锈钢或镀铬钢带包卷在铸钢底层上，铸钢底层应用螺栓固定在支座垫石上。滑道顺桥向长度应大于水平千斤顶行程加滑块顺桥向的长度；其宽度应为滑板宽度的1.2～1.5倍。相邻墩(包括主墩与临时墩)滑道顶面标高的允许偏差为±2 mm；同墩两滑道标高的允许偏差为±1 mm。

滑动装置的摩擦系数宜由滑板和滑道的材料进行试验确定。一般在选用水平千斤顶顶力时，对四氟滑板与不锈钢或镀铬钢滑道面，启动摩擦系数(静摩擦系数)可按0.07～0.08考虑，动摩擦系数可按0.04～0.05考虑。

当主梁底部与滑板接触时，随着梁段的顶推前进，滑道上的滑板从前面滑出后，应立即自后面插入补充，补充的滑块应涂以润滑剂，并端正插入。在任何情况下，每条顶推线各墩顶滑道上的滑板都不得少于两块。由于滑板的磨损较大，应按顶推梁的长短和滑板损耗率准备足够的滑板，以便滑板磨损过多时及时更换。

4. 导向装置

梁段顶推时，为纠正梁体偏移，应按具体情况设置导向装置，导向装置应具有足够的承载力，防止纠偏时损坏。

(1)楔形导向滑板：其构造与滑板基本相同，但导向板系楔形，横向设在梁段两侧的反力架间，梁段通过时，利用楔形板的横向分力来纠偏。

(2)千斤顶：适用于梁体偏移较大时，横向装置安装于桥墩两侧的钢支架上，当需要纠偏时开动一侧的千斤顶使梁横移。

5. 水平千斤顶及电动液压站

根据梁段重量，计算每墩的垂直反力，再根据滑道的摩擦系数计算每墩所需的水平拉力，由此选择水平千斤顶的规格及数量，千斤顶所使用的油泵均配置远程控制的电磁阀和换向阀，使多台水平千斤顶出力均匀，同步运行，并能分级调压，集中控制，使各墩的千斤顶同步运行。

6. 传力系统

水平千斤顶一般采用穿心式的，由一根高强螺纹钢筋作水平拉杆(钢筋直径应达到抗拉强度要求)，一端穿过千斤顶锚固在千斤顶活塞顶端，另一端穿过拉锚器用尾套进行锚固，拉锚器通过箱梁外侧的预埋钢板固定在箱梁上。拉杆两端的锚定是由一个锚环和一对设有内螺纹的楔块组成的。

8.5.2.3 **梁段预制**

1. 模板的加工与安装

模板多次重复周转，宜采用机械化装卸的钢模板，底模与底架联成一体并可升降，侧模宜采用旋转式的整体模板，内模板采用在可移动的台车上加上安装的升降旋转整体模板。模板应保证刚度，制作精度应符合相关规范的规定。

安装模板时腹板下方底面的平整度要特别注意，以免影响顶推速度和损坏顶推工具滑板。

2. 钢筋绑扎与预应力管道安装

按图纸要求及技术规范要求进行钢筋安装、预应力筋孔道定位及固定预埋件，特别应做好梁段接缝处纵向钢筋的搭接。

3. 梁段混凝土浇筑

(1)梁段模板、钢筋、预应力管道、滑道、预埋件等应经检查签认后方可浇筑混凝土。应尽可能使用早强水泥或掺入早强减水剂，以提高早期强度，缩短顶推周期。

(2)梁段砼浇筑可根据条件及技术要求采用全断面整段浇筑或采用两次浇筑，分两次浇筑时，第一次浇筑箱梁底板及腹板根部，第二次浇筑其他部分。支座位置处的隔板，在整个梁顶推到位并完成解联后再进行浇筑，振捣时应避免振动器碰撞预应力筋管道、预埋件等。

(3)梁段工作缝的接触面应凿毛，并洗刷干净，或采用其他可加强混凝土接触的措施。若工作缝为多联连续梁的解联断面，应设为干接缝依靠张拉临时预应力束来实现连接，干接缝的断面尺寸应准确，表面平整，解联时分开方便。

(4)第一梁段前端设置导梁端的混凝土浇筑，应注意振捣密实，导梁的中心线与水平位置应准确平整。

(5)砼浇筑完成后要适时进行养护，气候寒冷时，要采取保温措施，可能时要尽量采取蒸气养护，以使砼强度及早达到施加预应力的强度要求，缩短顶推周期。

8.5.2.4 **张拉与压浆**

(1)梁段预应力束的布置、张拉次序、临时束的拆除次序等，应严格按照设计规定执行。

(2)在每段箱梁混凝土强度达到设计要求时，进行先期索的张拉，先期永久索必须进行压浆。临时索因顶推就位后须拆除，不需要压浆，锚具外露多余预应力钢材不必切除，临时索在顶推过程中应予以妥善保护。

(3)全梁顶推就位后张拉后期索，拆除临时索，梁段间须连接的永久预应力束应在两梁段间留出适当空间，用预应力束连接器连接，张拉后用混凝土填塞。

(4)先期永久索、临时索、后期索均应严格按设计规定进行张拉和拆除，不得随意增加或漏拆预应力索。

8.5.2.5 **顶推**

顶推施工前，应根据主梁长度、设计顶推跨度、桥墩能承受的水平推力、顶推设备和滑动装置等条件，选择适宜的顶推方式。梁段中各种预应力钢束按设计张拉完成后，在顶推前应对顶推设备如千斤顶、高压油泵、控制装置及梁段中线、各滑道顶的标高等检验合格，并做好顶推的各项准备工作后，方可开始顶推。

顶推一般采用“多点顶推法”，即在各墩台均设置滑道、水平千斤顶及电动液压泵站，由主控制室统一控制各液压站同步运行。使箱梁在墩台的滑道上推进，最后就位。

1. 单点或多点水平—竖直千斤顶方式顶推

(1) 水平千斤顶的实际总顶推力不应小于计算顶推力的 2 倍。

(2) 墩、台顶上水平千斤顶的台背必须坚固，应(经过计算)能抵抗顶推时的总反力；在顶推过程中各桥墩的纵向位移值不得超过设计规定。

(3) 主梁在各墩(包括临时墩)支承处，均应按要求设立滑动装置。

(4) 单点或多点的水平千斤顶顶推时，左右两条顶推线应横向同步运行；多点顶推时，各墩台的水平千斤顶均应沿纵向同步运行，保证主梁纵向轴线在设计容许偏差范围内。顶推前要详细检查各项准备工作情况，现场要设总指挥统一进行指挥。为防止各站水平千斤顶的出力相差太多，将每个站均分为几级并根据各墩计算支反力调好压力，逐级进行加压，当所有水平千斤顶中有一台行程走完，触及限位开关时，则各千斤顶全部停止同时打开换向阀，千斤顶自动回油，准备下一个行程，直至就位。

(5) 主梁被顶推前进时，为防止箱梁左右偏移，始终用经纬仪校准桥轴线，随时检查梁中心是否偏离，如有偏离立即使用导向装置进行纠偏。

(6) 水平千斤顶顶推了一个行程，用竖向千斤顶将梁顶高，以便拉回滑块。其最大顶升高度不得超过设计规定，如设计无规定时，不得超过 5 ~ 10 mm。

(7) 采用单点水平—竖直千斤顶顶推方式顶推，在开始时，如因导梁轻，设置顶推装置处的反力不大，滑块与梁底打滑，不能使梁被顶推前进时，应采取措施(如用卷扬机拉拽)使梁前进一定距离，顶推装置的墩、台反力具有一定数值后，再用水平—竖直千斤顶的顶推装置，或将顶推装置移到主梁与导梁连接段中间反力最大的临时墩上，并加强该墩抗水平推力的能力。

2. 单点或多点拉杆方式顶推

(1) 设拉杆千斤顶的墩顶应设置反力台，反力台应牢固，满足顶推时反力的要求。

(2) 主梁底部或侧面应按一定距离设置拉锚器，拉锚器的锚固、放松应方便、快速。

(3) 拉杆的截面积和根数应满足顶推力的要求。

3. 多联连接顶推

多孔多联预应力连续梁桥顶推时，可根据顶推方式分联顶推或将各联间伸缩缝临时连接，顶推完毕后再将临时连接设施拆除。临时连接方法应按设计规定办理。

4. 平曲线桥顶推

用顶推法安装的平曲线桥只适用于同半径的圆曲线桥，而且其曲线半径不能太小，即每孔曲线桥的平面重心应落在相邻两座桥墩上箱梁底板的内外两侧弦连接线以内。当桥梁大部分为直线，而桥梁前端为曲线时，可采取特殊措施用千斤顶安装。

(1) 宜采用多点拉杆方式顶推，亦可采用水平—竖直千斤顶方式顶推。

(2) 预制台座的平面及梁身均应按设计制成圆弧形。

(3) 导梁宜制成直线，但与主梁连接处应偏转角度，使两片导梁前端的中心落在曲线梁圆弧的中线上。

(4) 顶推应采取纵向与横向顶推结合的工艺，即在纵向水平千斤顶向前顶推的同时，还启动各墩曲线外侧的横向千斤顶，使梁体沿圆弧曲线前进。

5. 竖曲线桥顶推

用顶推法安装的竖曲线桥只适用于同曲率的竖曲线桥。桥上设的竖曲线多为凸曲线，顶

推时宜对向顶推，在竖曲线顶点处合龙。当桥梁不长、跨数不多时，亦可自一端顶推全桥。

(1)各桥墩墩顶标高应严格控制好，与设计竖曲线相符合。

(2)预制台座的底模板标高应严格控制好，使其符合设计竖曲线的曲率。

(3)所需水平顶推力的大小，应考虑纵坡正负的影响。

8.5.2.6　**落梁**

(1)箱梁顶进预定桥跨后，按设计图张拉后期束，拆除先期束非永久索，按相邻墩高差不超过设计规定位移值的原则分墩顶起箱梁，破除滑道，推移支座就位，安装下盘锚固螺栓，调整好支座标高，在支座下的螺栓孔内灌高标号的水泥浆，同时用高强度砼填灌支座上盘螺栓孔，待水泥浆及砼达到设计强度后分墩落梁于支座上。

(2)必须按照设计文件规定的张拉顺序，对补充的后期预应力钢束进行张拉、锚固、压浆。临时预应力钢束必须按设计规定顺序拆除。

(3)落梁前应拆除墩、台上的滑动装置。拆除时，各支点应均匀顶起，其顶力应按设计支点的反力大小进行控制。相邻墩各顶点的高差不得大于5 mm；同墩两侧梁底顶起高差不得大于1 mm。

(4)落梁时，应根据设计规定的顺序和每次的下落量分步进行，同一墩、台的千斤顶应同步运行。落梁反力允许偏差为±10%设计反力。

(5)永久支座的安装应符合《公路桥涵施工技术规范》(JTG/T F50—2011)的相关要求。

8.5.2.7　**顶推监测**

(1)为达到控制施工安全、验证施工与设计是否相符及积累经验数据的目的，顶推过程中的施工监测项目主要有墩台和临时墩承受竖直荷载和水平推力所产生的竖直、水平位移，需要时，观测其应力变化；桥梁顶推过程中，主梁和导梁控制截面的挠度，需要时，观测其应力变化；滑动装置的静摩擦系数和动摩擦系数。

(2)对位移、挠度及沉降的监测可利用精密水准仪、经纬仪及水平标尺、垂直标尺进行，这些方法简单方便，容易做到，能直观地反映顶推变化情况，是控制和保证施工安全的主要手段。

(3)对应力、应变的测试，采用传感元件及电阻应变仪等仪器进行测试。

(4)当实测值与设计值相差较大时，要停止顶推，查明原因并进行处理后才能继续施工。

8.6　质量标准

(1)各种材料、各个工序应经常进行检验，保证符合设计和施工技术规范的要求。

(2)顶推预制梁的模板工作是影响梁体预制质量的关键，梁底的平整度影响顶推时梁的内力，所以预制平台的平整度要严格控制，并有一定的刚度和硬度。

(3)顶推过程中要严格控制好梁体中线、滑道顶面标高及就位后的截面位置，发现轴线偏位及时纠偏。

(4)梁体浇筑要严格控制蜂窝麻面、气泡，杜绝空洞，出现质量问题必须正确处理好。顶推施工过程中，梁体出现裂缝时，应查明原因，经过处理后方可继续施工。

(5)确保梁段间的接缝质量，拆模后立即进行人工凿毛，相邻梁段的接缝应平整密实，色泽一致，棱角分明，无明显错台。

(6)顶推梁的质量检验标准如表8-2所示。

表8-2　顶推梁的质量检验标准

项目		允许偏差
轴线偏位/mm		10
落梁反力/kN		符合设计规定；设计未规定时不大于1.1倍的设计反力
支点高差/mm	相邻纵向支点	符合设计规定；设计未规定时不大于5
	同墩两侧支点	符合设计规定；设计未规定时不大于2

8.7　成品保护

成品保护措施有：

(1)焊接作业时，严禁在主筋上打火引弧，以防烧伤主筋。

(2)绑扎好的钢筋不得随意变更位置或进行切割，当其与预埋件或预应力管道等发生冲突时，应按设计要求处理，设计未规定时，应适当调整钢筋位置，不得已切断时应予以恢复。

(3)不得在砼表面留下脚印或工具痕迹导致其凹凸不平等。砼浇筑完毕适时加以覆盖并浇水养护，冬季或雨季施工应采取相应养护措施。砼拆模时间不得过早，不承重的侧模，一般宜在砼强度达8.5 MPa以上时方可拆模，承重的底板或顶板模板在砼强度足以安全承受其结构自身力和外加施工荷载时方可拆除。

(4)对于砼成品，不得在其上面堆放带有污染或腐蚀性的物品。不得在砼表面或棱角上用锤敲打，严禁直接将重物自空中砸在砼体表面。定期对砼结构物进行检查，若发现有损伤或污染应及时进行修复和清理。

(5)顶推过程严禁野蛮施工，避免对梁体自身结构的损坏。顶推落梁时，确定千斤顶的布置位置，要求纵、横对称，考虑桥墩盖梁，箱梁梁体受力都处于有利部位。竖直千斤顶要求有足够富余的顶力和工作行程，同一个墩台竖直千斤顶共用一台泵供油。顶起时，桥墩的垫石与箱梁底必须有保险装置。尽量控制梁的顶起高度，注意顶起和降落的顺序，一个墩上千斤顶起落要同步均匀，纵向桥墩顶起高度要合理分配。纵向注意梁的温度伸缩，注意固定墩和设伸缩缝桥墩支座安装。

8.8　安全环保措施

8.8.1　一般规定

(1)顶推作业前，施工单位必须根据工程结构和施工特点以及施工环境、气候等条件编制顶推施工安全技术措施或专项安全施工组织设计，报上级安全和技术主管部门审批后实施。

(2)工程项目部负责人应对顶推作业的安全工作全面负责。

(3)顶推作业施工负责人必须对管辖范围内的安全技术全面负责，组织编制顶推施工的安全技术措施，进行安全技术交底并处理施工中的安全技术问题。

(4)安全与技术管理部门，应认真贯彻实行安全责任制，密切配合做好安全工作。

(5)顶推作业施工中必须配备具有安全技术知识、熟悉本规程的专职安全检查员。专职安全检查员负责顶推作业施工现场的安全检查工作，对违章作业有权制止。发现重大安全隐患时，有权指令先行停工，并立即报告领导研究处理。

(6)对参加顶推施工的人员，必须进行技术培训和安全教育，使其了解本工程的顶推施工特点、熟悉本规范的有关条文和本岗位的安全技术操作规程，并通过考核合格后方能上岗工作。主要施工人员应相对固定。

(7)顶推施工中应经常与当地气象台、站取得联系，遇到雷雨、六级和六级以上大风时，必须停止施工。停工前应做好安全措施，人员撤离前，应对设备、工具、零散材料、可移动的铺板等进行整理、固定并做好防护，全部人员撤离后立即切断通向操作平台的供电电源。

8.8.2　作业环境及作业前检查

(1)顶推法架梁施工前应对临时墩、导梁、制梁台座进行施工设计，其强度、刚度、稳定性应满足施工安全要求。使用前应经验收，确认合格并形成文件。使用中应随时检查，发现隐患必须及时排除，确认安全后方可继续使用。

(2)不得在电力架空线路下方设置预制台座，预制台座一侧有电力架空线路时，其水平距离应符合表8－3的要求。

表8－3　预制台座与电力架空线设置距离

外电架空线路电压/kV	<1	1～10	35～110	154～220	330～500
距离/m	4	6	8	10	15

(3)梁段顶推应符合下列标准：

①油泵与千斤顶应配套标定。

②顶推千斤顶的额定顶力和拉杆的容许拉力均不得小于设计最大顶力的两倍。

③顶推过程中应按设计要求进行导向、纠偏等监控工作，确认偏差符合设计要求。

④顶推过程中应及时在滑座后插入补充滑块，插入的滑块应排列紧凑，其最大间隙不得超过20 cm。

⑤顶推千斤顶的油泵应配备同步控制系统。两侧顶推时，左右应同步；多点顶推时各千斤顶纵横向应同步。

(4)顶推法施工的机具设备使用前应经检查、试运行，确认合格。

(5)模板、钢筋、预应力、混凝土施工应符合相应安全技术交底的具体要求。

(6)顶推过程中应随时检测桥墩墩顶变位，其纵、横向位移均不得超过设计规定。

(7)预制梁段混凝土浇筑前应将导梁安装就位，导梁与导梁段连接的预埋件应安装牢固，经检查验收，确认符合设计要求并形成文件后，方可浇筑混凝土。

(8)顶推过程中出现拉杆变形、拉锚松动、主梁预应力锚具松动、导梁变形等异常情况，必须停止顶推，妥善处理，确认符合要求后方可继续顶推。

(9)落梁前拆除滑动装置时，各支点均应均匀顶起，同一墩台上的千斤顶应同步进行，同墩两侧梁底顶起高差不得大于1 mm；相邻墩台上梁底顶起高差不得大于5 mm。

8.8.3 作业安全

(1)顶推作业时，滑道面及临时支点下滑板应保持清洁，四氟板面应朝下，并注意临时支点摆放位置，避免与滑道边接触而加大摩阻力。

(2)采用水平及竖向千斤顶调整梁体位置时，竖向千斤顶支撑应稳固，且下垫四氟板，板面朝下。

(3)作业前各摩擦面、连接板、填板应清洗干净，表面不得有油污及渣滓，螺栓孔飞边应磨平，但不得损伤板面，并保持干燥。

(4)作业前应清洁安装平台滑道面并涂四氟粉，清除箱梁顶推障碍物。班前安全技术交底时应明确指挥信号和方式。

(5)每节段开始顶推时，应先推进5 cm，立即停止，回油，再推进5 cm，再停止，回油，如此反复两三次，以松动各滑动面及检查各部分设施的运动情况，之后再开始正式顶推。

(6)顶推过程中梁体的前移必须是在四氟板垫塞上滑移，四氟滑板两面应保持清洁(不能用汽柴油清理)，清理干净后在白色面涂上用于减少摩擦的润滑硅脂。施工中需要配足人员，端正插入垫塞，保持黑色的一面贴紧箱梁腹板，白色的一面朝向不锈钢滑板，不可放反。若顶推过程中四氟板未及时跟进，应立即停止顶推，顶起箱梁腹板，放进四氟板后再继续顶推。

(7)临时墩喂填滑板时注意方向及正反，四氟面朝下。顺桥向不得有间隙，损坏者不得使用。循环倒用时注意存放位置。每一次顶推应把滑板清理干净，并整齐妥善存放。

(8)顶推过程中，应对梁体进行标高(挠度)、中线偏移间断性观测，以及临时墩位移观测，并向顶推作业负责人随时报告。

(9)顶推作业时，各千斤顶应相互保持联系，同步逐级加力。如果发现导梁杆件变形或螺丝松动、导梁与箱梁联结处变形或混凝土开裂等情况时，应立即停止顶推，进行处理。

(10)梁体顶推过程中会产生挠度，当导梁上临时墩时，其最低底面可能会低于滑道面，此时须暂停顶推，使用千斤顶顶起导梁，使其导梁底面高于滑道面，并在导梁第一级台阶底面与滑道之间抄垫钢垫块，垫块下铺设滑板且四氟面朝下。抄垫好后落顶，再开始顶推，当导梁前端三角部分全部通过滑道后，再起落顶拆除垫块并正式顶推。

(11)在顶推时遇到顶推力过大而箱梁不滑动时，应暂停作业，及时分析原因，找到阻力的来源，解决后再进行作业。

(12)在顶推拉拖的过程中，有可能发生钢绞线打绞，所以在顶推作业时必须有专人观察，发生上述现象时及时处理。

(13)作业中涉及的施工用电、起重作业、高空作业、钢筋模板作业、水上作业、临边防护等，均应严格遵守国家地方的有关安全规定。

8.9 质量记录

现浇顶推梁施工质量验收应提供的书面记录有：

(1)工程放样与定位测量记录、测量复核记录。

(2)钢筋、钢绞线、电焊条等钢筋施工用材产品合格证和出厂检验报告。

(3)水泥、水、碎石、砂等试验检测报告。

(4)隐蔽工程检查记录表。

(5)工序质量评定表。

9 预制顶推箱梁施工工艺标准

9.1 总则

9.1.1 适用范围

本标准适用于等截面，跨径一般在40～50 m以内，平曲线以及竖曲线为同曲率的预应力砼连续梁。

9.1.2 编制参考标准及规范

(1)《公路桥涵施工技术规范》(JTG/T F50—2011)

9.2 术语

顶推施工法是沿桥轴线方向的桥台后设置预制场，设置钢导梁、临时墩、滑道、水平千斤顶施力装置，分节预制混凝土梁段，用纵向预应力筋连成整体，将梁逐段顶出去(拉出去)再在空出的制梁台座上继续下一个梁段的浇筑，如此反复循环的桥梁施工方法。

9.3 施工准备

9.3.1 技术准备

(1)熟悉施工设计图纸和设计资料，调查了解施工现场环境和气候条件，根据桥跨数量、设备条件、场地情况及工期要求，确定预制、顶推的方案，编制施工工艺和施工组织设计，开工报告须经监理工程师审核批准。

(2)参加施工的人员应接受安全技术教育，熟知和遵守本工种的安全技术操作规程，并进行考核，合格者方可上岗。对从事特殊工种的人员应经过专业培训，获得合格证书后方可持证上岗。

9.3.2 材料准备

(1)钢筋、钢绞线：品种、规格和性能等应符合国家现行标准规定和设计要求，应有出厂合格证和检测报告，进入现场应进行复试，确认合格后方可使用。

(2)砼：水泥、水、砂、碎石、外加剂等材料各项指标均应满足规范和设计要求，确认合格后方可使用。

(3)其他材料：顶推梁预制台座、施工的支架及各类型材，绑扎丝、电焊条、氧气、乙炔、各类支座等应符合要求。

9.3.3 主要机具

(1)主要机具设备：预制设备、吊运设备、顶推施工用水平千斤顶、拉索、拉锚器；梁体施工用钢筋弯曲机、钢筋调直机、钢筋切断机、电焊机、砼振捣器；预应力施工用千斤顶、压浆机、水泥浆搅拌机。

(2)工具：气割焊枪、钢筋扳手、锤子、钢筋钩、尺子等。

顶推时至少应在两个墩上设置保险千斤顶，如遇到滑移故障用竖向千斤顶将梁顶高时，起顶的反力值不得大于计算反力的1.1倍，起顶高度不得超过设计规定或大于10 mm。多点顶推时，各点水平千斤顶应保证同步运行，宜采用智能千斤顶操作系统。

9.3.4 作业条件

(1)所需材料、机具及时进场，机械设备状况良好。

(2)顶推梁预制场地应设在桥台后面桥轴线的引道或引桥上，其长度、宽度应满足梁段预制施工作业的需要。预制台座的强度、刚度(挠度及基础的沉降)和稳定性均应符合设计要求。预制场地上应搭设固定或活动的作业棚，其长度宜大于2倍预制梁段长度，使梁段作业不受天气影响，并便于混凝土养护。

(3)顶推梁施工方案已审批，作业面具备施工条件。

9.3.5 劳动力组织

预制顶推箱梁施工劳动力组织如表9－1所示。

表9－1 预制顶推箱梁施工劳动力组织

工种	人数	工作地点	职责范围
施工队长	1	整个施工现场	负责跟班组织施工管理工作、协助总指挥工作等
工班长	1	整个施工现场	负责跟班组织施工，协调各工种交叉作业等
技术员	1	整个施工现场	负责跟班解决施工中的技术问题，编写技术措施等
安全员	1	整个施工现场	负责跟班检查安全措施、安全措施的执行情况及安全教育工作，对安全生产负责
质量检查员	1	整个施工现场	负责跟班检查工程质量，组织各工种交接及质量保证措施的执行情况，对工程质量负责
测量工	3	施工现场	负责平面位置、高程等测量

续表 9－1

工种	人数	工作地点	职责范围
钢筋工	12	钢筋棚 预制平台	负责箱梁钢筋制作、安装
模板工	10	预制平台	负责箱梁装拆模
混凝土工	12	拌和站 预制平台	负责砼拌和、浇筑、养生
预应力工	8	现浇顶推平台	负责节段预应力施工
电工	1	整个施工现场	负责现场动力、照明、通信等电器系统的维修保护
材料员	1	材料仓库	负责施工材料供应及管理
顶推工	6	整个施工现场	负责箱梁顶推就位
总计	50		

注：此表为一个作业班施工配备人员，未计砼站、预制及后勤人员。

9.4　工艺设计和控制要求

9.4.1　技术要求

在首段顶推样板梁施工完成后对其质量状况、工艺细节等进行专题研究和分析，找出施工中存在的不足并加以改进，形成正式书面报告并经监理工程师审查和总监办批准后，方可进行正式全面施工。

顶推时，应派专人进行巡视检查，如出现导梁杆件有变形、螺丝松动、导梁与主梁联结处有变形或混凝土开裂等情况时，应停止顶推，进行处理。梁段中未压浆的各预应力钢材的锚具如有松动，应停止顶推，并将松动的锚具重新张拉、锚固。采用拉杆方式顶推时，如出现拉杆有变形、锚碇联结螺丝有松动等情况，应及时处理。

9.4.2　材料质量要求

钢筋、砼、预应力、绑扎丝、电焊条、氧气、乙炔、各类支座等材料的品种、规格、性能和规格等应符合国家现行标准规定和设计要求，应有出厂合格证和检测报告，进入现场应进行复试，确认合格后方可使用。

顶推梁预制台座、顶推现浇平台、施工的支架各类型材均应满足受力要求。

9.4.3　职业健康安全要求

参加施工的人员应接受安全技术教育，熟知和遵守本工种的安全技术操作规程，并进行考核，合格者方可上岗。对从事特殊工种的人员应经过专业培训，获得合格证书后方可持证上岗。

顶推梁预制台座、施工的支架、顶推现浇平台应设安全防护设施，人行爬梯、防护栏杆

要连接牢固。操作人员应按规定佩戴安全防护用品，配备救生设施。

9.4.4 环境要求

在工程施工期间，采取合理可行的措施，疏通施工区域内的污水，设置必要的拦污净化处理设施，防止将含有污染物或可见悬浮物的污水直接排放入河流中。

9.5 施工工艺

9.5.1 工艺流程

顶推施工方法多用于箱形梁，其方法是在主梁前安装导梁，用顶推装置将梁向前顶推到达前方桥墩而架设成桥。根据桥梁的长短、结构形式，可采用集中式顶推法、多点式顶推法及两岸对顶三种方法。

预制顶推法是预先预制较短节段，在桥台后面的路堤或引道上沿桥纵轴线设置现浇顶推平台，预制好的小节段吊至现浇顶推平台，通过浇筑湿接缝及施加预应力连成整体节段，用顶推装置将节段顶出，周而复始直至顶推完毕，最后进行体系转换成桥。

预制顶推系统包括预制系统、现浇顶推平台及其模板系统、临时墩、滑墩、导梁、导向与纠偏装置、顶推设备、顶升设备。

预制顶推法施工工艺流程如图 9－1 所示。

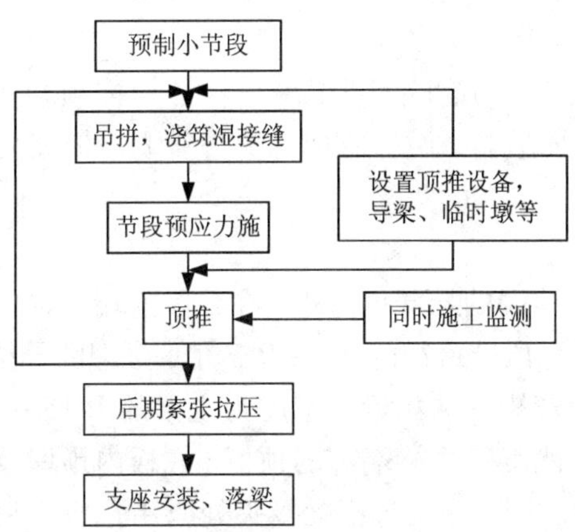

图 9－1 预制顶推法施工工艺流程

9.5.2 操作工艺

9.5.2.1 **预制场及现浇平台设置**

(1)预制场包括预制台座及移运设备，要考虑预制和模板、钢筋、钢索、钢导梁的加工场地，混凝土搅拌站的设置和砂、石、水泥的堆放和运输路线。应合理设置过渡孔，布置小距离过渡墩，满足逐步顶推过渡到标准跨径的要求。

(2)在桥台后沿桥轴线的引道或引桥上设置顶推现浇平台，对于纵坡小于 1.5% 的桥梁，可设在上坡桥台后面，如纵坡大于1.5%则设在下坡的桥台后面。如桥头引道直线长度受到限制，也可在引桥或靠岸一桥孔上设置“临空式”的顶推现浇平台。

(3)现浇平台必须满足节段拼装施工及现浇段施工的双重要求，应紧凑坚固。顶推现浇平台布设时应考虑梁段悬出时反压段的长度、梁段底板与腹(顶)板的预制长度、导梁拼装的长度和机具设备材料进入预制作业线的长度；此外，还应考虑第一跨顶出时，梁体本身的稳定安全度。顶推现浇平台宽度应考虑两侧施工作业的需要，如跨墩龙门吊运行等。

(4)在桥端路基或引桥上设置预制台座时，其地基或引桥的强度、刚度和稳定性应符合设计要求，必须将地基先碾压整平，并采取排水措施，使其无沉陷、无积水，如地基承载力不足，宜选用桩基础。在平整、密实的地基浇筑砼台座，砼基础台座的尺寸必须满足强度、刚度、稳定性的要求，并应做好台座地基的防水、排水设施，以防沉陷。在荷载作用下，台座顶面变形不应大于2 mm。对引桥上的预制台座、临时墩的基础、装配式大梁、横梁、纵梁均应进行设计计算，使台座的强度、刚度(挠度及基础的沉降)和稳定性均符合设计要求。

(5)当顶推桥梁设在竖曲线上时，顶推现浇平台各点标高，应在同心同半径的竖曲线圆弧轨迹上。

(6)平台的轴线应与桥梁轴线的延长线重合，平台的纵坡应与桥梁的纵坡一致。平台施工的允许偏差如下：

①轴线偏差：5 mm。

②相邻两支承点上滑移装置的纵向顶面标高差：2 mm。

③同一个支承点上滑移装置的横向顶面标高差：1 mm。

④平台(包括滑移装置)和梁段底模板顶面标高差：2 mm。

9.5.2.2 顶推装置的设置

为减小顶推时产生的内力，节省临时张拉束，保证顶推顺利实施和施工质量，可采用设置导梁、临时墩、滑动与导向装置、墩旁临时撑架、斜缆索加固或两端对顶跨中合拢梁段等措施。

1. 导梁

为减少顶推过程中主梁前端的悬臂负弯矩，在梁段前端设置导梁。导梁一般采用钢桁梁或钢板梁，设置的长度一般为顶推跨径的0.6~0.7倍，合理的导梁长度应使主梁最大的悬臂负弯矩和运营阶段的支点负弯矩基本相近。刚度为主梁的1/15~1/9，最好将导梁从根部至前端拼成渐变刚度或分段变刚度。主梁端部的顶板、底板内预埋厚钢板或型钢伸出梁端与导梁连接，主梁端应设横隔梁加固，导梁与箱梁接头处应用预应力束连接，以防梁端接头处的砼开裂。

采用钢桁架导梁时，应注意导梁与梁体连接处的刚度的协调，不得采用刚度过小的导梁，并应减小每个节点的非弹性变形，使导梁前端的挠度不大于设计要求。导梁的系梁可用贝雷桁架或万能杆件拼制，并可在导梁底部用加劲弦杆或型钢分段加劲。

导梁全部节间拼装应平整，预埋在梁段前端的预埋件联结强度、刚度必须满足梁顶推时的安全要求。导梁拼装允许误差如下：

①导梁中线：5 mm。

②导梁纵、横向底面高程：±5 mm。

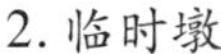

2. 临时墩

如跨径较大，在现场条件允许时，应在设计跨径中间设置临时墩以减小顶推跨径。临时墩的设计要满足强度和刚度要求，不但要考虑梁体的垂直荷载和顶推水平摩阻力，还要考虑顶推启动和停止时的惯性作用，河中临时墩还要考虑施工期间通航和水流、杂物冲击的影响。临时墩设计还要考虑临时墩受力和温度的变形对顶推高程误差的影响，拆除和恢复航道的方案。

临时墩可以采用钢管、钢筋混凝土空心墩、钢筋混凝土实心墩、薄钢管空心混凝土墩，一般采用薄钢管空心混凝土墩，并利用斜拉索或水平索锚碇在永久桥墩上，以加强临时墩抵抗水平力的能力。

各联主梁顶推作业完成并落位到正式支座上以后，即可拆除临时墩。

3. 滑动装置

为减小顶推力，在每个墩的上下游以及箱梁腹板的下面设置滑动装置。水平—竖向千斤顶顶推方式的滑动装置，一般由摩擦垫、滑块(支承块)、滑板和滑道组成。摩擦垫用氯丁橡胶与钢板夹层制成后，黏附在滑块顶面，其尺寸大小应根据墩顶反力和橡胶板容许承载力计算确定。滑块可用铸钢或高强度混凝土块制成，其高度不宜小于正式支座的高度，其尺寸不宜小于摩擦垫和滑板的尺寸。滑板有多种构造，一般宜用硬木板、钢板夹橡胶板等黏聚四氟乙烯板(四氟板)组成，四氟板面积由最大反力计算决定，对无侧限的容许应力可按 5 MPa 计算，对有侧限的可按 15 MPa 计算。滑道一般可用不锈钢或镀铬钢带包卷在铸钢底层上，铸钢底层应用螺栓固定在支座垫石上。滑道顺桥向长度应大于水平千斤顶行程加滑块顺桥向的长度；其宽度应为滑板宽度的 1.2 ~1.5 倍。相邻墩(包括主墩与临时墩)滑道顶面标高的允许偏差为 ±2 mm；同墩两滑道标高的允许偏差为 ±1 mm。

滑动装置的摩擦系数宜由滑板和滑道的材料进行试验确定。一般在选用水平千斤顶顶力时，对四氟滑板与不锈钢或镀铬钢滑道面，启动摩擦系数(静摩擦系数)可按 0.07 ~0.08 考虑，动摩擦系数可按 0.04 ~0.05 考虑。

当主梁底部与滑板接触时，随着梁段的顶推前进，滑道上的滑板从前面滑出后，应立即自后面插入补充，补充的滑块应涂以润滑剂，并端正插入。在任何情况下，每条顶推线各墩顶滑道上的滑板都不得少于两块。由于滑板的磨损较大，应按顶推梁的长短和滑板损耗率准备足够的滑板，以便滑板磨损过多时及时更换。

4. 导向装置

梁段顶推时，为纠正梁体偏移，应按具体情况设置导向装置，导向装置应具有足够的承载力，防止纠偏时损坏。

(1)楔形导向滑板：其构造与滑板基本相同，但导向板系楔形，横向设在梁段两侧的反力架间，梁段通过时，利用楔形板的横向分力来纠偏。

(2)千斤顶：适用于梁体偏移较大时，横向装置安装于桥墩两侧的钢支架上，当需要纠偏时开动一侧的千斤顶使梁横移。

5. 水平千斤顶及电动液压站

根据梁段重量，计算每墩的垂直反力，再根据滑道的摩擦系数计算每墩所需的水平拉力，由此选择水平千斤顶的规格及数量，千斤顶所使用的油泵均配置远程控制的电磁阀和换向阀，使多台水平千斤顶出力均匀，同步运行，并能分级调压，集中控制，使各墩的千斤顶同步运行。

6. 传力系统

水平千斤顶一般采用穿心式的，由一根高强螺纹钢筋作水平拉杆(钢筋直径应达到抗拉强度要求)，一端穿过千斤顶锚固在千斤顶活塞顶端，另一端穿过拉锚器用尾套进行锚固，拉锚器通过箱梁外侧的预埋钢板固定在箱梁上。拉杆两端的锚定是由一个锚环和一对设有内螺纹的楔块组成的。

9.5.2.3　**梁段预制**

1. 模板的加工与安装

预制模板多次重复周转，宜采用机械化装卸的钢模板。模板应保证刚度，制作精度应符合相关规定。顶推现浇平台底模和侧模应保证刚度，严格控制接缝线形，特别是腹板下方底面的平整度要特别注意，以免影响顶推速度和损坏顶推工具滑板。

2. 钢筋绑扎与预应力管道安装

按图纸要求及技术规范要求进行钢筋安装、预应力筋孔道定位及固定预埋件。特别应做好梁段接缝处纵向钢筋的搭接。

3. 梁段混凝土浇筑

(1)梁段模板、钢筋、预应力管道、滑道、预埋件等应经检查签认后方可浇筑混凝土。应尽可能使用早强水泥或掺入早强减水剂，以提高早期强度，缩短顶推周期。

(2)梁段砼浇筑可根据条件及技术要求采用全断面整段浇筑或采用两次浇筑，分两次浇筑时，第一次浇筑箱梁底板及部分腹板，第二次浇筑其他部分。支座位置处的隔板，在整个梁顶推到位并完成解联后再进行浇筑，振捣时应避免振动器碰撞预应力筋管道、预埋件等。

(3)梁段工作缝的接触面应凿毛，并洗刷干净，或采用其他可加强混凝土接触的措施。若工作缝为多联连续梁的解联断面，应设为干接缝依靠张拉临时预应力束来实现连接，干接缝的断面尺寸应准确，表面平整，解联时分开方便。

(4)第一梁段前端设置导梁端的混凝土浇筑，应注意振捣密实，导梁的中心线与水平位置应准确平整。

(5)砼浇筑完成后要适时进行养护，气候寒冷时，要采取保温措施，可能时要尽量采取蒸气养护，以使砼强度及早达到施加预应力的强度要求，缩短顶推周期。

9.5.2.4　**张拉与压浆**

(1)梁段预应力束的布置、张拉次序、临时束的拆除次序等，应严格按照设计规定执行。

(2)在每段箱梁混凝土强度达到设计要求时，进行先期索的张拉，先期永久索必须进行压浆。临时索因顶推就位后须拆除，不需要压浆，锚具外露多余预应力钢材不必切除，临时索在顶推过程中应予以妥善保护。

(3)全梁顶推就位后张拉后期索，拆除临时索，梁段间须连接的永久预应力束应在两梁段间留出适当空间，用预应力束连接器连接，张拉后用混凝土填塞。

(4)先期永久索、临时索、后期索均应严格按设计规定进行张拉和拆除，不得随意增加或漏拆预应力索。

9.5.2.5　**顶推**

顶推施工前，应根据主梁长度、设计顶推跨度、桥墩能承受的水平推力、顶推设备和滑动装置等条件，选择适宜的顶推方式。梁段中各种预应力钢束按设计张拉完成后，在顶推前应对顶推设备如千斤顶、高压油泵、控制装置及梁段中线、各滑道顶的标高等检验合格，并做好顶推的各项准备工作后，方可开始顶推。

顶推一般采用“多点顶推法”，即在各墩台均设置滑道、水平千斤顶及电动液压泵站，由主控制室统一控制各液压站同步运行。使箱梁在墩台的滑道上推进，最后就位。

1. 单点或多点水平—竖直千斤顶方式顶推

(1) 水平千斤顶的实际总顶推力不应小于计算顶推力的2倍。

(2) 墩、台顶上水平千斤顶的台背必须坚固，应(经过计算)能抵抗顶推时的总反力；在顶推过程中各桥墩的纵向位移值不得超过设计规定。

(3) 主梁在各墩(包括临时墩)支承处，均应按要求设立滑动装置。

(4) 单点或多点的水平千斤顶顶推时，左右两条顶推线应横向同步运行；多点顶推时，各墩台的水平千斤顶均应沿纵向同步运行，保证主梁纵向轴线在设计容许偏差范围内。顶推前要详细地检查各项准备工作情况，现场要设总指挥统一进行指挥。为防止各站水平千斤顶的出力相差太多，将每个站均分为几级并根据各墩计算支反力调好压力，逐级进行加压，当所有水平千斤顶中有一台行程走完，触及限位开关时，则各千斤顶全部停止同时打开换向阀，千斤顶自动回油，准备下一个行程，直至就位。

(5) 主梁被顶推前进时，为防止箱梁左右偏移，始终用经纬仪校准桥轴线，随时检查梁中心是否偏离，如有偏离立即使用导向装置进行纠偏。

(6) 水平千斤顶顶推了一个行程，用竖向千斤顶将梁顶高，以便拉回滑块。其最大顶升高度不得超过设计规定，如设计无规定时，不得超过5～10 mm。

(7) 采用单点水平—竖直千斤顶顶推方式顶推，在开始时，如因导梁轻，设置顶推装置处的反力不大，滑块与梁底打滑，不能使梁被顶推前进时，应采取措施(如用卷扬机拉拽)使梁前进一定距离，顶推装置的墩、台反力具有一定数值后，再用水平—竖直千斤顶的顶推装置，或将顶推装置移到主梁与导梁连接段中间反力最大的临时墩上，并加强该墩抗水平推力的能力。

2. 单点或多点拉杆方式顶推

(1) 设拉杆千斤顶的墩顶应设置反力台，反力台应牢固，满足顶推时反力的要求。

(2) 主梁底部或侧面应按一定距离设置拉锚器，拉锚器的锚固、放松应方便、快速。

(3) 拉杆的截面积和根数应满足顶推力的要求。

3. 多联连接顶推

多孔多联预应力连续梁桥顶推时，可根据顶推方式分联顶推或将各联间伸缩缝临时连接，顶推完毕后再将临时连接设施拆除。临时连接方法应按设计规定办理。

4. 平曲线桥顶推

用顶推法安装的平曲线桥只适用于同半径的圆曲线桥，而且其曲线半径不能太小，即每孔曲线桥的平面重心应落在相邻两座桥墩上箱梁底板的内外两侧弦连接线以内。当桥梁大部分为直线，而桥梁前端为曲线时，可采取特殊措施用千斤顶安装。

(1) 宜采用多点拉杆方式顶推，亦可采用水平—竖直千斤顶方式顶推。

(2) 预制台座的平面及梁身均应按设计制成圆弧形。

(3) 导梁宜制成直线，但与主梁连接处应偏转一角度，使两片导梁前端的中心落在曲线梁圆弧的中线上。

(4)顶推应采取纵向与横向顶推结合的工艺，即在纵向水平千斤顶向前顶推的同时，还启动各墩曲线外侧的横向千斤顶，使梁体沿圆弧曲线前进。

5. 竖曲线桥顶推

用顶推法安装的竖曲线桥只适用于同曲率的竖曲线桥。桥上设的竖曲线多为凸曲线，顶推时宜对向顶推，在竖曲线顶点处合龙。当桥梁不长、跨数不多时，亦可自一端顶推全桥。

(1)各桥墩墩顶标高应严格控制好，与设计竖曲线相符合。

(2)预制台座的底模板标高应严格控制好，使其符合设计竖曲线的曲率。

(3)所需水平顶推力的大小，应考虑纵坡正负的影响。

9.5.2.6 **落梁**

(1)箱梁顶进预定桥跨后，按设计图张拉后期束，拆除先期束非永久索，按相邻墩高差不超过设计规定位移值的原则分墩顶起箱梁，破除滑道，推移支座就位，安装下盘锚固螺栓，调整好支座标高，在支座下的螺栓孔内灌高标号的水泥浆，同时用高强度砼填灌支座上盘螺栓孔，待水泥浆及砼达到设计强度后分墩落梁于支座上。

(2)必须按照设计文件规定的张拉顺序，对补充的后期预应力钢束进行张拉、锚固、压浆。临时预应力钢束必须按设计规定顺序拆除。

(3)落梁前应拆除墩、台上的滑动装置。拆除时，各支点应均匀顶起，其顶力应按设计支点的反力大小进行控制。相邻墩各顶点的高差不得大于 5 mm；同墩两侧梁底顶起高差不得大于 1 mm。

(4)落梁时，应根据设计规定的顺序和每次的下落量分步进行，同一墩、台的千斤顶应同步运行。落梁反力允许偏差为 ±10% 设计反力。

(5)永久支座的安装应符合《技术规范》(JTG/T F50—2011)的相关要求。

9.5.2.7 **顶推监测**

(1)为达到控制施工安全、验证施工与设计是否相符及积累经验数据的目的，顶推过程中的施工监测项目主要有墩台和临时墩承受竖直荷载和水平推力所产生的竖直、水平位移，需要时，观测其应力变化；桥梁顶推过程中，主梁和导梁控制截面的挠度，需要时，观测其应力变化；滑动装置的静摩擦系数和动摩擦系数。

(2)对位移、挠度及沉降的监测可利用精密水准仪、经纬仪及水平标尺、垂直标尺进行，这些方法简单方便，容易做到，能直观地反映顶推变化情况，是控制和保证施工安全的主要手段。

(3)对应力、应变的测试，采用传感元件及电阻应变仪等仪器进行测试。

(4)当实测值与设计值相差较大时，要停止顶推，查明原因并进行处理后才能继续施工。

9.6 质量标准

(1)各种材料、各个工序应经常进行检验，保证符合设计和施工技术规范的要求。

(2)顶推预制梁的模板工作是影响梁体预制质量的关键，梁底的平整度影响顶推时梁的内力，所以预制平台的平整度要严格控制，并有一定的刚度和硬度。

(3)顶推过程中要严格控制好梁体中线、滑道顶面标高及就位后的截面位置，发现轴线偏位及时纠偏。

(4)梁体浇筑要严格控制蜂窝麻面、气泡，杜绝空洞，出现质量问题必须正确处理好。顶推施工过程中，梁体出现裂缝时，应查明原因，经过处理后方可继续施工。

(5)确保梁段间的接缝质量，拆模后立即进行人工凿毛，相邻梁段的接缝应平整密实，色泽一致，棱角分明，无明显错台。

(6)顶推梁的质量检验标准见表9－2。

表9－2 顶推梁的质量检验标准

项目		允许偏差
轴线偏位/mm		10
落梁反力/kN		符合设计规定；设计未规定时不大于1.1倍的设计反力
支点高差/mm	相邻纵向支点	符合设计规定；设计未规定时不大于5
	同墩两侧支点	符合设计规定；设计未规定时不大于2

9.7 成品保护

成品保护措施有：

(1)焊接作业时，严禁在主筋上打火引弧，以防烧伤主筋。

(2) 绑扎好的钢筋不得随意变更位置或进行切割，当其与预埋件或预应力管道等发生冲突时，应按设计要求处理，设计未规定时，应适当调整钢筋位置，不得已切断时应予以恢复。

(3)不得在砼表面留下脚印或工具痕迹导致其凹凸不平等。砼浇筑完毕适时加以覆盖并浇水养护，冬季或雨季施工应采取相应养护措施。砼拆模时间不得过早，不承重的侧模，一般宜在砼强度达2.5 MPa以上时方可拆模，承重的底板或顶板模板在砼强度足以安全承受其结构自身力和外加施工荷载时方可拆除。

(4)对于砼成品，不得在其上面堆放带有污染或腐蚀性的物品。不得在砼表面或棱角上用锤敲打，严禁直接将重物自空中砸在砼体表面。定期对砼结构物进行检查，若发现有损伤或污染应及时进行修复和清理。

(5)顶推过程严禁野蛮施工，避免对梁体自身结构的损坏。顶推落梁时，确定千斤顶的布置位置，要求纵、横对称，考虑桥墩盖梁，箱梁梁体受力都处于有利部位。竖直千斤顶要求有足够富余的顶力和工作行程，同一个墩台竖直千斤顶共用一台泵供油。顶起时，桥墩的垫石与箱梁底必须有保险装置。尽量控制梁的顶起高度，注意顶起和降落的顺序，一个墩上千斤顶起落要同步均匀，纵向桥墩顶起高度要合理分配。纵向注意梁的温度伸缩，注意固定墩和设伸缩缝桥墩的支座安装。

9.8 安全环保措施

9.8.1 一般规定

(1)顶推作业前，施工单位必须根据工程结构和施工特点以及施工环境、气候等条件编制顶推施工安全技术措施或专项安全施工组织设计，报上级安全和技术主管部门审批后实施。

(2)工程项目部负责人应对顶推作业的安全工作全面负责。

(3)顶推作业施工负责人必须对管辖范围内的安全技术全面负责，组织编制顶推施工的安全技术措施，进行安全技术交底并处理施工中的安全技术问题。

(4)安全与技术管理部门，应认真贯彻实行安全责任制，密切配合做好安全工作。

(5)顶推作业施工中必须配备具有安全技术知识、熟悉本规程的专职安全检查员。专职安全检查员负责顶推作业施工现场的安全检查工作，对违章作业有权制止。发现重大安全隐患时，有权指令先行停工，并立即报告领导研究处理。

(6)对参加顶推施工的人员，必须进行技术培训和安全教育，使其了解本工程的顶推施工特点、熟悉本规范的有关条文和本岗位的安全技术操作规程，并通过考核合格后方能上岗工作。主要施工人员应相对固定。

(7)顶推施工中应经常与当地气象台、站取得联系，遇到雷雨、六级和六级以上大风时，必须停止施工。停工前应做好安全措施，人员撤离前，应对设备、工具、零散材料、可移动的铺板等进行整理、固定并做好防护，全部人员撤离后立即切断通向操作平台的供电电源。

9.8.2 作业环境及作业前检查

(1)顶推法架梁施工前应对临时墩、导梁、制梁台座进行施工设计，其强度、刚度、稳定性应满足施工安全要求。使用前应经验收，确认合格并形成文件。使用中应随时检查，发现隐患必须及时排除，确认安全后方可继续使用。

(2)不得在电力架空线路下方设置预制台座，预制台座一侧有电力架空线路时，其水平距离应符合表9-3的要求。

表9-3 预制台座距电力架空线路的水平距离要求

外电架空线路电压/kV	<1	1~10	35~110	154~220	330~500
距离/m	4	6	8	10	15

(3)梁段顶推应符合下列标准：

①油泵与千斤顶应配套标定。

②顶推千斤顶的额定顶力和拉杆的容许拉力均不得小于设计最大顶力的两倍。

③顶推过程中应按设计要求进行导向、纠偏等监控工作，确认偏差符合设计要求。

④顶推过程中应及时在滑座后插入补充滑块，插入的滑块应排列紧凑，其最大间隙不得

超过 20 cm。

⑤顶推千斤顶的油泵应配备同步控制系统。两侧顶推时，左右应同步；多点顶推时各千斤顶纵横向应同步。

(4)顶推法施工的机具设备使用前应经检查、试运行，确认合格。

(5)模板、钢筋、预应力、混凝土施工应符合相应安全技术交底的具体要求。

(6)顶推过程中应随时检测桥墩墩顶变位，其纵、横向位移均不得超过设计规定。

(7)预制梁段混凝土浇筑前应将导梁安装就位，导梁与导梁段连接的预埋件应安装牢固，经检查验收，确认符合设计要求并形成文件后，方可浇筑混凝土。

(8)顶推过程中出现拉杆变形、拉锚松动、主梁预应力锚具松动、导梁变形等异常情况，必须停止顶推，妥善处理，确认符合要求后方可继续顶推。

(9)落梁前拆除滑动装置时，各支点均应均匀顶起，同一墩台上的千斤顶应同步进行，同墩两侧梁底顶起高差不得大于 1 mm；相邻墩台上梁底顶起高差不得大于 5 mm。

9.8.3 作业安全

(1)顶推作业时，滑道面及临时支点下滑板应保持清洁，四氟板面应朝下，并注意临时支点摆放位置，避免与滑道边接触而加大摩阻力。

(2)采用水平及竖向千斤顶调整梁体位置时，竖向千斤顶支撑应稳固，且下垫四氟板，板面朝下。

(3)作业前各摩擦面、连接板、填板应清洗干净，表面不得有油污及渣滓，螺栓孔飞边应磨平，但不得损伤板面，并保持干燥。

(4)作业前应清洁安装平台滑道面并涂四氟粉，清除箱梁顶推障碍物。班前安全技术交底时应明确指挥信号和方式。

(5)每节段开始顶推时，应先推进 5 cm，立即停止，回油，再推进 5 cm，再停止，回油，如此反复两三次，以松动各滑动面及检查各部分设施的运动情况，之后再开始正式顶推。

(6)顶推过程中梁体的前移必须是在四氟板垫塞上滑移，四氟滑板两面应保持清洁(不能用汽柴油清理)，清理干净后在白色面涂上用于减少摩擦的润滑硅脂。施工中需要配足人员，端正插入垫塞，保持黑色的一面贴紧箱梁腹板，白色的一面朝向不锈钢滑板，不可放反。若顶推过程中四氟板未及时跟进，应立即停止顶推，顶起箱梁腹板，放进四氟板后再继续顶推。

(7)临时墩喂填滑板时注意方向及正反，四氟面朝下。顺桥向不得有间隙，损坏者不得使用。循环倒用时注意存放位置。每一次顶推后应把滑板清理干净，并整齐妥善存放。

(8)顶推过程中，应对梁体进行标高(挠度)、中线偏移间断性观测，以及临时墩位移观测，并向顶推作业负责人随时报告。

(9)顶推作业时，各千斤顶应相互保持联系，同步逐级加力。如果发现导梁杆件变形或螺丝松动、导梁与箱梁联结处变形或混凝土开裂等情况时，应立即停止顶推，进行处理。

(10)梁体顶推过程中会产生挠度，当导梁上临时墩时，其最低底面可能会低于滑道面，此时须暂停顶推，使用千斤顶顶起导梁，使其导梁底面高于滑道面，并在导梁第一级台阶底面与滑道之间抄垫钢垫块，垫块下铺设滑板且四氟面朝下。抄垫好后落顶，再开始顶推，当导梁前端三角部分通过滑道后，再起落顶拆除垫块并正式顶推。

(11)在顶推时遇到顶推力过大而箱梁不滑动时，应暂停作业，及时分析原因，找到阻力的来源，解决后再进行作业。

(12)在顶推拉拖的过程中，有可能发生钢绞线打绞，所以在顶推作业时必须有专人观察，发生上述现象时及时处理。

(13)作业中涉及的施工用电、起重作业、高空作业、钢筋模板作业、水上作业、临边防护等，均应严格遵守国家地方的有关安全规定。

9.9 质量记录

预制顶推梁施工质量验收应提供的书面记录有：

(1)钢筋、钢绞线、电焊条等钢筋施工用材产品合格证和出厂检验报告。

(2)水泥、水、碎石、砂等试验检测报告。

(3)隐蔽工程检查记录表。

(4)工序质量评定表。

10 钢管拱结构加工制作工艺标准

10.1 总则

10.1.1 适用范围

本标准适用于大跨径钢管拱肋的加工制作。

10.1.2 编制参考标准和规范

(1)《钢结构工程施工质量验收规范》(GB 50205—2001)。
(2)《钢结构设计规范》(GB 50017—2017)。
(3)《公路桥涵施工技术规范》(JTG/T F50—2011)。
(4)《公路钢结构桥梁设计规范》(JTG D64—2015)。

10.2 术语

10.2.1 以折代曲

以折代曲是指对于曲率半径较大的曲线，根据微积分的原理，用较小的直线段一节节连贯成折线代替圆滑的曲线。

10.2.2 胎架

胎架是指根据钢结构分段有关部位的线型制造，用以承托制作钢结构分段并保证其外形正确的专用工艺装备。

10.3 施工准备

10.3.1 技术准备

(1)应用成组制造技术，将钢管拱肋制造过程划分成不同的工艺阶段：单元件及部件制造阶段、节段匹配制造阶段、节段工地焊接阶段。

(2)钢管拱肋制造技术准备:

①计算机三维放样、管材加工数据自动提取技术:提高放样精度,保证焊接收缩量的可控性。

②管材相贯线及焊接坡口数控切割技术:采用数控切割,避免人工操作的偶然性失误。

③CO_2气体保护焊技术、单面焊双面成型技术、埋弧自动焊焊接技术:保证焊接质量,增大焊缝检测(外观检测、超声波检测、X 射线检测)。

④激光划线及测量技术:车间制作平台采用激光划线及测量技术,保证制作平台的精确度及测量的准确性,保证节段制作与计算机三维放样的最大吻合度。

⑤拱肋节段采用"N+1"匹配制造工艺:保证工厂制作的拱肋节段现场安装时的最大匹配性。

(3)工艺评定试验准备:

钢管拱肋制造前,应根据图纸确定的结构规格、焊接节点形式,考虑焊接质量的主要影响因素,进行焊接工艺评定和切割工艺评定试验,以此确定适合产品性能要求的最佳工艺参数,以作为指导钢管拱肋实际制造的操作标准。

10.3.2 材料准备

(1)结构材料:钢板、焊条等。

(2)施工辅助材料:型钢、钢筋、钢板、竹夹板、钢管、安全网等。

10.3.3 机具准备

(1)钢板校平:一般采用 CDW43S-16×3200 十一辊、九辊、七辊板料校平机对投入工程的钢板进行校平,校平精度不大于 0.8 mm/m^2,保证板材平面度,消除板材轧制应力。

(2)下料设备:一般采用 SG-2 数控切割机、SKTGG-B 数控相贯线切割机、数控等离子切割机等切割设备进行数控精准下料。

(3)加工设备:使用卷板机实现筒节加工,应用较多的有 CDW11-20/2000B 式三辊卷板机、ZYCH0905 式四柱双动油压机等。

(4)焊接设备:YM-350KRIVTA 型号 CO_2气体保护焊机、MZ-1000A 及 MZ-1250A 型号埋弧焊自动控制焊机等。

10.3.4 作业条件

人员组织到位,材料进场复验合格,机具调试到位,切割、焊接工艺评定均通过验收,即可进入正式制作阶段。

10.3.5 劳动力组织

根据总体工期和钢管拱肋制作工程量进行劳动力组织,如表 10-1 所示。

表 10－1 钢管拱肋加工制作施工劳动力组织

工种	人数	工作地点	职责范围
施工队长	1	整个施工现场	负责跟班组织施工管理工作、协助总指挥工作等
技术员	1	整个施工现场	负责跟班解决施工中的技术问题，编写技术措施等
安全员	1	整个施工现场	负责跟班检查安全措施、安全措施的执行情况及安全教育工作，对安全生产负责
质量检查员	1	整个施工现场	负责跟班检查工程质量，组织各工种交接及质量保证措施的执行情况，对工程质量负责
测量工	2	施工现场	负责胎架放样，位置高程等测量
起重工	4	施工现场	负责起吊运输，并配合吊车、行吊司机进行定位
吊车司驾	2	施工现场	负责吊机的操作及其日常维修保养。在施工员指挥下，正确进行构件起吊
行吊司驾	2	施工现场	负责行吊的操作及其日常维修保养。在施工员指挥下，正确进行构件起吊
冷弯工	4	施工现场	负责冷弯机的操作及其日常维修保养。在施工员指挥下，将钢板冷弯成形
钳工	10	施工现场	负责将冷弯成形的构件焊缝矫正、固定
电焊工	20	施工现场	负责钢管拱构件的焊接
电工	2	施工现场	负责现场动力、照明、通信等电器系统的维修保护
材料员	1	材料仓库	负责施工材料供应及管理
杂工	10	整个施工现场	负责耗材搬运及现场清理等
总计	61		

注：此表为一个作业班施工配备人员，未计后勤、行政等人员。

10.4 工艺设计和控制要求

10.4.1 技术要求

(1)钢管加工：根据要求对板进行整平、除锈、清边、开坡口等处理，焊接坡口应符合规定。

(2)施工详图绘制：施工详图按工艺程序要求绘成零件图、单元构件图、节段构造图及试装图，为明确工艺程序，一般还需绘制从零件至单元构件至节段单元的加工、组焊、试拼装工艺流程图。

(3)拱肋段拼装：在1∶1放样台上组拼拱肋，确定固定点并点焊在胎架上，然后按要求进行正式的钢管筒节焊接，成形后的精度要控制准确，应根据不同的保证率和实际情况确定容许误差，把基准对合误差、焰割气压变化产生的切割误差、组装时对中心的误差、估计焊接收缩误差等偶然误差作为基本误差来考虑。

(4)焊接要求：钢管的对接焊缝和弦腹杆连接焊缝的质量是钢管拱肋结构安全度的重要保证条件之一，一般宜采用CO_2气体保护焊打底，分多层滚动焊接，以达到减少焊缝含氢量、焊接内应力及焊接变形，提高焊缝抗裂能力的目的。

10.4.2 材料质量要求

(1)钢板备料：卷管用的钢材必须符合设计文件要求及《钢结构工程施工质量验收规范》(GB 50205—2001)的规定，具备完整的产品合格证明，同时做好抽样检验。

(2)焊接材料：钢材焊接用焊条、焊丝、焊剂必须与其母材相匹配。

10.4.3 职业健康安全要求

(1)施工现场用电，严格执行有关规定，加强电源管理，防止发生电器火灾。

(2)做好脚手架的安全防护工作，设计和制作标准化的施工用脚手架，要求脚手架安全、牢靠、轻便，便于工人施工转场。

(3)操作人员须持证上岗作业，操作工必须穿戴防护用品，以保证人员安全。并须在机械旁挂牌注明安全操作规程。

(4)机械设备要设专人维护维修，并设专人指挥、监护。

10.4.4 环境要求

(1)下料剩余边角废料应集中存放，不得随意乱弃。

(2)使用风动或其他噪声较大的工具、机具施工时，应尽量避免夜间施工，以免噪声扰民。

(3)采用X射线进行焊缝检测时，应划定警戒区域，不能有人体等暴露于射线范围内。

10.5 施工工艺

10.5.1 工艺流程

钢管拱结构加工制作施工工艺流程如图10-1所示。

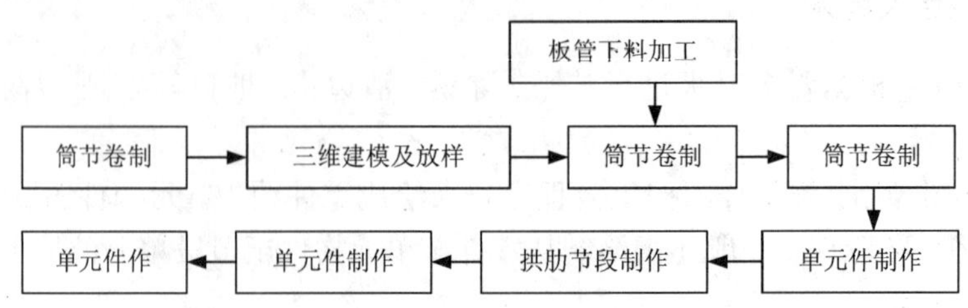

图10-1 钢管拱结构加工制作施工工艺流程图

10.5.2　操作工艺

10.5.2.1　**放样**

用计算机放样，在数控钻割机上完成，坡口在专用平台上切割。

(1)应用计算机辅助设计，建立全桥 1:1 三维模型。

(2)根据制作工艺原则，通过模型采样拆解成单元，再将单元进一步拆解成零件。

(3)经过计算机数学放样处理，获得零件下料的精确理论尺寸，再根据接头加工要求和焊接收缩量确定下料加工的工艺尺寸：

下料工艺尺寸 = 理论尺寸 + 焊接收缩量 + 加工余量 + 校正余量 - 焊接间隙

10.5.2.2　**下料(图 10-2)**

(1)用等离子数控切割机或数控氧乙炔切割机切割。

(2)零件下料尺寸均须考虑焊接收缩量及切割等机加工的诸多因素，具体遵循(3)的要求。

(3)焊缝坡口在此阶段采用刨边加工和切割加工，达到工艺文件确定的技术要求。

(4)对零件自由边用半自动打磨机进行倒角、打磨处理，确保达到美观要求和满足涂装工艺要求。

10.5.2.3　**筒节制作(图 10-3)**

板材两端在 2500 t 油压机上进行压制，用样板检查弧形。

图 10-2　筒节放样、下料

图 10-3　筒节制作

1. 筒节卷制(图 10-4)

钢管筒节卷制在开式三辊卷板机上进行，卷成 360°整圆柱筒节。卷管方向与钢板压延方向一致，钢板卷制时采用专用样板检查，样板理论偏差 ±0.3 mm，样板与卷板间隙不大于 1 mm，确保卷制成的钢管椭圆度不大于 3D/1000。将校圆的各类筒节在滚轮胎架上进行拼装焊接，ϕ800 mm 以下的焊接方法采用 CO_2衬垫焊打底、埋弧自动焊盖面的单面焊双面成形的焊接方法，ϕ800 mm 以上的焊接方法采用 CO_2衬垫焊打底、双面埋弧自动焊焊接的工艺方法，以保证焊接质量及外观成形的美观。焊后每个筒节返回辊床上滚压校圆，保证每个筒节的圆度精度，再用超声波进行 100% 焊缝探伤，保证焊缝质量。

2. 筒节对接成部件(图 10-5)

选取部件所需相应编号的筒节，按施工设计图纸要求，对齐筒节分度线，纵缝均错开 400 mm 以上，采用 CO_2衬垫焊打底、埋弧自动焊盖面的焊接工艺焊接。焊缝需用 100% 超声波探伤检查，并抽取环缝接头 20% 进行 X 射线检查，合格后的部件按设计线型以直代曲拼制主拱线型并进行焊接，焊接时注意预留焊接余量。如图 10－6、图 10－7 所示。

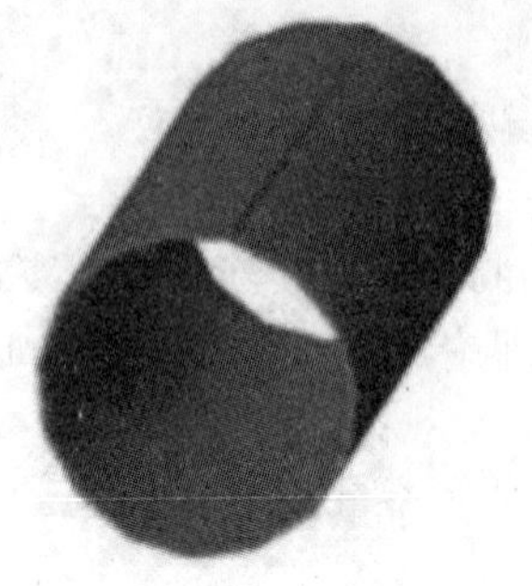

图 10－4　筒节卷制

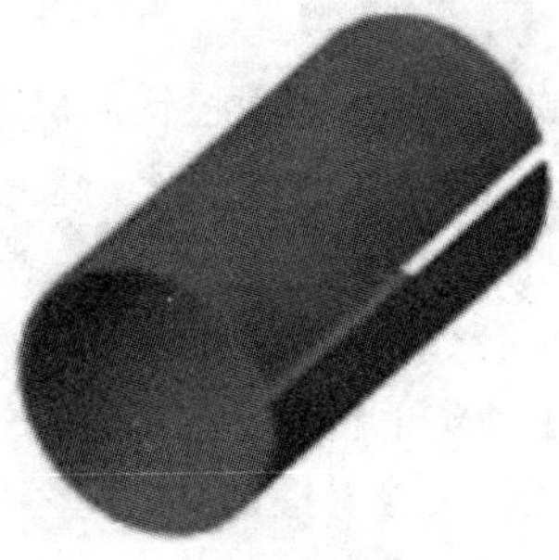

图 10－5　筒节纵缝焊接

图 10－6　按施工图纸选取筒节

图 10－7　筒节环缝对接

10.5.2.4　**单元件制作**

对于主拱肋所谓单元件制作实际即指弦管片装分段制作。其程序为：

(1)胎架制造：胎架用型钢制造，弦管片装分段制造所需的检查线、中心线均需放地样并做出明显标记。为保证片装分段线型，在胎架上用模板或垫块来调节。胎架需经检验合格后方可使用，且胎架每制造一轮后需重新检查后才能再使用，如图 10－8、图 10－9 所示。

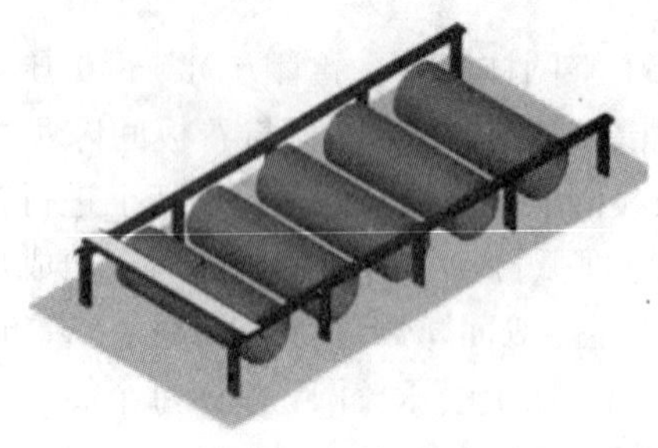

图 10－8　专用胎架示意图

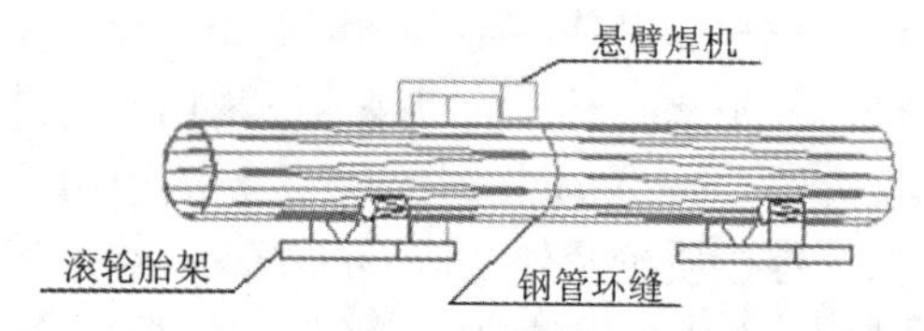

图 10－9　圆管筒节间对接环缝焊胎

(2)在单元件上胎架定位之前，将下层缀板预置在胎架上。

(3)单元件上胎架定位：单元件上胎架时对准地样上的中心线，并采用工装将其定位。

严禁在单元件上随意焊接固定件。

(4)单元件定位后，划出缀板安装线，先将预置缀板安装定位，仅点焊，然后安装缀板内的加强板和上层缀板，焊接前将加强螺栓安装到位，不拧紧。

(5)焊接上层缀板和主弦管之间的角焊缝，采用CO_2气体保护焊打底，埋弧自动焊填充、盖面的焊接方法。

(6)在片装分段翻身之前将能焊接的焊缝焊接完。片装分段翻身后可在原胎架上焊接下层缀板与主弦管间的角焊缝，方法同上。

(7)对角焊缝进行检查：外观检查，焊缝100%超声波探伤检查。

(8)焊缝检查合格后，即可将螺栓拧紧。

(9)最后对片装分段进行完工检验，检查外形尺寸和焊缝外观，并做好标记。

10.5.2.5　**拱肋节段制作**

节段制作采用节段匹配制造技术。匹配制造在厂房中进行，场地基础一般为混凝土地面(配有预埋地脚)，以确保胎架稳定性和节段制作精度。匹配制造采用侧装，将整个拱肋卧放于地面上制作，由于施工场地和周期问题，将拱肋分为几段分批制作，其拱肋线型的轴线是不变的，分批匹配制造与整桥匹配制造的拱肋效果一样，以茅草街大桥为例，单边半跨有11个节段，设计钢拱肋按“2+1、1+5、1+3+1”匹配制造，使全桥钢拱肋段得到100%的匹配，如图10－10所示。具体步骤如下：

(1)第一轮钢管拱肋预拼装(假定此节段匹配完成后编号为第N节段)：

①胎架制作：在地上将钢管拱线型放样，按线型进行胎架制作，材料采用型钢，并用激光经纬仪或别的仪器检查水平度。

②弦管片装分段按编号顺序上胎架定位。

③对各分段端口进行匹配修正，并安装临时连接件。

④将腹杆进行预拼，按地样上划出的腹杆中心线进行预装。

⑤对预拼检验。

⑥对腹杆在主弦管上的位置进行标记，避免涂装时涂上油漆影响工地现场的焊接质量。

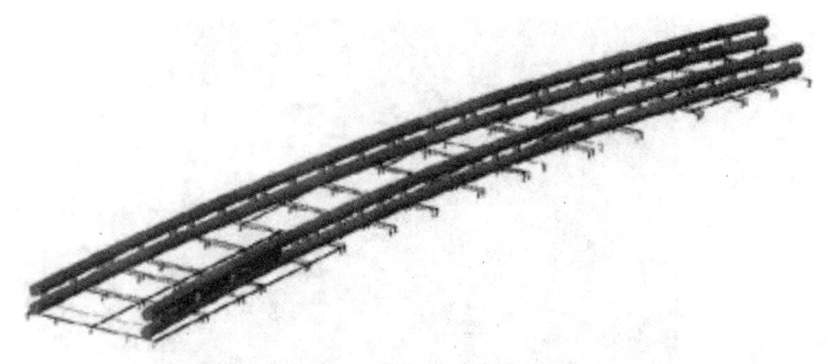

图10－10　拱肋节段拼装组焊用胎型

(2)第二轮及以后各轮钢管拱肋预拼装：

①将上轮完成的第N节段作为匹配节段转移到第二轮匹配制造胎架上定位，单元件吊垂线使其纵、横向定位线与地标的相应定位标记相吻合并与胎架固定。

②把第 $N+1$ 节段的主拱上弦直片单元上胎架匹配定位，严格控制弦管与定位模板的贴合度及垂直度，保证拱肋线型。装配时，弦管端口必须经校正满足技术要求，并在弦管端口增加临时支撑，以控制焊接变形。以地标为基准，在下主弦管上做出腹杆和横联的定位线。

③同上步，把第 $N+1$ 节段的主拱下弦直片单元上胎架匹配定位，严格控制弦管与定位模板的贴合度及垂直度，保证拱肋线型。

④内、外侧腹杆装配。对照定位线，先装配直腹杆，再装配斜腹杆，接头处的腹杆要预置嵌补段匹配装配。装配顺序通常是从拱脚向拱顶依次进行。

⑤装配吊杆结构。以吊杆定位线为基准，装配吊杆导管和吊杆处联结系，用激光经纬仪配合定位，确保吊杆装配精度，主管内若有横隔结构也要同时装配完成。

⑥对所有结构进行焊接。

⑦在上一节段拱肋吊装接头装焊完成、报检合格后，与下一节段匹配装配吊装接头，并以地标为基准，预装另一端的半边接头。装配时用肋板和法兰盘定位顶紧，控制装配精度和焊接变形。

⑧工序安排：所有匹配制造的节段均按照以上①～⑦逐步进行，并呈梯级状逐段滞后一步施工。

(3)节段预拼装一般在宽阔的厂房进行，场地基础必须是平整的混凝土地面，要求平整、密实，根据预拼装的节段整体长度控制地面的平面度在一定范围内，保证胎架在地面的平直性跟稳定性，确保预拼精度。

(4)节段总体精度的控制：

节段采用匹配(图 10－11)制造方法，在节段端头增加强力胎模及工装撑杆确保节段端口尺寸的精度，同时节段匹配制造是在桥型状态下进行的，制作时节段间缝口配合程度、错边量、节段与胎架模板的贴合情况可在一定程度上反映出成桥时节段的配合情况。由于焊接收缩变形不一致，影响节段成桥线型。根据在钢管拱肋节段制作中的工艺实验结果及产品制造过程中的监测数据分析和总结，要按不同的节段长度给予相应量值的工艺补偿量，可满足现场焊接质量要求，确保全桥线型。

图 10－11　节段匹配实拍图

10.6　质量标准

10.6.1　焊接管单元的矫形

在形成构架单元前的钢管应事先进行矫形，对接焊后，管单元的焊接变形也需要矫正，其矫正允许偏差一般为(单位：mm)：

弯曲度f: $f \leqslant l/1000$ 且$f \leqslant 10$。

失圆度 § : § ≤$3d/1000$。

10.6.2　焊缝质量标准

(1)焊缝的强度(抗拉、抗压、抗弯及疲劳强度)必须保证大于或等于母材的强度标准值。

(2)焊缝外观检验：所有焊缝都必须在全长范围内进行外观检查，所有焊缝的外观质量均应符合规范要求。

(3)焊缝内部质量检验：

①对接接头焊缝和角焊缝应100%进行超声波探伤，并取不小于其焊缝长度的20%进行射线探伤，两条焊缝交叉点必须进行射线探伤检验。

②焊缝超声波探伤内部质量分级应符合表10－2的规定。

表10－2　焊缝超声波探伤内部质量等级

项目	质量等级	适用范围
对接焊缝	Ⅰ	主要杆件、钢管、箱形梁受拉横向对接焊缝
	Ⅱ	主要杆件、钢管、箱形梁受压横向对接焊缝、纵向对接焊缝
角焊缝	Ⅱ	主要角焊缝
	Ⅲ	纵梁、横梁、托架的角焊缝

③若已经超声波认定焊缝存在裂缝，则应判定焊缝质量不合格；若用超声波探伤不能确认缺陷严重程度的焊缝，应补充进行射线探伤，并以射线探伤结果为准。但在进行射线探伤抽检时不得将上述射线探伤数量计算在内。

10.7　成品保护

10.7.1　单元件存放

(1)存放场地应在存放前清理干净，布置好支墩，所有的支墩上表面应调平，存放场地应有宽敞的通道。

(2)单元件叠放时层数不大于4层，单元件底面与地面之间的净空不小于300 mm。存放时按类型分区，按节段分组。地基牢固无沉陷，合理设置支墩数量、间距以保证单元件存放不变形。叠放时，每层之间的垫木应设置在单元件节点处。

10.7.2 单元件运输

（1）单元件在装卸中要根据大件设备规格及定位情况，做好枕木铺垫，并认真检查落实，以确保装载平衡，防止移位。

（2）安排专人在装卸现场清点先后装运的单元件数量及编号数据，做好记录，以防混淆。

10.8 安全环保措施

（1）工艺设计人员在设计胎架和考虑施工工艺时，应优先考虑设计施工工装设施（脚手架等）和施焊通风工艺孔等，以保证施工安全和防止职业病发生。

（2）工艺设计人员在设计产品单元件和整体拼装时，应充分考虑厂房的空间和起吊设备，避免超负荷起吊，尽量做到“空作业平地做，密闭舱室敞开做”，减少对施工人员的危害。

（3）经常检查设备的完好状态，确保工具、设备的安全装置灵敏、可靠，特别是用电设备的良好性。

（4）强化对本单位区域、人员的安全、定置管理，教育并督促职工严格执行本工种操作规程，提高素养，做到文明施工、清洁作业，达到工完料清场地净。

（5）对于X射线探伤等危害职工身体健康的特殊作业，必须避开正常的工作时段，并做好防护措施和监护工作，避免中毒事故和职业病的发生。

（6）保卫部门应对各施工现场、产品进行经常性的检查，合理布置防火器材，做好防火、防盗工作。

10.9 质量记录

钢管拱肋制作质量验收应提供的书面记录有：

（1）板材、管材出厂合格证和复验记录。

（2）切割工艺评定及焊接工艺评定实验报告。

（3）单元件初装、焊接、匹配质量检查记录。

（4）钢管拱肋现场安装质量检查记录。

（5）钢结构分项工程检验批质量验收记录。

11 缆索吊(万能杆件)拼装与拆除施工工艺标准

11.1 总则

11.1.1 适用范围

采用万能杆件拼装而成的柱式或门柱式结构作为主承重索的承力结构，主要适用于跨河、跨峡谷且用其他吊装设备不便作业的桥梁。

11.1.2 编制参考标准及规范

(1)《公路钢结构桥梁设计规范》(JTG D64—2015)。
(2)《公路桥涵施工技术规范》(JTG/T F50—2011)。
(3)《公路工程质量检验评定标准》(JTG F80/1—2017)。
(4)《公路工程施工安全技术规范》(JTG F90—2015)。
(5)《重要用途钢丝绳》(GB 8918—2006)。

11.2 术语

11.2.1 承重索

承重索是缆索吊系统的主要承重和传力构件，主要承受跑车荷载，供跑车运行并将荷载传递给主塔的钢丝绳组。

11.2.2 起吊索

起吊索是连接卷扬机和起吊滑轮组的钢丝绳。

11.2.3 牵引索

牵引索是连接卷扬机和跑车上牵引滑轮组的钢丝绳。

11.2.4 接触应力

接触应力是指两个物体相互接触受压时对接触区产生的局部应力。

11.2.5 弯曲应力

弯曲应力是指法向应力的变化分量沿厚度上的变化可以是线性的，也可以是非线性的。其最大值发生在壁厚的表面处，设计时一般取最大值进行强度校核。

11.3 施工准备

11.3.1 技术准备

11.3.1.1 拼装技术准备

(1)熟悉和分析施工图纸、施工现场的施工环境、水文资料及气候资料，编制缆索吊(万能杆件)拼装施工的专项施工方案，向班组进行书面的二级技术交底和安全交底。

(2)根据塔柱顶允许偏位的多少来选择合适的塔底连接形式(铰接和固接)，当塔柱整体刚度比较大时可以采用固接，一般情况下采用铰接。

(3)选择合适的塔柱形式。塔柱要经过设计计算，要详细计算塔柱的自身重量和承重索传递过来的最大竖向及横向应力，塔柱所受的压应力不应超过允许应力。

(4)根据塔柱位置的地质情况及塔柱传到基础的最大竖向应力选择合理的基础形式，当地质条件较好时可以采用扩大基础，当地质条件较差时可以采用桩基础。

(5)塔柱稳定性验算：

$$P \leqslant P_{ij}/K_W = [P_{ij}]$$

式中：P——竖向荷载总和。

P_{ij}——稳定临界力，$P_{ij} = \pi^2 EI/L_0^2$。

E——弹性模量。

I——截面惯性矩。

L_0——两端固定(0.5L)；一端固定一端铰支(0.7L)；两端铰接(1L)；一端固定一端自由(2L)。

K_W——安全系数。

(6)塔柱强度验算：

$$\sigma = \frac{N}{A_m} + \frac{M}{W_m} \leqslant [\sigma] 或 [\sigma_m]$$

式中：$[\sigma]$——轴向应力，用于 $N/A_m \geqslant M/W_m$ 时。

$[\sigma_m]$——弯曲应力，用于 $M/W_m \geqslant N/A_m$ 时。

A_m——验算截面的构件毛截面面积。

W_m——验算截面的构件毛截面模量。

(7)根据设计吊装重量计算选定主承重索的大小及数量、起吊索的大小及走索的形式、牵引索的大小及走索的形式、地锚的位置、大小及形式等。

11.3.1.2　**拆除技术准备**

(1)根据工程进度要求及施工现场的实际吊装任务需要，编制缆索吊拆除施工的专项施工方案并向班组进行书面的二级技术交底和安全交底。

(2)编制专项安全施工方案报技术负责人复核、监理工程师审批。

11.3.2　材料准备

(1)主要材料：万能杆件(包括配套螺栓)、钢丝绳、绳卡、卸扣、钢筋、水泥、砂、碎石、型钢等按要求检验合格并完成材料准备工作。

(2)安全材料如表11－1所示。

表11－1　拼装、拆除安全防护材料数量表

序号	名称	规格	数量	备注
1	钢管	ϕ50 mm	根据项目的实际特点确定	主要搭设通道及围挡
2	顶托	ϕ32 mm×750 mm		主要搭设通道
3	槽钢	10#		主要用于通道
4	槽钢	20#		主要用于搭设门架
5	钢楼梯	40 cm×250 cm		主要用于塔架人员上下
6	彩钢瓦	1.2 m×2.4 m		主要用于围挡
7	安全网	2 m×4 m		主塔外围防坠及围挡
8	竹胶板	1.2 m×2.4 m		主要用于通道顶覆盖
9	铁丝	8#		固定安全网等
10	安全帽			个人防护用品
11	安全带			个人防护用品
12	木(竹)挑板	2.5 m×0.2 m		塔架上搭设各层平台

11.3.3　主要机具

(1)主要设备：吊车、卷扬机、滑轮、电焊机、氧割设备、磨光机、对讲机等。

(2)主要工具：钢丝绳、葫芦、绳卡、卸扣、榔头、套筒扳手、冲钉等。

(3)主要测量工具：钢卷尺、水准仪、全站仪等。

11.3.4　作业条件

(1)在主承重索架设前应与航道部门、公路部门协商好封航、封路的情况。

(2)施工作业人员须持有特种作业资格证书，作业前须对人员进行体检，确保没有不适宜于高空作业的病种。

(3)缆索吊的拼装及拆除很容易形成交叉作业，在作业前必须确保相应的安全防护、安全措施到位。

(4)遇到大风、暴雨等天气情况，应停止高空作业。

11.3.5 劳动力组织(表 11－2)

表 11－2 缆索吊(万能杆件)拼装与拆除施工劳动力组织

工种	人数	工作地点	职责范围
施工队长	1	整个施工现场	负责跟班组织施工管理工作、协助总指挥工作等
现场指挥员	2	各负责相应施工现场	负责相应施工区域的组织施工，协调各工种交叉作业等
技术员	1	整个施工现场	负责跟班解决施工中的技术问题，编写技术措施等
安全员	2	整个施工现场	负责跟班检查安全措施、安全措施的执行情况及安全教育工作，对安全生产负责
质量检查员	1	整个施工现场	负责跟班检查工程质量，组织各工种交接及质量保证措施的执行情况，对结构拼装质量负责
测量员	2	施工现场	负责塔架基底、顶标高、塔架垂直度、主索垂度等测量
卷扬机、汽车吊等司机	8	特定地点	按起吊指令进行起降操作
机修工	2	施工现场	负责施工现场机械设备的维修及保养
电焊工	1	施工现场	负责施工过程中的钢结构焊接与切割
电工	1	整个施工现场	负责现场动力、照明、通信等电器系统的维修保护
拼装工 拆卸工	40	整个施工现场	负责施工过程的拼装或拆卸工作
杂工	10	整个施工现场	负责配合拼装或拆卸工搬运材料及材料清理码堆等
总计	71		

注：此表为缆索吊拼装或拆卸作业班施工配备人员，未计后勤、行政等人员，项目可根据工程任务大小及施工进度调整人员配置。

11.4 工艺设计和控制要求

11.4.1 技术要求

(1)塔架基础顶面各万能杆件立杆处高差控制在 1～2 mm，以确保塔架在拼装过程不会产生较大倾斜。塔底采用铰接时，允许偏移值为 $H/150$(H 为钢塔高)；塔底采用固接时，允许偏移值为 $H/400$。

(2)承重索、起吊索、风缆索、牵引索、千斤绳的安全系数如表 11－3 所示。

表 11-3　钢丝绳的安全载重系数

	主承重索	起吊索	牵引索	缆风索	起吊千斤绳
张力	3.5	6	3.5	3.5	10
接触应力	3	3			
弯曲应力	2	2			

11.4.2　材料质量要求

现场的材料管理应严格遵守验收、存放及发放制度。

11.4.2.1　**材料验收**

材料设备的验收应着重验收以下内容：材料炉号、批号、型号、化学成分和金属力学性能、合格证、使用说明书及有关图纸、外观质量、数量等，尤其是数量及外观质量的检查。

采购的新钢丝绳应检查三证是否齐全，必要时还可进行外委抽检试验。如采用旧钢丝绳作为承重索或起吊牵引索，使用前需要选取弯折最严重情况下的钢丝绳进行整拉试验，验证最小破断拉力和抗拉强度是否满足国标要求，可否用于实际工程。

钢丝绳应捻制均匀，股应平整无凹凸，绳中多股应平等一致，股与股之间允许有均匀的缝隙。钢丝绳内不应有断裂、交错和折弯的钢丝，钢丝绳表面不应有凹陷、锈蚀、压扁、碰伤等缺陷。钢丝绳的各股中，同直径的钢丝应为同一公称直径。

万能杆件为乙型万能杆件，杆件材质为 Q345 钢，杆件应顺直，不得有锈坑及人工缺口等影响断面尺寸的缺陷及弯曲变形，严禁采用 Q235 钢加工的万能杆件替代正规杆件。

施工过程的吊、索具及小型扣件等均采用符合国家标准正规厂家生产的商品。

11.4.2.2　**材料存放与发放**

材料设备的存放保管应按不同型号、规格、材质等内容分开存放，并考虑便于运输。索吊系统中的主要材料万能杆件应按要求排放整齐，最好就是在由方木或型钢组成的支柱架中。不同的材料应存放在不同的格内，并有明显的标牌标注。钢丝绳应整盘存放，并标识清楚。卷扬机及滑车要分型号存放于垫木上，挂上标识牌后等待领用。所有材料设备均应防雨、防锈，并保持设备的润滑。材料设备的发放实行认领登记制度并做到“标记移植”，这样才能保证产品的可追溯性。

万能杆件的搬运过程应轻拿轻放，严禁抛掷。

11.4.3　职业健康安全要求

(1)缆索吊装为高空作业，严禁患有恐高症的相关人员从事此项工作。

(2)高处作业人员、特种机械操作人员必须经过专业技术培训及专业考试合格后，方可持证上岗。

(3)操作人员上岗作业必须穿戴好各种劳保用品，严禁穿拖鞋、硬底易滑鞋和无关人员入内。

(4)在作业区边缘设置护栏或防护网，并设置由专人看管的警戒线，挂配醒目的安全警示牌。

11.4.4 环境要求

(1)施工项目应当编制环境影响报告表，对项目产生的污染和对环境的影响进行分析或专项评价。

(2)施工过程中的噪声污染控制应按功能分区，根据噪声的类别按《建筑施工场界噪声限值》进行控制。

(3)施工过程应加强对黄油、润滑油、液压油等有机物的管理，防止泄漏的油料侵入土壤、水体，使土壤、水体受到不同程度的污染，直接危害着生态环境和人类的安全健康。

11.5 施工工艺

11.5.1 工艺流程

(1)缆索吊拼装工艺流程如图 11－1 所示。

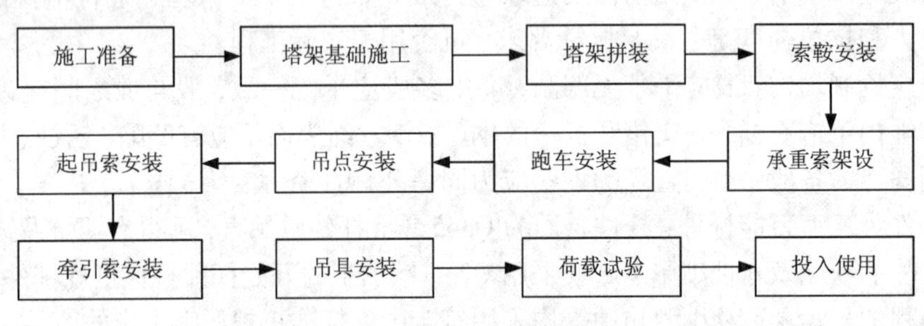

图 11－1 缆索吊拼装工艺流程图

(2)缆索吊拆除工艺流程如图 11－2 所示。

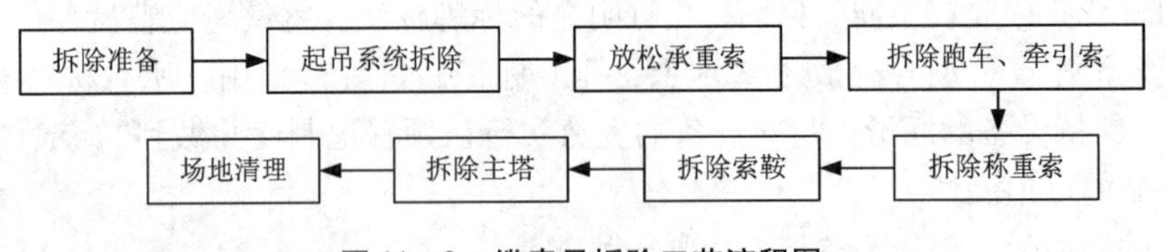

图 11－2 缆索吊拆除工艺流程图

11.5.2 操作工艺

11.5.2.1 **拼装操作工艺**

1. 施工准备

(1)地锚、主塔等布置：缆索吊各结构的布置很关键，应在结合实际地理位置要求和自身起吊要求的基础上，以降低地锚、基础等工程数量为目标来选定地锚及主塔的位置。

(2)设计吊重的确定：设计吊重应以结构中无法优化减小的最大重量和通过吊装技术优化后的可安装重量作为设计吊重。

(3)钢丝绳的选定应符合以下要求：

①钢丝绳的数量及型号应通过计算确定，承载能力和寿命应符合要求。

②应使用检验合格的钢丝绳，保证其材料性能和规格符合设计要求，不使用报废钢丝绳。

③对于吊运危险物品的起吊用钢丝绳一般应选用安全系数比设计工作级别高一级的。

④在不考虑利用旧设备的情况下，可采用承载力高、挠性好、寿命较长的线接触钢丝绳。

(4)材料、设备准备：应根据实际进度要求规划好材料、设备进场的时间。

(5)缆桩预埋：

①缆桩预埋时，先单根放置定位，然后焊长联板，桩与桩间要求平行布置，间距按施工设计图纸定，偏差不超过 ±10 mm。

②缆桩预埋定位时，加可靠连接措施，以免混凝土振动时移位。

③缆桩预埋完成后应在外露部分刷涂防锈并编上编号。

2. 塔架基础施工

(1)基础承载力应通过计算确定，根据不同的地质条件采用不同的基础形式。

(2)塔架基础是塔柱传力的重要结构。施工时，其平面位置、标高、平整度等均应准确测量，使基础预埋位置符合施工精度要求。

(3)塔架基础施工时须采取措施，降低水化热，防止混凝土收缩开裂。

(4)塔身基础及主索锚、风缆锚均采用钢筋混凝土灌制，埋设预埋件。

①基础缆锚的钢筋混凝土灌制按施工设计要求施工，灌制前对材料进行采样试验，并做配合比报告。在灌制时还需采样做试块以便进行检验。

②基础预埋钢板应在灌混凝土前焊接，钢板覆盖的纵向钢筋应全部焊连，且定位准确，偏移量不大于 ±10 mm。

③基础、索锚钢筋混凝土的等级、位置均应按施工设计要求来确定，混凝土的搅拌、运输、振动也应按相关规定进行。

④基础、索锚中的钢筋预先弯制，先绑扎底层钢筋网，在安置好缆桩后再绑扎中层及顶层钢筋网，钢筋的布置绑扎应符合设计要求。

3. 塔架的拼装

塔身的安装采用万能杆件拼装高强螺栓连接。万能杆件的垂直运输采用独脚扒杆完成，人力牵引。用扭矩扳手检验连接螺栓的拧紧力矩。

(1)万能杆件拼装采用单根直接安装方法。先安装好塔底的铰并与基础固接，安装好第一节后，就可以在立杆上立扒杆来运输以上各层的杆件、楼梯、栏杆、螺栓等构件，扒杆应经检查或受力试验，起重绳采用 ϕ20 mm 白棕绳。拼完该节后，人力将扒杆上移至顶面安装，继续拼装上一节塔身。

(2)塔身万能杆件各处力杆严格按施工设计拼装。

(3)节点处的螺栓连接用扳手拧紧后再用扭矩扳手来校正拧紧力矩，M22 螺栓拧紧力矩为 30 kg·m，M27 螺栓拧紧力矩为 35 kg·m，边安装边校正。

(4)在塔身安装过程中，每拼装一节(4 m)，就应对结构检查一次，并满足以下要求：

①在给定平面内，轴心线对理论位置的最大偏移量，不大于被测长度的 1/1000。

②轴心线对基准平面的垂直度误差不得大于高度的 1/500。

③在纵、横截面内，两对角线长度的允许误差为最大边长的1/1000。

④节间弦杆和腹杆的不垂直度为长度的1/750。

(5)拼塔前应计算好塔架的整体高度及缆风索设置的位置，及时设置腰风缆及顶风缆；在塔拼装过程中，根据实际需要设置临时风缆，拼至施工设计要求安装的风缆高度后，再安装风缆。拼装的过程中随时观测塔架的偏位情况，通过风缆调节。

(6)风缆采用人力将一绳端拉至塔底后，利用拼装塔身的扒杆提至设计安装节点处捆绑夹死后，另一端穿过缆桩上安装用滑轮，用10 t手拉葫芦按初装力要求拉紧后固定在缆桩上即可，风缆安装采用对称方式安装。

(7)在俯视图中与塔成90°布置，与水平面角按施工设计规定预埋。安装角度偏差不大于±1°。

(8)风缆安装后，对塔架进行检验，要满足第4项规定，否则就要对风缆拉力进行调整，直至满足。

(9)塔身安装完毕。按施工设计拼装工作平台。风缆安装完毕后，拆除底部铰与基础的固接，变为铰接。调整塔架偏位，从下至上重新拧紧塔架螺栓。

4.承重索的架设

架设承重索前须通过人工、交通工具或其他设备将引导索拉通，然后通过引导索牵引承重索至对岸锚固，主承重索全部拉通后，安装起吊系统、牵引系统，起吊、牵引系统安装好后，开始收紧承重索到设计垂度，并微调承重索使之共同受力。

(1)荷载试验

缆索吊全部拼装完成后，组织检查、验收，重点检查各部构件连接，钢丝绳的连接是否紧固可靠，跑车、滑轮组和动力设备是否操作灵活有效，并进行荷载试验，满足要求后方可实施吊装。

(2)空载试验

空载试验的主要目的是检验设备安装情况以及各项性能情况是否能满足图纸要求，具体如下：

①重点检查各部构件连接，钢丝绳的连接是否紧固可靠，跑车、滑轮组和动力设备是否操作灵活有效。

②分别开动牵引卷扬机和起吊卷扬机，运行跑车系统检查各部件的可靠性，起吊系统有无出现卡绳，提升速度是否同步及各配套的机具是否运营良好等。

③用全站仪观测承重索在空载情况下跨中位置处的变形情况。

④分别开动起吊卷扬机、牵引卷扬机全程走3次，要求两套起吊牵引系统同步动作、速度一致。

(3)荷载试验

荷载试验的吊重物可根据自身实际情况进行选择，可采用水箱、成捆的钢绞线、预制构件等便于计算和调节重量且安全可靠的重物。

①加载步骤

分别按设计吊重的50%、70%、100%、125%逐步加载，检查系统各受力部位。

②试吊步骤

塔架前起吊试吊物离地面，静止→测索仪测量索力→检查各受力部位→运行试吊物至跨中，静止→测索仪测量索力→检查各受力数据，观测承重索垂度等→运行试吊物至对岸塔架前，静止→测索仪测量索力→检查各受力数据，观测承重索垂度等→返回起点位置卸载。

(4)试吊试验

①跑车起吊试吊物运行至中跨跨中位置，检查承重索跨中挠度、塔架变形、地锚顶面标高变化、承重索单索索力大小以及承重接头锚固情况，看其结果是否跟设计结果相一致等。

②跑车起吊试吊物运行至靠塔架中心 20 m 位置，检查牵引卷扬机受力、刹车，牵引索受力及牵引索锚固情况，看其结果是否符合设计要求。

③跑车起吊试吊物运行至中跨跨中位置和运行至靠塔架中心 20 m 位置，检查试吊物至桥面高度，能否满足跨越障碍物的要求。

④正式起吊时，先将重物吊离地面 20 ~ 30 cm，持荷静止，检查塔架偏位、地锚顶面高程变化、卷扬机的刹车情况、索力大小以及各连接点锚固情况。

11.5.2.2　**拆除操作工艺**

1. 拆除准备

(1)在主索拆除前首先需清理场地，清理地锚与主塔之间的障碍物，并对卷扬机进行维护修理。

(2)清理主索位置下方的材料、设备，可根据需要设置支索门架。

(3)重新检查上塔楼梯，设置安全围挡及防坠安全防护网，搭设塔架下方的安全通道。

2. 拆除吊点、起吊索

(1)首先将跑马系统行走到塔架前面。

(2)散索鞍门架卷扬机将起吊绳回拉提空，解除起吊绳并与地锚附近的锚固连接。

(3)通过散索鞍门架上的卷扬机反拉，起吊卷扬机回收起吊绳。

(4)将起吊绳的绳头锚固跑马上，同时开动牵引卷扬机和起吊卷扬收绳，牵引卷扬机速度为起吊卷扬机速度的 2 倍，起吊绳随跑马回收至索塔前面。

(5)把跑马锚固于塔架前面，利用塔顶卷扬机反拉住，解除起吊绳和跑马的连接，把起吊绳逐步回收至起吊卷扬机上。

3. 放松承重索

放松承重索时工作索每隔一定距离与主索卡牢，防止主索自由滑动造成人员设备的损伤。主索完全放松后拆除跑车、牵引索。

4. 拆除承重索

承重索在拆除的过程中应盘好、打捆。

5. 拆除索鞍、主塔

设置简易扒杆吊起吊物件，依次拆除索鞍、塔顶型钢及万能杆件。拆除风缆时应对称分级拆除各级风缆索并随时注意观察塔顶偏位情况，最后拆除塔底铰座。

6. 场地清理

拆除卷扬机及其他设备，对拆除的材料和设备进行码堆处理，根据业主及监理要求对塔架基础及地锚进行处理。

11.6 质量标准

11.6.1 主控项目

(1)塔架扩大基础、地锚砼质量应符合《混凝土结构工程施工质量验收规范》(GB 50204—2015)的规定。

(2)主塔万能杆件高强度螺栓预拉力如表 11－4 所示。

表 11－4 高强度螺栓的预拉力 P

单位：kN

螺栓的性能等级	螺栓公称直径/mm					
	M16	M20	M22	M24	M27	M30
8.8 级	80	125	150	175	230	280
10.9 级	100	155	190	225	290	355

(3)主塔偏位不超过 $H/400$。

11.6.2 一般项目(表 11－5、表 11－6)

表 11－5 钢丝绳允许偏差和不圆度

钢丝绳类型	允许偏差/%		不圆度(不大于)/%	
	股全部为钢丝的钢丝绳	带纤维股芯的钢丝绳	股全部为钢丝的钢丝绳	带纤维股芯的钢丝绳
圆股钢丝绳	+6，0	+7，0	4	6
异型股钢丝绳	+7，0		6	

表 11－6 塔架扩大基础实测项目

项次	检查项目		规定值或允许偏差	检查方法和频率
1	混凝土强度/MPa		在合格标准内	试验检查
2	平面尺寸/mm		±50	尺量：长、宽各检查 3 处
3	基础底面高程/mm	土质	±50	水准仪：测量 5～8 点
		石质	+50，－200	
4	基础顶面高程/mm		±30	水准仪：测量 5～8 点
5	轴线偏位/mm		25	全站仪或经纬仪：纵、横各检查 2 点

11.6.3　质量要求

1. 万能杆件加工质量要求

(1)在 N1、N2、N3、N4、N5、N10、N16 号等杆件中，各螺栓孔组的端孔间的距离及杆件两个最外端孔间的总距离，其精度均要达到 ±0.5 mm。

(2)全部杆件内，每组螺栓孔中任意两个相邻螺栓孔间的距离，其精度均要达到 ±0.25 mm，每组螺栓孔两端间的距离，其精度均要达到 ±0.5 mm。

(3)当制造 N8、N11、N14、N17、N18、N22、N23、N26、N29 号等杆件时，一组螺栓孔的中心连线与螺栓孔理论角度间的容许偏差为 ±30″。

(4)在节点板 N11、N12、N13 中，其最外一排水平螺栓孔至任何方向边缘的距离以及 N7 的最外螺栓孔至加工边缘的距离和 N7 的总长，其精度均要达到 ±0.25 mm。

(5)在所有构件中，从最外端的螺栓孔至任何边缘的距离，其精度均要达到 ±0.5 mm。

(6)所有螺栓孔的直径，其精度均要达到 ±0.25 mm。

(7)粗制螺栓的直径，其精度均要达到 ±0.25 mm。

(8)在 N21 号杆件中，角钢与钢板用切角焊接。

(9)当构件试装时，销订直径应小于螺栓孔直径 0 ~5 mm，螺栓孔须全部安装销钉。

(10)为使在水平桁架的上部节点上支承纵梁和横梁，N11、N12、N13 号构件的上部边缘须刨光。

(11)钢料均须经过调直和整平，其偏差不得超过下列限度：

①钢板不平度不超过 0.5 mm。

②角钢不直程度在 1 m 范围内不超过 1 mm，在全长范围内不超过 3 mm，垂直度不超过 0.3 mm。

(12)钢板切断后应刨边，角钢切断后应刨端，其修整深度不小于 2 mm。

2. 承重索及其他钢丝绳连接质量

(1)编结连接：编结长度应不小于钢丝绳直径的 15 倍，且应不小于 300 mm；连接强度不小于 75% 钢丝绳破断拉力。

(2)楔块、楔套连接钢丝绳一端绕过楔，利用楔在套筒内的锁紧作用使钢丝绳固定。固定处的强度为绳自身强度的 75% ~85%。楔套应用钢材制造，连接强度不小于 75% 钢丝绳破断拉力。

(3)绳卡连接：绳卡连接简单、可靠，得到了广泛的应用。用绳卡固定时，应注意绳卡的数量、绳卡的间距、绳卡的方向和固定处的强度。

连接强度不小于 85% 钢丝绳破断拉力。

(4)绳卡数量应根据钢丝绳直径满足表 11 -7 的要求。

表 11 -7　钢丝绳直径要求

钢丝绳直径/mm	7 ~16	19 ~27	26 ~37	38 ~45
绳卡数量/个	3	4	5	6

(5)绳卡压板应在钢丝绳长头一边，绳卡间距应不小于钢丝绳直径的6倍。

3. 塔顶结构的安装质量

塔顶型钢及索鞍的安装，应确保其安装位置准确，受力均匀，焊接牢靠。

11.7 成品保护

(1)主塔及钢丝绳要定期进行检查，及时进行维护，防止生锈，防止螺栓、绳卡松动。

(2)不得违章吊装以免对缆索吊系统造成不良影响。

11.8 安全环保措施

11.8.1 安全措施

(1)建立健全安全组织机构，全面负责整个过程中的安全组织管理，对所有参加施工的人员进行安全培训，各工作面设置专职安全员。

(2)整个缆索吊架设、拆除施工工作，大部分属于高空作业，在施工过程中，尤其须注意高空作业的安全保护工作，确保作业人员持证上岗。

(3)建立定期安全检查制度，规定每个月检查的频率，尤其须对高空作业环境进行全面检查，及时发现安全隐患。

(4)对存在安全隐患的地段制订防护措施，创造良好的工作空间，方便工人进行安全技术操作。

(5)对整个过程排查清楚危险源，针对存在的危险源制订相应的预控措施。

(6)缆索吊系统安装过程必须严格按照方案进行，安装好后进行全面详细的检查，在正式投入使用前必须经过动静载试验检验合格后方可投入使用。

(7)在缆吊起吊重量较大的物件时，应分别细致检查起吊系统、牵引系统及锚固系统，确保缆索吊处于安全工作状态才允许正式起吊。

(8)风力超过6级时或雷雨、有雾的天气应停止作业，操作人员应加强自我保护意识，正确佩戴好防护用品，避免高空坠落事故的发生。

(9)加强工人的培训管理，进行详细的安全交底，确保各项操作符合要求。

11.8.2 环保措施

(1)生产污水以及生活垃圾必须集中处理，不得直接排入沟底河中。

(2)油料和化学品不得堆放在河流、湖泊附近，且须用帆布覆盖，防止暴雨冲刷进入河、湖水中。

(3)缆索吊施工，大多都是采用各种绳索和机械设备，故控制油渍污染应作为环保工作的重点。

(4)钢丝绳从绳盘放出时，需要从放索盘沿着放绳方向在结构顶面铺设彩条布或者废旧土工布，防止油渍污染。

(5)使用风动或其他噪声较大的工具、机具施工时，要尽量避免夜间施工，以免噪声扰民。

11.9　质量记录

本工艺标准应具备以下质量记录：

(1)卷扬机、万能杆件、钢丝绳出厂质量证明书、生产许可证、出厂合格证。

(2)万能杆件材料试验报告。

(3)缆索吊试吊过程的测量记录。

12　缆索吊地锚施工工艺标准

12.1　总则

12.1.1　适用范围

在缆索吊系统中锚固各类索的地锚结构，主要包括主索地锚、扣索地锚、缆风索地锚、卷扬机地锚等。主地锚的设计，根据地形和地质条件采用重力式和桩锚相结合的结构，主要适用于湖区及土质情况较差的地区。

12.1.2　编制参考标准及规范

(1)《公路桥涵施工技术规范》(JTG/T F50—2011)。
(2)《公路工程质量检验评定标准》(JTG F80/1—2017)。
(3)《公路钢结构桥梁设计规范》(JTG D64—2015)。
(4)《公路工程施工安全技术规范》(JTG F90—2015)。
(5)《公路工程水泥及水泥混凝土试验规程》(JTG E30—2005)。
(6)《普通混凝土配合比设计规程》(JGJ 55—2011)。

12.2　术语

12.2.1　水平地锚

水平地锚是抗水平力的固定装置。

12.2.2　重力式地锚

重力式地锚是一种通过自身重量及体积来增加抵抗水平拉力和抗倾覆稳定性的砼结构。

12.2.3　桩锚

桩锚是一种通过桩身与周围土体的作用来抵抗外界水平力的结构，可单独使用，也可与承台一起构成承台桩锚结构，适用于土质较差的地区。

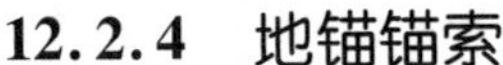

12.2.4 地锚锚索

地锚锚索是一种通过对岩石钻孔、制作锚索、压浆与岩石形成整体的锚固结构，适用于整体性较好的岩石山区。

12.3 施工准备

12.3.1 技术准备

(1)熟悉和分析施工图纸、施工现场的施工环境、水文地质资料及气候资料，编制缆索吊施工的专项施工方案，缆索吊系统的设计吊重能力应与主索、扣索及其他工作索地锚的承受能力相匹配，确保必要的安全系数。

(2)编制缆索吊地锚施工作业指导书，向作业人员进行书面的二级技术交底和安全交底。

(3)根据无支架缆索吊装总体布置图的设计桩号定出地锚位置，按照地锚设计图纸放出大样。

(4)混凝土配合比设计及试验：按混凝土设计强度要求，做好混凝土的施工配合比，满足地锚受力要求。

(5)根据土质情况及受力特点选定合理的地锚方案。

12.3.2 材料准备

(1)原材料：水泥、碎石、砂、片石、钢筋、水、外加剂等材料，由材料员和试验员按规定进行检验，确保其原材料质量符合相应标准。

(2)根据设计要求准备好地锚各型预埋件材料，如型钢、钢筋、钢丝绳、枕木等。

(3)安全材料：安全帽、安全网、安全带及护栏材料等。

(4)施工辅助材料：模板、型钢、脚手架等。

12.3.3 主要机具

(1)主要设备：混凝土搅拌机、混凝土输送泵或混凝土运输车(与混凝土泵车配合)、电焊机、氧割设备、插入式振捣器、弯曲机、切断机、挖掘机、翻斗车、模板等。

(2)主要工具：扳手、垂球、绳卡、转向滑轮、卸扣等。

(3)主要测量工具：钢卷尺、百分表、水准仪、全站仪等。

12.3.4 作业条件

(1)地锚施工方案经过监理工程师及业主批准。

(2)施工前完成场地的清理，部分地锚位置较偏僻不在红线范围内还须另外办理征地手续并修筑施工便道，以方便挖掘机、运输车的出入。

(3)基础垫层施工完毕后，采用经纬仪结合钢尺进行定位放线，由施工单位质检员、测量技术人员请建设单位、监理单位代表共同验收，经各方代表签字认可后方可继续施工。

(4)安全防护设施全部就位。

12.3.5　劳动力组织

根据总体工期和地锚工程量组织劳动力，主要工种有电工、钢筋工、模板工、混凝土工、吊装工、电焊工、杂工等。组织情况见表 12－1。

表 12－1　地锚工程施工劳动力组织

工种	人数	工作地点	职责范围
施工队长	1	整个施工现场	负责跟班组织施工管理工作、协助总指挥工作等
工班长	1	施工现场	负责跟班组织施工，协调各工种交叉作业等
技术员	1	整个施工现场	负责跟班解决施工中的技术问题，编写技术措施等
安全员	1	整个施工现场	负责跟班检查安全措施、安全措施的执行情况及安全教育工作，对安全生产负责
质量检查员	1	整个施工现场	负责跟班检查工程质量，组织各工种交接及质量保证措施的执行情况，对工程质量负责
测量员	2	整个施工现场	负责基坑开挖放样及高程测量等
挖掘机操作工	1	整个施工现场	负责基坑的土方开挖
自卸卡车司机	2	弃渣场地至地锚基坑处	负责地锚基坑土石方弃渣运输
混凝土、钢筋工等	22	整个施工现场	负责地锚混凝土施工装模及浇筑等
电工	1	整个施工现场	负责现场动力、照明、通信等电器系统的维修保护
总计	33		

注：此表为一个作业班施工配备人员，未计后勤、行政等人员。

12.4　工艺设计和控制要求

12.4.1　技术要求

12.4.1.1　**水平地锚技术要求**

水平地锚是将几根圆木（枕木或型钢）用钢丝绳捆绑在一起，横放在地锚坑底，钢丝绳的一端从坑前端的槽中引出，绳与地面的夹角应等于缆风与地面的夹角，然后用土石回填夯实。圆木埋入深度及圆木的数量应根据地锚受力的大小和土质而定，一般埋入深度为 1.5～2 m 时，可受力 30～150 kN，圆木的长度为 1.5～1.5 m。当拉力超过 75 kN 时，地锚横木上应增加压板。当拉力大于 150 kN 时，应用立柱和木壁加强，以增加土的横向抵抗力，受力很大的地锚（如重型桅杆式起重机和缆索吊的主索地锚）应用钢筋混凝土制作，其尺寸、混凝土强度等级及配筋情况须经专门设计确定。

水平地锚（图 12－1）埋设和使用应注意：

(1)锚木必须用坚固的新木材，并应进行防腐处理，不得使用朽木。

(2)地锚坑不得设在有积水的低洼地带。因为积水会将回填的土壤泡软，使得土质疏松，降低摩擦力。

(3)地锚坑回填素土要分层夯实，每层的厚度为200～300 mm。

(4)钢丝绳或拉杆必须牢固地捆绑在横梁中间，为防止横梁被剪断，在绑扎处应使用割开的钢管包垫，避免钢丝绳直接接触锐角。埋在地下的钢丝绳也要做防腐处理。

(5)地锚只允许在规定的方向受力，其他方向不得受力，并且不能超载使用。

(6)重要的地锚应经过试拉合格后才能正式使用。使用时应指定专人看守检查，如发生变形等不正常情况，应立即进行仔细检查，查明原因消除故障后，方可继续使用。

(7)在地锚附近不许取土。地锚的拉绳与地面的水平夹角应保持在30°左右，否则会使地锚承受过大的竖向力，容易被拉出。

(8)固定的建构筑物可以作为地锚，但必须经过验算，证明安全可靠才能利用。树木、电线杆等物件不得作为地锚。

(9)重要的地锚应经过计算，埋设后需进行试拉。

(10)地锚埋设后，应经过详细检查，才能正式使用。使用时要有专人负责看守，如发生变形，应立即采取措施加固。

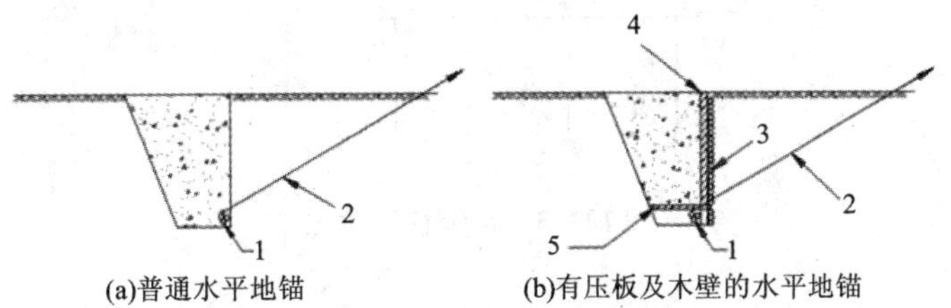

图12－1　水平地锚示意图

1—横木；2—拉索；3—木壁；4—立柱；5—压板

12.4.1.2　重力式地锚技术要求

根据地形条件和总体施工方案，主、扣索地锚因索力大，地锚工程量大，地锚占临时工程的比重大，所以应对地锚设计进行认真的专题分析和计算，设计理论上要安全可靠，施工上要方便，设置上要方便灵活以适应复杂的地形情况，同时还要具有经济性。

主索地锚、扣索地锚多数采用重力式地锚，用挖掘机进行基坑开挖，开挖放坡1∶0.5，开挖或修整过程中若土质松软，必须采取基坑支护措施，如：型钢支撑、砂浆护壁等。基坑开挖完成后应立即采用C15混凝土进行基底处理，四周全部用M7.5砂浆护壁，必要时在地锚后面的工作空间砌筑挡土墙形成密封凹坑，以防地下水渗出软化基坑土体。

12.4.1.3　桩式地锚技术要求

(1)地锚桩桩底端均嵌入稳定基岩不小于2.5 m。

(2)地锚桩钢筋严格按照设计要求制作，设计桩内配筋为ϕ28 mm的Ⅱ级螺纹钢筋，容许偏差应符合地锚桩施工规程要求。

(3)地锚桩角度误差不超过1.0，桩位容许偏差100 mm。

(4)地锚桩钻孔终孔后孔底沉渣应小于10 mm。

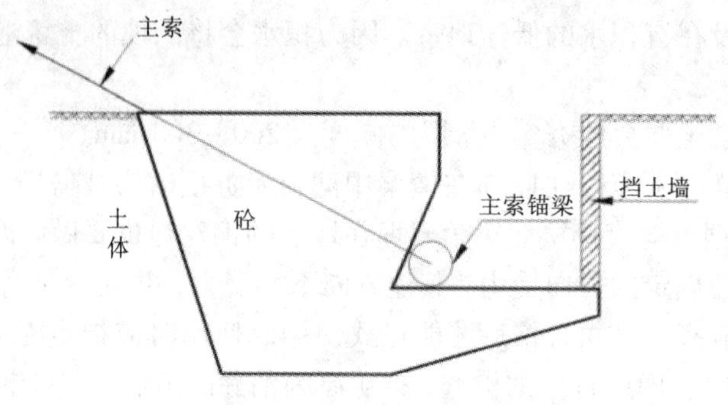

图 12-2 重力式地锚示意图

(5)做好基坑的排水工作，严禁刚施工完的锚桩浸泡于水中。

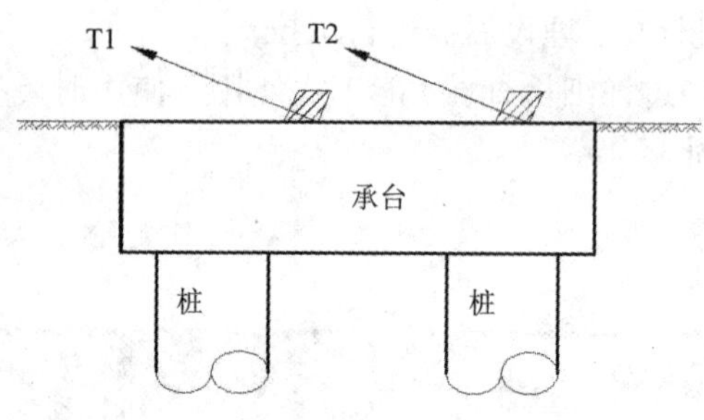

图 12-3 地锚桩示意图

12.4.1.4 **地锚锚索技术要求**

地锚锚索设计角度与主承重索及扣索的角度相同，因吊装过程中需要大量的调索工作，如随着扣索和主索受力的变化，而对锚索逐级施加预应力，则在施工过程中将会相互干扰，极不安全。因此需要设计一个钢筋混凝土结构，虽设计上锚索方向与受力方向一致，但仍增加了钢筋束竖向锚杆作为安全储备，必要时可以承受剪力，也可以减少锚碇的变形。

12.4.1.5 **重力式地锚的受力验算**

(1)倾覆稳定性验算：

$$K_M = M_{稳}/M_{倾} \geqslant [1.5]$$

式中：$M_{稳}$——稳定力矩；$M_{倾}$——倾覆力矩。

(2)抗水平力验算：

$$K_H = (H_{F_1} + H_{F_2})/H_T$$

式中：H_{F1}——基底摩擦力；H_{F2}——被动土压力；H_T——外力水平力之和。

12.4.1.6 **桩式地锚受力验算**

(1)地基变异系数：整个桩长范围内由不同的土质层组成，每个土质层都对应着一个地基变异系数。经合并算得整个桩长范围内共同的地基变异系数 m。

(2)计算桩的变形系数 a 为：

$$a = \sqrt[5]{(m \times b_1)/(0.85EI)}$$

①桩的计算宽度 b_1：

式中：$b_1 = k_f \times k_0 \times k \times b$（或 d）

k_f查《建筑地基基础》P105 表 3－18

$k_0 = 1 + 1/d$

$k = b' + [(1 - b')/0.6] \times (L_1/h_1)$

$b_1 = 0.9 \times 1.455 \times 0.843 \times 2.2 = 2.43(\mathrm{m})$

②砼的弹性模量：（由《结构设计原理》附表查得）。

③$I_{惯性矩} = \pi d^4/64$。

（3）桩身配筋率大于 0.65% 的灌注桩的单桩水平承载力设计值：

$$R_h = a^3 \times EI \times \chi_{0a}/V_\chi$$

式中：EI——桩身抗弯刚度，对于钢筋砼 $EI = 0.85E_C I_0$。

χ_{0a}——桩顶允许水平位移取 10 mm。

V_χ——桩顶水平位移系数，V_χ 取 2.441（查表）。

由上可以算出 R_h 值，因此整个承台桩基础不考虑承台本身与填土的摩擦能抵抗水平为 R：

$$R = K \times n \times R_h \quad (K\text{ 为工作系数})$$

（4）抗水平验算：

$$K = R/H \geqslant [2]$$

（5）抗倾覆验算（略）。

12.4.2 材料质量要求

（1）不得使用变形、锈蚀严重的吊索具、钢丝绳、钢绞线。

（2）不得使用药皮开裂、变质的焊材。

12.4.3 职业健康安全要求

（1）施工现场用电，严格执行有关规定，加强电源管理，防止发生电器火灾。

（2）在作业区边缘应设置护栏或防护网。

（3）施工人员必须戴好安全帽，并按规定佩戴好劳动保护用品。

（4）施工现场应挂配醒目的安全警示牌，无关人员严禁入内，夜间施工必须有充足的灯光照明。

（5）机械设备要设专人维护维修，并设专人指挥、监护。

12.4.4 环境要求

（1）施工过程中的噪声污染控制应按功能分区，根据噪声的类别按《建筑施工场界噪声限值》进行控制。

（2）施工过程应加强对黄油、润滑油、液压油等有机物的管理，防止泄漏的油料侵入土壤、水体，使土壤、水体受到不同程度的污染，直接危害生态环境和人类的安全健康。

12.5 施工工艺

12.5.1 工艺流程

(1)重力式地锚工艺流程如图 12 -4 所示。

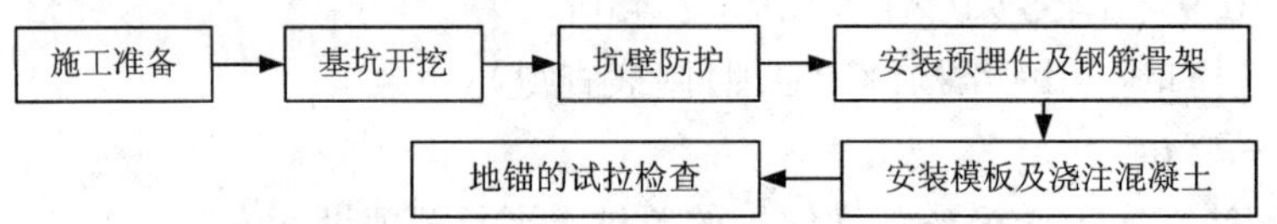

图 12 -4 重力式地锚施工工艺流程图

(2)桩式地锚工艺流程。

桩式地锚工艺流程与桩基、承台施工基本相同，不再赘述。

(3)地锚锚索工艺流程如图 12 -5 所示。

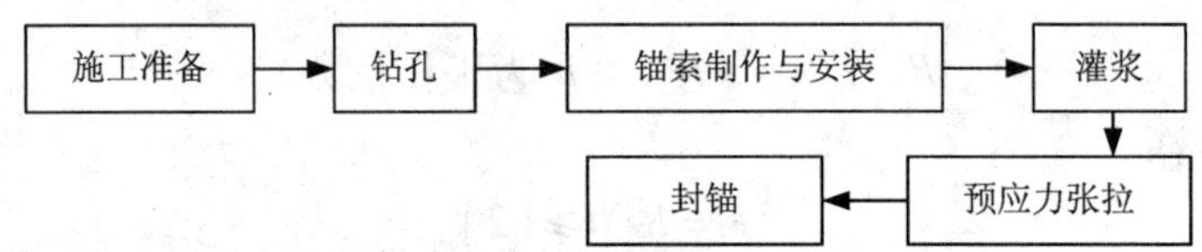

图 12 -5 地锚锚索施工工艺流程图

12.5.2 操作工艺

12.5.2.1 重力式地锚操作工艺

1. 施工准备

(1)施工前应进行准确放样。

(2)重力式地锚施工前应对场地进行清理。

(3)应预先加工好预埋件，确定预埋方案。

(4)由于地锚基础体积较大，对这种大体积混凝土的浇筑应制订相应的散热方案。

2. 基坑开挖

(1)锚碇基坑开挖应避免扰动既有基底土层，在采用机械开挖时，应在基底标高以上预留 15 ~ 30 cm 的厚土层用人工清理，以免破坏基底结构。

(2)基底碎石土层应密实，对局部软弱土层要用片石砼做换填处理。

(3)在采用爆破方法施工时，对于深陡边坡应使用如预裂爆破等方法，以免对边坡造成破坏。

(4)锚碇的基础以抵抗水平力为主。因此，锚碇基础底面应挖成锯齿形、台阶形以确保锚碇在主缆的巨大拉力下不产生滑移。

3. 坑壁防护

(1)在坑外和坑底要分别设排水沟和截水沟，以防地面水流入、积留在坑内而引起塌方或基底土层破坏。

(2)坑壁防护可采用喷射混凝土、喷锚网联合支护等。

4. 安装预埋件及钢筋骨架

(1)预埋千斤绳的数量应全面考虑施工需要，如风缆索地锚、卷扬机转向地锚等，预埋千斤绳应尽量拉直且各股受力要均匀。

(2)钢筋骨架的制作、安装应符合相应规范要求。

5. 安装模板及浇筑混凝土

(1)模板、混凝土施工应符合规范要求。

(2)模板应具有足够的刚度、强度和稳定性。

(3)模板应方便安装、拆除。

(4)混凝土应振捣密实，养护良好。

6. 地锚的试拉检查

(1)所有的地锚在吊装施工前均需进行试拉试验，试拉可以采用地锚和地锚间的对拉。

(2)试拉时须在所有的千斤扣上和地锚的周围做上相应的记号，以便检查地锚的状况。

(3)观测工作是保证吊装工作准确安全的重要措施，在试拉的全过程中要由专人负责观测地锚的顶面标高及移动，做好记录并随时向指挥人员报告。

12.5.2.2 **地锚锚索操作工艺**

(1)钻孔：采用 KQJ－100B 型钻机(或 QZJ－100 钻机)，两台 9～12 m^3 空压机供一台钻机钻 150 mm 孔，孔深 28 m，同时应确保进入未风化完整岩体 10 m，用高压风清净孔内尘土。每个锚碇 4 个钻孔，其中 1 孔取芯样，以便鉴别岩层情况，根据实际情况加长或缩短钻孔深度。

(2)锚索制作与安放：采用 7 根 ϕ15.24 mm 高强低松弛钢绞线，编索严格按照图纸进行。下索前必须严格检查钻孔深度与锚索长度是否相符，对中定位架绑扎是否牢靠，预应力钢绞线有无锈蚀、油污、损伤，不合格材料严禁使用。检查合格后才能下料，该项工作由专人负责。

(3)灌浆：压浆采用 C50 水泥浆。压浆压力为 0.6 MPa，压浆应达到孔道出浆孔溢出浆液，并应达到排气孔排出与规定稠度相同的水泥浆为止，为保证孔道中充满灰浆，关闭出浆口后，应保持不小于 0.5 MPa 的一个稳定期，该稳定期不宜小于 2 min。浆体强度低于设计强度 85% 之前，不得扰动锚索。

(4)待浆体强度达到设计规定强度后，才能进行锚碇砼施工。

(5)预应力张拉：待锚碇砼到达设计强度后进行张拉，张拉采用 YCW100 千斤顶，张拉顺序是：0—10% P—松弛；0—10% P—30% P—50% P—0% P—90% P—100% P—锁定，每阶持荷 3 min。

(6)封锚：在对锚索预拉力进行补偿张拉后，采用 C50 水泥砂浆将自由段压浆完毕，把多余的锚索切除，再用 C30 砂浆封闭锚头。在施工地锚时预埋的千斤绳数量和拉力系数储备要充足，安全系数要达到 3 以上。

12.6 质量标准

12.6.1 主控项目

(1)地锚砼的浇筑必须符合施工技术规范和设计要求。

(2)地锚砼中掺入片石时，掺量应符合施工技术规范要求。

(3)地锚内预埋件在砼中的预埋深度应不低于1.5 m。

12.6.2 一般项目

(1)重力式地锚施工质量应符合表12－2的规定。

表12－2 扩大基础实测项目

<table>
<tr><th>项次</th><th colspan="2">检查项目</th><th>规定值或允许偏差</th><th>检查方法和频率</th><th>权值</th></tr>
<tr><td>1*</td><td colspan="2">砂浆强度/MPa</td><td>在合格标准内</td><td>按相关标准检查</td><td>3</td></tr>
<tr><td>2</td><td colspan="2">平面尺寸/mm</td><td>±50</td><td>尺量：长、宽各检查3处</td><td>2</td></tr>
<tr><td rowspan="3">3*</td><td rowspan="2">基础底面高程/mm</td><td>土质</td><td>±50</td><td>水准仪：测量5~8点</td><td>2</td></tr>
<tr><td>石质</td><td>+50，－200</td><td></td><td></td></tr>
<tr><td colspan="2">基础顶面高程/mm</td><td>±30</td><td>水准仪：测量5~8点</td><td>1</td></tr>
<tr><td>4</td><td colspan="2">轴线偏位/mm</td><td>25</td><td>全站仪或经纬仪：
纵、横各检查2点</td><td>2</td></tr>
</table>

注：* 实际工程无项次3时，该项不参与评定。

(2)桩式地锚的钻孔桩质量应符合表12－3的规定。

表12－3 孔灌注桩实测项目

<table>
<tr><th>项次</th><th colspan="3">检查项目</th><th>规定值或允许偏差</th><th>检查方法和频率</th><th>权值</th></tr>
<tr><td>1*</td><td colspan="3">混凝土强度/MPa</td><td>在合格标准内</td><td>按相关标准检查</td><td>3</td></tr>
<tr><td rowspan="3">2*</td><td rowspan="3">桩位/mm</td><td colspan="2">群桩</td><td>100</td><td rowspan="3">全站仪或经纬仪：
每桩检查</td><td rowspan="3">2</td></tr>
<tr><td rowspan="2">排架桩</td><td>容许值</td><td>50</td></tr>
<tr><td>极值</td><td>100</td></tr>
<tr><td>3*</td><td colspan="3">孔深/m</td><td>不小于设计</td><td>测绳量：每桩测量</td><td>3</td></tr>
<tr><td>4*</td><td colspan="3">孔径/mm</td><td>不小于设计</td><td>探孔器：每桩测量</td><td>3</td></tr>
<tr><td>5</td><td colspan="3">钻孔倾斜度/mm</td><td>1%桩长，且不大于500</td><td>用测壁(斜)仪或钻杆
垂线法：每桩检查</td><td>1</td></tr>
</table>

续表 12－3

项次	检查项目		规定值或允许偏差	检查方法和频率	权值
6*	沉淀厚度/mm	摩擦桩	设计规定，设计未规定时按施工规范要求	沉淀盒或标准测锤：每桩检查	2
		支承桩	不大于设计规定		
7	钢筋骨架底面高程/mm		±50	水准仪：测每桩骨架顶面高程后反算	1

注：* 实际工程无项次 3 时，该项不参与评定。

(3)桩式地锚的承台质量应符合表 12－4 的规定。

表 12－4 承台实测项目

项次	检查项目	规定值或允许偏差	检查方法和频率	权值
1*	混凝土强度/MPa	在合格标准内	按相关标准检查	3
2	尺寸/mm	±30	尺量：长、宽、高检查各 2 点	1
3	顶面高程/mm	±20	水准仪：检查 5 处	2
4	轴线偏位/mm	15	全站仪或经纬仪：纵、横各测量 2 点	2

注：* 实际工程无项次 3 时，该项不参与评定。

(4)地锚锚索施工质量应符合表 12－5 的规定。

表 12－5 锚杆支护实测项目

项次	检查项目	规定值或允许偏差	检查方法和频率	权值
1*	锚杆数量/根	不少于设计	按分项工程统计	3
2	锚杆拔力/kN	28 d 拔力：平均值≥设计值，最小值：0.9 设计值	按锚杆数 1% 做拔力试验，且不小于 3 根做拔力试验	2
3	孔位/mm	±15	尺量：检查锚杆数的 10%	2
4	钻孔深度/mm	±50	尺量：检查锚杆数的 10%	2
5	孔径/mm	砂浆锚杆：大于杆体直径＋15；其他锚杆：符合设计要求	尺量：检查锚杆数的 10%	2
6	锚杆垫板	与岩面紧贴	检查锚杆数的 10%	1

注：* 实际工程无项次 3 时，该项不参与评定。

12.6.3 质量要求

(1)地锚基坑开挖应避免扰动既有基底土层。

(2)地锚砼属大体积混凝土，浇筑时应采取相应措施避免温度裂缝的产生。

(3)地锚预埋件的埋设精度应符合设计要求。

12.7　成品保护

(1)地锚要定期进行检查，随时观察地锚前土体的变化及地锚顶面标高的变化。

(2)吊装构件时，起降应缓慢均匀，防止产生冲击力对地锚产生不利影响。

(3)地锚周围应做好排水工作，防止枕梁、钢丝绳、预埋件及周围土体长期泡水。

(4)混凝土浇筑完成后，应在收浆后尽快予以覆盖和洒水养护。当气温低于5℃时，应覆盖保温，不得向混凝土表面洒水。

12.8　安全环保措施

12.8.1　安全措施

(1)建立健全安全组织机构，全面负责整个过程中的安全组织管理，对所有参加施工的人员进行安全培训，各工作面设置专职安全员。

(2)建立定期安全检查制度，对存在安全隐患的地段制订防护措施，锚坑周围应设置护栏，上下应设钢梯，方便工人进行安全技术操作。

(3)重物起吊时应细致检查起吊系统、牵引系统及锚固系统，确保缆索吊处于安全工作状态才准许起吊。

(4)风力超过6级或雷雨、有雾的天气应停止作业，操作人员应加强自我保护意识，正确佩戴好防护用品。

(5)加强工人的培训管理，组织进行详细的安全交底，确保各项操作符合要求。

12.8.2　环保措施

(1)生产污水以及生活垃圾必须集中处理，不得直接排入沟底河中。

(2)油料和化学品不得堆放在民用水井、河流、湖泊附近，且须用帆布覆盖，防止暴雨冲刷进入河、湖水中。

(3)使用风动或其他噪声较大的工具、机具施工时，要尽量避免夜间施工，以免噪声扰民。

12.9　质量记录

本工艺质量验收应提供的书面记录有：

(1)地锚施工记录。

(2)地锚试拉记录。

(3)预埋构件钢材等材料质量证明书或试验、复验报告。

(4)吊装过程地锚观测记录。

13　缆索吊主拱肋吊装施工工艺标准

13.1　总则

13.1.1　适用范围

本标准适用于公路工程中采用缆索吊进行钢管拱肋节段吊装的钢管拱桥。

13.1.2　编制参考标准及规范

(1)《公路桥涵施工技术规范》(JTG/T F50—2011)。
(2)《公路工程质量检验评定标准》(JTG F80/1—2017)。
(3)《公路钢结构桥梁设计规范》(JTG D64—2015)。
(4)《重要用途钢丝绳》(GB 8918—2006)。
(5)《公路工程施工安全技术规范》(JTG F90—2015)。
(6)《钢结构焊接规范》(GB 50661—2011)。

13.2　术语

13.2.1　抗风索

抗风索是用于约束塔架、钢管拱等结构摆动，确保其稳定的柔性索。

13.2.2　缆索吊

缆索吊是由主索、主塔、起吊、牵引、锚碇等系统组成的大型起吊设备。

13.2.3　主拱肋

主拱肋是拱桥主拱圈的骨架。主拱肋的设计除应满足在吊装阶段的强度和稳定的要求外，还应满足截面在组合过程中各阶段荷载作用下的强度的要求。

13.3 施工准备

13.3.1 技术准备

(1)熟悉和分析施工图纸、施工现场的施工环境、水文资料及气候资料，编制缆索吊施工的专项施工方案，缆索吊系统的设计吊重能力应与主拱肋节段重量相匹配，满足吊装方案及进度要求。

(2)编制主拱肋吊装的作业指导书，向作业人员进行书面的二级技术交底和安全交底。

(3)钢管拱制造及预拼装：

为确保工程质量，在进行钢管拱制造招标时，须选择信誉高、实力强、证照齐全的厂家作为供应商。

单元构件在工厂内按预定检验项目，在厂内先平面预拼，检查线型，误差不超过规定值，焊接拱肋腹板，连接临时法兰角钢，再立体试拼，试装横撑，检验合格后发往工地。

工地试拼装按设计规定的拱肋分节情况，采用半跨线型模拟试拼。立体拼装检验合格，做好表面防护和涂装好后即可运至现场准备吊装。起吊前要在地面焊接好各类吊装辅助构件，设置横联位置和测量控制标记、安装检修及施工爬梯。

(4)做好拱肋吊装水准观测和中线观测的准备工作，配备好拱肋吊装测量观测质量监督检查人员。

(5)全面检查和调试好所有吊装设备及设施，并对重点设备进行试吊运行，以检验吊装设备的安全可靠性。

(6)认真复测拱桥净跨距离，复测拱脚起拱标高和拱脚斜面倾角；对预制拱肋复测各段的上下弦长及端面倾角；检查接头螺栓孔位置的准确性；检查各类吊环，标出各段拱肋两端上下中心线；检查预制拱肋及其他构件有无裂缝和缺陷，发现问题及时处理。

(7)做好吊装指挥、联络通信等准备工作，确定吊装指挥人员。吊装前统一指挥信号，同时对起重、牵引、扣索等卷扬机进行编号，指挥人员按编号进行指挥，成立起吊组、安装组、扣索组、抗风索组等小组进行分工合作。

13.3.2 材料准备

(1)结构材料：主拱肋钢管节段、小型构件、连接螺栓、焊接材料、钢筋、钢板、型钢等按要求检验合格并完成材料准备工作。

(2)施工辅助材料：钢丝绳、钢绞线、锚具、夹片、绳卡、卸扣、木楔、型钢、脚手架、楼梯等。

13.3.3 主要机具

(1)主要设备：缆索吊、卷扬机、装载机、吊车、拖轮、平板船、张拉设备、电焊机、氧割设备及对讲机等。

(2)主要工具：起吊短钢丝绳、葫芦、绳卡、卸扣、榔头、套筒扳手、大活动扳手、冲钉、滑轮等。

(3)主要测量工具：钢卷尺、水准仪、全站仪等。

13.3.4 作业条件

(1)在拱肋吊装前应与航道部门、公路部门协商好封航、封路的情况，封航、封路期间要安排专人值班，以防无关船只或车辆进入吊装区。

(2)施工作业人员须持有特种作业资格证书，作业前需对高空作业人员进行体检，有恐高症、高血压等不宜高空作业病类的人员不得上岗。

(3)根据吊装程序合理安排拱肋运至现场的型号、数量及时间，确保吊装的有序进行。

(4)遇到大风、暴雨等天气情况，应停止高空作业及焊接作业。

13.3.5 劳动力组织

吊装作业设施工队长一名、工班长两名及作业组四个，人员分工如表13－1所示。

表13－1 缆索吊主拱肋吊装施工劳动力组织

工种	人数	工作地点	职责范围
施工队长	1	整个施工现场	负责跟班组织施工管理工作、协助总指挥工作等
工班长	2	整个施工现场	负责跟班吊装指挥，协调各工种交叉作业等
技术员	1	整个施工现场	负责跟班解决施工中的技术问题，编写技术措施等
安全员	2	整个施工现场	负责跟班检查安全措施、安全措施的执行情况及安全教育工作，对安全生产负责
质量检查员	1	整个施工现场	负责跟班检查安装质量，组织各工种交接及质量保证措施的执行情况，对工程安装质量负责
测量工	4	整个施工现场	负责钢管拱安装标高、轴线等测量
卷扬机组	8	两岸卷扬机房	负责按指令对卷扬机进行操作
缆风组	8	整个施工现场	负责结构缆风索的安装、调节
起吊组	8	缆吊起吊现场	负责吊装构件起吊、安装等
扣索组	8	整个施工现场	负责吊装构件安装后的锚固及扣索的拆除
杂工	8	整个施工现场	负责材料搬运及现场清理等
电工	1	整个施工现场	负责现场动力、照明、通信等电器系统的维修保护
总计	52		

注：此表为一个作业班施工配备人员，未计后勤、行政等人员。

13.4　工艺设计和控制要求

13.4.1　技术要求

(1)主拱肋的安装施工过程中，应掌握桥址处的历史气象资料和近期天气预报资料，避开可能发生的灾害性天气，并采取必要的预防措施，确保结构的安全。

(2)主拱肋安装的临时支架，吊塔和扣塔的锚锭、塔身、承重索、风缆索、起吊索等须有足够的安全性。

(3)主拱肋安装尺寸须准确，可用两台全站仪用 GPS 坐标系交会测量。

(4)主拱肋安装应遵循对称均衡的原则。

13.4.2　材料质量要求

(1)检查采购的新钢丝绳(或吊装带)卸扣、绳卡、滑轮等是否符合标准，必要时还可送有相应资质的单位进行抽检试验。不得使用变形、锈蚀严重的吊索具、钢丝绳、钢铰丝。

(2)钢管拱焊接材料要求：

①焊接材料包括焊条、焊丝、焊剂、气体、电极和衬垫等。

②焊接材料应有产品质量证明书，且内容齐全、清晰，并符合相应标准的规定。必要时，焊接材料须复验后方可使用。

③焊接材料的选用应按《建筑钢结构焊接规程》(JGJ 81—2002)的规定及本公司合格的焊接工艺进行评定，且不得使用药皮开裂、变质的焊材。

(3)钢管主拱肋的制作质量应符合《公路工程质量检验评定标准》的相关要求。

13.4.3　职业健康安全要求

(1)施工现场用电严格执行有关规定，加强电源管理，防止发生电器火灾。

(2)缆索吊装为高空作业，严禁患有恐高症的相关人员从事此项工作。

(3)高处作业人员、特种机械操作人员必须经过专业技术培训并经专业考试合格后，方可持证上岗。

(4)操作人员上岗作业，必须穿戴防护用品，严禁穿拖鞋、硬底易滑鞋和无关人员入内，以保证人员安全。并须在机械旁挂牌注明安全操作规程。

(5)做好楼梯、脚手架的安全防护工作，在作业区边缘设置护栏或防护网。

(6)机械设备要设专人维护维修，并设专人指挥、监护。

(7)吊装前应与航道部门、公路部门协商好封航、封路的情况，封航、封路期间要安排专人值班，以防无关船只或车辆进入吊装区。

13.4.4　环境要求

(1)施工过程中的噪声污染控制应按功能分区，根据噪声的类别按《建筑施工场界噪声限值》进行控制。

(2)施工过程应加强对黄油、润滑油、液压油等有机物的管理，防止泄漏的油料侵入土壤、水体，使土壤、水体受到不同程度的污染，危害生态环境和人类的安全健康。

13.5　施工工艺

13.5.1　工艺流程

缆索吊主拱节段安装施工流程如图 13－1 所示。

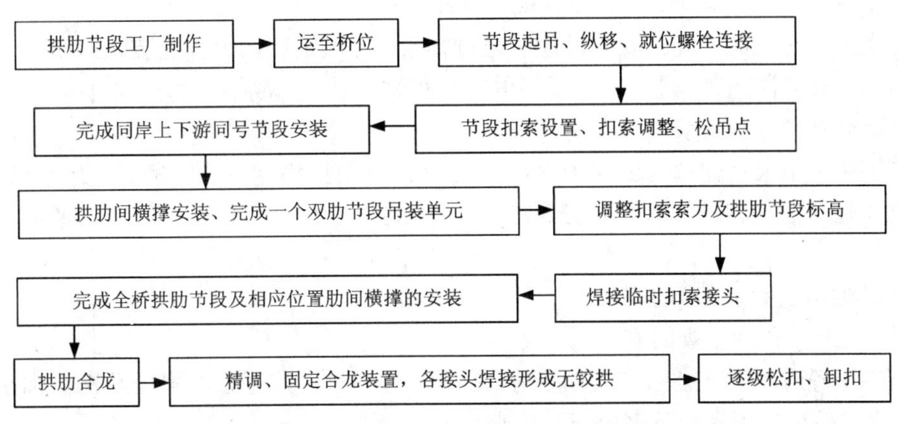

图 13－1　缆索吊主拱肋吊装施工流程图

13.5.2　操作工艺

13.5.2.1　**钢管拱肋节段制作与运输**

钢管拱肋节段在工厂制作完成后，需在工厂进行试拼，试拼合格后才可以装车、装船进行运输。

13.5.2.2　**吊装前的观测工作**

观测工作是保证吊装工作准确安全的重要措施，在吊装的全过程中要由专人负责观测，做好记录并随时向指挥人员报告。

(1)垂度观测：用经纬仪测主索跨中仰角计算实际初始垂度，吊重后实测最后垂度。

(2)塔架观测：有条件时可用垂线量测，或在塔架顶设一固定标尺，用经纬仪测出位移前与位移后的读数，两次读数之差即为塔架位移；

(3)中线观测：将经纬仪设在拱肋中线方向上复核，拱肋合拢时控制拱肋中线；

(4)水平观测：边段与次边段及次边段与顶端接头标高，包括抬高量(10～20 cm)作为合拢预留高度，合拢时观测各接头及拱顶标高，控制节段拱肋均匀下降。

(5)施工全过程，在拱肋 $L/8$、$L/4$、$3L/8$、$L/2$ 处设置七个固定点，进行变形观测，并做好记录备案工作，分析变形的发展趋势，以便采取相应措施，一旦出现不均匀变形，应立即停止加载，查明原因后方可继续。

13.5.2.3　**钢管拱肋吊装工艺**

1. 钢管拱肋吊装程序

吊装第一节段，挂 1#临时扣索(上下游两岸对称安装，以下同)⟶

吊装第二节段，挂2#临时扣索，安装横撑——→

吊装第三节段，挂1#正式扣索，调整拱肋高程、轴线并安装横撑——→

吊装第四节段，挂3#临时扣索并安装横撑——→

吊装第五节段，挂2#正式扣索并安装横撑——→

调1#、2#扣索索力，调整拱肋高程、轴线——→

吊装第六节段，挂4#临时扣索并安装横撑——→

吊装第七节段，挂3#正式扣索并安装横撑——→

调2#、3#永久扣索索力，调整拱肋高程、轴线——→

依此类推直至拱肋合拢并安装横撑。通过扣索、抗风索和拱肋合拢装置对拱肋线形和位置进行精调，调整合格后，进行各扣段间的连接焊缝作业，完成拱肋的正式合拢。

2. 主拱肋及横撑的安装

钢管拱肋分节段运输到施工现场起吊点位置并将船位稳定，系好吊点，起吊拱肋节段，运输船离开起吊位置后进行构件安装。在这整个过程中，由港航监督部门进行通航的协调和指挥。

(1)拱脚扣段(1#扣段)的安装

①拱脚铰座、预埋主管的安装

浇筑拱座砼时用三维坐标定位方法精确定位，预埋拱脚铰座预埋螺栓及钢板和预埋主钢管，然后通过铰座预埋螺栓及钢板安装铰座。

②拱脚扣段(1#扣段)中各节段的安装

先吊运上游第一节段至拱座旁，将拱肋节段拱脚端置于拱座上，借助拱座上的预埋件通过链子滑车逐步调整第一节段拱脚端铰轴钢管位置，使其与预埋的拱脚铰座接触密贴，上好临时扣索并张拉扣索。靠跨中的一端，用横向调位缆风索调整好轴线位置，根据设计标高用临时扣索调整标高，待力全部交于扣点，拱肋标高、轴线调整满足规范要求后，取下吊点。然后按同样方法吊同岸下游第一节段，对称吊另一岸上下游第一节段。第一节段吊装就位后将铰轴钢管及拱脚铰轴连接的两斜腹杆灌注砼，待其强度达到设计强度的80%后进行第二节段的安装。

按相同的方法，对称吊完其他节段，采用设计的1#正式扣索，扣索在现场根据设计文件要求由多根钢绞线组成，并做好防护。扣索安装通过无支架缆索吊装系统的主索安装主拱肋锚固端，用吊塔上扒杆配合手拉葫芦将扣索装入扣塔扣索锚箱的各张拉孔中。每组扣索采用上下游、主跨、边跨对称张拉和调整索力的张拉方案，扣塔上设置扣索锚箱张拉平台，正式扣索挂好后，按设计标高对高程进行调整，正式扣索的张拉和临时扣索的放松均按逐根分级、对称的原则进行，以标高控制为主，同时兼顾索力。扣索的张拉、放松可采用多台千斤顶同时工作来实施，逐步地将力交于正式扣索，张拉至设计要求后松去临时扣索。安装完成第一节段后，每根主管用600 mm×100 mm×20 mm的四块钢板将上、下弦主管与预埋主管临时连接，以起到限位拱铰、稳定拱肋扣段的作用。全桥合拢后再解除此临时连接，按设计要求焊接该接头。

第二节段安装就位后(安装方法同第一吊段)，用缆索吊装系统中靠内侧的两组主索抬吊该节段肋间横撑进行安装。肋间横撑在加工厂内完成与拱肋节段的啮合加工并试拼装，确保其加工精度，减少由于误差而引起的工地现场的拼装困难，尽快地完成一个吊装单元，确保结构安全施工。肋间横撑安装定位，且高程、轴线调整至符合设计要求后及时进行焊接作业。上下游同岸两个同一节段肋间横撑安装时，其横向距离的有效控制通过调位设施实现。按同样方法完成其他节段间横撑的安装。

各节段间拼装接头，先用高强螺栓拼装，然后焊接法兰盘周边。一个扣段完成后，再进行节段间对接钢管的焊缝焊接。节段间环焊缝施焊对称进行，施焊前需保证节段间有可靠的临时连接并用定位板控制焊缝间隙。扣段间的焊缝，待拱肋合拢并调整拱肋标高、轴线达到设计要求后再进行焊接。各拼装接头的螺栓拼接和焊缝焊接施工，采用悬挂工作平台来完成。

③一般扣段的安装(除1#扣段以外的其他扣段)

一般扣段参照吊装程序与拱脚扣段(1#扣段)的施工方法进行施工。按吊装程序，每一正式扣索挂好后，均须对该扣索之前的扣索进行调索作业。调索作业根据设计方和施工监控方现场共同发布的调索索力和拱肋标高、调索顺序，对每一号索采用张拉设备逐根、分级、对称张拉。同时用压力传感器对索力进行测试，以确保调索顺利开展。对每一扣段，均进行一次拱肋轴线、拱肋高程的调整，避免拱肋的线形、标高误差累计到最后造成调整困难，确保其安装精度的有效控制。

(2)合拢段安装

拱肋最后一个扣段安装完成后，尽快地实施合拢。

合拢前通过扣索、抗风索，对拱肋进行线形、标高的调整，并根据需要进行温度修正，选择温度稳定时段用设计的临时合拢构造实施瞬时合拢。设计合拢温度在15℃左右，不超过20℃。临时合拢构造设在两主弦管间，全桥共4个，通过法兰螺栓旋转对拱圈两侧施力达到弦杆内力调整及定位的目的。合拢施工统一协调指挥，确保合拢时4个临时合拢构件同步完成作业。合拢后对拱肋线形及位置实施精确测量，通过扣索和拱顶合拢装置进行精调，调整合格后固定合拢装置，进行各扣段间的焊接工作，完成后拆除临时合拢装置。

3. 松扣和卸扣

空钢管拱肋合拢、各节段接头焊接完成后，封固拱脚(按设计文件实施)，由两铰拱转换成无铰拱，逐级松扣，将扣索拉力转换为拱的推力。松扣程序为：从跨中扣索开始，两岸对称分级(扣索拉力分5级，每级放1/5)，依次放松，各扣索松一级，暂停15～20 min后，测试拱肋钢管的应力、标高、轴线及平面位置，经设计、监理、施工监控方确认后，再进行第二级的放松循环。最后一级保留5%左右的扣力暂不放松。

13.6　质量标准

13.6.1　主控项目

(1)构件必须符合设计要求和施工规范的规定，检查构件出厂合格证及附件。若运输、堆放和吊装造成的构件出现变形必须矫正。

(2)安装完成后的各实测项目均应符合表13－2的规定。

表 13-2 钢管拱安装实测项目

<table>
<tr><th>项次</th><th colspan="2">检查项目</th><th>规定值或允许偏差</th><th>检查方法和频率</th><th>权值</th></tr>
<tr><td>1</td><td colspan="2">轴线偏位/mm</td><td>L/6000，且不超过 50</td><td>经纬仪：检查 5 处</td><td>1</td></tr>
<tr><td>2*</td><td colspan="2">拱圈高程/mm</td><td>±L/3000，且不超过 ±50</td><td>水准仪：检查 5 处</td><td>2</td></tr>
<tr><td rowspan="2">3*</td><td rowspan="2">对称点高差/mm</td><td>允许</td><td>L/3000</td><td rowspan="2">水准仪：检查各接头点</td><td rowspan="2">2</td></tr>
<tr><td>极值</td><td>L/1500，且反向</td></tr>
<tr><td>4</td><td colspan="2">拱肋接缝错边/mm</td><td>0.2 壁厚，且≤2</td><td>尺量：每个接缝</td><td>2</td></tr>
<tr><td rowspan="2">5*</td><td colspan="2">焊缝尺寸</td><td rowspan="2">符合设计要求</td><td>量规：检查全部</td><td>2</td></tr>
<tr><td colspan="2">焊缝探伤</td><td>超声：检查全部
射线：按设计规定，
设计未规定时按 5% 抽查</td><td>3</td></tr>
</table>

注：L 为跨径。* 实际工程无项次 3 时，该项不参与评定。

(3) 焊缝质量符合设计或国标质量标准的要求。

13.6.2 一般项目

(1) 拱肋节段有顶、底中心标记及测量控制点标记。
(2) 结构表面干净，无油污和泥砂。
(3) 钢管拱肋制作应符合表 13-3 的规定。

表 13-3 钢管拱肋制作实测项目

<table>
<tr><th>项次</th><th>检查项目</th><th>规定值或允许偏差</th><th>检查方法和频率</th><th>权值</th></tr>
<tr><td>1*</td><td>钢管直径/mm</td><td>±D/500 及 ±5</td><td>尺量：每段检查 3~5 处</td><td>3</td></tr>
<tr><td>2</td><td>钢管中距/mm</td><td>±5</td><td>尺量：每段检查 3~5 处</td><td>1</td></tr>
<tr><td>3*</td><td>内弧偏离设计弧线/mm</td><td>8</td><td>样板：每段测 1~3 点</td><td>2</td></tr>
<tr><td>4</td><td>每段拱肋内弧长/mm</td><td>+0，-10</td><td>尺量：每段检查</td><td>1</td></tr>
<tr><td rowspan="2">5*</td><td>焊缝尺寸</td><td rowspan="2">符合设计要求</td><td>量规：检查全部</td><td>2</td></tr>
<tr><td>焊缝探伤</td><td>超声：检查全部射线：按设计规定，
设计无规定时按 5% 抽查</td><td>3</td></tr>
</table>

注：D 为钢管直径。* 实际工程无项次 3 时，该项不参与评定。

13.6.3 质量要求

(1) 拱肋节段预制尺寸应符合《公路工程质量检验评定标准》的要求。
(2) 拱肋为钢管拱的，其焊缝的焊接质量应符合设计和规范要求。
(3) 钢管拱肋几何尺寸允许误差：
①钢管拱节段错台：标准安装节段错台允许偏差 ±2 mm。

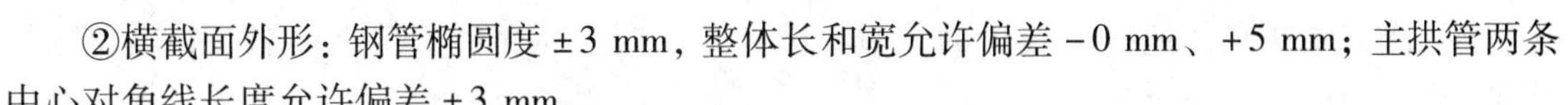

②横截面外形：钢管椭圆度 ±3 mm，整体长和宽允许偏差 −0 mm、+5 mm；主拱管两条中心对角线长度允许偏差 ±3 mm。

③长度：安装成拱的各接口桩号（即拱跨纵坐标）允许偏差 ±20 mm（限制安装节段的误差累积）。

13.7 成品保护

（1）扣索及抗风索要定期进行检查，及时进行维护，防止生锈，防止螺栓、绳卡及锚具夹片松动。

（2）安装主拱肋或其他构件时，应缓慢下落，不得碰撞已安装好的主拱肋等钢构件。

（3）应保护好主拱肋及其他构件的防腐结构，不能随意点焊或切割，吊装损坏的防腐层应补涂，并保证补涂部分的质量符合规定的要求。

13.8 安全环保措施

13.8.1 安全措施

（1）建立健全安全组织机构，全面负责整个过程中的安全组织管理，对所有参加施工的人员进行安全培训，各工作面设置专职安全员。

（2）主拱肋吊装施工，大部分属于高空作业，在施工过程中，尤其注意高空作业的安全保护工作，确保作业人员持证上岗。

（3）建立定期安全检查制度，规定每个月检查的频率，尤其对高空作业环境要进行全面检查，及时发现安全隐患。

（4）对存在安全隐患的地段制订防护措施，创造良好的工作空间，方便工人进行安全技术操作。

（5）对整个过程进行排查，找出危险源，针对存在的危险源制订相应的预控措施。

（6）主拱肋吊装过程必须严格按照方案进行，安装好后应对拱肋及锚固系统进行全面检查。

（7）主拱肋重量较大，起吊时应分别细致检查起吊系统、牵引系统及锚固系统，确保缆索吊处于安全工作状态才准许起吊。

（8）风力超过 6 级或雷雨、有雾的天气应停止作业，操作人员应加强自我保护意识，正确佩戴好防护用品，避免高空坠落事故的发生。

（9）加强工人的培训管理，组织进行详细的安全交底，确保各项操作符合要求。

13.8.2 环保措施

（1）生产污水以及生活垃圾必须集中处理，不得直接排入沟底河中。

（2）油料和化学品不得堆放在民用水井、河流、湖泊附近，且须用帆布覆盖，防止暴雨冲刷进入河、湖水中。

（3）主拱肋吊装，大多是采用油压顶和卷扬机，故控制油渍污染应作为环保工作的重点。

(4)使用风动或其他噪声较大的工具、机具施工时，要尽量避免夜间施工，以免噪声扰民。

13.9　质量记录

本施工工艺质量验收应提供的书面记录有：

(1)钢管拱肋制作与安装质检表。

(2)主拱肋及其他构件所用钢材、连接材料和防腐材料等材料质量证明书或试验、复验报告。

(3)主拱肋安装过程中形成的工程技术有关的文件。

(4)焊接质量检验报告。

(5)主拱肋安装测量记录及安装质量评定资料。

(6)主拱肋安装后防腐或涂装检测资料。

(7)扣索张拉千斤顶、油泵标定资料。

14　中下承式吊杆、系杆拱施工工艺标准

14.1　总则

14.1.1　适用范围

本标准适用于中下承式系杆拱桥的吊杆、系杆拱桥施工。

14.1.2　编制参考标准及规范

(1)《公路工程水泥及水泥混凝土试验规程》(JTG E30—2005)。
(2)《公路桥涵施工技术规范》(JTG/T F50—2011)。
(3)《公路工程质量检验评定标准》(JTG F80/1—2017)。
(4)《公路工程施工安全技术规范》(JTG F90—2015)。
(5)《公路桥涵设计通用规范》(JTG D60—2015)。
(6)《预应力筋用锚具、夹具和连接器应用技术规程》(JGJ 85—2010)。
(7)《斜拉桥用热挤聚乙烯高强钢丝拉索》(GB/T 18365—2018)。

14.2　术语

14.2.1　中下承式

当桥面系位于上部结构中部的桥梁称中承式桥梁；当桥面系位于上部结构下部，则称下承式桥，如系杆拱桥。

14.2.2　吊杆

吊杆是指拱桥中连接主拱肋与桥面系的杆件，桥面系的荷载通过吊杆传递到主拱肋。

14.2.3　系杆拱

系杆拱是指带有系杆的拱结构，一般用在桥梁结构中，是梁、拱组合体系，又称系杆拱桥。

14.2.4 拱肋

拱肋是拱桥主拱圈的骨架，在安砌拱波的过程中，它承受着本身自重、横向联系构件、拱波及相应施工的荷载。

14.2.5 合龙

修筑桥梁或堤坝时从两端开始施工，最后在中间结合，称“合龙”。

14.2.6 预应力张拉

预应力张拉就是在构件中提前加拉力，使得被施加预应力张拉构件承受拉应力，进而使得其产生一定的形变，来应对结构本身所受到的荷载。

14.2.7 泵送顶升

泵送顶升是指在钢管拱脚部接近地面适当位置处开压注孔并焊上设有闸阀的钢管进料口与泵管相连，沿拱轴在钢管顶部设若干个排气孔，混凝土在泵送压力作用下，由下而上顶升，靠自重挤压密实充填管腔，混凝土与钢管共同参与受力。

14.2.8 施工监控

施工监控主要有两个方面：施工监测和施工控制，施工监测不但可以保证桥梁施工过程中的安全，而且施工监测的结果也能为施工控制提供数据；而施工控制就是在施工全过程进行有效的控制，保证成桥线形和内力满足设计要求。

14.3 施工准备

14.3.1 技术准备

(1)审核、熟悉设计文件和有关标准、规范，编制施工方案。
(2)确定吊杆、系杆的加工、运输方式。
(3)确定吊杆、系杆的施工方案并上报批复。
(4)对试验设备、测量仪器、拌和设备以及地磅等设备进行检验标定。
(5)试验室驻地建设报批验收合格，原材料抽检，混凝土试配及报批。
(6)向现场技术人员、工段负责人、各班组长进行技术、安全、质量交底，确保施工过程的工程质量和人身安全。

14.3.2 材料准备

(1)结构材料：吊杆、系杆、钢筋、保护罩、油脂等。
(2)施工辅助材料：角钢、钢板、竹夹板、钢管、安全网等。

14.3.3 主要机具(表 14－1)

表 14－1 主要施工机具

序号	名称型号	单位	数量	序号	名称型号	单位	数量
1	千斤顶	套	4	7	塔吊(缆索吊)	台	2
2	油泵	套	4	8	手拉葫芦	套	4
3	卷扬机	套	4	9	拖轮	台	1
4	汽车吊	台	2	10	渡船	台	1
5	装载机	台	2	11	平板运输车	台	1
6	电焊机	台	4				

14.3.4 作业条件

(1)拱肋及横向构件已安装完成并通过验收。

(2)对成品吊杆索、系杆索已进行验收，张拉设备已标定。

(3)水上运输设备、岸上运输设备已就位。

(4)已对现场技术人员和施工人员进行培训、技术安全交底，做到熟练掌握各工序操作，有应对安全紧急救援的措施，操作人员保持稳定。

(5)安全保护设施已完成。

14.3.5 劳动力组织

中下承式吊杆、系杆拱主要施工任务包括支架拼装、系杆安装张拉、吊杆安装等工作。详见表 14－2。

表 14－2 中下承式吊杆、系杆拱施工劳动力组织

工种	人数	工作地点	职责范围
施工队长	1	整个施工现场	负责跟班组织施工管理工作、协助总指挥工作等
技术员	1	整个施工现场	负责跟班解决施工中的技术问题，编写技术措施等
安全员	1	整个施工现场	负责跟班检查安全措施、安全措施的执行情况及安全教育工作，对安全生产负责
质量检查员	1	整个施工现场	负责跟班检查工程质量，组织各工种交接及质量保证措施的执行情况，对工程质量负责
测量工	2	施工现场	负责放样，位置高程等测量
起重工	4	施工现场	负责起吊运输，并配合吊车、塔吊司机进行定位
吊车司驾	2	施工现场	负责吊机的操作及其日常维修保养。在施工员指挥下，正确进行构件、模板等起吊

续表 14－2

工种	人数	工作地点	职责范围
塔吊司驾	4	施工现场	负责塔吊的操作及其日常维修保养。在施工员指挥下，正确进行吊杆、系杆索等起吊
油泵司泵工	4	施工现场	负责油泵的操作及其日常维修保养。在施工员指挥下，配合预应力张拉施工
修理工	2	施工现场	负责现场各种机具、设备保养、维修，
电焊工	4	施工现场	负责钢筋、支撑架等的焊接
电工	2	施工现场	负责现场动力、照明、通信等电器系统的维修保护
材料员	1	材料仓库	负责施工材料供应及管理
杂工	10	整个施工现场	负责吊杆索、系杆索等搬运及现场清理等
总计	39		

注：此表为一个作业班施工配备人员，未计后勤、行政等人员。

14.4　工艺设计和控制要求

14.4.1　技术要求

(1)成品索运输到施工现场时除了验收质量证明书外，还应检查其外观的完整性。

(2)卷盘索放索时应采用专用放索盘或放索架放索，避免放索后索扭曲。

(3)穿索过程中钢丝绳与索的连接应安全牢固，索进入孔道时应保证索与孔道方向一致，并采取保护措施防止 PE 外套损伤。

(4)PE 属易燃材料，应采取保护措施防止 PE 燃烧。

(5)系杆索张拉采用“双控”满足设计要求，吊杆索采用索力和标高控制满足监控要求。

14.4.2　材料质量要求

(1)钢板、型材、钢管及焊接材料按设计图和有关标准的要求选用，全部的钢板、型材、钢管及焊接材料进厂后，工厂应按国家相关标准进行复验，复验合格后办理入库手续。材料进货时必须有质量证明书，质量证明书上的炉号、批号应与实物相符。质量证明书中的保证项目须与设计要求相符。

(2)钢绞线：钢绞线应根据设计规定的规格、型号和技术指标来选用。出厂时必须提供材料性能检验证书或产品质量合格证书，进场时应对其进行表面质量、直径偏差和力学性能复检，其质量应符合《预应力混凝土用钢绞线》(GB/T 5224—2014)的规定。

(3)波纹管：进场时除应按出厂合格证和质量保证书核对其类别、型号、规格及数量外，还应对其外观、尺寸、集中荷载下的径向刚度和荷载作用后的抗渗漏及抗弯曲渗漏等进行检验，确认合格后方能使用。

(4)锚具、夹片和连接器：锚具、夹片和连接器应具有可靠的锚固性能、足够的承载能力

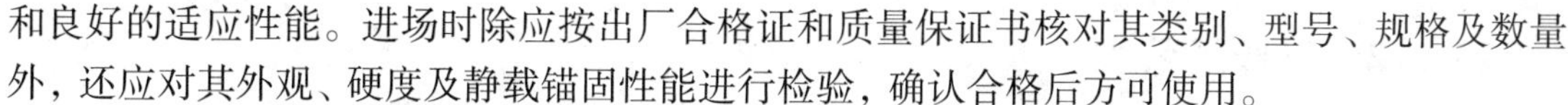

和良好的适应性能。进场时除应按出厂合格证和质量保证书核对其类别、型号、规格及数量外，还应对其外观、硬度及静载锚固性能进行检验，确认合格后方可使用。

14.4.3 职业健康安全要求

(1)施工现场用电应严格执行有关规定，加强电源管理，防止发生电器火灾。

(2)吊杆、系杆吊装为高空作业，严禁患有恐高症的相关人员从事此项工作。

(3)高处作业人员、特种机械操作人员必须经过专业技术培训及专业考试，合格后方可持证上岗。

(4)操作人员上岗作业，必须穿戴防护用品，严禁穿拖鞋、硬底易滑鞋和无关人员入内，以保证人员安全。

(5)严格按照安全标准做好防护工作，在作业区边缘设置护栏或防护网。

(6)机械设备要设专人维护维修，并设专人指挥、监护。

(7)在吊装前应与航道部门、公路部门协商好封航、封路的情况，封航、封路期间要安排专人值班，以防无关船只或车辆进入吊装区。

14.4.4 环境要求

(1)遇到大风、大雨等天气情况，应停止一切起重及高空作业。

(2)施工过程要采取有效措施控制现场的各种废气、污水、固体垃圾对环境的污染和危害，不在现场燃烧各种有毒的物质。

(3)工程施工过程中应及时清理各种垃圾、废油、废渣。

(4)电焊用的电焊头、切割多余的钢绞线不得随意丢弃，必须统一集中收集后处理。

14.5 施工工艺

14.5.1 工艺流程

中下承式吊杆、系杆拱施工工艺流程如图 14 - 1 所示。

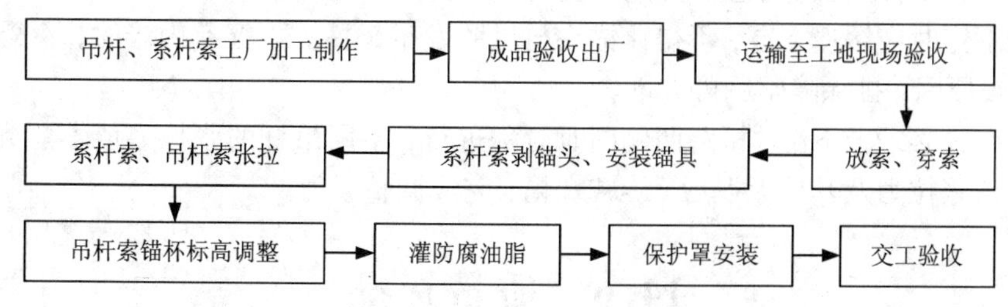

图 14 - 1 中下承式吊杆、系杆拱施工工艺流程图

14.5.2 操作工艺

14.5.2.1 系杆索操作工艺

(1)将制好的成品索索盘运至一端拱脚横梁附近，按安装顺序吊放进放索架。

(2)在对岸设置两台卷扬机，用卷扬机牵引钢丝绳依次穿过各系杆索导管，然后与成品索索端相连接。

(3)启动卷扬机，牵引索向前移动，人工辅助转动索盘，将系杆牵引至对岸。

(4)穿好后用卷扬机预紧，使系杆索尽量拉紧平直，然后改用葫芦将两端拉住，将卷扬机牵引线解除，安装锚具和夹片。

(5)切除多余的钢绞线索。

(6)按顺序安装下一根系杆。

(7)安装千斤顶，千斤顶撑脚两边必须垫牢使之能均匀受力，按设计要求分阶段张拉。

(8)最后一次张拉完毕后，在工作锚板上给夹片安装防松装置，并切割多余的钢绞线，外露量按设计要求为准。

(9)往过渡管内灌注防腐润滑油脂。

(10)安装锚头保护罩，往保护罩内灌注防腐润滑油脂。

14.5.2.2 吊杆索施工

(1)采用人工配合汽车吊或缆索吊安装，在拱肋混凝土强度达到75%以上时进行吊杆安装，吊杆的安装由拱肋吊杆孔自下往上穿出，拧上冷铸墩头锚的上螺母。

(2)依次安装完所有的吊杆索。

(3)将横梁自下往上吊起，已挂好的吊杆索下端穿过横梁吊杆孔，拧上墩头锚的下螺母，并调整校正。在整个穿索过程中，不得碰、擦伤PE保护层及墩头锚丝螺纹。

(4)依纵梁、横梁、桥面板的加载顺序在拱肋顶部用千斤顶进行吊杆索张拉，该张拉仅为局部调整即微调，微调结束后，安装锚头防护罩，往防护罩内部灌填防腐油脂，防止锚头锈蚀。

吊杆在运输及安装过程中应保持顺直、无扭弯；保护好外层PE套管，不得产生划痕、坑槽等质量缺陷；保护好冷铸镦头锚的螺纹及螺帽不受损伤，以免在张拉调索时带来麻烦。吊杆运输时应当将吊杆放在垫木上，并用麻绳将吊杆固定在运输台车上，锚头应用麻布进行包裹。将吊杆下穿时应缓慢下穿，不得让锚头与拱肋发生碰撞。下穿有困难时，不得进行硬拉硬顶，应检查原因，排除障碍后再进行。

吊杆的张拉必须上下游、桥跨两侧同时对称进行，不同吊杆的张拉力值不能弄混；张拉完毕检验确认张拉力及其他无误后，旋转螺帽，完成调整索力。

14.6 质量标准

(1)吊索和系杆索应采用符合设计规定的产品。安装应顺直，无扭转；防护层应完整，无破损。

(2)纵横梁安装完成后，对吊索应按高程和内力双控制的原则进行调整，并应在完善上下锚头处细部构造的防腐处理后，方可进行桥面系的施工。

(3)系杆索的张拉值应符合设计要求，并与加载工况相对应，上下游应对称张拉。施工时除应对系杆索进行内力和伸长量的双控外，还应监测结构关键部位的变形，并将其控制在设计允许范围以内。

(4)对吊杆和系杆索的上下锚头，应按设计要求采取防排水、防腐蚀及防老化的措施。

(5)对可更换的吊索和系杆索，其护套管内不应采用环氧砂浆等固化材料填充。见表14－3。

表14－3　中、下承式钢管拱桥吊索(杆)安装质量标准

项目		规定值或允许偏差
吊索(杆)长度/mm		±L/1000及±10
吊索(杆)拉力/kN		符合设计要求
吊点位置		10
吊点高程/mm	高程	±10
	两侧高差	20
吊索(杆)锚固处防护		符合设计要求

注：L为吊索(杆)长度。

14.7　成品保护

(1)进场吊杆、系杆索在存放、搬运及起吊安装过程中应用麻袋缠绕做好防护措施，避免损伤PE和墩头螺纹。

(2)现场穿索过程中应采取专用放索盘放索防止索扭曲，并采取垫麻袋和调整角度的方法避免索挂伤。

(3)吊杆、系杆索存放区应远离明火，穿索后应采取覆盖措施防止电焊渣溅落至PE上引起燃烧。

14.8　安全环保措施

14.8.1　安全措施

(1)施工前做好施工准备，编制施工计划及安全技术措施，制订操作细则，向施工人员进行安全技术交底。

(2)参加施工的特种作业人员必须经安全技术培训、考试合格取证后才准上岗，其他人员也必须进行安全技术培训和考核。

(3)张拉作业区域设置明显警示牌，非作业人员不得进入作业区；张拉端挡板放置好方能进行张拉作业；必须经过专业培训，掌握预应力张拉的安全技术知识并经考核合格后方可上岗；操作千斤顶和测量伸长值的人员应站在千斤顶侧面操作。

(4)拱上作业为高空作业，施工人员必须遵守《高空作业操作规程》的规定。

(5)工地内要设安全标志，夜间应有足够的照明设备并不得擅自拆除。

(6)水上作业应符合国家有关内河交通安全管理条例以及水上水下施工作业通航安全管理规定；施工期间按规定应设置临时码头、航行、作业标志、防撞装置及救护、消防等设施。

(7)在雨季施工时，施工现场应及时排除积水，脚手板、竹夹板上应采取防滑措施。加强对支架、脚手架的检查，防止倾倒和坍塌。冬季施工应严格执行冬季施工的有关规定，做好保温、防冻、防滑等安全防护措施。高温季节施工，应按照劳动保护规定做好防暑降温措施。并适当调整作息时间，尽量避开高温时间。

14.8.2 环保措施

在施工中，要认真贯彻环保法和水保法，以及相关法规，坚持“以防为主，防治结合，综合治理，化害为利”的原则，在施工中采取有力措施，防止污染和破坏自然环境。

(1)生产中对废油、污水要设处理场进行处理，处理后排出，一律不准直接排入水库、河道中。

(2)各住地、工点设垃圾贮运站，生活垃圾集中收集后，与当地环保部门协商处理。

(3)所有因施工需要而修建的临时设施必须在签发交工证书后及时清除，运出设备及剩余材料，保持现场和工程清洁。

(4)合理安排作业时间，尽量减少夜间作业，以减少施工时机具的噪声污染，避免影响施工现场或附近居民的休息。对于电焊等光污染，主要采用佩戴防护镜、防护面罩、防护服等措施。

14.9 质量记录

本施工工艺质量验收时应提供的书面记录有：

(1)测量计算及放样记录。

(2)预应力张拉记录表。

(3)后张法预应力管道检查表。

(4)预应力钢筋、钢绞线、钢丝张拉质检表。

(5)中、下承式拱吊杆安装质检表。

(6)柔性系杆质检表。

(7)预应力混凝土用钢绞线试验报告。

(8)预应力筋张拉质量检验评定表。

15　先梁后拱施工工艺标准

15.1　总则

15.1.1　适用范围

本标准适用于具有强大加劲梁的中、小跨径拱桥，包括钢管拱、钢桁拱。

15.1.2　编制参考标准和规范

(1)《钢结构工程施工质量验收规范》(GB 50205—2001)。
(2)《公路桥涵施工技术规范》(JTG/T F50—2011)。
(3)《公路工程质量检验评定标准》(JTG F80/1—2017)。
(4)《公路工程施工安全技术规范》(JTG F90—2015)。
(5)《钢管混凝土拱桥设计与施工》陈宝春编。

15.2　术语

15.2.1　钢管混凝土拱桥

钢管混凝土拱桥是指利用钢管混凝土做拱肋的拱桥。钢管混凝土是一种新的组合材料，其力学性能非常适合拱桥拱肋。钢管作为劲性承重骨架，其焊接工作简单，吊装重量轻，从而能降低施工难度。钢管兼有纵向主筋和横向箍筋的作用，作为模板又方便混凝土浇筑，由于钢管的径向约束，使混凝土处于三向受压状态，从而能显著提高混凝土的抗压强度。

15.2.2　下承式拱桥

下承式拱桥是指拱肋在桥面系之上，用吊杆悬挂桥面系(桥面主梁)的桥梁。

15.2.3　先梁后拱

先梁后拱是采用先搭设少量支架跨越河道，然后在支架上拼装或现浇加劲梁，而后架设钢管拱肋及浇筑拱肋混凝土的一种施工方法。

15.3 施工准备

15.3.1 技术准备

(1)熟悉工程地质资料及必要的水文资料。

(2)熟悉工程设计图纸，根据设计要求确定施工方案。

(3)编制主梁及桥面构造物施工技术方案。

(4)编制预应力施工专项方案，确定预应力、张拉力、延伸量。

(5)编制钢管混凝土拱(钢桁架拱)施工技术方案。

(6)编制施工作业指导书，对现场施工人员进行全面的技术、安全二级交底，确保施工质量和施工安全。

(7)测量放样。

15.3.2 主要材料准备

(1)原材料：水泥、砂、碎石、外加剂、钢筋、预应力材料，由材料员、试验员按规定检验，确保材料质量合格。

(2)钢管拱宜在工厂分节段制作，成品管及制管用的钢材和焊接材料应符合设计要求和国家现行标准的规定，具备完整的产品合格证明。

(3)支架平台可采用钢管桩、型钢、贝雷桁架、万能杆件、钢板、木材等。钢管桩直径根据支架高度确定直径，一般不宜小于 ϕ630 mm，壁厚不小于6 mm，支架立柱也可采用钢筋混凝土立柱。

(4)混凝土配合比设计及试验。按混凝土设计强度等级要求，进行配合比设计与试验，确保浇筑的混凝土满足质量要求和工艺要求。

15.3.3 机具准备

(1)支架投入机具：吊车、振动锤(打桩机)、电焊机、氧割设备。

(2)水上作业设备：浮吊、平板驳、拖轮、交通船。

(3)钢筋加工安装设备：钢筋加工设备、预应力筋加工和张拉设备。

(4)混凝土设备：搅拌站(机)、罐车、输送泵、振捣器、养生水泵等。

(5)其他设备：模板、手拉葫芦、千斤顶、空压机、风镐、电锤等。

15.3.4 作业条件

(1)施工场地：开工前应完成三通一平，水上作业应取得海事、航道部门批准。

(2)按施工要求规划施工区域，清拆障碍物。

(3)复核测量控制网，加密测量控制点。

(4)检查、维护设备，确保正常使用，备好施工材料、原材料。

(5)施工作业人员安全、技术培训。进行技术、安全交底。工序作业人员应保持基本稳定，做好安全应急预案。

15.3.5　劳动力组织

焊工、电工、吊装工、船员、试验员持证上岗，材料员应对材料的进场报验，入库保管做书面记录，施工人员、技术员应经过技术培训、安全培训，并全面掌握混凝土、钢筋、预应力施工技术，掌握支架搭设、起重吊装等工艺操作。其劳动力组织如表 15 –1 所示。

表 15 –1　先梁后拱工程施工劳动力组织

工种	人数	工作地点	职责范围
施工队长	1	整个施工现场	负责跟班组织施工管理工作、协助各工种交叉作业等
吊装班长	1	结构件吊装现场	负责跟班组织施工
技术员	1	整个施工现场	负责跟班解决施工中的技术问题，编写技术措施等
安全员	1	整个施工现场	负责跟班检查安全措施、安全措施的执行情况及安全教育工作，对安全生产负责
质量检查员	1	整个施工现场	负责跟班检查工程质量，组织各工种交接及质量保证措施的执行情况，对工程质量负责
测量员	2	施工现场	负责现场支架平台、主梁、拱肋位置施工放样
船员	6	施工现场	负责交通船、工程船舶航运、施工就位
吊装工	8	吊装施工现场	负责施工现场吊装作业
实验员	1	施工现场	负责混凝土配合比、原材料性能检验
电焊工	12	施工场地	负责支架、拱肋以及附属构件焊接
货车司机	1	施工现场	负责场内材料运输
模板工 混凝土工 钢筋工	30	施工现场	负责主梁模板、钢筋、混凝土施工
预应力工	5	施工现场	负责主梁预应力、吊杆施工
电工	1	施工现场	负责现场动力、照明等电器系统的维修保护
材料员	1	材料仓库	负责施工材料供应及管理
杂工	4	整个施工现场	负责现场清理等
总计	76		

注：此表为正常作业施工配备人员，未计后勤、行政等人员。

15.4　工艺设计和控制要求

15.4.1　技术要求

15.4.1.1　主梁(桥面系)现浇支架试压试验

(1)支架沉降，弹性压缩，非弹性压缩数据收集。

(2)支架横梁(贝雷桁架、型钢、万能杆件)悬臂和跨中挠度变形数据收集。见表15－2。

表15－2　支架变形参数

支架下沉	基础下沉 10 mm	弹性压缩 理论计算	非弹性压缩 砂筒、接头6 mm
支架挠度	跨中1/400	悬臂端1/400	
平面位置	倾斜≤0.5%或30 mm		
稳定性	验算倾覆的稳定系数不得小于1.3		

15.4.1.2　主梁(桥面系)技术标准

(1)模板设计与安装

对模板按受力分别验算其刚度、强度及稳定性，模板板面之间应平整，接缝严密，不漏浆，保证结构物外露面美观，线条流畅，模板结构简单，制作装拆方便，优先使用胶合板和钢模板(表15－3)。

表15－3　模板变形参数

外模	挠度为模板跨度的1/400
内模	1/250
钢模面板变形	1.5 mm
钢模和柱箍	L/500，B/500 (L为计算跨径，B为柱宽)

(2)钢筋制作与安装

钢筋必须按不同钢种、等级、牌号、规格及生产厂家分批验收，分别堆存，堆存应避免锈蚀与污染。

钢筋必须符合现行标准规定(表15－4)，应具有出厂质量证明书和试验报告单，并按规定抽样做相关力学试验。

钢筋应先调直和清除污锈，再进行加工，加工要严格按设计要求进行，几何尺寸准确，接头连接安全可靠，绑扎安装时保证骨架稳定，接头焊接或绑扎牢靠。

表 15－4　钢筋加工和接头质量要求

弯曲直径	Ⅰ级不小于 2.5 d，Ⅱ级不小于 4 d
弯钩平直部分挠度	180°：不小于 3 d；135°：不小于 5 d；90°：不小于 10 d
焊接接头	双面焊不小于 5 d，单面焊不小于 10 d
绑扎接头	Ⅱ级：35 d；Ⅰ级：25 d；Ⅲ：45 d(不小于 50 cm)
接头面积 最大百分率	焊接接头：受拉区(50%)，受压区不受限制 主钢筋绑扎：受拉区(25%)，受压区(50%)

15.4.1.3　混凝土施工

根据设计强度等级及施工条件综合考虑混凝土的配合比。混凝土配合比通过设计和试配选定，根据实际采用的地材、水泥、外加剂配制，混凝土拌和物应满足和易性、初凝时间等施工技术条件，制成的混凝土应符合强度、耐久性等质量要求。

严格控制原材料质量，水泥应符合现行国家标准，并附有制造厂的水泥品质试验报告，进场后应按规程分批进行检查验收，对水泥性能进行复查试验。细骨料应采用级配良好、质地坚硬、颗粒洁净、粒径小于 5 mm 的河砂，当河砂不易得到时，可采用符合规定的其他天然砂或人工砂，不宜采用海砂。通常用细度模数为 2.3～3.0 的中砂。粗骨料应采用坚硬的碎石，碎石宜采用连续级配的 1～3 籽，要求含泥量、压碎指标值、针片状颗粒含量均满足规范要求，同时应尽量避免采用有碱活性反应的骨料。

拌制混凝土应计量准确，严格控制坍落度(用水量)，搅拌充分。混凝土浇筑应按一定厚度、顺序和方向分层浇筑，在下层混凝土初凝或能重塑前浇筑完成上层混凝土，混凝土入模时应防止离析，当倾落高度超过 2 m 时应通过串筒或溜管下料，入模后混凝土及时振捣，插入振捣器的移动间距不应超过振捣器作用半径，快插慢拔，对每一振动部位都必须振动到该部位的混凝土密实为止，密实的标志是混凝土停止下沉，不再冒出气泡，表面呈现平坦、泛浆状，也可根据需要安装附着式振动器加强表面振捣质量。混凝土需均匀分层布料，严禁用振捣器赶料，以免造成混凝土离析。混凝土浇筑应连续进行，如因故必须间断时，其间断时间应小于前层混凝土的初凝时间或重塑时间。

15.4.2　材料质量要求

(1)钢板、型材、钢管及焊接材料按设计图和有关标准的要求选用，全部的钢板、型材、钢管及焊接材料进厂后，工厂应按国家相关标准进行复验，复验合格后办理入库手续。材料进货时必须有质量证明书，质量证明书上的炉号、批号应与实物相符。质量证明书中的保证项目须与设计要求相符。

(2)混凝土配合比：混凝土配合比进行试配、验证，并上报批复。

(3)砂：应选用级配良好、质地坚硬、颗粒洁净、粒径小于 3 mm 的河砂，也可采用山砂或用硬质岩石加工的机制砂。砂的品种应符合《公路桥涵施工技术规范》(JTG/T F50—2011)的规定，进场后应按《公路工程集料试验规程》(JTG E42—2005)的规定进行抽样检测。

(4)碎石：其质量应符合《公路桥涵施工技术规范》(JTG/T F50—2011)的规定，进场后应按《公路工程集料试验规程》(JTG E42—2005)的规定进行抽样检测。

(5)水泥：水泥进场应有产品合格证和出厂检验报告；并需按规范规定的频率抽样检测合格，为防止碱—集料反应的发生，宜采用低碱水泥，水泥的碱含量(按 Na_2O 当量计)应低于0.6%。并要求水泥厂将 C_3A 含量控制在6% ~10%。

(6)外加剂：所采用的化学外加剂，必须是经过有关部门检验并附有检验合格证的产品，其质量应符合《混凝土外加剂》(GB 8076—2008)的规定，使用前应复验其效果。

(7)钢筋：钢筋出厂时，应具有出厂质量证明书或检验报告单。其品种、级别、规格和性能应符合设计要求。进场时，应抽取试件进行力学性能和外观检测，其质量应符合现行国家标准《钢筋混凝土用钢第2部分：热轧带肋钢筋》(GB/T 1499.2—2018)和《钢筋混凝土用钢第1部分：热轧光圆钢筋》(GB/T 1499.1—2017)的规定。

(8)拌和用水：拌制混凝土用的水，应符合下列要求：

①水中不应含有影响水泥正常凝结与硬化的有害杂质或油脂、糖类及游离酸类等。

②污水、pH <5 的酸性水及含硫酸盐量按 SO_4^{2-} 计，超过水的质量 0.27 mg/cm³的水不得使用。

③不得用海水拌制混凝土。

④供饮用的水，一般能满足上述条件，使用时可不经试验。

15.4.3 职业健康安全要求

(1)施工前应对高空作业人员进行身体检查，对患有不宜高空作业疾病(心脏病、高血压、贫血等)的人员不得安排高空作业。

(2)做好脚手架的安全防护工作，设计和制作标准化的施工用脚手架，要求脚手架安全、牢靠、轻便，便于工人施工转场。

(3)施工现场用电应严格执行有关规定，加强电源管理，防止发生电器火灾。

(4)高处作业人员、特种机械操作人员必须经过专业技术培训及专业考试，合格后方可持证上岗。

(5)操作人员上岗作业必须穿戴好安全帽、口罩等各种劳保用品，严禁穿拖鞋、硬底易滑鞋和无关人员入内。

(6)在作业区边缘设置护栏或防护网，并设置由专人看管的警戒线，挂配醒目的安全警示牌。

15.4.4 环境要求

遇到大风、暴雨等天气情况，应停止一切起重及高空作业。

15.5 施工工艺

15.5.1 施工流程

先梁后拱施工工艺流程如图 15－1 所示。

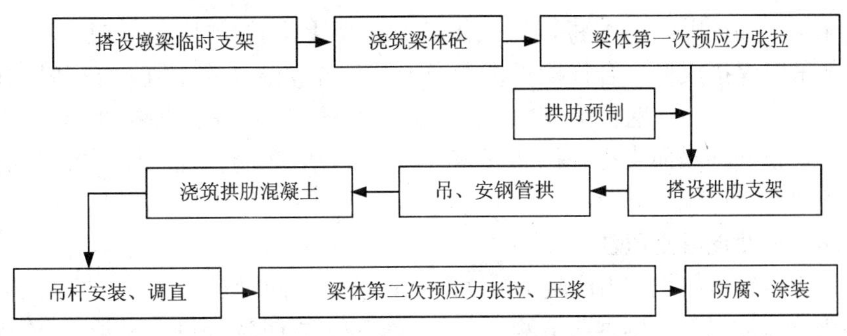

图 15－1 先梁后拱施工工艺流程图

15.5.2 操作工艺

15.5.2.1 **墩梁式临时支架施工**

搭设墩梁式支架作为箱梁施工的支撑系统。临时支架设在箱梁下，两侧宽度超出箱梁 2 m 以上，其基础采用钻孔灌注桩、钢管桩。支架设计时进行强度、刚度、整体稳定验算。支架搭设完毕进行超载预压，以消除其非弹性变形，并测量其弹性变形。支架预压完毕，调整其标高，并按照要求设置预拱度。

15.5.2.2 **箱梁模板、钢筋、预应力波纹管制作与安装**

箱梁底模板及外侧模大块模板，定形制作，其强度、刚度满足要求。内箱模板采用组合钢模和木模相结合，用短钢管和短方木支撑。骨架钢筋分段加工，钢筋主筋接头采用螺纹接头或搭接焊。

15.5.2.3 **箱梁混凝土施工**

箱梁从一端向另一端分层一次浇筑完成，混凝土集中拌制，混凝土罐车运输，输送泵泵送浇筑，混凝土振捣时用插入式振捣器。

15.5.2.4 **预应力筋张拉与压浆**

预应力张拉分两次，首次张拉安排在搭设拱肋施工支架前，张拉值的大小以油压表的读数为主，用预应力钢绞线的伸长值加以校核，第二次张拉在吊杆安装调直后。张拉完毕及时进行割丝、压浆、封端等工序。压浆先下层管道后上层管道，采用真空压浆工艺。

15.5.2.5 **拱肋钢管加工**

拱肋在工厂分段制造，分段吊装上桥的方法安装。节段制造好后在工厂进行平面和立面组拼检查，按顺序编号，检验合格后发运至施工现场，最后吊装上桥按顺序拼装、焊接成完整拱肋。根据桥梁的施工特点，每个吊装节段长度及拱顶合龙段应合理进行控制。拱肋节段出厂前，应出具以下资料：钢材、焊接材料、涂装材料质量证明书、焊条烘焙记录、焊接工艺评定报告、焊缝质量外观检测报告、内部探伤报告、钢管加工施工图、钢管构件几何尺寸检验报告、按工序检验所发现的缺陷及处理方法记录、钢管构件加工出厂产品合格证等。

15.5.2.6 **拱肋支架施工**

拱支架采用万能杆件搭设组合门式支架。支架顶安装 100 cm 长的可调支座，以便卸架和标高调整。支架搭设前按照拱肋坐标在梁上确定出拱架钢管位置，人工拼装拱架。

15.5.2.7　**钢管拱吊装施工**

拱肋支架架设后，用汽车吊将钢管拱吊装至拱架上焊接成拱，并按从拱脚到拱顶的顺序，同时对称吊装焊接成形。合拢段长度考虑加工与合拢温度的差值，合拢时选择与设计合拢温度相适应的时机进行，钢管接头焊接前进行临时固定，防止因焊接变形，影响焊接质量和拱肋线形。两拱肋间横向支撑在拱肋安装时同时进行。拱肋合拢后即拆卸拱肋支架，卸架从拱顶向两侧拱脚顺序同步卸落。

15.5.2.8　**拱肋混凝土压注**

拱肋压注无收缩混凝土，用混凝土输送泵从两肋拱脚同时对称顶升混凝土至拱顶。混凝土压注顺序为先拱肋上管、再拱肋下管最后拱肋腹腔。在拱顶处设置隔板，将钢管分为两部分，防止从一侧压注上来的混凝土流向另一侧；距拱顶隔板 40～50 cm 处对称设置两个排气(浆)管，管长 150～200 cm，当管内灌满混凝土时，用振捣器从排气(浆)管振捣混凝土，使混凝土密实。混凝土压注头布设在距拱脚 4～5 m 处，与钢管成 30°，压注头以下区段混凝土人工浇筑。混凝土的坍落度严格控制在 16 cm 左右，掺入适量的膨胀剂，防止混凝土收缩。

15.5.2.9　**吊杆安装和调索张拉**

吊杆采用人工配合吊车安装，在拱肋混凝土强度达到75%以上后进行，吊杆安装自下而上穿。

索力调整顺序如下：拱肋、吊杆安装完毕后，拱肋混凝土强度达到设计强度时，将吊杆调直，进行吊杆张拉；然后梁体第二批预应力筋张拉，桥面二期恒载施工完毕，拆除梁体支架，实测吊杆索力与设计是否相符合，不符合时调整至设计值。两片拱肋的吊杆在施加预应力过程中须交叉、对称进行，每次张拉都应注意拱脚支座位移情况。吊杆张拉结束，及时进行防腐处理，并及时进行拱肋钢管的涂装防腐施工。

15.6　质量标准

15.6.1　基本要求

(1)钢管拱使用的钢材和焊接材料应符合规范和设计要求。

(2)钢管拱肋的焊接应按规范有关规定进行焊接工艺评定，施焊人员必须具有相应的焊接资格证和上岗证。

(3)钢管拱肋元件合格后方可组焊，节段合格后方可安装。

(4)同一部位的焊缝返修不能超过两次，返修后的焊缝应按原质量标准进行复验，并且合格。

(5)钢管拱在安装过程中，必须加强横向稳定措施，扣挂系统应符合规范和设计要求。

(6)管内混凝土应采用泵送顶升压注施工，由拱脚至拱顶对称均衡的一次压注完成。

(7)钢管混凝土应具有低泡、大流动、收缩补偿、延后初凝的性能。管内混凝土的浇筑应严格按设计要求进行，并对混凝土的质量进行检测。

15.6.2 实测项目(表15－5～表15－7)

表15－5 钢管拱制作实测项目

<table>
<tr><th>项次</th><th>检查项目</th><th>规定值或允许偏差</th><th>检查方法和频率</th></tr>
<tr><td>1</td><td>钢管直径/mm</td><td>±D/500及±5</td><td>尺量：每管检查1～3处</td></tr>
<tr><td>2</td><td>钢管中距/mm</td><td>±5</td><td>尺量：每管检查2～3处</td></tr>
<tr><td>3</td><td>内弧偏离设计弧线/mm</td><td>8</td><td>样板：每段测1～3点</td></tr>
<tr><td>4</td><td>拱肋内弧长/mm</td><td>+0，－10</td><td>每段检查</td></tr>
<tr><td>5</td><td>节段对接错边/mm</td><td>2</td><td>尺量：检查各对接断面</td></tr>
<tr><td>6</td><td>节段片面度/mm</td><td>3</td><td>拉线测量：每段检查一处</td></tr>
<tr><td>7</td><td>竖杠节间长度/mm</td><td>±2</td><td>尺量：检查各个节间</td></tr>
<tr><td rowspan="2">8</td><td>焊缝尺寸</td><td rowspan="2">符合设计要求</td><td>量规：检查全部</td></tr>
<tr><td>焊缝探伤</td><td>超声：检查全部
射线：按设计规定，设计未规定时，按5%检查</td></tr>
</table>

注：D为钢管直径。

表15－6 钢管拱安装实测项目

<table>
<tr><th>项次</th><th colspan="2">检查项目</th><th>规定值或允许偏差</th><th>检查方法和频率</th></tr>
<tr><td>1</td><td colspan="2">轴线偏位/mm</td><td>L/6000</td><td>经纬仪：检查5处</td></tr>
<tr><td>2</td><td colspan="2">拱圈高程/mm</td><td>±L/3000</td><td>水准仪：检查5处</td></tr>
<tr><td rowspan="2">3</td><td rowspan="2">对称点相对高差/mm</td><td>L≤60 m</td><td>20</td><td rowspan="2">水准仪：检查各接头点</td></tr>
<tr><td>L>60 m</td><td>L/3000</td></tr>
<tr><td>4</td><td colspan="2">拱肋接缝错边/mm</td><td>壁厚0.2，且不大于2</td><td>尺量：每个接缝</td></tr>
<tr><td rowspan="2">5</td><td colspan="2">焊缝尺寸</td><td rowspan="2">符合设计要求</td><td>量规：检查全部</td></tr>
<tr><td colspan="2">焊缝探伤</td><td>超声：检查全部
射线：按设计规定，设计未规定时，按5%检查</td></tr>
</table>

注：L为跨径。

表 15－7　钢管拱肋混凝土浇筑实测项目

项次	检查项目		规定值或允许偏差		检查方法和频率
1	混凝土强度/MPa		在合格标准内		按水泥混凝土抗压强度评定要求检查
2	轴线偏位/mm		$L \leqslant 60$ m	10	经纬仪：检查 5 处
			$L = 200$ m	50	
			$L > 200$	$L/4000$	
3	拱圈高程/mm		$\pm L/3000$		水准仪：检查 5 处
4	对称点高差/mm	允许	$L/3000$		水准仪：检查各接头点
		极值	$L/1500$，且反向		

注：①L 为跨径。②L 为 60～200 m 时，轴线偏位允许偏差内插。

15.6.3　外观鉴定

（1）线形圆顺，无弯折。

（2）焊缝均不得有裂纹、未溶和、夹渣、未填满弧坑和焊瘤等缺陷，且焊缝外形均匀，成形良好，焊缝和焊缝之间、焊缝与金属之间过渡光滑，焊渣和飞溅物清除干净。

（3）浇筑混凝土的预留孔应焊接平整光滑，不突出与漏焊，不烧伤混凝土。

15.7　成品保护

（1）工地成立由项目经理、安全员、保卫科组成的成品和半成品防护领导小组，制订并定期或不定期检查落实成品、半成品保护措施。

（2）冬雨期施工时，做好砼浇筑时的成品防雨、防冻措施，严格按冬雨期施工方案组织施工。

（3）对已浇筑完成的砼要进行成品保护，上层砼流下的水泥浆要及时清理干净，洒落的砼要随时清理干净。对才浇筑完成的砼要达到强度后方可上人进行施工作业。

（4）成品清理时，应加强清理人员的成品保护意识，做好对已完工程的成品保护工作。

15.8　安全环保措施

（1）树立“安全第一，预防为主，综合治理”的思想，抓生产必须抓安全，以安全促生产。项目部成立以项目经理为首的安全领导小组，配备专职安全工程师，负责全面的安全管理工作；建立健全的安全领导小组，配备专职安全员，负责各项安全工作的落实。做到有计划、有组织地预测、预防事故的发生。

（2）建立健全的安全责任制，从项目经理到生产工人，明确各自的岗位责任，各专职机构和业务部门要在各自的业务范围内对安全生产负责。

（3）加强全员的安全教育，使广大职工牢固树立“安全第一，预防为主，综合治理”的意识，克服麻痹思想，组织员工有针对性地学习有关安全方面的规章制度和安全生产知识，做到从思想上重视，在生产上严格执行操作规程。各类机械设备的操作工、电工等特殊工种，必须经过专门的安全操作技术训练，考试合格后方可持证上岗。

(4)坚持经常和定期安全检查，及时发现事故隐患，堵塞事故漏洞，奖罚当场兑现，坚持自查为主、互查为辅、边查边改的原则；主要查思想、查制度、查纪律、查领导、查隐患。并结合季节特点，重点查防触电、防高空坠落、防机械车辆事故等措施的落实。

(5)施工用电必须符合用电安全规程。施工现场内电线与其所经过的建筑物或工作地点保持安全距离，同时加大电线的安全系数。各种电力机械设备，必须有可靠有效的安全接地和防雷措施，严禁非专业人员操作机电设备。

(6)拱肋吊装及钢管砼浇筑时工程难度大、程序复杂、作业机械多，故要求施工前应建立统一的指挥机构，并配备通信联络工具，确保在施工过程中无安全事故发生。

15.9 质量记录

本施工工艺质量验收时应提供的书面记录有：

(1)钢筋及骨架质检表。

(2)钢筋网检查表。

(3)现浇砼构造物模板安装质检表。

(4)混凝土施工过程质检记录表。

(5)桁架梁、拱杆件预制质检表。

(6)预应力张拉记录表。

(7)后张法预应力管道检查表。

(8)主拱圈安装质检表。

(9)钢管拱肋制作与安装质检表。

(10)钢管拱肋混凝土浇筑质检表。

(11)中、下承式拱吊杆安装质检表。

16 转体施工工艺标准

16.1 总则

16.1.1 适用范围

本标准适用于跨越深谷河流或运输繁忙的河流和铁路的桥梁，具有节省吊装费用、安全、可靠、整体性好等特点。

16.1.2 编制参考标准和规范

(1)《公路桥涵施工技术规范》(JTG/T F50—2011)。

(2)《公路工程质量检验评定标准》(JTG F80/1—2017)。

(3)《职业健康安全管理体系要求》(GB/T28001—2011)。

(4)《简明公路施工手册(第三版)》杨文渊、徐犇编。

16.2 术语

(1)平转施工适用于深谷、河岸较陡峭、预制场地狭窄或无法采用现浇或吊装的施工现场。在桥墩、台的上下两线利用山坡地形的拱脚向河岸方向与桥轴线成一定角度搭设拱架，在拱架上现浇拱(肋)或组拼梁段以完成二分之一跨拱，其拱顶标高与设计标高相同(应设置预留高度)。利用转动体系，将两岸拱箱相继平衡稳定旋转就位。

(2)有平衡重转体施工即在平转法施工中，拱箱(肋)在平转中是利用扣索，悬扣于平台上，在桥台后(或拱体的另一端)要加平衡重，用以平衡拱箱(肋)的重量，以达到平稳转体，平衡重一般是通过计算利用桥台圬工或在桥台配置一定重量(条块石或其他重物)，待拱箱(肋)合龙，转动体系封固后再拆除配重。

(3)无平衡重转体施工即在平转法施工中，由锚锭、尾管、水平撑、锚梁、斜锚索组成的锚固体系来取代转体所需的平衡重，不需要利用(或少利用)墩、台圬工或配重。

(4)竖向转体施工适用于桥址地势平坦，桥孔下无水或水浅，在一孔中的两端桥墩、台从拱座开始顺桥向各搭设半孔拱架(或土拱胎)，在其上现浇或组拼拱箱(肋或钢管肋)，利用敷设在两岸桥台(或墩)上的扣索(扣索一段系在拱顶端，另一端通过桥台(或墩)顶进入卷扬机)，先收紧一端扣索，拱箱(肋)即以拱座铰为中心，竖直旋转，使拱顶达到设计标高，同法收紧另一端扣索，合龙。

(5)平竖结合转体施工是指采用平、竖结合的转体法施工，一般都采用先竖转使拱顶至设计标高再平转就位合龙。

16.3 施工准备

16.3.1 技术准备

(1)施工作业人员先熟悉图纸，按照设计规定的位置、高程，并视两岸地形情况，充分利用地形，合理布置桥体预制场地，使支架稳固，工料节省，易于施工和安装。

(2)有平衡重平转施工转体牵引力计算：

$$T=\frac{2fGR}{3D}$$

式中：T——牵引力(kN)。

f——摩擦系数，无实验数据时可取：静摩擦系数0.1～0.12，动摩擦系数0.06～0.09。

G——转体总重力(kN)。

R——铰柱半径(m)。

D——牵引力偶臂(m)。

16.3.2 材料准备

(1)结构材料：钢筋、预应力筋、钢管、钢板、水泥、砂石等。

(2)施工辅助材料：角钢、钢筋、钢板、竹跳板、钢管、安全网等。

16.3.3 主要机具

(1)转体设备：卷扬机、张拉设备、千斤顶、主控台。

(2)数据处理设备：传感器、百分表、计算机。

(3)通信设备：对讲机、手机。

(4)机械设备：塔吊、压浆设备、汽车吊、混凝土泵车、混凝土输送泵、混凝土运输车、翻斗车、装载机、发电机、挖掘机、振动锤。

(5)测量设备：全站仪、水准仪。

(6)钢筋设备：电焊机、对焊机、直螺纹机、切断机、弯曲机。

16.3.4 作业条件

(1)施工场地三通一平完成，人员、机具设备准备就绪。

(2)如果资料显示施工范围内地表水或地下水系对混凝土无腐蚀性，且水质鉴定能满足施工要求，应就近利用地表水或地下水，否则应调运其他水源。

(3)根据拌和站、塔吊、卷扬机、张拉设备、照明等主要施工设备的功率及数量确定电力总需求量以及变压器最佳安放位置，电力总量一般不小于1000(kV·A)。

(4)施工前应对现场技术人员和施工人员进行培训和技术安全交底。做到熟练掌握各工序操作，并且必须有应对安全紧急救援的措施，操作人员要保持稳定。

16.3.5 劳动力组织(表16-1)

表16-1 转体施工劳动力组织

工种	人数	工作地点	职责范围
施工队长	1	整个施工现场	负责跟班组织施工管理工作、协助总指挥工作等
工班长	1	施工现场	负责跟班组织施工，协调各工种交叉作业等
技术员	1	整个施工现场	负责跟班解决施工中的技术问题，编写技术措施等
安全员	1	整个施工现场	负责跟班检查安全措施、安全措施的执行情况及安全教育工作，对安全生产负责
质量检查员	1	整个施工现场	负责跟班检查工程质量，组织各工种交接及质量保证措施的执行情况，对工程质量负责
测量工	2	施工现场	负责边高程、坐标等测量
挖掘机操作工	1	施工现场	负责转体转盘基座的土方开挖
铲车司机	1	施工现场	负责土石方弃渣装车
自卸卡车司机	5	施工现场	负责土石方弃渣运输
振动锤操作工	1	施工现场	负责打桩基础的施工
电工	3	整个施工现场	负责现场动力、照明、通信等电器系统的维修保护
修理工	2	施工现场	负责现场各种机具、设备保养、维修
电焊工	8	施工现场	负责钢筋、构件等的焊接
架子工	20	施工现场	负责施工现场的架子搭设施工
钢筋工	8	施工现场	负责现场的钢筋绑扎施工作业
混凝土工	8	施工现场	负责现场的混凝土的施工作业
转体工	10	施工现场	负责转体施工的转体作业
材料员	1	材料仓库	负责施工材料供应及管理
总计	75		

注：此表为一个作业班施工配备人员，未计后勤、行政等人员。

16.4 工艺设计和控制要求

16.4.1 技术要求

(1)测量技术要求

①施工时应严格控制结构的预制尺寸和重量，其允许偏差为±5 mm，重量偏差不得超过±2%，桥体轴线平面允许偏差为预制长度的±1/5000，轴线立面允许偏差为±10 mm。环道

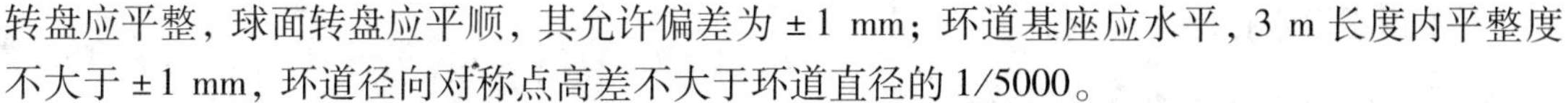

转盘应平整，球面转盘应平顺，其允许偏差为 ±1 mm；环道基座应水平，3 m 长度内平整度不大于 ±1 mm，环道径向对称点高差不大于环道直径的 1/5000。

②正式转体施工前，需拆除梁底支撑，并已静置 24 h，由监控单位对整个体系进行检测，再次确认其是否处于平衡状态。

③转体施工结束后，需精确测量，调整线形，可通过配重及千斤顶进行微调。

④应严格控制桥体高程和轴线，误差应符合要求，合龙接口允许相对偏差为 ±10 mm。

(2)施工技术要求

①转体施工时风速不能大于 10 m/s(即 5 级大风)，基本风压小于 400 Pa。

②转动时应控制速度，通常角速度不宜大于 0.01 ~0.02 rad/min 或桥体悬臂线速度不大于 1.5 ~2.0 m/min。

③正式转体施工前必须对转体设备进行试运转。

④拱体旋转到距设计位置约 5°时，应放慢转速，距设计位置相差 1°时，可停止外力牵引转动，借助惯性就位。

⑤应控制合龙温度。当合龙温度与设计要求偏差 3℃或影响高程差 ±10 mm 时，应计算温度影响，修正合龙高程。合龙时应选择在当日最低温度进行。

16.4.2 材料质量要求

(1)钢板、型材、钢管及焊接材料按设计图和有关标准的要求选用，全部的钢板、型材、钢管及焊接材料进厂后，工厂应按国家相关标准进行复验，复验合格后办理入库手续。材料进货时必须有质量证明书，质量证明书上的炉号、批号应与实物相符。质量证明书中的保证项目须与设计要求相符。

(2)混凝土配合比：混凝土配合比进行试配、验证，并上报批复。

(3)砂：应选用级配良好、质地坚硬、颗粒洁净、粒径小于 3 mm 的河砂，也可采用山砂或用硬质岩石加工的机制砂。砂的品种应符合《公路桥涵施工技术规范》(JTG/T F50—2011)的规定，进场后应按《公路工程集料试验规程》(JTG E42—2005)的规定进行抽样检测。

(4)碎石：其质量应符合《公路桥涵施工技术规范》(JTG/T F50—2011)的规定，进场后应按《公路工程集料试验规程》(JTG E42—2005)的规定进行抽样检测。

(5)水泥：水泥进场应有产品合格证和出厂检验报告；并需按规范规定的频率抽样检测合格，为防止碱—集料反应的发生，宜采用低碱水泥，水泥的碱含量(按 Na_2O 当量计)应低于 0.6%。并要求水泥厂将 C_3A 含量控制在 6% ~10%。

(6)外加剂：所采用的化学外加剂，必须是经过有关部门检验并附有检验合格证的产品，其质量应符合《混凝土外加剂》(GB 8076—2008)的规定，使用前应复验其效果。

(7)钢筋：钢筋出厂时，应具有出厂质量证明书或检验报告单。其品种、级别、规格和性能应符合设计要求。进场时，应抽取试件进行力学性能和外观检测，其质量应符合现行国家标准《钢筋混凝土用钢第 2 部分：热轧带肋钢筋》(GB/T 1499.2—2018)和《钢筋混凝土用钢第 1 部分：热轧光圆钢筋》(GB/T 1499.1—2017)的规定。

(8)拌和用水：拌制混凝土用的水，应符合下列要求：

①水中不应含有影响水泥正常凝结与硬化的有害杂质或油脂、糖类及游离酸类等。

②污水、pH <5 的酸性水及含硫酸盐量按 SO_4^{2-} 计超过水的质量 0.27 mg/cm³的水不得使用。

③不得用海水拌制混凝土。

16.4.3 职业健康安全要求

(1)施工现场用电应严格执行有关规定，加强电源管理，防止发生电器火灾。

(2)塔吊为高空作业，严禁患有恐高症的相关人员从事此项工作。

(3)高处作业人员、特种机械操作人员必须经过专业技术培训及专业考试，合格后方可持证上岗。

(4)操作人员上岗作业，必须穿戴防护用品，严禁穿拖鞋、硬底易滑鞋和无关人员入内，以保证人员安全。并在机械旁挂牌注明安全操作规程。

(5)做好楼梯、脚手架的安全防护工作，在作业区边缘设置护栏或防护网。

(6)机械设备要设专人维护维修，并设专人指挥、监护。

16.4.4 环境要求

施工时严格遵守国家有关环境保护、控制环境污染的规定，采取必要的措施防止施工中的燃料、油、污水、废料和垃圾等有害物质对河流、池塘的污染，防止扬尘、汽油等物质对环境安全的污染。将环境保护纳入施工管理，安排专人负责。整个现场需做到“五通一平”，保持工地整洁。

建立健全管理组织机构。成立以项目经理为组长，各业务部门和生产班组为成员的环保管理组织机构。加强教育宣传，提高全体职工的环保意识。制订各种规章制度，并加强检查和监督。对现场施工进行合理安排，增加白天施工的工程量比例，减小施工中的噪声和振动对周边居民的影响。对施工现场的便道经常洒水，以减少粉尘污染。对生活垃圾要砌池存放，定期清理外运。施工废弃物则禁止乱扔乱放，要存放在指定地点，由专人清理。

16.5 施工工艺

16.5.1 工艺流程

转体施工工艺流程如图 16－1 所示。

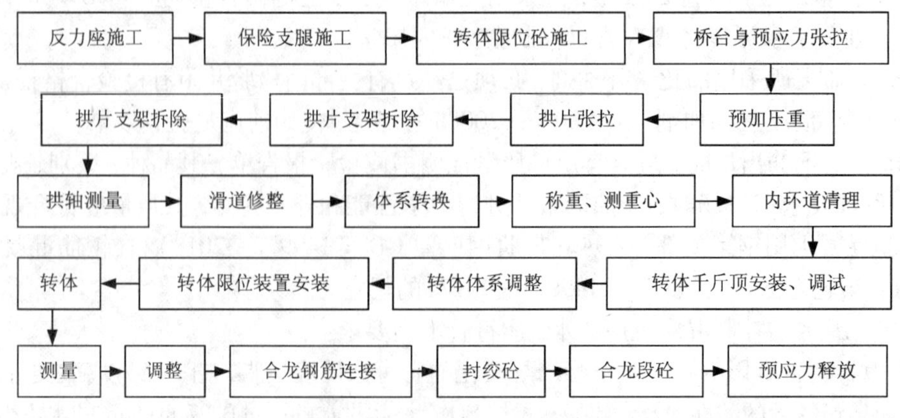

图 16－1 转体施工工艺流程图

16.5.2 操作工艺

转体施工法的关键技术问题是转动设备与转动能力，施工过程中的结构稳定和强度保证，结构的合龙与体系的转换。

16.5.2.1 **竖转法**

竖转法主要用于肋拱桥，拱肋通常在低位浇筑或拼装，然后向上拉升到设计位置，再合龙。

竖转体系一般由牵引系统、索塔、拉索组成。竖转的拉索索力在脱架时最大，因为此时拉索的水平角最小，产生的竖向分力也最小，而且拱肋要实现从多跨支承到铰支承和扣点处索支承的过渡，脱架时要完成结构自身的变形与受力的转化。为使竖转脱架顺利，有时需在提升索点安置助升千斤顶。

竖转施工方案设计时，要合理安排竖转体系。索塔高、支架高(拼装位置高)，则水平交角也大，脱架提升力相对小，但索塔、拼装支架受力(特别是受压稳定问题)也大，材料用量多；反之亦然。在竖转过程中，主要要考虑索塔的受力和拱肋的受力，尤其是风力的作用。

在施工工艺上，竖转铰的构造与安装精度、索鞍与牵转动力装置、索塔和锚固系统是保证竖转质量、转动顺利和安全的关键所在。国内的拱桥基本上为无铰拱，竖转铰是施工临时构造，所以，竖转铰的结构与精度应综合考虑满足施工要求，降低造价。跨径较小时，可采用插销式，跨径较大时可采用滚轴。拉索的牵引系统当跨径较小时，可采用卷扬机牵引，跨径较大，要求牵引力较大，牵引索也较多时，则应采用千斤顶液压同步系统。

16.5.2.2 **平转法**

平转法的转动体系主要有转动支承系统、转动牵引系统和平衡系统。

转动支承系统是平转法施工的关键设备，由上转盘和下转盘构成。上转盘支承转动结构，下转盘与基础相连。通过上转盘相对于下转盘转动，达到转体目的。转动支承系统必须兼顾转体、承重及平衡等多种功能。按转动支承时的平衡条件，转动支承可分为磨心支承、撑脚支承和磨心与撑脚共同支承三种类型。

磨心支承由中心撑压面承受全部转动重量，通常在磨心插有定位转轴。为了保证安全，通常在支承转盘周围设有支重轮或支撑脚，正常转动时，支重轮或承重脚不与滑道面接触，一旦有倾覆倾向则起支承作用。在已转体施工的桥梁中，一般要求此间隙在2～20 mm，间隙越小对滑道面的高差要求越高。磨心支承有钢结构和钢筋混凝土结构。在我国以采用钢筋混凝土结构为主。上下转盘弧形接触面的混凝土均应打磨光滑，再涂以二硫化铜或黄油四氟粉等润滑剂以减小摩擦系数(一般为0.03～0.06)。

撑脚支承形式的下转盘为一环道，上转盘的撑脚有4个或4个以上，以保持平转时的稳定。转动过程中支撑范围大，抗倾稳定性能好，但阻力力矩也随之增大，而且环道与撑脚的施工精度要求较高，撑脚形式有采用滚轮的，也有采用柱脚的。滚轮平转时为滚动摩擦，摩阻力小，但加工困难，而且常因加工精度不够或变形使滚轮不滚。采用柱脚平转时为滑动摩擦，通常用不锈钢板加四氟板再涂黄油等润滑剂，其加工精度比滚轮容易保证，通过精心施工，已有较多成功的例子。当转体结构悬臂较大，抗倾覆稳定要求突出时，往往采用此种结构。

第三类支承为磨心与撑脚共同支承。如果撑脚多于一个，则支承点多于两个，上转盘类似于超静定结构，在施工工艺上保证各支撑点受力基本符合设计要求比较困难。

水平转体施工中，能否转动是一个很关键的技术问题。一般情况下可把启动摩擦系数设在0.06~0.08，有时为保证有足够的启动力，按0.1配置启动力。因此减小摩阻力和提高转动力矩是保证平转顺利实施的两个关键。转动力通常安排在上转盘的外侧，以获得较大的力臂。转动力可以是推力，也可以是拉力。推力由千斤顶施加，但千斤顶行程短，转动过程中千斤顶安装的工作量又很大，为保证平转过程的连续性，单独采用千斤顶顶推平转的较少。转动力通常为拉力，转动重量小时采用卷扬机，转体重量大时采用牵引千斤顶，有时还辅以助推千斤顶，用于克服启动时静摩阻力与动摩阻力之间的增量。

平转过程中的平衡问题也是一个关键问题。对于斜拉桥、T构桥以及带悬臂的中承式拱桥等上部恒载在墩轴线方向基本对称的结构，一般以桥墩轴心为转动中心，为使重心降低，通常将转盘设于墩底。对于单跨拱桥、斜腿刚构等，平转施工分为有平衡重转体与无平衡重转体两种。有平衡重转体，上部结构与桥台一起作为转体结构，上部结构悬臂长，重量轻，桥台则相反，在设置转轴中心时，应尽可能远离上部结构方向，以求得平衡，如果还不平衡，则需在台后加平衡重；无平衡重转体，只转动上部结构部分，利用背索平衡，使结构转体过程中的被转体部分始终为索和转铰处两点支承的简支结构。

16.5.2.3 **注意事项**

转体过程中，应有专人负责滑道的观察，确保上转盘与滑道间不接触，外保险支腿有专人随时准备抄垫，保险千斤顶随着上盘的转动，始终保持与上盘轴线的对称位置，其偏差不超过500 mm，以备倾斜时立即起到保险作用，专人负责限位准备，转体到位及时塞紧，不得超转。

转动产生倾斜时，外环道保险支腿用钢板抄垫，保险千斤顶及时受力保险，查出重心偏移原因，增减压重重量，调整倾斜。中途若有特殊情况停止转体，则立即停止牵引系统作用，将外环道保险支腿抄紧，保险千斤顶受力保险，待故障处理完后，重新开始启动操作。发生超转时，将钢绞线反向安装，用牵引千斤顶反向进行微调，转体到位两半拱高差过大时的处理采用压重法。

16.6 质量标准

16.6.1 基本要求

(1)转动设施和锚固体系必须经过严格检查，安全可靠。

(2)采用双侧对称同步转体施工时，必须设限位控制，严格控制两侧同步，使误差控制在设计允许的范围内。

(3)上部构造在转体施工时，如出现裂缝，应查明原因，采取措施后方可继续转体施工。

16.6.2 外观鉴定

合龙段混凝土平整密实，颜色一致，无蜂窝，麻面。

16.6.3 实测项目(表 16－2)

表 16－2 转体施工拱实测项目

项次	检查项目	规定值或允许偏差	检查方法和频率
1	封闭转盘和合龙段混凝土强度/MPa	在合格标准内	按强度评定标准执行
2	轴线偏位/mm	跨径/10000	经纬仪：检查 5 处
3	跨中拱顶面高程/mm	±20	水准仪：检查拱顶 2～4 处
4	同一横截面两侧或相邻上部构件高差/mm	10	水准仪：检查 5 处

16.7 成品保护

(1)工地成立由项目经理、安全员、保卫科组成的成品和半成品防护领导小组，制订并定期或不定期检查落实成品、半成品保护措施。

(2)冬雨期施工时，做好砼浇筑时的成品防雨、防冻措施，严格按冬雨期施工方案组织施工。

(3)对已浇筑完成的砼要进行成品保护，上层砼流下的水泥浆要及时清理干净，洒落的砼要随时清理干净。对才浇筑完成的砼要达到强度后方可上人进行施工作业。

(4)成品清理时，应加强清理人员的成品保护意识，做好对已完工程的成品保护工作。

16.8 安全环保措施

(1)树立“安全第一，预防为主，综合治理”的思想，抓生产必须抓安全，以安全促生产。项目部成立以项目经理为首的安全领导小组，配备专职安全工程师，负责全面的安全管理工作；建立健全的安全领导小组，配备专职安全员，负责各项安全工作的落实。做到有计划、有组织地预测、预防事故的发生。

(2)建立健全的安全责任制，从项目经理到生产工人，明确各自的岗位责任，各专职机构和业务部门要在各自的业务范围内对安全生产负责。

(3)加强全员的安全教育，使广大职工牢固树立“安全第一，预防为主，综合治理”的意识，克服麻痹思想，组织员工有针对性地学习有关安全方面的规章制度和安全生产知识，做到从思想上重视，在生产上严格执行操作规程。各类机械设备的操作工、电工等特殊工种，必须经过专门的安全操作技术训练，考试合格后方可持证上岗。

(4)坚持经常和定期安全检查，及时发现事故隐患，堵塞事故漏洞，奖罚当场兑现，坚持自查为主、互查为辅、边查边改的原则；主要查思想、查制度、查纪律、查领导、查隐患。并结合季节特点，重点查防触电、防高空坠落、防机械车辆事故等措施的落实。

(5)施工用电必须符合用电安全规程。施工现场内电线与其所经过的建筑物或工作地点

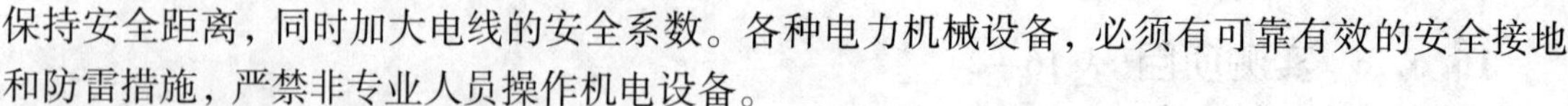

保持安全距离，同时加大电线的安全系数。各种电力机械设备，必须有可靠有效的安全接地和防雷措施，严禁非专业人员操作机电设备。

(6)拱肋吊装及钢管砼浇筑时工程难度、程序复杂、作业机械多，故要求施工前应建立统一的指挥机构，并配备通信联络工具，确保在施工过程中无安全事故发生。

16.9 质量记录

本施工工艺质量验收时应提供的书面记录有：

(1)钢筋安装记录表。

(2)砼浇筑记录表。

(3)转体施工梁、拱质检表。

(4)高程偏差测量通用整理记录表。

(5)偏位测量通用整理记录表。

(6)转体施工梁、拱质检表。

(7)预应力张拉记录表。

17 钢管拱混凝土浇筑施工工艺标准

17.1 总则

17.1.1 适用范围

本标准适用于钢管拱内自密实混凝土泵送施工。

17.2.2 编制参考标准及规范

(1)《公路桥涵施工技术规范》(JTG/T F50—2011)。
(2)《公路工程质量检验评定标准》(JTG F80/1—2017)。
(3)《公路工程施工安全技术规范》(JTG F90—2015)。
(4)《公路工程施工安全技术规程》(JTJ 076—95)。
(5)《公路工程水泥及水泥混凝土试验规程》(JTG E30—2005)。
(6)《普通混凝土配合比设计规程》(JGJ 55—2011)。

17.2 术语

17.2.1 自密实泵送混凝土

自密实泵送混凝土是指可用混凝土泵通过管道输送，在自身重力作用下，能够流动、密实，即使存在致密钢筋也能完全填充模板，同时获得很好的均质性，并且不需要附加振动的混凝土。

17.2.2 泵送顶升法

泵送顶升法是在钢管拱脚接近地面适当位置处开压注孔并焊上设有闸阀的钢管进料口与泵管相连，沿拱轴在钢管顶部设若干个排气孔，混凝土在泵压力作用下，由下而上顶升，靠自重挤压密实充填管腔，与钢管共同工作。泵送顶升高度较高时，可以采用分级泵送，但分级泵送时应注意在构造上和施工中保证分仓处顶部的混凝土密实。

17.3 施工准备

17.3.1 技术准备

(1)熟悉和分析施工现场地形、地貌及水文资料和道路、场地等情况，依据总体施工组织计划编制钢管拱泵送混凝土专项施工方案，向工班组进行书面的技术交底和安全交底。

(2)自密实混凝土配合比的设计：混凝土配合比的质量是决定混凝土灌注能否顺利进行的一个较重要的因素，配合比应根据混凝土的设计强度等级计算，同时在混凝土拌和物中掺入活性掺和料、减水剂、膨胀剂等，以达到减小收缩率、减少泌水率、改善和易性等目的，并通过实验确定，最终达到泵送要求。

在确定每种原材料时，应通过大量相同配合比的对比试验和不同厂家材料之间的正交法试验，初步确定新拌混凝土容重、总胶凝材料用量、砂率、水灰比等配合比的主要数据范围。同时选择不同细度模数的砂和砂率进行正交法试验，通过L箱穿透性实验来确定最佳穿透性的配合比，根据L箱穿透性试验(图17-1)，结合工地常用砂的细度模数，综合考虑后选定具有最佳穿透性的砂和砂率。然后进一步变换总胶凝用量、粉煤灰掺量和砂率进行正交法试验。再选择温度变化的时候，复做初步选定的配合比和备用配合比，以验证混凝土在温度变化下的稳定性，最后委托具有资质的单位测定初步选定的配合比和备用配合比的膨胀性能。其结果应符合《混凝土外加剂应用技术规范》(GB 50119—2013)的要求。若以上试验检测结果合格，则可最终确定正式配合比和备用配合比。

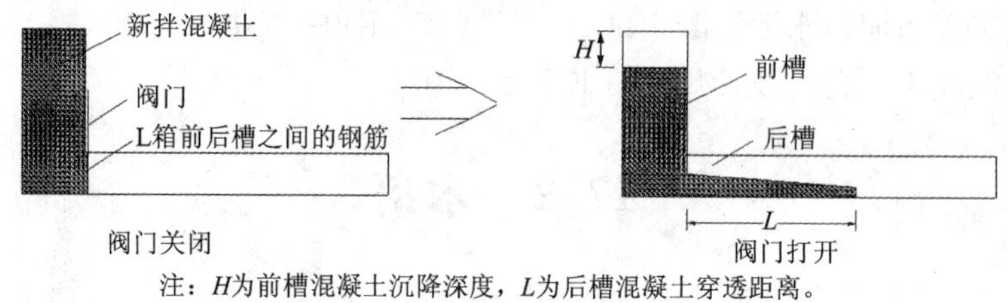

注：H为前槽混凝土沉降深度，L为后槽混凝土穿透距离。

图17-1 L箱穿透性试验示意图

(3)排气孔和出浆孔的设置：钢管拱在制作时，在钢管拱壁上从中部至拱顶每隔5 m开一个ϕ5 mm的排气孔，以利于混凝土的密实，同时可在浇筑过程中查看管壁上小孔砂浆溢出的程度，初步判断混凝土的密实度，在拱顶的每根拱肋钢管上焊接两根ϕ20 cm×1.2 m的钢管做出浆孔。

(4)爬梯的安装：沿钢管拱安装爬梯，方便施工人员检查混凝土的灌注进度和密实度。

(5)截止阀的焊接：输送泵管和拱肋结合处的截止阀应伸进钢管拱内与拱肋方向的夹角宜为30°~45°，由于此处泵送混凝土时压力极大，需焊接牢固(图17-2)。

(6)输送泵及输送管的布置：输送泵布置在拱肋后侧，使输送泵与主拱肋压注口之间无小于900的弯头，尽量调整输送泵管的线型，使泵管尽量减少弯管布置，输送管的走向依附于爬梯，保证连接牢固，同时在压注前检查输送管各接头的密封情况，防止各接头漏气导致

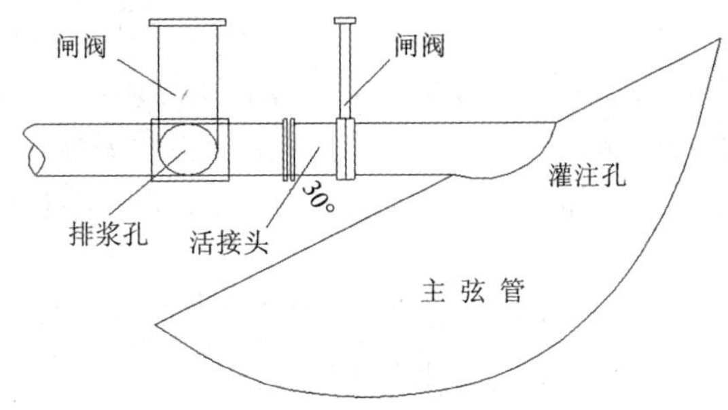

图 17－2　截止阀结构示意图

泵送压力损失。

(7)制订安全紧急救援措施和应急预案。

(8)施工前，将临时平台、通道、混凝土的拌和、水平、垂直运输、入管方法及顺序、养护、温度监控的方法和标准要求，对施工人员进行全面的技术、操作、安全交底，确保施工过程中的工程质量和人身安全。对施工作业人员要求做到分工明确，熟练掌握各个施工环节的技术和安全要领。

17.3.2　材料准备

(1)钢筋：钢筋应符合设计要求，钢筋表面应光洁、无锈蚀、无油污，钢筋无硬伤、无弯折。

(2)水泥：宜选用 P. O42.5 以上的普通硅酸盐水泥。

(3)粗骨料：选用质地坚硬的碎石，石料的质量标准应符合有关规范的规定。

(4)细骨料：选用洁净的中粗砂，优先选用级配符合要求的河砂，砂的质量标准应符合有关规定。

(5)外加剂：进行掺入配比试验，以选定外加剂的品种和掺量，外加剂应有产品合格证书。

17.3.3　主要机具(表 17－1)

表 17－1　主要机械设备表

序号	工序	机具设备名称	规格型号	单位	数量
1	支架、平台架设	汽车吊	25T	台	1
2		电焊机		台	1
3	混凝土灌注	全站仪	SAKKIA	台	1
4		全自动水上拌和站		套	2
5		输送泵	中联　HBT60. 13. 90S 三一 HBT60C. 1416	台	4
6		高压输送管	ϕ150 mm	米	400
7		装载机	ZT50	台	2
8		自卸驳		台	1

17.3.4 作业条件

(1)施工前场地应完成三通一平。场地平整、场地硬化、临时排水系统、临时电力线路及漏电开关等安全设施准备就绪。砂、石、水泥、施工配合比等标牌、标志应清楚齐全。

(2)施工放样，测定要浇筑部位的中轴线、高程水准点，办理驻地工程师复核、签认手续。

(3)应对支架、模板、钢筋、预埋件和基底处理等进行检查，使之符合设计和规范要求。钢管内的杂物、积水和钢筋上的污垢应清理干净。

(4)根据天气预报，制作安装防风、防雨雪设施。

(5)混凝土施工配合比已批准使用。

17.3.5 劳动力组织(每台班)

钢管拱混凝土浇筑施工劳动力组织如表 17 – 2 所示。

表 17 – 2 钢管拱混凝土浇筑施工劳动力组织表

序号	岗位	单位	数量	岗位内容
1	现场指挥	人	1	现场协调指挥
2	质检员	人	2	施工现场监控
3	试验员	人	4	混凝土质量监控，制件
4	测量员	人	2	监控主弦管位移
5	机械操作工	人	8	机手 4 人；拌和船上和岸上接力输送泵手 4 人
6	电工	人	1	电路检查维修
7	普工	人	10	移导管，混凝土浇筑
8	吊装工	人	10	拱上结构辅助设施就位和移除
9	焊工	人	4	型钢焊接和割除
10	合计	人	42	

注：本表为一个作业班组人员，未包括其他行政人员。

17.4 工艺设计和控制要求

17.4.1 技术要求

(1)要求新拌混凝土的工作性能指标为：

坍落度：20.0 ~ 23.0 cm。

扩散直径 50 cm × 50 cm 至 60 cm × 60 cm。

工作性损失：拌和后 5 h 内的坍落度不大于 2.0 cm/h。

凝结时间：初凝为15~20 h，终凝为20~25 h。

(2)灌注施工时的测量：在砼灌注前、后测量拱肋线形，将测量结果同设计值进行比较，以确定拱肋变形是否超出容许范围，再确定是否需纠偏。在砼灌注中，要有专人记录拌和盘数，力争两岸同步，同时派专人沿拱肋上的爬梯用锤敲击拱肋，根据声音确定混凝土顶面的位置，保证两边对称灌注的混凝土顶面差沿弧长不超过2 m。由于主弦管内混凝土较重，在灌注过程中对拱肋线形、标高和拱轴线偏位的影响较大，特别是在灌注至1/2半跨时此处附近出现下挠和拱顶抬高情况。因此必须对拱轴线、标高和拱轴线偏位进行观测，在拱肋内砼灌注前，需对拱座位移值进行测量，同时在每次系杆张拉前后，每次拱肋砼灌注前后都需对拱座位移进行测量，根据测量值和设计值的差值，确定是否需采取改变钢管内混凝土的浇筑顺序等措施，以保证拱座位移满足设计要求。

17.4.2 材料质量要求

(1)各种原材料技术指标应符合现行国家标准。

拌制混凝土所使用的各项材料及拌和物的质量应经过检验，试验方法应符合现行《公路工程水泥及水泥混凝土试验规程》(JTG E30—2005)的有关规定。未列入该规程的试验项目，可参照其他有关试验规程。

(2)水泥和外加剂应符合现行国家标准，并附有制造厂的品质试验报告等合格证明文件。水泥和外加剂进场后，应按其品种、强度、证明文件以及出厂时间等情况分批进行检查验收，并进行强度、安定性等复查试验。不同品种的外加剂应分别存储，做好标记，在运输与存储时不得混入杂物和遭受污染。

(3)袋装水泥在运输和储存时应防止受潮，堆垛高度不宜超过10袋。不同强度等级、品种和出厂日期的水泥应分别堆放。散装水泥的储存，应尽可能采用水泥罐。水泥如受潮或存放时间超过3个月，应重新取样检验，并按其复验结果使用。

(4)集料在生产、采集、运输与储存过程中，严禁混入影响混凝土性能的有害物质。集料应按品种规格分别堆放，不得混杂。在装卸及存储时，应采取措施，使集料颗粒级配均匀，并保持洁净。

(5)混合材料包括粉煤灰、火山灰质材料、粒化高炉矿渣等，应由生产单位专门加工，进行产品检验并出具产品合格证书，其技术条件应分别符合现行《用于水泥和混凝土中的粉煤灰》(GB 1596)、《用于水泥中的火山灰质混合料》(GB/T 2847)、《用于水泥中的粒化高炉矿渣(GB/T 203)等标准的规定。对产品质量有怀疑时，应对其质量进行复查，混合材料技术条件见《公路桥涵施工技术规范》(JTG/T F50—2011)。混合材料在运输与存储中，应有明显标志，严禁与水泥等其他粉状材料混淆。

(6)各种材料储存数量应满足一次浇筑混凝土的需要。特殊情况下，可以安排一边施工一边进料，但必须有可靠的供应保证措施。任何情况下都不能因材料供应中断而暂停浇筑。

17.4.3 职业健康安全要求

(1)施工前应对高空作业人员进行身体检查，对患有不宜高空作业疾病(心脏病、高血压、贫血等)的人员不得安排高空作业。

(2)做好脚手架的安全防护工作，设计和制作标准化的施工用脚手架，要求脚手架安全、牢靠、轻便，便于工人施工转场。

(3)施工现场用电应严格执行有关规定，加强电源管理，防止发生电器火灾。

(4)高处作业人员、特种机械操作人员必须经过专业技术培训及专业考试，合格后方可持证上岗。

(5)操作人员上岗作业必须穿戴好安全帽、口罩等各种劳保用品，严禁穿拖鞋、硬底易滑鞋和无关人员入内。

(6)在作业区边缘设置护栏或防护网，并设置由专人看管的警戒线，挂配醒目的安全警示牌。

17.4.4 环境要求

作业过程中的“三废”处理要做到达标排放。对施工现场的扬尘、施工垃圾、生活垃圾、废弃物等必须做好防护措施，并按有关规范进行处理，避免使作业环境和自然生态环境遭到破坏。

17.5 施工工艺

17.5.1 工艺流程图

钢管拱混凝土浇筑施工工艺流程如图 17 – 3 所示。

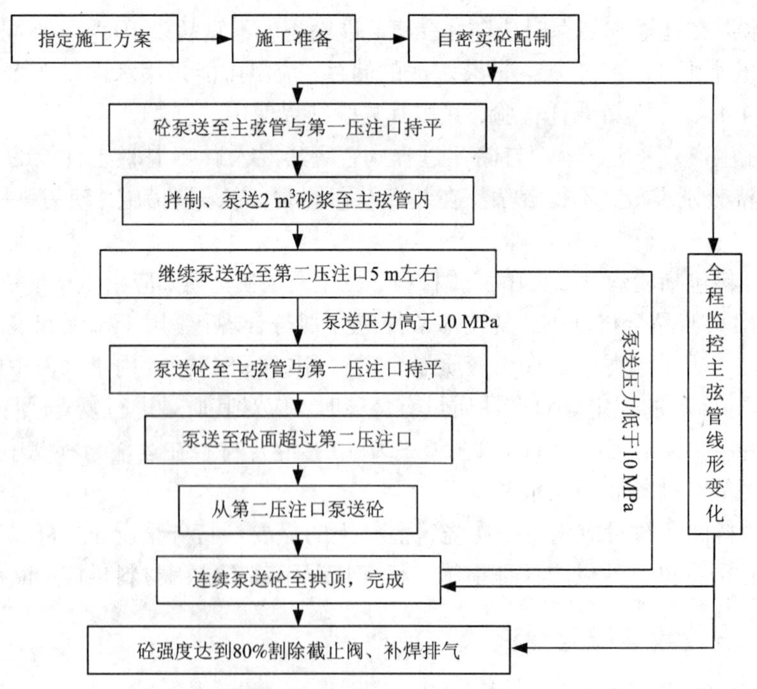

图 17 – 3 钢管拱混凝土浇筑施工工艺流程图

17.5.2 钢管拱肋内混凝土的泵送顶升灌注操作工艺

(1)在混凝土灌注前，将主弦管内的杂物清除干净。

(2)拌和站按照设计要求拌制混凝土。将混凝土压注至主弦管内，使弦管内的砼面与第一压注口持平。

(3)然后拌制 2 m^3 水泥净浆，即混凝土去除粗细集料，要求其他原材料及比例保持不变。将水泥净浆压注至主弦管内。目的是使其浮在砼上面，以湿润管壁，减少泵送阻力。

(4)用锤击法测定，当泵送的砼面与第二压注口相差约 5 m 时，吊装 1 m^3 水泥净浆灌入主弦管中。如泵送砼至第二压注口沿弧长以上 2 m 时，泵送压力较低(出口压力低于 10 MPa)，则一次泵送至拱顶；如压力较高(出口压力超过 10 MPa)，则改由从第二灌注孔灌注。

(5)当混凝土面快接近拱顶时，适当放慢混凝土的灌注速度。如果拱顶出浆孔设在左半跨拱顶，则在左边混凝土到达隔板位置时，立即停止左边混凝土的灌注，等右边混凝土缓慢经过跨中在隔板相遇时再两边缓慢交替压注混凝土；反之亦然。在拱顶出浆孔排出水泥浆，接着排除混凝土，由试验室测定混凝土的外观及坍落度、扩散性指标。此时混凝土的坍落度和扩散直径应考虑工作性损失。损失时间为第一拌混凝土出料时间至拱顶出浆孔排出混凝土时间之差。此时混凝土的坍落度和扩散直径的控制范围应由试验室事前根据专项方案中设计的施工时间在与现场气温大致相等的情况下试拌测定。当孔顶出浆孔排出符合标准的混凝土后，暂停 10 min，然后再缓慢泵送 1 m^3 混凝土，暂停 10 min，再缓慢泵送 1 m^3 混凝土，以确保钢管拱内混凝土的密实性。灌注完成后，关闭截止阀的阀门。

(6)待现场同条件养护试块的强度，即钢管拱内混凝土的强度达到设计强度的 80% 后割除连接钢管，补焊洞口管壁，同时补焊出气孔，再将焊接位置打磨平整，按要求进行涂装处理。

17.6 质量标准

(1)除执行《公路桥涵施工技术规范》和《公路工程质量检验评定标准》外，自密实混凝土还应严格按《混凝土结构工程施工质量验收规范》(GB 50204—2015)、《自密实高性能混凝土技术规程》(DBJ13 - 55—2004)、《钢管混凝土结构技术规程》(DBJ13 - 51—2003)的规定进行试配及施工。

(2)钢管混凝土所用的原材料水泥、掺和料、细集料、粗集料、水、外加剂等原材料必须符合相应的国家及行业标准：

①水泥：《通用硅酸盐水泥》(GB 175—2007)。

②掺和料：《用于水泥和混凝土中的粉煤灰》(GB/T 1596—2017)、《用于水泥、砂浆和混凝土中的粒化高炉矿渣粉》(GB/T 18046—2017)、《高强高性能混凝土用矿物外加剂》(GB/T 18736—2017)、《混凝土和砂浆用天然沸石粉》(JG/T 566—2018)；当采用其他品种的矿物掺和料时，应有可靠的技术依据，并在使用前进行试验验证。

③细集料、粗集料：《普通混凝土用砂、石质量及检验方法标准(附条文说明)》(JGJ 52—2006)。

④水：《混凝土用水标准(附条文说明)》(JGJ 63—2006)。

⑤外加剂：《混凝土外加剂》(GB 8076—2008)。

(3)混凝土拌和过程中应经常检测砂石粒径、含泥量、含水率等，并根据检测结果及时调整配合比，同时严格控制膨胀剂的掺入量，使得混凝土灌注后微膨胀，补偿收缩，达到密实。

(4)混凝土灌注过程中，应有专人负责坍落度检测，以及试块的制作、保管、养护、送检工作，并应按规定制作同条件养护试块。

(5)混凝土灌注速度主要由输送泵的输送能力和拌和站的搅拌能力所决定，其灌注速度不宜过慢，以免造成混凝土灌注时间过长、性能损失过大。

(6)混凝土的设计必须满足自密实的要求，在施工过程中通过敲击钢管壁初步检查混凝土的密实度。

(7)根据《钢管混凝土结构技术规程》(CECS 28—2012)的要求，对混凝土的质量采用敲击法检查。为保证混凝土有一个完整的、定量的结论，可采用金属超声仪和纵波换能器，实施根据超声波在不同界面的反射率的差异来判断钢—混凝土黏结质量的单面超声检测方法。通过分析测得的数据，可判断混凝土结构完整和密实、混凝土和刚管壁脱离等缺陷。

17.7 成品保护

(1)最后灌注的钢管拱，在混凝土强度未达到设计值的80%以前，所有钢管拱肋的稳固措施都应仔细检查，防止碰撞、强烈振动等意外的发生。其变形和偏移由测量组随时监控。

(2)在钢管拱灌注混凝土时，应及时清理钢管拱表面的水泥浆。

17.8 安全环保措施

施工时，除应执行有关安全施工措施的规定外，还应遵守注意下列事项：

(1)施工前做好施工准备，编制施工计划及安全技术措施，制订操作细则，向施工人员进行安全技术交底。

(2)参加施工的特种作业人员必须经安全技术培训、考试合格取证后才准上岗，其他人员也必须进行安全技术培训和考核。

(3)混凝土浇筑前，应对截止阀、输送管的布管及接头等进行检查，混凝土输送泵进行试运转正常后方可开机工作。

(4)施工过程中进行跟踪检查，楼梯、扶手等保证焊接质量，满足施工要求。

(5)拱上作业为高空作业，施工人员必须遵守《高空作业操作规程》的规定。

(6)工地内要设安全标志，夜间应有足够的照明设备并不得擅自拆除。

(7)水上作业应符合国家有关内河交通安全管理条例以及水上水下施工作业通航安全管理规定，施工期间按规定应设置临时码头、航行、作业标志、防撞装置及救护、消防等设施。

(8)在雨季施工时，施工现场应及时排除积水，脚手板、竹夹板上应采取防滑措施。应加强对支架、脚手架的检查，防止倾倒和坍塌。冬季施工应严格执行冬季施工的有关规定，做好保温、防冻、防滑等安全防护措施。高温季节施工，应按照劳动保护规定做好防暑降温

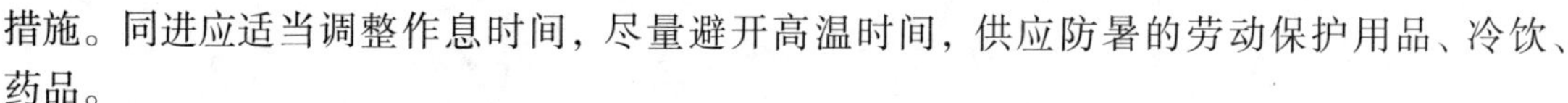

措施。同进应适当调整作息时间，尽量避开高温时间，供应防暑的劳动保护用品、冷饮、药品。

(9)在施工中，要认真贯彻环保法和水保法，以及相关法规，坚持“以防为主，防治结合，综合治理，化害为利”的原则，在施工中采取有力措施，防止污染和破坏自然环境。

(10)混凝土灌注过程中排出的砂浆和混凝土都必须装在指定的地点，不得随意排放。

(11)生产中对废油、污水要设处理场进行处理，粪便污水设化粪池，处理后排出，一律不准直接排入水库、河道中。

(12)各住地、工点设垃圾贮运站，生活垃圾集中收集后，与当地环保部门协商处理。

(13)所有因施工需要而修建的临时设施(除便道及监理工程师住房)，必须在签发交工证书后及时清除，运出设备及剩余材料。并保持现场和工程清洁，达到监理工程师满意为止。

(14)合理安排作业时间，尽量减少夜间作业，以减少施工时机具的噪声污染，避免影响施工现场及附近居民的休息。对于电焊等光污染，主要采用佩戴防护镜、防护面罩、防护服等措施。

17.9 质量记录

本施工工艺质量验收时应提供的书面记录有：

(1)原材料(水泥、砂、石、钢筋、外加剂等)进场复验报告。

(2)施工放样及复核记录。

(3)混凝土强度试验报告。

(4)混凝土施工过程质检记录表。

(5)钢管拱肋混凝土浇筑质检表。

18 钢横梁、钢纵梁吊装施工工艺

18.1 总则

18.1.1 适用范围

本标准适用于钢横梁、钢纵梁以工厂化制造，运输至工地后用设备吊装就位的桥梁施工作业。

18.1.2 编制参考标准及规范

(1)《公路桥涵施工技术规范》(JTG/T F50—2011)。

(2)《公路工程质量检验评定标准》(JTG F80/1—2017)。

(3)《钢结构工程施工质量验收规范》(GB 50205—2001)。

(4)《职业健康安全管理体系规范》(GB/T 28001—2011)。

18.2 术语

18.2.1 零件

零件是指组成部件或构件的最小单元，如节点板等。

18.2.2 部件

部件是指由若干零件组成的单元，如焊接型钢等。

18.2.3 构件

构件是指由零件或由零件和部件组成的钢结构基本单元，如梁、柱、支撑等。

18.2.4 抗滑移系数

抗滑移系数是指在高强度螺栓连接中，使连接件摩擦面产生滑动时的外力与垂直于摩擦面的高强度螺栓预拉力之和的比值。

18.2.5 预拼装

预拼装是指为检验构件是否满足安装质量要求而进行的拼装。

18.2.6 高强度螺栓连接副

高强度螺栓连接副是高强度螺栓和与之配套的螺母、垫圈的总称。

18.3 施工准备

18.3.1 技术准备

(1)施工作业人员先熟悉图纸，钢纵梁以及钢横梁安装应按施工图进行，安装前应对临时支架、支承、吊机等临时结构和钢桥结构本身在不同受力状态下的强度、钢度及稳定性进行验算。

(2)施工前对施工人员进行全面的技术、施工、安全交底，确保施工过程的工程质量和人身安全。

18.3.2 材料准备

(1) 结构材料：钢纵梁、钢横梁、高强度螺栓连接副。

(2) 施工辅助材料：电动扭矩扳手及控制仪、手动扭矩扳手、手工扳手、焊接型钢、焊条(焊丝)。

(3)安装前，应按照构件明细表核对进场的构件、零件，查验产品出厂合格证及其试验报告和各类记录文件。

(4)其他施工所需要的各项材料机具都应及早准备。

18.3.3 主要机具

(1)通信设备：对讲机、手机。

(2)机械设备：塔吊、汽车吊、装载机、发电机、拖轮、浮船、缆索吊等。

(3)测量设备：全站仪、水准仪、平尺、直角尺、细线、游标卡尺。

18.3.4 作业条件

(1)各项施工准备工作完毕，施工机具、模板、安全设施齐全，材料准备充分，施工机械进行了标定及检测验收合格，制订了施工组织文件，确保施工有序进行。

(2)操作人员：应由现场技术人员对操作工人进行培训并进行施工、安全技术交底，做到各工种熟练操作，制订好对应的安全紧急救援措施。操作人员保持固定。特殊工种人员，如：机械人员、电工、起重工等必须持证上岗。

18.3.5 劳动力组织(表18-1)

表18-1 钢横梁、钢纵梁吊装施工劳动力组织

工种	人数	工作地点	职责范围
施工队长	1	整个施工现场	负责跟班组织施工管理工作、协助总指挥工作等
工班长	1	整个施工现场	负责跟班组织施工，协调各工种交叉作业等
技术员	1	整个施工现场	负责跟班解决施工中的技术问题，编写技术措施等
安全员	1	整个施工现场	负责跟班检查安全措施、安全措施的执行情况及安全教育工作，对安全生产负责
质量检查员	1	整个施工现场	负责跟班检查工程质量，组织各工种交接及质量保证措施的执行情况，对工程质量负责
测量工	3	施工现场	负责吊装安装位置、高程等测量
前台指挥	1	整个施工现场	负责吊装前台吊装指挥，及时组织力量排除施工中出现的故障
后台指挥	1	整个施工现场	负责后台的钢横梁、钢纵梁吊装运送至前台处
起重工	4	整个施工现场	在前后台指挥下，负责钢横梁、钢纵梁的起吊运输及安装，并配合前后台指挥及吊装工进行钢纵梁、钢横梁的定位
施工员	2	整个施工现场	负责施工中的各类指挥协调及时做好各种原始记录，并及时解决施工中出现的技术问题
电焊工	10	整个施工现场	负责钢纵梁、钢横梁的焊接等
吊装工	20	整个施工现场	负责钢横梁、钢纵梁的吊装作业
电工	2	整个施工现场	负责现场全套施工机械电器设备的安装及其安全使用。负责现场全套机械的正常运转和维修保养
钳工	8	整个施工现场	负责钢横梁、钢纵梁的安装固定
材料员	1	材料仓库	负责施工材料供应及管理
杂工	4	整个施工现场	负责现场清理等
材料员	1	材料仓库	负责施工材料供应及管理
总计	62		

注：此表为一个作业班施工配备人员，未计后勤、行政等人员。

18.4 工艺设计和控制要求

18.4.1 技术要求

(1)钢纵梁、钢横梁安装前，应按照构件明细表核对进场的构件、零件，查验产品出厂合格证及材料的质量证明书。

(2)拼装用的冲钉直径(中段圆柱部分)应较孔眼设计直径小0.2~0.3 mm，其长度应大

于板束厚度。拼装用的精制螺栓直径应较孔眼设计小 0.4 mm，拼装板束用的粗制螺栓直径应较孔眼直径小 1.0 mm。冲钉和螺栓可用 35 号碳素结构钢制造。

(3) 杆件组装时，应用螺栓紧固，保证零件、杆件相互密贴，一般在任何方向每隔 320 mm 至少有一个螺栓。组装螺栓的数量不得少于孔眼总数的 30%，组装螺栓的螺母下最少应放置一个垫圈，如放置多个垫圈时，其总厚不应超过 30 mm。

(4) 螺栓紧固分为初拧、复拧、终拧三个步骤。初拧：一般为终拧的 50% 的扭矩。复拧：扭矩同初拧，作用是弥补节点板上初拧螺栓预拉力的损失。终拧：使其扭矩和预拉力达到设计值，从而使拼接板达到密贴。以上三个步骤必须在 24 h 之内完成。

(5) 杆件冷矫时应缓慢用力，室温不宜低于 5℃，冷矫总变形率不得大于 2%。

(6) 钢横梁、钢纵梁在工地吊装，可根据跨径大小、河流情况和起吊能力选择适合的安装方法。

(7) 钢横梁、钢纵梁安装过程中，每完成一节都应测量其轴线、标高和预拱度，如不符合要求应进行校正。

(8) 吊装施工中，吊装构件的吊钩必须等构件完全固定后方可卸除。

18.4.2 材料质量要求

(1) 钢板、型材、钢管及焊接材料按设计图和有关标准的要求选用，全部的钢板、型材、钢管及焊接材料进厂后，工厂应按国家相关标准进行复验，复验合格后办理入库手续。材料进货时必须有质量证明书，质量证明书上的炉号、批号应与实物相符。质量证明书中的保证项目须与设计要求相符。

(2) 高强度螺栓连接副：钢结构连接用螺栓性能等级分为 3.6、4.6、4.8、5.6、6.8、8.8、9.8、10.9、12.9 等十余个等级，其中 8.8 级及以上螺栓材质为低碳合金钢或中碳钢并经热处理(淬火、回火)，通称为高强度螺栓。螺栓性能等级标号由两部分数字组成，分别表示螺栓材料的公称抗拉强度值和屈强比值。螺栓性能等级的含义是国际通用的标准，相同性能等级的螺栓，不管其材料和产地的区别，其性能是相同的，施工时选用性能等级不小于设计等级即可。螺栓、螺母、垫圈均应附有质量证明书，并应符合设计要求和国家标准的规定。高强螺栓入库应按规格分类存放，并防雨、防潮。遇有螺栓和螺母不配套、螺纹损伤时，不得使用。螺栓、螺母、垫圈有锈蚀，应抽样检查紧固轴力，满足要求后方可使用。螺栓等不得被泥土、油污沾染，保持洁净、干燥状态。必须按批号，同批内配套使用，不得混放、混用。

(3) 扭矩扳手：高强度螺栓施工中所用的扭矩扳手，在使用前必须校正，其扭矩误差不得大于 ±5%，合格后方准使用。扭矩数值偏差过大的力矩扳手不可继续使用。不允许使用普通扳手或电动普通扳手施工。

(4) 摩擦面处理：摩擦面采用喷砂、砂轮打磨等方法进行处理，摩擦系数应符合设计要求(Q235 钢为 0.45 以上，Q345 钢为 0.55 以上)。摩擦面不允许有残留的氧化铁皮，处理后的摩擦面可生成赤锈面后安装螺栓(一般露天存 10 d 左右)，用喷砂处理的摩擦面无需生锈即可安装螺栓。采用砂轮打磨时，打磨范围不小于螺栓直径的 4 倍，打磨方向与受力方向垂直，打磨后的摩擦面应无明显不平。摩擦面要防止被油或油漆等污染，如有污染应彻底清理干净。

(5) 检查螺栓孔的孔径尺寸，孔边有毛刺必须清除掉。

(6)同一批号、规格的螺栓、螺母、垫圈，应配套装箱待用。

(7)电动扳手及手动扳手应经过标定。

(8)焊条(焊丝)：焊条、焊剂、焊丝的牌号和性能必须符合设计要求和有关标准的规定，焊条一般宜用 E43××；焊丝用 SAN-53 自动保护焊丝，直径为 ϕ3.2 mm 和 ϕ2.4 mm。

18.4.3 职业健康安全要求

(1)钢梁吊装为高空作业，严禁患有恐高症的相关人员从事此项工作。

(2)高处作业人员、特种机械操作人员必须经过专业技术培训及专业考试，合格后方可持证上岗。

(3)操作人员上岗作业必须穿戴好安全帽、挂钩等各种劳保用品，严禁穿拖鞋、硬底易滑鞋和无关人员入内。

(4)在作业区边缘设置护栏或防护网，并设置由专人看管的警戒线，挂配醒目的安全警示牌。

(5)施工现场用电应严格执行有关规定，加强电源管理，防止发生电器火灾。

18.4.4 环境要求

(1)施工时严格遵守国家有关环境保护、控制环境污染的规定，采取必要的措施防止施工中的燃料、油、污水、废料和垃圾等有害物质对河流、池塘的污染，防止扬尘、汽油等物质对环境安全的污染。将环境保护纳入施工管理，安排专人负责。整个现场需做到“三通一平”，保持工地整洁。

(2)建立健全管理组织机构。成立以项目经理为组长，各业务部门和生产班组为成员的环保管理组织机构。加强教育宣传，提高全体职工的环保意识。制订各种规章制度，并加强检查和监督。对现场施工进行合理安排，增加白天施工的工程量比例，减小施工中的噪音和振动对周边居民的影响。对施工现场的便道经常洒水，以减少粉尘污染。

18.5 施工工艺

18.5.1 工艺流程

钢横梁、钢纵梁吊装施工工艺流程图如图 18-1 所示。

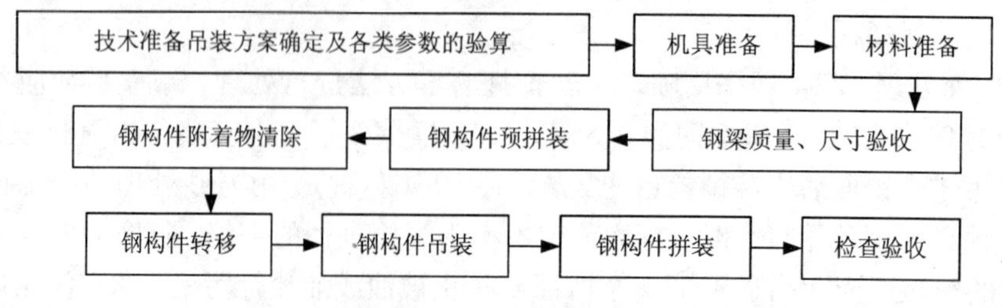

图 18-1 钢横梁、钢纵梁吊装施工工艺流程图

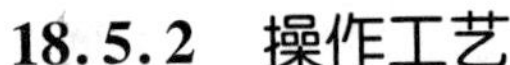

18.5.2 操作工艺

(1)认真检查吊装用的吊具和制作的平衡梁，要求确保所用的钢丝绳、卸扣等安全、可靠，万无一失。

(2)按要求拴挂好绳扣，捆绑拴挂的绳扣应在梁体与绳扣间垫以平胶带板或薄木板，增加摩擦力，防止串滑和损坏涂装。

(3)起吊前需进行试吊，在确认稳定的情况下，进行吊装检查，如有问题及时进行处理，再进行吊装作业。

(4)吊装开始，缓缓起钩，吊装时全程保持梁体稳定。

(5)梁体就位要缓慢，防止碰伤、挤伤手脚，碰坏涂装等。

(6)梁体就位固定完成，在经确认无误后，方可摘钩。

18.6 质量标准

18.6.1 基本要求

(1)纵横梁的基本尺寸应满足表18－2的要求。

表18－2 钢纵梁基本尺寸要求

名称			检查方法	允许偏差/mm
纵横梁	纵梁高度 h		测量两端腹板处高度	±1.0
	横梁高度 h			±1.5
	盖板宽度 b		每2 m测一次	±2.0
	纵梁长度 l		测量两端角钢背至背之间的距离	+0.5～1.5
	横梁长度 l			±1.5
	旁弯 f		梁立置时，在腹板一侧距主焊缝100 mm处拉线测量	3
	上拱度 f		梁卧置时，在下盖板外侧拉线测量	+3，0
	腹板平面度*		用平尺测量	h/500且不大于5
	盖板对腹板的垂直度*	有孔部位	用直角尺测量	0.5
		其余部位		1.5

注：*实际工程无项次3时，该项不参与评定。

(2)吊挂过程中应随时观测起吊设备和桥梁形状，不符合施工设计时，及时进行调整。

(3)对复拧后的全部高强螺栓连接副，用重约0.3 kg的小锤敲击螺母对边的一侧，用手指紧按住螺母对边的另一侧进行检查，以防漏拧。

18.6.2 外观鉴定

在施工使用过程中应对涂膜进行定期检查，发现有损坏的及时进行修补。修补用涂料应尽量与原涂料配套。

18.7 成品保护

(1)工地成立由项目经理、安全员、保卫科组成的成品和半成品防护领导小组，制订并定期或不定期检查落实成品、半成品保护措施。

(2)钢构件堆放场地下应铺设细石，最下面一层构件离地至少300 mm，构件堆放高度不应大于5层，每层构件堆放的枕木尽量放置在同一垂直面上，以防构件变形或坍塌。对于有涂装的构件，在搬运、堆放时应注意防止涂层损坏。

(3)钢构件涂装前，对其他半成品应做好遮蔽措施，防止污染。钢构件涂装后，在4 h之内如遇大风或下雨，应加以覆盖，防止沾染灰尘、水汽，影响涂层的附着力。

(4)高强度大六角头螺栓连接副终拧完成1 h后，48 h内必须进行终拧扭矩检查，检查结果应符合规范的规定。检查数量：按节点数抽查10%，且不少于10个；每个被抽查的节点按螺栓数抽查10%，且不少于2个。检验方法：扭矩法或转角法。一般项目：检验结果应有80%及以上的检查点(值)符合本办法合格质量标准的要求，且最大值不应超过其允许偏差值的1.2倍。

(5)成品清理时，应加强清理人员的成品保护意识，做好对已完工程的成品保护工作。

18.8 安全环保措施

(1)树立“安全第一，预防为主，综合治理”的思想，抓生产必须抓安全，以安全促生产。项目部成立以项目经理为首的安全领导小组，配备专职安全工程师，负责全面的安全管理工作；建立健全的安全领导小组，配备专职安全员，负责各项安全工作的落实。做到有计划、有组织地预测、预防事故的发生。

(2)建立健全的安全责任制，从项目经理到生产工人，明确各自的岗位责任，各专职机构和业务部门要在各自的业务范围内对安全生产负责。

(3)加强全员的安全教育，使广大职工牢固树立“安全第一，预防为主，综合治理”的意识，克服麻痹思想，组织员工有针对性地学习有关安全方面的规章制度和安全生产知识，做到从思想上重视，在生产上严格执行操作规程。各类机械设备的操作工、电工等特殊工种，必须经过专门的安全操作技术训练，考试合格后方可持证上岗。

(4)坚持经常和定期安全检查，及时发现事故隐患，堵塞事故漏洞，奖罚当场兑现，坚持自查为主、互查为辅、边查边改的原则；主要查思想、查制度、查纪律、查领导、查隐患，并结合季节特点，重点查防触电、防高空坠落、防机械事故等措施的落实。

(5)施工用电必须符合用电安全规程。施工现场内电线与其所经过的建筑物或工作地点保持安全距离。各种电力机械设备，必须有可靠有效的安全接地和防雷措施，严禁非专业人员操作机电设备。

(6)钢纵梁、钢横梁在施工过程中要确保指挥到位，故要求施工前应建立统一的指挥机构，并配备通信联络工具，确保在钢横梁、钢纵梁吊装施工过程中无安全事故发生。

18.9 质量记录

本施工工艺质量验收时应提供的书面记录有：

(1)原材料质量检测记录。

(2)高强度螺栓连接副的复验数据。

(3)拴接板面抗滑移系数实验数据。

(4)紧扣检查扭矩的试验数据。

(5)施拧扭矩扳手和检查扭矩扳手的标定、校正记录。

(6)各节点高强度螺栓连接副复拧扭矩、终拧扭矩或终拧转角检查记录。

19 高强螺栓连接施工工艺标准

19.1 总则

19.1.1 适用范围

本标准适用于工业与民用建筑钢结构工程和桥梁钢结构工程的高强螺栓连接施工与验收。

19.1.2 编制参考标准和规范

(1)《钢结构工程施工质量验收规范》(GB 50205—2001)。
(2)《钢结构高强度螺栓连接技术规程》(JGJ 82—2011)。
(3)《钢结构用高强度大六角头螺栓》(GB/T 1228—2006)。
(4)《钢结构用高强度垫圈》(GB/T 1230—2006)。
(5)《钢结构用扭剪型高强度螺栓连接副》(GB/T 3632—2008)。
(6)《公路桥涵施工技术规范》(JTG/T F50—2011)。

19.2 术语

19.2.1 高强螺栓

高强螺栓就是高强度的螺栓，属于一种标准件，主要应用在钢结构工程上，用来连接钢结构钢板的连接点。高强螺栓的一个非常重要的特点就是限单次使用，一般用于永久连接，严禁重复使用。

19.2.2 电动扳手

电动扳手拧紧和旋松螺栓及螺母的电动工具，以电源或电池为动力，专门应用于安装钢结构的高强螺栓，具有精准控制扭力、操作方便、省时省力等特点。

19.3 施工准备

19.3.1 技术准备

19.3.1.1 钢结构由高强度螺栓连接副组成

一套大六角头高强度螺栓连接副由一个大六角头高强度螺栓、一个螺母和两个垫圈组成，使用组合应按表19－1的规定。

表19－1 大六角头高强度螺栓连接副组合

螺栓	螺母	垫圈
10.9 s	10 H	HRC35～45
8.8 s	8 H	HRC35～45

注：s—机械性能等级；H—螺母性能等级。

一套扭剪型高强度螺栓连接副由一个高强度螺栓、一个螺母和一个垫圈组成。高强度螺栓连接副应在同批内配套使用。

19.3.1.2 高强度螺栓的选用

高强度螺栓紧固后，宜露出螺纹2～3个螺距；除设计给定外，对一个工程的高强度螺栓连接副，首先按螺栓直径分类，螺栓长度按下列公式选择：

螺栓长度＝钢板束厚度＋附加长度

附加长度可按表19－2选择。

表19－2 高强度螺栓的附加长度　　单位：mm

螺栓直径/mm	12	16	20	22	24	27	30
大六角头螺栓	25	30	35	40	45	50	55
扭剪型高强度螺栓	—	25	30	35	40	—	—

注：螺栓长度小于100 mm时，取整为5 mm的倍数，余数2舍3进；螺栓长度大于100 mm时，取整为10 mm的倍数。

19.3.1.3 高强度螺栓连接构件制孔规定，除设计给定外，高强度螺栓连接构件制孔允许偏差（表19－3、表19－4）

表19－3 高强度螺栓孔径

<table>
<tr><td>Z</td><td>12</td><td>16</td><td>20</td><td>22</td><td>24</td><td>27</td><td>30</td></tr>
<tr><td>允许偏差/mm</td><td colspan="2">±0.43</td><td colspan="3">±0.52</td><td colspan="2">±0.84</td></tr>
<tr><td>螺栓孔径/mm</td><td>13.5</td><td>17.5</td><td>22</td><td>24</td><td>26</td><td>30</td><td>33</td></tr>
<tr><td>孔径允许偏差/mm</td><td colspan="2">±0.43
0</td><td colspan="2">±0.52
0</td><td colspan="3">±0.84
0</td></tr>
</table>

续表 19－3

Z	12	16	20	22	24	27	30
圆度/mm	1.00		1.50				
中心线倾斜度	应不大于板厚的3%，且单层板不大于2.0 mm，多层板叠组合不得大于3.0 mm						

注：承压型连接中的高强度螺栓孔径可按表中值减少0.5～1.0 mm。

表 19－4　高强度螺栓连接构件孔距允许偏差　单位：mm

序号	项目	螺栓孔距			
		<500	500～1200	1200～1300	>3000
1	同一组内任意两孔间	±1.0	±1.2		
2	相邻两组的端孔间	±1.2	±1.5	±2.0	±3.0

19.3.1.4　**施工轴力与终拧力矩**

一般施工轴力应比设计的给定轴力增加10%。如设计未给出轴力，可按表19－5选择。

表 19－5　高强度螺栓的施工轴力　单位：kN

螺栓性能等级	8.8 s		10.9 s	
螺栓直径/mm	设计轴力	施工轴力	设计轴力	施工轴力
M12	45	50	55	60
M16	70	75	100	110
M20	110	120	155	170
M22	135	150	190	210
M24	155	170	225	250
M27	205	225	290	320
M30	250	275	355	390

对于大六角头高强度螺栓，施工时必须把施工轴力换算为施工扭矩，使之作为施工控制参数。施工扭矩公式：

$$T_c = K \times P_c \times d$$

式中：T_c——施工扭矩（N·m）。

K——高强度螺栓连接副的扭矩系数平均值，该值由复验测得（合格的平均值）。

P_c——高强度螺栓施工预拉力（kN）。

d——高强度螺栓直径（mm）。

19.3.1.5　**作业指导书的编制和技术交底**

施工前，应根据高强螺栓连接施工的质量技术要求编制作业指导书，规定本工序施工人员的具体工作范围、施工方法、应使用的设备机具和工艺参数等。相应的，针对本工序施工管理人员，技术交底(书)应明确其施工安全、技术责任，使之清楚上道工序和本工序施工质量标准、本工序施工方法、质量技术问题解决办法及如何交接给下道工序等，以保证整个钢结构工程施工顺利有序地进行。

19.3.2 材料准备

高强度螺栓的规格、数量，应根据设计直径的要求，按长度分别进行统计；并结合施工实际需要的数量、施工点位的分布、储运条件等情况，计入2% ~5%的损耗，进行采购。

19.3.3 机具准备

(1)扭剪型高强度螺栓电动扳手，扭矩型高强度螺栓电动扳手：

目前常见的扭矩型高强度螺栓电动扳手性能参数见表19 -6。

表19 -6 扭矩型高强度螺栓电动扳手

型号	电源电压/V	电流频率/Hz	电流/A	消耗功率/W	空载转数/(r·min^{-1})	扭矩范围/(N·m)	重量/kg	备注
NR -12T1	200	50/60	6.8	1300	17	400 ~1200	9.5	日本
PIBD -150	220	50	4.0	880	8	400 ~1500	12	国产
PIBD -160	220	50	4.3	950	8	400 ~1600	10	

(2)其他常备工具有：校准及检验用力矩扳手(其中至少有一个必须经专业计量部门校准)、各种手动扳手、冲钉、力矩倍增计、手锤、钢丝刷等。

为提高效率，初拧可选用电动冲击扳手或风动冲击扳手。

19.3.4 作业条件

(1)施工前应根据工程特点设计施工操作吊篮，并按方案的要求加工制作或采购。

(2)高强度螺栓的技术参数已按相关规定进行复验合格，抗滑移系数试验合格。

(3)钢结构安装的刚度单元内的框架构件已经吊装到位，校正合格后应及时进行高强度螺栓的施工。

19.3.5 劳动力组织

高强螺栓连接施工工艺的劳动力组织如表19 -7所示。

表19 -7 高强螺栓连接施工劳动力组织

工种	人数	工作地点	职责范围
施工队长	1	整个施工现场	负责跟班组织施工管理工作、协助总指挥工作
技术员	1	整个施工现场	负责跟班解决施工中的技术问题，编写技术措施等

续表 19－7

工种	人数	工作地点	职责范围
安全员	1	整个施工现场	负责跟班检查安全措施、安全措施的执行情况及安全教育工作，对安全生产负责
质量检查员	1	整个施工现场	负责跟班检查工程质量，组织各工种交接及质量保证措施的执行情况，对工程质量负责
扳手工	4	施工现场	负责扭力扳手的操作
螺丝工	4	施工现场	负责运送高强螺栓及高强螺栓入孔对位
材料员	1	材料仓库	负责施工材料供应及管理
总计	13		

注：此表为一个作业班施工配备人员，未计后勤、行政等人员。

19.4 工艺设计和控制要求

19.4.1 技术要求

(1)高强度螺栓安装前的试验

1. 高强度螺栓连接副的扭矩系数试验

大六角头高强度螺栓，施工前按每3000套为一批(不足3000套按一批计)。复验连接副的扭矩系数，每批抽验8套，其平均值应为0.110～0.150，标准偏差小于或等于0.010。

2. 扭剪型高强度螺栓紧固轴力试验

扭剪型高强度螺栓施工前，按每3000套为一批(不足3000套按一批计)，每批抽验8套高强度螺栓紧固轴力，其平均值和变异系数符合表19－8的规定。

表19－8 扭剪型高强度螺栓紧固轴力和变异系数

螺栓直径/mm		16	20	22	24
每批紧固轴力平均值	公称/kN	109	170	211	245
	最大/kN	120	186	231	270
	最小/kN	99	154	191	222
紧固轴力变异系数/%		≤10			

$$\text{紧固轴力变异系数}=\frac{\text{标准偏差}}{\text{高强度螺栓紧固轴力平均值}}\times 100\%$$

(2)连接副的摩擦系数(又称抗滑移系数)试验

依据《钢结构工程施工质量验收规范》(GB 50205—2001)的规定，从钢构件母材上取样并制成试件，试件采用与构件摩擦表面相同的处理方法。

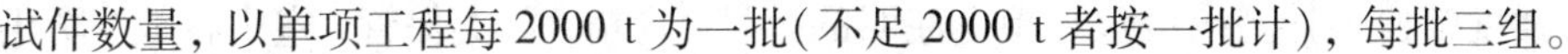

试件数量，以单项工程每2000 t为一批(不足2000 t者按一批计)，每批三组。

19.4.2　材料质量要求

核对高强度螺栓连接副出厂产品的质量合格证明文件、中文标志及检验报告，应符合《钢结构工程施工质量验收规范》(GB 50205—2001)的要求。

19.4.3　职业健康安全要求

(1)施工前应对高空作业人员进行身体检查，对患有不宜高空作业疾病(心脏病、高血压、贫血等)的人员不得安排高空作业。

(2)做好高空施工的安全防护工作，设计和制作标准化的高强度螺栓施工用安全吊篮，要求吊篮安全、牢靠、轻便，便于工人施工转场。

(3)操作人员上岗作业必须穿戴好安全帽、挂钩等各种劳保用品，严禁穿拖鞋、硬底易滑鞋进行施工。

19.4.4　环境要求

(1)购入的螺栓应集中存放，不得随意乱弃。

(2)使用风动或其他噪声较大的工具、机具施工时，要尽量避免夜间施工，以免噪声扰民。

(3)拧下来的扭剪型高强度螺栓梅花头要集中堆放，统一处理。

19.5　施工工艺

19.5.1　工艺流程

高强螺栓连接施工工艺流程图如图19－1所示。

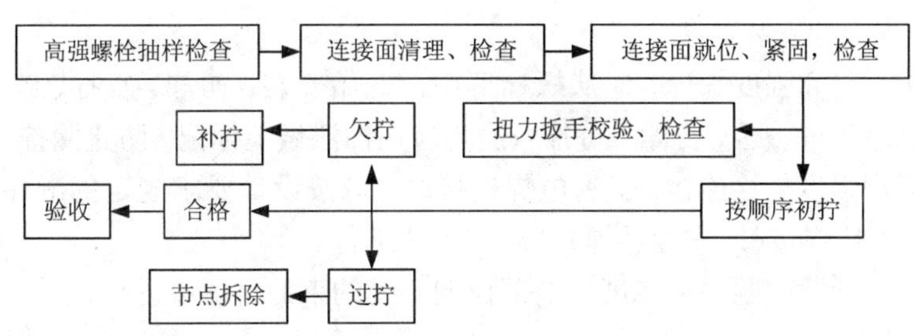

图19－1　高强螺栓连接施工工艺流程图

19.5.2　操作工艺要求

19.5.2.1　**高强度螺栓的储存**

(1)应轻卸，防止损伤螺纹，并应防雨、防潮。

(2)高强度螺栓连接副应按包装箱上注明的批号、规格，分类保管，室内存放，防止生锈和沾染脏物。当出现包装破损、螺栓有污染等异常现象时，应及时用煤油清洗。高强度螺栓连接副在安装使用前禁止任意开箱。

(3)工地安装时，要按当天高强度螺栓连接副需要使用的相应规格、数量领取，当天没有用完的必须妥善保管，不得乱放、乱扔。安装过程中不得碰伤螺纹及沾染脏物。

19.5.2.2　**高强度螺栓的紧固方法**

高强度螺栓的紧固一般都采用专门扳手拧紧螺母。

大六角头高强度螺栓一般用两种方法拧紧，即扭矩法和转角法。

(1)扭矩法分初拧和终拧，初拧扭矩为终拧扭矩的50%左右。对大型节点(或板层较厚、板叠较多)，初拧的板层达不到充分密贴，还要在初拧和终拧之间增加复拧，复拧扭矩等于初拧扭矩。

(2)转角法分初拧和终拧二次进行。初拧扭矩为终拧扭矩的50%左右。初拧用X扭矩扳手使接头各层钢板达到充分密贴，再在螺母和螺栓杆上面通过圆心画一条直线，然后用扭矩扳手把螺母转动一个角度，使螺栓达到终拧要求。转动角度的大小，施工前由试验统计确定。

扭剪型高强度螺栓紧固应分为初拧和终拧。

初拧扭矩为$0.13 \times P_c \times d \times 50\%$左右(表19－9)，初拧用定扭矩扳手，使接头各层钢板达到充分密贴，再用扭剪型扳手把梅花头拧掉，使螺栓杆达到设计要求的轴力。对大型节点(或板层较厚、板叠较多)，初拧的板层达不到充分密贴时应增加复拧，复拧扭矩和初拧扭矩相同。

表19－9　初拧扭矩值

螺栓直径/mm	16	20	22	24
初拧扭矩/(N·m)	115	220	300	390

(3)高强度螺栓的安装顺序：

①一个接头上的高强度螺栓，应从螺栓群中部开始安装，初拧、复拧、终拧都应从螺栓群中部开始向四周扩展，逐个拧紧，每拧一遍均应用油漆做上标记，防止漏拧。

②接头如有高强度螺栓连接，又有电焊连接时，应按设计要求规定的顺序进行；设计无规定时，按先紧固后焊接(即先栓后焊)的施工工艺进行。

③高强度螺栓的紧固顺序从刚度大的部位向不受约束的自由端进行，同一节点内从中间向四周，以使板间密贴。

19.5.2.3　**高强度螺栓施工注意事项**

(1)螺栓穿入方向以便利施工为准，每个节点整齐一致。

(2)螺母、垫圈均有方向要求。

(3)因空间狭小，对高强度螺栓扳手不宜操作部位，可采用高套管或用手动扳手安装。

(4)安装中的错孔、漏孔不允许用气割开孔，错孔应严格按《钢结构工程施工质量验收规范》(GB 50205—2001)和《钢结构高强度螺栓连接的设计、施工及验收规程》(JGJ 82—2011)

的要求进行处理。

(5)当气温低于－10℃时，摩擦面潮湿或暴露于雨雪中，应停止作业。

(6)初拧、复拧、终拧应在24 h内完成。

(7)母材生锈后在组装前必须用钢丝刷清除掉；再次使用的连接板需再次处理。

(8)连接板叠的错位或间隙，必须按照《钢结构工程施工质量验收规范》(GB 50205—2001)的要求进行处理，确保结合面贴实。

19.6 质量标准

19.6.1 主控项目

(1)钢结构用高强度螺栓连接副，其品种、规格、性能等应符合现行国家产品标准和设计要求，出厂时应附带产品合格证明文件、中文标志及检验报告。高强度大六角螺栓连接副和扭剪型高强度螺栓连接副出厂时，分别随箱带有扭矩系数和紧固轴力(预拉力)的检验报告。

(2)高强度大六角螺栓连接副应复验扭矩系数，其结果应符合设计要求，并提出复验报告。

(3)扭剪型高强度螺栓连接副应复验紧固轴力(预拉力)，其结果应符合设计要求，并提出复验报告。

(4)钢结构制作和安装单位应分别进行高强度螺栓连接摩擦面的抗滑移系数试验和复验，现场处理的构件摩擦面应单独进行摩擦面抗滑移系数试验，其结果应符合设计要求，并提出试验报告和复验报告。

(5)高强度大六角头螺栓紧固检查，一般用0.3～0.5 kg的小锤逐颗敲击螺栓，检查其紧固程度，防止漏拧。对每个节点螺栓数的10%但不小于一颗进行扭矩抽检，检查时先在螺杆和螺母上面画一直线，松动螺母60°测得的扭矩应在(0.9～1.1)T_{ch}范围内，T_{ch}按下式计算：

$$T_{ch}=K\times P\times D$$

式中：T_{ch}——检查扭矩(N·m)。

K——高强度螺栓连接副扭矩系数。

P——高强度螺栓设计预拉力(kN)。

D——螺栓公称直径(mm)。

如有不符合上述规定的节点，应扩大10%进行抽检。如仍有不符合规定者，则整个节点都应重新紧固并检查。对扭矩低于下限值的螺栓应进行补拧，对超过上限值的应更换螺栓。扭矩检查应在1 h后进行，并在24 h以内检查完毕。

(6)对扭矩扳手扳前扳后必须进行校核，其误差不得大于3%，并做记录。

(7)扭剪型高强度螺栓紧固的螺栓，应按高强度大六角螺栓检验方法进行检查，不得采用专用扳手以外的方法将螺栓的梅花卡头取掉。

19.6.2 一般项目

(1)高强度螺栓连接副应按包装箱配套供应，包装箱上标明批号、规格、数量及生产日期。螺栓、螺母、垫圈外表面应涂油保护，不应出现生锈、螺纹损伤和沾染脏物，按5%箱数抽查。

(2)对建筑结构安全等级为一级、跨度40 m及以上的螺栓球节点钢网架结构，其连接高强度螺栓应进行表面硬度试验。对8.8级的高强度螺栓其硬度为HRC21～29，10.9级的高强度螺栓其硬度应为HRC32～36，且不得有裂缝，按规格抽查8只。

(3)高强度螺栓连接副的施拧顺序和初拧、复拧扭矩应符合设计要求，全数检查并做记录。

(4)高强度螺栓连接副终拧后，螺栓丝扣外露应为2～3扣，其中允许有10%的螺栓丝和外露1扣或4扣，抽查5%且不少于10个。

(5)高强度螺栓连接摩擦面应保持干燥、整洁，不应有飞边、毛刺、焊接飞溅物、焊疤、氧化铁皮、污垢等，除设计有要求外，摩擦面不应涂漆，应全面检查。

(6)高强度螺栓应自由穿入螺栓孔。高强度螺栓孔不应采用气割扩孔，扩孔数量应征得设计同意，扩孔后的孔径不应超过$1.2d$(d为螺栓直径)。

(7)螺栓节点网架总拼完成后，高强度螺栓与球点应紧固连接，高强度螺栓拧入螺栓球内的螺纹长度不应小于$1.0d$(d为螺栓直径)，连接处不应出现间隙、松动、未拧紧等情况。

19.7 成品保护

(1)对于露天使用或接触腐蚀性气体的钢结构，高强度螺栓拧紧检查验收合格后，在连接板缝和螺栓、螺母、垫圈周围，应及时用防腐腻子封闭。

(2)施拧后应及时涂防锈漆，面层防腐与该区钢结构相同。

19.8 安全环保措施

19.8.1 安全措施

(1)在钢结构施工以前，应健全安全生产管理体系，层层落实安全生产责任制。

(2)根据工程的具体特点，做好切合实际的安全技术书面交底。定期与不定期地进行安全检查，经常开展安全教育活动，使全体职工提高自我保护能力。

(3)遵守《施工现场临时用电安全技术规范(附条文说明)》(JGJ 46—2005)、《建设工程施工现场供用电安全规范》(GB 50194—2014)等安全用电规范。高强度螺栓施工机具的接电口应有防雨、防漏电的保护措施，防止施工人员触电。

(4)进入施工现场必须戴安全帽，高空作业必须系安全带，穿防滑鞋。

(5)高空操作人员使用的工具及安装用的零部件，应放入随身带的工具袋内，不可随便向上下丢抛。手动工具如棘轮扳手、梅花扳手等，应用小绳拴在施工人员的手腕上，拧下来的扭剪型螺栓梅花头应随手放入专用的收集袋内，避免坠落伤人。

(6)做好高空施工的安全防护工作，设计和制作标准化的高强度螺栓施工用安全吊篮，要求吊篮安全、牢靠、轻便，便于工人施工转场。

(7)施工前应对高空作业人员进行身体检查，对患有不宜高空作业疾病(心脏病、高血

压、贫血等)的人员不得安排高空作业。

(8)进行夜间施工时，其照明设施应满足夜间施工的要求。

(9)冬雨季进行施工时，应采取相应的防护措施。当气温低于 -10℃时，摩擦面潮湿或暴露于雨雪中，应停止作业。

19.8.2　环境保护和文明施工

(1)使用风动或其他噪声较大的工具、机具施工时，要尽量避免夜间施工，以免噪声扰民。

(2)拧下来的扭剪型高强度螺栓梅花头要集中堆放，统一处理。

19.9　质量记录

高强度螺栓安装质量验收应提供的书面记录有：

(1)高强度螺栓连接副出厂合格证和复验记录。

(2)高强度螺拴接头摩擦面处理和抗滑移系数实验报告。

(3)高强度螺栓安装初拧、复拧、终拧质量检查记录及扭矩扳手的检查数据。

(4)钢结构(高强度螺栓连接)分项工程检验批质量验收记录(表 19 -10)。

表 19 -10　钢结构(高强度螺栓连接)分项工程检验批质量验收记录

工程名称				检验批部位	
施工单位				项目经理	
监理单位				总监理工程师	
施工依据标准				分包项目负责人	
主控项目		合格质量标准 (按 GB 50205—2001)	施工单位检验 评定记录或结果	监理(建设)单位 验收记录或结果	备注
1	成品进场	规范第 4.4.1 条			
2	扭矩系数或预拉力复验	规范第 4.4.2 条或规范第 4.4.3 条			
3	抗滑移系数试验	规范第 6.3.1 条			
4	终拧扭矩	规范第 6.3.2 条或规范第 6.3.3 条			
一般项目		合格质量标准 (按 GB 50205—2001)	施工单位检验 评定记录或结果	监理(建设)单位验收 记录或结果	
1	成品包装	规范第 4.4.4 条			
2	表面硬度试验	规范第 4.4.5 条			
3	初拧、复拧扭矩	规范第 6.3.4 条			
4	连接外观质量	规范第 6.3.5 条			

续表 19－10

<table>
<tr><td>5</td><td>摩擦面外观</td><td>规范第 6.3.6 条</td><td></td><td></td><td></td></tr>
<tr><td>6</td><td>扩孔</td><td>规范第 6.3.7 条</td><td></td><td></td><td></td></tr>
<tr><td>7</td><td>网架螺栓紧固</td><td>规范第 6.3.8 条</td><td></td><td></td><td></td></tr>
<tr><td></td><td></td><td></td><td></td><td></td><td></td></tr>
<tr><td colspan="2">施工单位检验评定结果</td><td colspan="2">班组长：
或专业工长：
年　月　日</td><td colspan="2">质检员：
或项目负责人：
年　月　日</td></tr>
<tr><td colspan="2">监理（建设）单位验收结论</td><td colspan="4">监理工程师（建设单位项目技术人员）：
年　月　日</td></tr>
</table>

20 拱上结构施工工艺标准

20.1 总则

20.1.1 适用范围

拱上结构指的是拱桥拱圈以上各部分结构的总称，适用于在拱桥主拱圈施工已经完成的情况下，进入下步施工作业的施工场地。

20.1.2 编制参考标准及规范

(1)《公路桥涵施工技术规范》(JTG/T F50—2011)。

(2)《公路工程质量检验评定标准》(JTG F80/1—2017)。

(3)《职业健康安全管理体系规范》(GB/T 28001—2011)。

20.2 术语

20.2.1 拱上结构

拱上结构指的是拱桥拱圈以上各部分结构物的总称，它主要有横墙座、横墙、横墙帽或立柱座、立柱、盖梁、腹拱圈或梁(板)、侧墙、拱上结构伸缩缝及变形缝、护栏、拱上防水层、拱腔填料、泄水管、桥面铺装、栏杆系等。

20.3 施工准备

20.3.1 技术准备

(1)施工作业人员先熟悉图纸，按照设计规定的位置、高程，合理布置场地，使支架稳固，工料节省，易于施工和安装。

(2)施工前对施工人员进行全面的技术、施工、安全交底，确保施工过程的工程质量和人身安全。

20.3.2 材料准备

(1)钢材、水泥等消耗性材料必须要求及时上报材料使用计划，确保材料有计划地供应，做到不积压，不短缺。

(2)砂、石料必须根据施工现场的周边情况做到有序供应。

(3)角钢、钢筋、钢板、竹夹板、钢管、安全网等。

20.3.3 主要机具

(1)通信设备：对讲机、手机。

(2)机械设备：塔吊、汽车吊、混凝土泵车、混凝土输送泵、混凝土运输车、翻斗车、装载机、发电机、挖掘机。

(3)测量设备：全站仪、水准仪。

(4)钢筋设备：电焊机、对焊机、直螺纹机、切断机、弯曲机。

20.3.4 作业条件

(1)各项施工准备工作完毕，施工机具、模板、安全设施齐全，材料准备充分，施工机械进行了标定检测验收合格，制订了施工组织文件，确保施工有序进行。

(2)操作人员：应由现场技术人员对操作工人进行培训并进行施工、安全技术交底，做到各工作熟练操作，制订好对应的安全紧急救援措施。操作人员保持固定。特殊工种人员如：机械人员、电工、起重工等必须持证上岗。

20.3.5 劳动力组织

拱上结构施工工艺的劳动力组织如表 20－1 所示。

表 20－1 拱上结构施工劳动力组织

工种	人数	工作地点	职责范围
施工队长	1	整个施工现场	负责跟班组织施工管理工作、协助总指挥工作等
工班长	1	整个施工现场	负责跟班组织施工，协调各工种交叉作业等
技术员	1	整个施工现场	负责跟班解决施工中的技术问题，编写技术措施等
安全员	1	整个施工现场	负责跟班检查安全措施、安全措施的执行情况及安全教育工作，对安全生产负责
质量检查员	1	整个施工现场	负责跟班检查工程质量，组织各工种交接及质量保证措施的执行情况，对工程质量负责
测量工	2	整个施工现场	负责高程、坐标等测量
电工	1	整个施工现场	负责现场动力、照明、通信等电器系统的维修保护
模板工	10	整个施工现场	负责模板的安装、拆卸、清理等
钢筋工	20	整个施工现场	负责现场的钢筋绑扎施工作业

续表 20－1

工种	人数	工作地点	职责范围
混凝土工	20	整个施工现场	负责现场的混凝土的施工作业
架子工	20	整个施工现场	负责各类支架的搭设等作业
电焊工	20	整个施工现场	负责钢筋、构件等的焊接
材料员	1	材料仓库	负责施工材料供应及管理
总计	99		

注：此表为一个作业班施工配备人员，未计后勤、行政等人员。

20.4 工艺设计和控制要求

20.4.1 技术要求

(1)拱上结构在拱架卸架前砌筑时，应待拱圈合龙砂浆强度达到设计强度的30%以上时进行。

(2)当先松架后砌拱上结构时，应待拱圈合龙砂浆强度达到设计强度的75%以上时进行。

(3)采用分环砌筑的拱圈，应待上环合龙砂浆强度达到设计强度的75%以上时进行。

20.4.2 材料质量要求

(1)钢板、型材、钢管及焊接材料按设计图和有关标准的要求选用，全部的钢板、型材、钢管及焊接材料进厂后，工厂应按国家相关标准进行复验，复验合格后办理入库手续。材料进货时必须有质量证明书，质量证明书上的炉号、批号应与实物相符。质量证明书中的保证项目须与设计要求相符。

(2)混凝土配合比：混凝土配合比进行试配、验证，并上报批复。

(3)砂：应选用级配良好、质地坚硬、颗粒洁净、粒径小于3 mm的河砂，也可采用山砂或用硬质岩石加工的机制砂。砂的品种应符合《公路桥涵施工技术规范》(JTG/T F50—2011)的规定，进场后应按《公路工程集料试验规程》(JTG E42—2005)的规定进行抽样检测。

(4)碎石：其质量应符合《公路桥涵施工技术规范》(JTG/T F50—2011)的规定，进场后应按《公路工程集料试验规程》(JTG E42—2005)的规定进行抽样检测。

(5)水泥：水泥进场应有产品合格证和出厂检验报告；水泥进场需按规范规定的频率抽样检测合格，为防止碱—集料反应的发生，宜采用低碱水泥，水泥的碱含量(按 Na_2O 当量计)应低于0.6%。并要求水泥厂将 C_3A 含量控制在6% ~10%。常用水泥在出厂超过三个月视为过期水泥，使用时必须重新检验确定强度等级。

(6)外加剂：所采用的化学外加剂，必须是经过有关部门检验并附有检验合格证的产品，其质量应符合《混凝土外加剂》(GB 8076—2008)的规定，使用前应复验其效果。

(7)钢筋：钢筋出厂时，应具有出厂质量证明书或检验报告单。品种、级别、规格和性能应符合设计要求。进场时，应抽取试件进行力学性能和外观检测，其质量应符合现行国家标准《钢筋混凝土用钢第 2 部分：热轧带肋钢筋》(GB/T 1499.2—2018)、《钢筋混凝土用钢第 1 部分：热轧光圆钢筋》(GB/T 1499.1—2017)的规定。

(8)拌和用水：拌制混凝土用的水，应符合下列要求：

①水中不应含有影响水泥正常凝结与硬化的有害杂质或油脂、糖类及游离酸类等。

②污水、pH <5 的酸性水及含硫酸盐量按 SO_4^{2-} 计超过水的质量 0.27 mg/cm^{3}的水不得使用。

③不得用海水拌制混凝土。

④供饮用的水，一般能满足上述条件，使用时可不经试验。

(9)安全网的要求：

①平网宽度不得小于 3 m，长度不得大于 6 m，立网的高度不得小于 1.2 m，网眼按使用要求设置，最大不得小于 10 cm，必须使用维纶、锦纶、尼龙等材料，严禁使用损坏或腐朽的安全网和丙纶网。密目安全网只准做立网使用。

②安全网应与水平面平行或外高里低，一般以 15°为宜。

③网的负载高度一般不超过 6 m(含 6 m)，因施工需要，允许超过 6 m，但最大不得超过 10 m，并且必须附加钢丝绳缓冲等安全措施。负载高度在 5 m(含 5 m)以下时，网应最少伸出建筑物(或最边缘作业点)2.5 m。负载高度在 5 m 以上至 10 m 时，应最少伸出 3 m。

④安全网安装时不宜绷得过紧，选用宽度 3 m 和 4 m 的网安装后，其宽度水平投影分别为 2.5 m 和 3.5 m。

⑤安全网平面与支撑作业人员的平面边缘处的最大间隙不得超过 10 cm。支设安全网的斜杠间距应不大于 4 m。

⑥在被保护区域的作业停止后，方可拆除。

⑦拆除时必须在有经验人员的严密监督下进行。

⑧拆除安全网时应自上而下，同时要根据现场条件采取其他防坠落、防物体打击措施，如佩戴安全带、安全帽等。

20.4.3 职业健康安全要求

(1)施工现场用电应严格执行有关规定，加强电源管理，防止发生电器火灾。

(2)塔吊为高空作业，严禁患有恐高症的相关人员从事此项工作。

(3)高处作业人员、特种机械操作人员必须经过专业技术培训及专业考试，合格后方可持证上岗。

(4)操作人员上岗作业，必须穿戴防护用品，严禁穿拖鞋、硬底易滑鞋和无关人员入内，以保证人员安全。并须在机械旁挂牌注明安全操作规程。

(5)做好楼梯、脚手架的安全防护工作，在作业区边缘设置护栏或防护网。

(6)机械设备要设专人维护维修，并设专人指挥、监护。

20.4.4 环境要求

施工时严格遵守国家有关环境保护、控制环境污染的规定，采取必要的措施防止施工中的燃料、油、污水、废料和垃圾等有害物质对河流、池塘的污染，防止扬尘、汽油等物质对环境安全的污染。将环境保护纳入施工管理，安排专人负责。整个现场需做到“三通一平”，保持工地整洁。

建立健全管理组织机构。成立以项目经理为组长，各业务部门和生产班组为成员的环保管理组织机构。加强教育宣传，提高全体职工的环保意识。制订各种规章制度，并加强检查和监督。对现场施工进行合理安排，增加白天施工的工程量比例，减小施工中的噪音和振动对周边居民的影响。对施工现场的便道经常洒水，以减少粉尘污染。对生活垃圾要砌池存放，定期清理外运。施工废弃物禁止乱扔乱放，要存放在指定地点，由专人清理。

20.5 施工工艺

20.5.1 工艺流程

拱上结构施工工艺流程如图 20－1 所示。

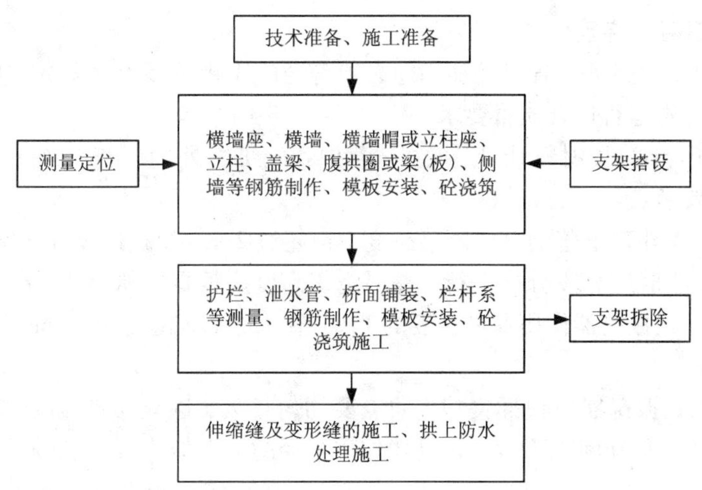

图 20－1 拱上结构施工工艺流程图

20.5.2 操作工艺

施工前要组织所有参加施工的人员进行全面的技术交底，做到人人心中有数，并有详细的交底记录，在施工前还要确保拱圈强度满足拱上结构施工的技术要求。

在施工过程中，还应注意以下几点。

20.5.2.1 **支架搭设**

(1)脚手架负载不得超过 270 kg/m^2，经验收合格挂牌后方可使用，使用中应经常检查与维护。负载超过 270 kg/m^2，或形式特殊的脚手架应进行设计。

(2)脚手架立杆应垂直，垂直偏斜不得超过高度的 1/200，立杆间距不超过 2 m。

(3)脚手架两端、转角处及每隔 6～7 根立柱应设剪刀撑与支杆，高度在 7 m 以上无法设支杆时，竖向每隔 4 m、横向每隔 7 m 必须与建筑物连接牢固。

(4)脚手架外侧、斜道、平台设置1.05 m的防护栏。铺设竹排或木板时，两头必须绑扎牢固，严禁不绑扎就投入使用。

(5)在通道与扶梯处的脚手架横杆应加高加固，不能阻碍通道。

(6)挑式脚手架一般横杆步距1.2 m，并要加设斜撑，斜撑与垂直面夹角不大于30°。

(7)为了防止架子管受压弯曲扣件从管头滑落，各杆件相交伸出的端头均应大于10 cm。

(8)脚手架搭设地点如有电源线或电气设备，必须符合安全距离规定，搭设与拆除时须采取停送电措施。

(9)脚手架验收时，应对所有部件进行外观检查，并实行验收及挂牌使用制度。

20.5.2.2　**钢筋制作**

(1)钢筋接头绑扎搭接的接头数量，在同一截面内，受拉钢筋不宜超过受力钢筋的1/4，受压钢筋不宜超过受力钢筋的1/2。接头相互间的距离，如不超过钢筋直径的30倍，均视为在同一截面内。

(2)钢筋接头采用夹悍式焊接时，夹杆总面积不小于被焊钢筋的面积。夹杆长度，如用双面焊缝，应不小于5 d，如用单面焊缝，应不小于10 d。

20.5.2.3　**混凝土浇筑**

混凝土所用的水泥、水、骨料外加剂等必须符合施工规范及有关规定，使用前要检查出厂合格证或检验报告是否符合质量要求。

(1)混凝土配合比、原材料计量、搅拌、养护和施工缝处理应符合施工规范的规定和混凝土浇筑的一般要求。

(2)混凝土自吊斗口下落的自由倾落高度不得超过2 m，如超过2 m必须采取措施。

(3)浇筑混凝土时应分段分层进行，每层浇筑高度应根据结构特点、钢筋疏密决定。一般分层高度为插入式振捣器作用部分长度的1.25倍，最大不超过550 mm，平板振动器的分层厚度为200 mm。

(4)使用插入式振捣器应快插慢拔，插点要均匀排列，逐点移动，按顺序进行，不得遗漏，做到均匀振实。移动间距不大于振动棒作用半径的1.5倍(一般为300～400 mm)，振捣上一层时应插入下层混凝土面50 mm，以消除两层间的接缝，平板振动器的移动间距应能保持振动器的平板覆盖已振实部分的边缘。

(5)浇筑混凝土应连续进行，如必须间歇，其间歇时间应尽量缩短，并应在前层混凝土初凝之前，将次层混凝土浇筑完毕，间歇的最长时间应按所用水泥品种及初凝时间确定，一般超过2 h应按施工缝处理。

20.5.2.4　**注意事项**

拱上结构的立柱、横墙的基座，在施工前应对其位置和高程复测检查，如超过允许偏差应予以调整。

多孔拱桥，一孔吊装拱上结构时，应观测相邻孔拱圈和墩台的影响。当发现挠度和横向偏移值超过允许值时，应及时分析，调整施工程序或采取其他有效措施。

在安装过程中，应经常对构造混凝土进行裂缝观测，若发现裂缝超过规定或有继续发展的趋势时，应及时分析研究，找出原因，采取有效措施。

大跨度拱桥的施工观测和控制宜在每天气温、日照变化不大的时候进行，尽量减少温度变化等不利因素的影响。

拱上建筑施工，应避免使主拱圈产生过大的不均匀变形。实腹式拱上建筑，应由拱脚向拱顶对称砌筑。空腹式拱桥一般是在腹拱墩砌筑完后，随即卸落拱架，之后再对称均衡地砌筑拱圈，以免使主拱圈产生不均匀下沉，导致腹拱圈开裂。在多孔连续拱桥中，当桥墩不是按施工单向受力墩设计时，仍应注意相邻孔间的对称均衡施工，避免使桥墩承受过大的单向推力。在裸拱圈上修建拱上结构的多孔连拱时，更应注意相邻孔间的对称均衡施工，以免影响拱圈的质量和安全。

安装桥面板时，应按照纵向对称和横向对称原则进行。宜从拱一端到另一端分阶段往复安装，以改善主拱圈受力。

采用无支架施工的大、中跨径拱桥，其拱上结构宜充分利用缆索吊装施工。

20.6　质量标准

20.6.1　基本要求

拱上结构施工过程中必须严格按照加载程序对称、均衡、同步进行，同时不得在裸拱上进行使结构产生过大振动的作业，避免发生结构的有害振动。

20.6.2　外观鉴定

混凝土平整密实，颜色一致，无蜂窝，麻面。砂浆饱满无空隙。

20.7　成品保护

(1)工地成立由项目经理、安全员、保卫科组成的成品和半成品防护领导小组，制订并定期或不定期检查落实成品、半成品保护措施。

(2)冬雨期施工时，做好砼浇筑时的成品防雨、防冻措施，严格按冬雨期施工方案组织施工。

(3)对已浇筑完成的砼要进行成品保护，上层砼流下的水泥浆要及时清理干净，洒落的砼要随时清理干净。对才浇筑完成的砼要达到强度后方可上人进行施工作业。

(4)成品清理时，应加强清理人员的成品保护意识，做好对已完工程的成品保护工作。

20.8　安全环保措施

(1)树立“安全第一，预防为主，综合治理”的思想，抓生产必须抓安全，以安全促生产。项目部成立以项目经理为首的安全领导小组，配备专职安全工程师，负责全面的安全管理工作；建立健全的安全领导小组，配备专职安全员，负责各项安全工作的落实。做到有计划、有组织地预测、预防事故的发生。

(2)建立健全的安全责任制，从项目经理到生产工人，明确各自的岗位责任，各专职机构和业务部门要在各自的业务范围内对安全生产负责。

(3)加强全员的安全教育，使广大职工牢固树立“安全第一，预防为主，综合治理”的意识，克服麻痹思想，组织员工有针对性地学习有关安全方面的规章制度和安全生产知识，做到从思想上重视，在生产上严格执行操作规程。各类机械设备的操作工、电工等特殊工种，必须经过专门安全操作技术训练，考试合格后方可持证上岗。

(4)坚持经常和定期安全检查，及时发现事故隐患，堵塞事故漏洞，奖罚当场兑现，坚持自查为主、互查为辅、边查边改的原则；主要查思想、查制度、查纪律、查领导、查隐患，并结合季节特点，重点查防触电、防高空坠落、防机械车辆事故等措施的落实。

(5)施工用电必须符合用电安全规程。施工现场内的电线要与其所经过的建筑物或工作地点保持安全距离。各种电力机械设备，必须有可靠有效的安全接地和防雷措施，严禁非专业人员操作机电设备。

(6)拱上结构施工吊装作业机械多，施工场地相对较为狭小，故要求施工前应建立统一的指挥机构，并配备通信联络工具，确保在拱上结构施工过程中无安全事故发生。

20.9 质量记录

(1)原材料质量检测记录。

(2)高程偏差测量通用整理记录表。

(3)偏位测量通用整理记录表。

(4)拱圈砌体质检表。

(5)侧墙砌体质检表。

(6)现浇砼构造物模板安装质检表。

(7)浆砌(块)片石/砼基础质检表。

(8)小型预制构件质检表。

(9)梁(板)安装质检表。

(10)支座安装质检表。

(11)腹拱安装质检表。

(12)桥面铺装质检表。

(13)伸缩缝装置质检表。

(14)桥梁护栏质检表。

(15)栏杆安装质检表。

21　下承式移动模架逐孔现浇施工工艺

21.1　总则

21.1.1　适用范围

本标准适用于公路及市政、铁路的桥梁工程采用移动模架逐孔现浇施工的多跨简支和连续梁桥。特别适用于桥址两边是隧道、深山峡谷、江河或湖泊滩地、跨越既有道路(高速公路)等特殊地形环境的现浇梁桥。

21.1.2　编制参考标准及规范

(1)《公路桥涵施工技术规范》(JTG/T F50—2011)。

(2)《公路工程质量检验评定标准》(JTG F80/1—2017)。

(3)《公路工程施工安全技术规范》(JTG F90—2015)。

(4)《公路工程水泥及水泥砼试验规程》(JTG E30—2005)。

21.2　术语

21.2.1　下承式移动模架

下承式移动模架是指移动模架主要受力结构设置在主要承重结构(桁架、拱肋、主梁等)下面的结构形式。

21.2.2　移动模架

移动模架，又称为滑动模板支架系统，是一种自带模板、自动行走、利用纵梁支撑、对混凝土桥梁上部结构进行墩顶原位浇筑的施工设备。

21.2.3　导梁

导梁是为模架前移过孔及其支承台车前移倒运提供支承点，从而完成整体模架的逐孔前移的部件。

21.3 施工准备

21.3.1 技术准备

(1)组织技术人员、施工人员熟悉相关的技术规范和设计图纸。

(2)熟悉和分析施工现场情况，拟定移动模架拼装场地；熟悉并复核设计图纸，熟悉机械操作规程，编制移动模架拼装、试压、逐孔现浇专项施工方案及作业指导书，并报建设和监理单位审批。对现场技术员、施工员及作业班组操作人员进行移动模架拼装、试压、逐孔现浇施工技术交底和安全技术交底。

(3)编制桥梁施工测量方案及临时用电方案。复核导线控制及高程控制点，并加密控制点。

(4)提前做好支座的安装准备工作，做好各进场材料报验的验收及报验工作，完成各项原材料的试验验证及进场检验。进行混凝土、水泥浆的配比试验工作，并批复。

(5)进行测量放线，校核墩顶或盖梁顶的标高及平面位置，进行跨径、螺丝孔位、支座标高的校验工作。

21.3.2 材料准备

(1)现浇梁结构材料：钢筋、钢绞线、波纹管、锚具、支座、预埋件以及混凝土施工用水泥、砂、碎石、粉煤灰、矿粉、外加剂、灌浆料、脱模剂、养护液等。

(2)移动模架拼装及施工时的施工用材：精轧螺纹钢、高强螺栓、型钢、黄油、钢板、电线电缆、机油、砂袋或水袋、枕木等。

21.3.3 主要机具

(1)机械：下承式移动模架、全自动混凝土拌和楼、混凝土罐车、混凝土泵车或地泵、吊车、装载机、插入式振动器、张拉设备、真空压浆设备、备用发电机组、钢筋加工设备、电焊机、氧割设备、变压器等。

(2)工具：铁锹(尖、平头两种)、手推车、钢卷尺、木抹子、铁抹子、扭力扳手、撬棍、榔头等。

(3)测量试验仪器：全站仪、水准仪、塔尺、钢尺及钢筋、混凝土试验设备等。

21.3.4 作业条件

(1)桥梁的里程桩号和桥梁的设计图纸已经复核确定。

(2)桥梁施工便道方案已经确定并已修建，桥梁红线征地工作已经完成。

(3)桥梁施工区域进行了平整，为保证各种设备行走安全，对不利于施工机械行走的松软地面进行了碾压或夯实处理。

(4)移动模架拼装方案、拼装场地已确定并已平整压实。

(5)现浇梁施工方案已批复，桥梁基础及下部构造已完成并交工。

(6)桥梁支座垫石位置及坐标已复测。

(7)桥梁范围附近根据桥梁长度及通视情况设有足够的平面控制点和水准测量基点，并已复测。

(8)各项钢筋试验及混凝土配比、原材料试验已完成并报批。

(9)各种施工机具已经到位，拌和楼、张拉设备等已标定；施工建筑材料已准备就绪。

21.3.5 劳动力组织

下承式移动模架逐孔现浇施工工艺的劳动力组织如表21－1所示。

表21－1 下承式移动模架逐孔现浇施工劳动力组织

工种	人数	工作地点	职责范围
施工负责人	1	整个施工现场	负责组织施工管理工作、协助总指挥工作等
技术负责人	1	整个施工现场	负责技术管理、质量管理工作
工班长	1	施工区域	负责班组组织施工，协调各工种交叉作业等
技术员	1	整个施工现场	负责解决施工中的技术问题，编写技术方案、措施等
安全员	1	整个施工现场	负责跟班检查安全措施、安全措施的执行情况及安全教育工作，对安全生产负责
质量检查员	1	整个施工现场	负责跟班检查工程质量，组织各工种交接及质量保证措施的执行情况，对工程质量负责
试验室负责人	1	整个施工现场	负责整个实验工作
实验员	1	拌和站及施工现场	实验工作
拌和站负责人	1	拌和站及施工现场	负责拌和站组织管理及与施工现场的协调
拌和楼机手	2	拌和楼	负责拌和楼的管理及操作工作
测量工	2	施工现场	负责桥梁施工放样、高程等测量工作
吊车司机	1	施工现场	负责起重作业工作
机械操作工	4	施工现场	负责移动模架、其他机械操作及维修保养工作
铲车司机	1	拌和楼及施工现场	负责拌和站及施工现场材料转运等工作
罐车司机	10	混凝土浇筑现场	负责混凝土运输工作
泵车司机及机手	4	混凝土浇筑现场	负责混凝土泵送工作
模板工	12	施工现场	负责模板安拆、维护、调整工作
钢筋工	18	施工现场	负责钢筋制作、安装工作
混凝土工	20	施工现场	负责施工现场的混凝土浇筑及养护工作
预应力工	6	施工现场	负责预应力管道、锚具安装及预应力张拉压浆封锚工作
电工	1	整个施工现场	负责现场动力、照明、通信等电器系统的维修保护
材料员	1	材料仓库	负责施工材料供应及管理
保卫工	2	拌和站及施工现场	负责拌和站及施工现场的安全保卫工作
杂工	6	整个施工现场	负责便道维护、现场清理等
总计	99		

注：此表为一个作业班施工配备人员，未计后勤、行政等人员。

21.4 工艺设计和控制要求

21.4.1 技术要求

21.4.1.1 移动模架构造

下承式移动模架包括支承台车、主梁、底模、侧模和底模调整机构、导梁、墩旁托架、辅助门吊和内模及内模小车。如图 21－1 所示。

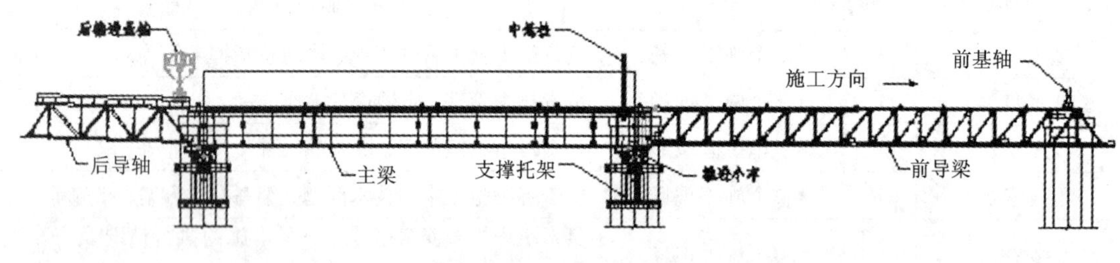

移动模架立面图

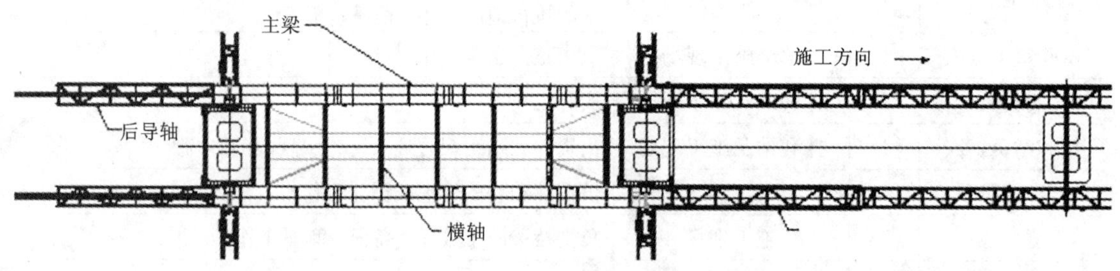

移动模架平面图

图 21－1 移动模架图

下承式移动模架的外模、底模和支架及导梁可纵向移动，如用于连续梁可一次浇灌数孔，以减少移支架次数，加快制梁进度。其内模可收缩后从箱室内逐节退出。

21.4.1.2 模架拼装的技术要求

(1)支腿(或牛腿)及墩旁托架，应具有足够的强度、刚度和稳定性，基础必须坚实稳固。

(2)临时支墩的抗倾覆稳定系数必须大于1.5。

(3)拼装横梁时要注意同时安装相应重量的配重，以防失衡倾覆。

(4)模架拼装时要严格按移动模架拼装手册或作业指导书的要求进行，比如：高强螺栓的安装、初拧、复拧、终拧等。

21.4.1.3 模架预压的技术要求

移动模架在完成拼装第一次使用前，可通过预压消除非弹性变形、确定弹性变形值并就此进行预拱度设置，同时检验移动模架的安全性能。

(1)模架预压根据施工图设计说明及预压专项方案的要求，宜采用等载预压。

根据箱梁自重、施工荷载以及内模等重量，确定预压荷载。

（2）预压时根据箱梁底板及翼板、梁端及梁中部不同的重量分布摆布加载材料，使预压重量与箱梁的实际重量分布近似，从而使得通过预压确定的移动模架的拱度值与箱梁施工时的实际拱度值更接近。

（3）通过先底板、再腹板、最后堆载顶板和翼板的顺序对称进行，持荷时间不超过 48 h。顶板荷载可通过计算分配到底、腹、翼板中加载。如图 21－2 所示。

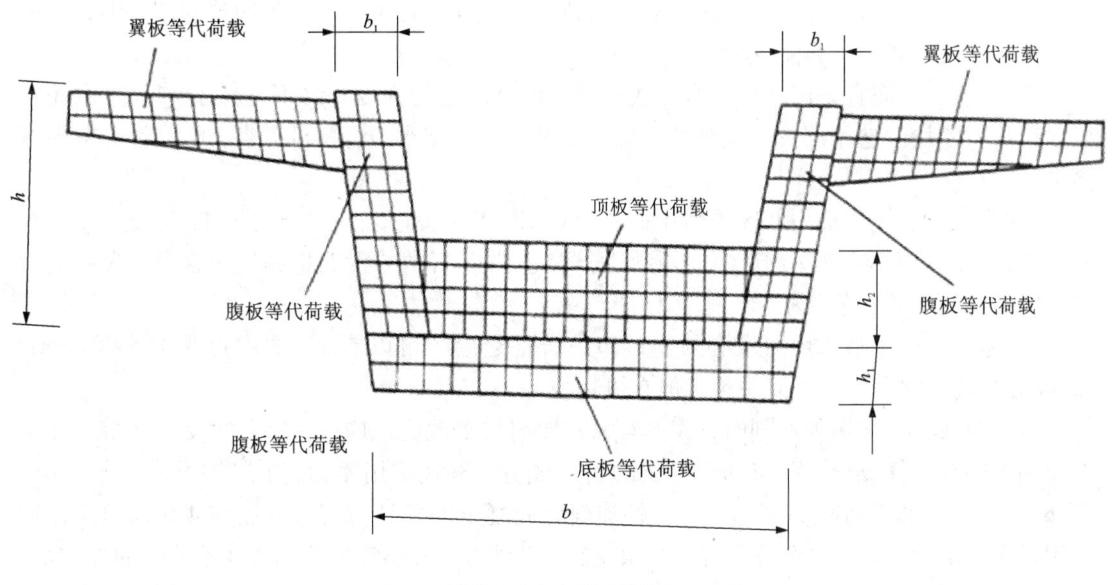

图 21－2　加载示意图

（4）自跨中开始向两侧设多排沉降观测点，布设于底板及翼板，并进行编号。预压前，调整好模板，测出所有加载点高程后进行加载。

（5）加载流程按 0、20%、50%、80%、100% 分期进行，并测出各分期观测值。卸载前测量各点标高。卸载也要对称进行，卸载完毕后，测量各点标高。

21.4.1.4　**移动模架过孔的技术要求**

（1）外模架在梁体建立预应力后方可卸落。

（2）模架在移动过孔时的抗倾覆稳定系数应不小于 1.5。

21.4.2　材料质量要求

（1）支座：进场应有装箱清单、产品合格证及支座安装养护细则，规格、质量和有关技术性能指标符合现行公路桥梁支座标准的规定，并满足设计要求。

（2）配制环氧砂浆材料：二丁酯、乙二胺、环氧树脂、二甲苯、细砂，除细砂外的其他材料应有合格证及使用说明书，细砂品种、质量应符合有关标准规定。

（3）加工制造用钢材：其屈服、极限强度应满足：Q235 钢符合现行国家标准《碳素结构钢》（GB/T 700—2006）的规定；Q345 钢符合现行国家标准《低合金高强度结构钢》（GB/T 1591—2018）的规定。

(4)电焊条：进场应有合格证，选用的焊条型号应与母材金属强度相适应，品种、规格和质量应符合现行国家标准的规定并满足设计要求。

(5)钢筋：在钢筋进场后，要求提供附有生产厂家对该批钢筋生产的合格证书，标示批号和出厂检验的有关力学性能试验资料。进场的每一批钢筋，均按《公路工程金属试验规程》(JTJ 055—1983)进行取样试验，试验不合格的不得使用。

(6)钢绞线：进场后分批检验，每批抽检钢绞线重量不大于60 t，任取3盘抽检，并从每盘所选的试样进行表面质量、直径偏差和力学性能试验。试验结果如有一项不合格，则该盘报废。并再从该批未检验的钢绞线中取双倍数量的试样进行该不合格项的复验，如仍有一项不合格，则该批钢绞线不合格。

(7)水泥：水泥宜采用硅酸盐水泥或普通水泥。水泥的强度等级不宜低于42.5。水泥不得含有任何团块。选用同一个品牌的水泥，低碱水泥可减小碱骨料的危害，所以优先考虑碱含量低的水泥。

(8)砂石料：优先选用Ⅱ区天然中砂，不宜选用粗砂和人工砂，石子应优先选用连续级配的碎石，石子的粒径宜小不宜大。另外，严格要求砂石中的含泥量和泥块含量，含泥量大将会影响混凝土的颜色。

(9)水：生产用水所用河水必须经过检查合格之后才可以使用，要求每升水不含有500 mg以上的氯化物离子或任何一种其他有机物。

(10)外加剂：选用外加剂时，着重考虑外加剂与水泥的适应性、保水性及碱含量。如果外加剂中掺有引气成分，则应选用优质的引气成分，不宜选用木钙、十二烷类的引气成分。另外，外加剂的缓凝结时间不宜长，加外加剂后混凝土的凝结时间宜控制在4 h以内。外加剂用量通过试验确定，要求是具有低含水量、流动性好、最小渗出及膨胀性等特性的外加剂。

(11)矿物掺和料：现常用的矿物掺和料有矿渣粉和粉煤灰，矿物掺和料的颜色应均匀稳定，矿渣粉宜选用表面积在4000 cm^2/g以上的S95级矿渣粉，粉煤灰宜优先选用Ⅰ级粉煤灰，粉煤灰的掺量控制在1% ~3%的范围内，因为掺量大小将会影响混凝土的颜色。

21.4.3 职业健康安全要求

(1)施工前做好施工安全交底，施工过程中，安全员应随时检查安全情况。

(2)特种设备操作人员必须经培训考核后持证上岗。专人专岗，严格遵守各专用设备使用规定和操作规程，且不得疲劳操作。

(3)所有作业工作人员必须按照有关规定配备符合国家标准的劳动防护用品。未按规定佩戴和使用劳动防护用品的，不得上岗作业。

(4)严禁在机械运行范围内停留，机械行走前应检查周围情况，确认无障碍后鸣笛操作。

(5)作业人员应接受过职业健康安全培训，如未接受过此类培训，由公司对其进行宣传教育后方可进行作业。

(6)作业人员上岗前要进行职业健康体检，施工过程中要定期进行职业健康体检，由公司定期对职工进行职业病防治知识培训。

(7)现场操作人员要遵守公司的劳动纪律，严格按本工种操作规程(制度)和施工机械安全操作规程操作。

(8)移动模架属起重设备，必须经法定检验机构按安全技术规范要求检验合格后方可使用。

(9)施工现场设简易开水锅炉和供茶水桶、男女厕所、浴室，定期消毒，保持清洁。定期对宿舍进行消毒，保持室内清洁，无疾病传染。

21.5 施工工艺

21.5.1 工艺流程

下承式移动模架逐孔现浇施工工艺流程如图 21 - 3 所示。

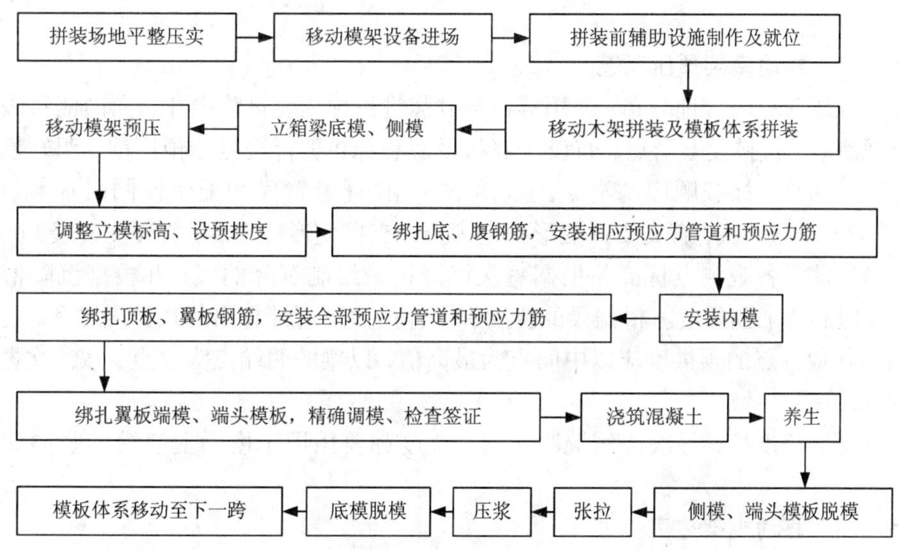

图 21 - 3　下承式移动模架逐孔现浇施工工艺流程图

21.5.2 操作工艺

21.5.2.1 移动模架拼装工艺

1. 拼装场地准备

在起始桥墩跨内，清理移动模架的安装现场。要求平整压实(场地易积水或排水困难的可用 15 cm 厚 C20 硬化)，满足全部模架设备的存放、拼装。

2. 支腿(牛腿)组装

支腿(牛腿)为钢箱梁形式，吊装牛腿时在牛腿顶面用水准仪抄平，以使推进平车在牛腿顶面上顺利滑移。

3. 模架组件拼装

在起始施工的两墩位处根据标高和高度安装支腿(牛腿)及墩旁托架，并根据模架主梁框架的结构尺寸(分节长度)，在跨内两侧搭设 N 个临时支墩进行主梁及横梁、导梁、模板和其他小件的拼装(也可将全部主梁拼装完成后用大吨位吊机整体吊装就位)，可根据高度和主梁的重量计算，采用枕木垛、钢管碗扣件或钢护筒搭设。

4. 移动模架拼装顺序如图 21－4 所示。

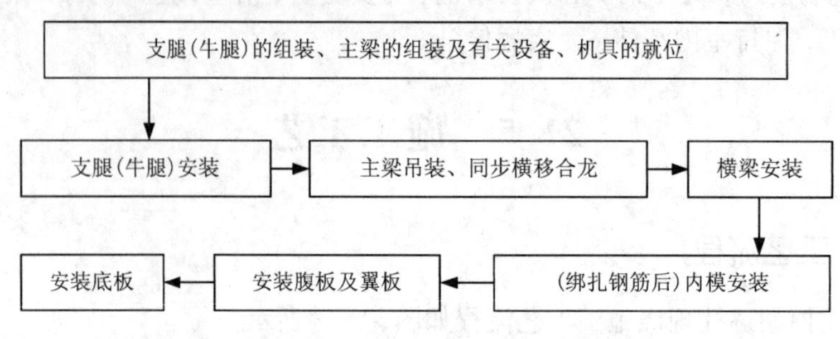

图 21－4　移动模架拼装顺序流程

21.5.2.2　**移动模架预压工艺**

为保证预压荷载的合理分布，采用等荷载砂袋进行预压。自跨中开始向两侧每隔 5 m 设一个沉降观测点，每排设七个点，布设于底板及翼板，并进行编号。预压前，调好模板抄平所有点标高后加载，加载顺序与混凝土浇筑顺序相同(悬臂段和配重段同时加载、同时卸载)，以后每天观测一次，直到支撑变形稳定为止。支撑变形稳定后，将预压砂袋卸除，将模板清理干净后测量各观测点标高。根据每次沉降记录绘制沉降曲线，并根据沉降值进行计算，确定合理的施工预拱度。根据梁的挠度和支撑的变形所计算出的预拱度之和，为预拱度的最高值。其他各点的预拱度应以中间点为最高值，以梁的两端点为零点，按二次抛物线进行分配设置。

根据计算的挠度值，每次浇筑混凝土时，挠度都要用设于横梁上底模的竖向调整系统调整。

21.5.2.3　**移动模架施工**

移动模架施工步骤如图 21－5 所示。

21.5.2.4　**箱梁施工工艺**

1. 支座安装的工艺要求

(1)支座安装前要对支座产品进行检查验收，并全面检查桥梁跨距、支座及预留锚栓孔的位置、尺寸和支座垫石顶面的高程、平整度，均要符合设计及规范要求方可进行下道工序的施工。

(2)凿毛支座安装位置表面，清除预留锚栓孔内的杂物。

(3)支座安装时，应在下支座板四周用钢锲块调整支座水平，并使下支座板底面高出桥墩(台)顶面 20～50 mm，找出支座纵、横向中心线位置，使之符合设计要求。

(4)支座锚孔灌浆采用高强无收缩水泥砂浆或环氧砂浆，采用重力灌浆法施工。用环氧树脂砂浆灌注支座底面垫层或者用自流平砂浆以及支座灌浆料灌注支座底面垫层均可。

2. 箱梁施工工艺流程

箱梁施工工艺流程如图 21－6 所示。

3. 模板预拱度的调整

移动支撑系统预拱度的调整是施工中的重点，移动支撑系统的挠度值主要由四部分组成：

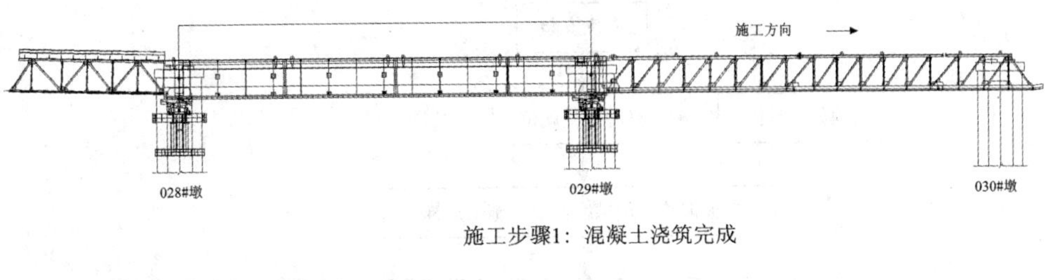

施工步骤1：混凝土浇筑完成

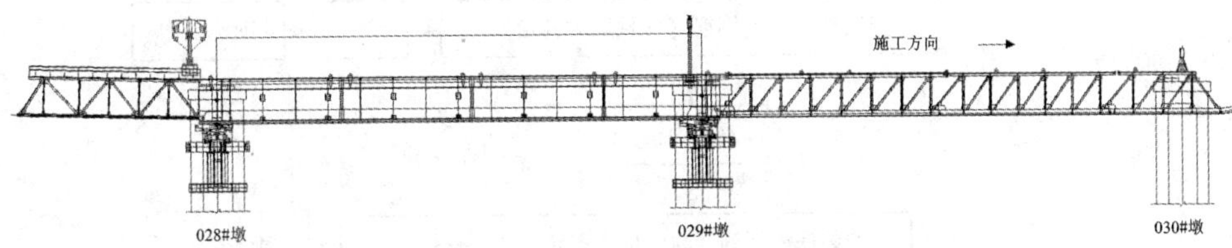

施工步骤2：落模，安装支点悬挂

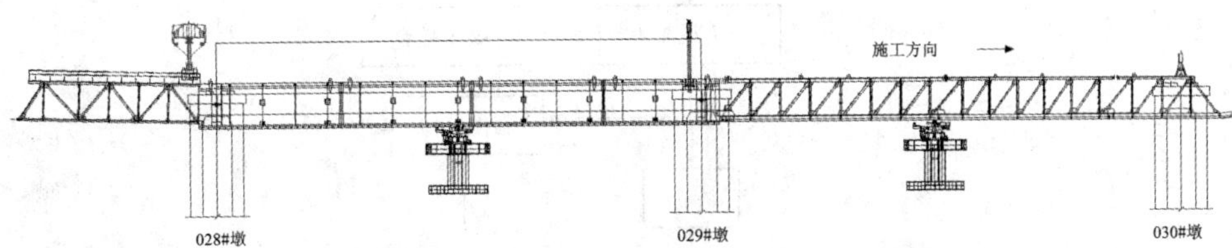

施工步骤3：支撑托架自行

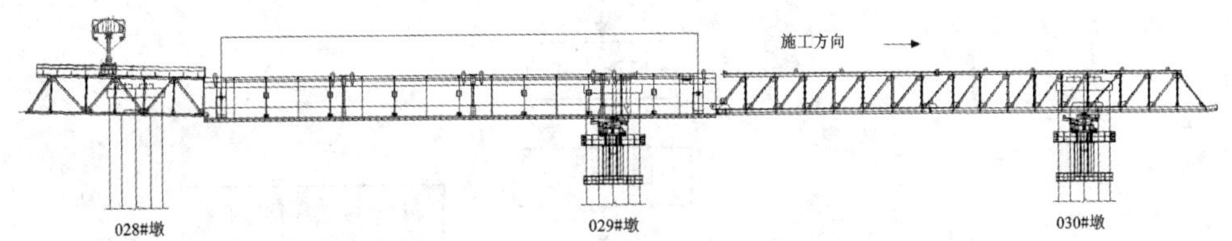

施工步骤4：支撑托架安装就位，主梁纵移

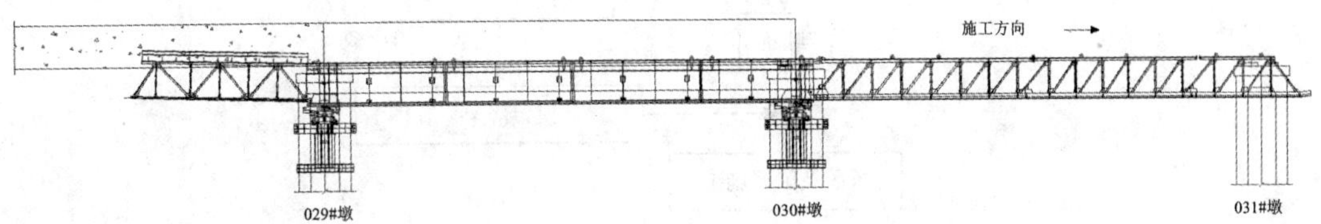

施工步骤5：主梁纵移到位，合模

图 21－5　移动模架施工步骤图

(1)混凝土自重产生的挠度值。

(2)由后悬臂端变形产生的挠度值(浇筑第二孔以后各孔时方考虑此值)。

(3)预应力钢束张拉产生的反拱值，支点间按抛物线计算。

(4)牛腿沉降产生的挠度值。

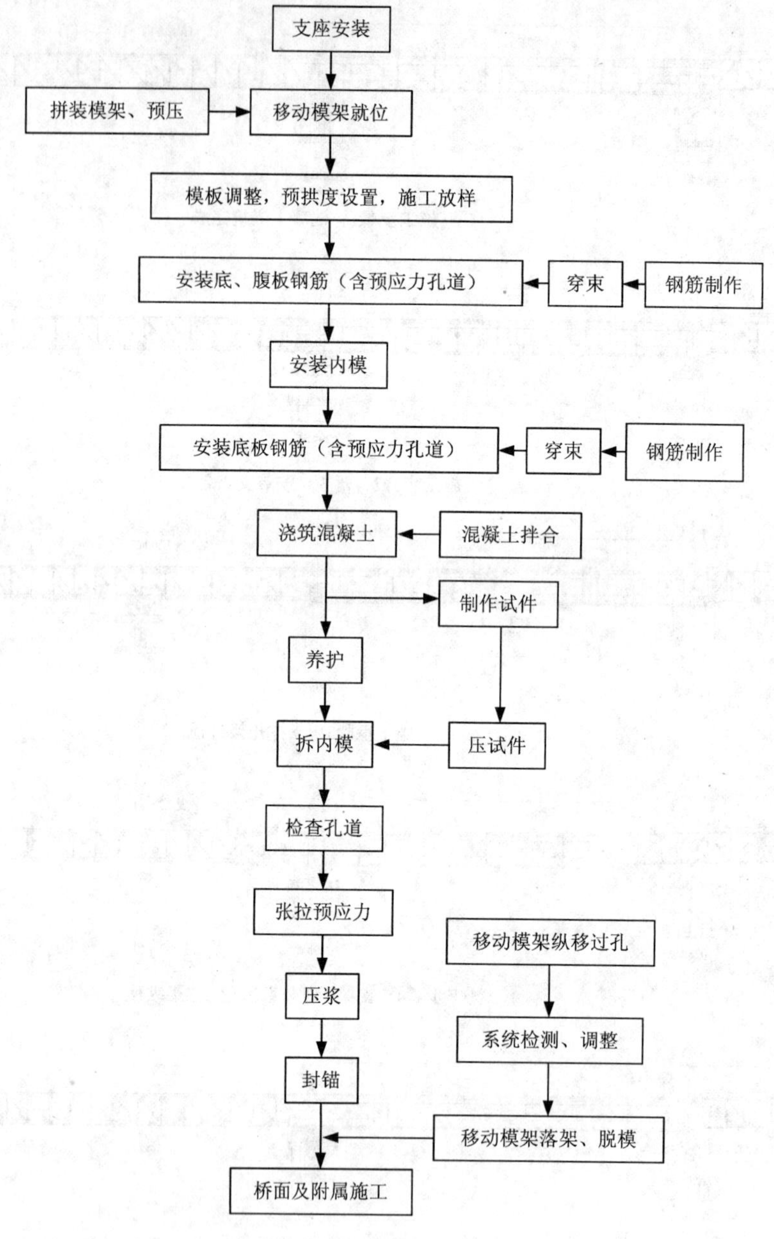

图 21－6　箱梁施工工艺流程

4. 钢筋绑扎及波纹管安装的工艺要求

(1) 钢筋必须按不同种类、等级、牌号、规格及生产厂家分批验收、分别堆放，不得混杂，且应立标牌以示识别。钢筋存放要采用下垫上盖的方式避免钢筋受潮生锈。钢筋在运输、储存的过程中，应避免锈蚀和污染，并堆置在钢筋棚内。

(2) 钢筋保护层采用提前预制与主梁等标号的砼垫块，砼保护层的厚度要符合设计要求。

(3) 在钢筋的安装过程中，要及时对设计的预留孔道及预埋件进行设置，设置位置要正确、固定牢固。

(4)钢筋焊接优先采用双面焊，当双面焊不具备施工条件时，再采用单面焊接(双面焊5 d、单焊10 d)。

(5)焊接接头不设于最大压力处，并使接头交错排列，受拉区同一焊接接头范围内接头钢筋的面积不得超过该截面钢筋总面积的50%。

(6)钢筋加工安装完毕，经自检合格报请监理工程师抽检合格后，方可进行下道工序施工。

(7)绑扎好钢筋后，按设计坐标布置形成预应力筋管道的波纹管。管道的标高利用腹板钢筋上焊接的定位钢筋波纹管进行定位，沿管道方向其直线段范围，定位筋一般以1 m设置一组，但在管道的曲线段范围(包括平弯、竖弯)则以0.5 m设置一组。之后，安装锚下螺旋筋，螺旋筋要紧贴锚板背面，保证锚板面与管道轴线垂直，波纹管尽可能处于其正中位置。波纹管安装完毕之后必须重点检查管道的坐标位置、线型、接头与管道的变形情况与完整性。

5.混凝土施工的工艺要求

(1)在满足设计要求的前提下，充分考虑混凝土的耐久性能，且保证结构的强度、弹性模量及混凝土运输、泵送时的坍落度损失等施工工艺的影响。掺用外加剂、粉煤灰、磨细矿渣粉以减少水泥用量、减少混凝土收缩徐变、防止梁体表面裂纹，并做外加剂与水泥和掺和料的相融性试验。

(2)箱梁混凝土拌和采用拌和站集中拌和供应，罐车运输，天泵入模连续浇筑，一次性整体成形工艺。现浇箱梁混凝土的浇筑顺序为：先浇底板和腹板，后浇筑顶板；纵向从坡度较低的一端向较高的一端浇筑。每孔跨混凝土的浇筑顺序按照纵向分段、水平分层的施工顺序，当无法在砼初凝前完成当次砼浇筑时，尽量将纵向接缝留在距支点1/4*L*处，同时尽量避免水平施工缝。

(3)内模中的侧向模板应在同条件下的试件强度达到2.5 MPa时，方可拆模。顶面模板应在同条件下的试件强度达到设计强度条件的75%后，方可拆除。一般情况下，规范有要求时，拆模时间不应早于规范要求的拆模时间，规范无要求时，拆模时间不早于20 h。

(4)待混凝土终凝后，及时进行养护，养护时间不少于7 d。

6.预应力筋张拉、压浆的工艺要求

(1)张拉用油压千斤顶、高压油泵和油压表，编号进行配套校验，以便确定张拉力与压力表读数之间的关系曲线。张拉机具使用时的校验期限应视千斤顶工作情况而定，一般使用超过6个月或300次，以及在千斤顶使用过程中出现不正常现象时应重新校验。

(2)张拉顺序严格按设计图纸要求进行。张拉方式根据图纸要求，采用两端对称张拉或一端张拉。

(3)根据设计对预应力张拉时的箱梁砼的强度及养护时间要求，进行预应力钢束张拉。张拉采用双控，张拉前依据设计提供的锚下控制应力计算油表读数(施工前需仔细核对图纸，以施工图中标注为准)，张拉过程中实际伸长量与理论伸长量的差值应控制在±6%，否则应暂停张拉，待查明原因并采取措施予以调整之后，方可继续张拉。

(4)张拉步骤为：

0→初张拉10% σ_k→ 张拉20% σ_k→ 张拉100% σ_k(持荷5分钟) → 锚固。

(5)对称张拉时，两端千斤顶的升降速度应大致相等，测量伸长值时，要两端同时进行。每个断面断丝之和不超过断面钢丝总数的1%，不允许整根拉断。张拉要同时做好施工记录。

(6)张拉完成后在48 h内进行管道压浆。管道压浆采用真空辅助压浆施工工艺，压浆泵应采用连续式；同一管道压浆应连续进行，一次完成。

7. 模架过孔

桥面铺设后辅助支腿的走行钢轨，后辅助支腿在桥面支撑，中、前辅助支腿在墩顶支撑，前、后主支腿油缸完全回收，解除前、后主支腿的对拉高强精轧螺纹钢筋后横移出桥墩预留孔，利用纵移油缸顶推前、后主支腿前进至下一桥墩就位。

解除中、前辅助支腿支撑，后辅助支腿和前、后主支腿的油缸回收，使移动模架主梁底部的轨道落放在支撑滑道上，后辅助支腿和前、后主支腿的横移油缸循环伸缩，使两侧移动模架向外横向开启，同时启动后主支腿上的纵移油缸，循环伸缩使模架前移一跨。模架横移合拢后进行调试，重新进行下一循环施工。

21.6 质量标准

(1)钢筋加工的误差的质量控制如表21-2所示。

表21-2 加工钢筋的允许偏差

项目	允许偏差/mm
受力钢筋顺长度方向加工后的全长	±10
弯起钢筋各部尺寸	±20
箍筋、螺旋筋各部分尺寸	±5

(2)根据《公路工程质量检验评定标准》(JTG F80/1—2017)的规定，钢筋制作与安装要求及检验项目如表21-3所示。

表21-3 钢筋加工及安装实测项目

<table>
<tr><th>项次</th><th colspan="2">检查项目</th><th>规定值或允许偏差</th><th>检查方法和频率</th></tr>
<tr><td rowspan="2">1</td><td rowspan="2">受力钢筋间距/mm</td><td>两排以上排距</td><td>±5</td><td rowspan="2">每构件检查2个断面，用尺量</td></tr>
<tr><td>梁、板</td><td>±10</td></tr>
<tr><td>2</td><td colspan="2">箍筋、横向水平钢筋、螺旋筋间距/mm</td><td>±10</td><td>每构件检查5~10个间距</td></tr>
<tr><td rowspan="2">3</td><td rowspan="2">钢筋骨架尺寸/mm</td><td>长</td><td>±10</td><td rowspan="2">按骨架总数30%抽查</td></tr>
<tr><td>宽、高或直径</td><td>±5</td></tr>
<tr><td>4</td><td colspan="2">弯起钢筋位置/mm</td><td>±20</td><td>每骨架抽查30%</td></tr>
<tr><td>5</td><td>保护层厚度/mm</td><td>梁、拱肋</td><td>±5</td><td>每构件沿模板周边检查8处</td></tr>
</table>

(3)钢模板加工时的允许偏差如表 21 -4 所示。

表 21 -4 钢模板加工允许偏差

项次	检查项目		允许误差
1	外形尺寸	长、宽	0，-1
		肋高	±5
2	面板端偏斜		≤0.5
3	连接配件(螺栓、卡子等)的孔眼位置	孔中心与板面的间距	±0.3
		板端孔中心与板端的间距	0，-0.5
		沿板长、宽方向的孔	±0.6
4	板面局部不平		1
5	板面和板侧挠度		±1.0

(4)模板安装允许偏差如表 21 -5 所示。

表 21 -5 模板安装允许偏差

项次	检查项目	规定值或允许偏差
1	高程	±10
2	内部尺寸	±5，0
3	轴线偏位	±10
4	相邻两板面高低差	2
5	表面平整度	5
6	预埋件中心线位置	3
7	预留孔中心线位置	10
8	预留孔洞截面内部尺寸	+10，0

(5)现浇箱梁实测项目如表 21 -6 所示。

表 21 -6 现浇箱梁实测项目

项次	检查项目	规定值或允许偏差	检验方法
1	混凝土强度/MPa	在合格标准内	按 JTG F80/1—2004 附录 D 检查
2	轴线偏位/mm	10	全站仪或经纬仪：测量 3 处
3	梁顶面高程/mm	±10	水准仪：检查 3 ~5 处

续表 21－6

<table>
<tr><th>项次</th><th colspan="2">检查项目</th><th>规定值或允许偏差</th><th>检验方法</th></tr>
<tr><td rowspan="9">4</td><td rowspan="6">断面尺寸/mm</td><td>高度</td><td>+5，－10</td><td rowspan="6">尺量：每跨检 1 ~ 3 个断面</td></tr>
<tr><td>顶宽</td><td>±30</td></tr>
<tr><td>箱梁底宽</td><td>±20</td></tr>
<tr><td>顶板厚</td><td>+10，－0</td></tr>
<tr><td>底板厚</td><td></td></tr>
<tr><td>腹板或梁肋</td><td></td></tr>
<tr><td colspan="2">长度/mm</td><td>+5，－10</td><td>尺量：每梁</td></tr>
<tr><td colspan="2">横坡/%</td><td>±0.15</td><td>水准仪：每跨检查 1 ~ 3 处</td></tr>
<tr><td colspan="2">平整度/mm</td><td>8</td><td>2 m 直尺：
每侧面每 10 m 梁长测一处</td></tr>
</table>

（6）预应力筋的制作安装误差应满足《公路桥涵施工技术规范》（JTG/T F50—2011）的 7.2.4和 7.8.3 的要求。

（7）砼外观要求：

①色调：色调在混凝土的质量控制中占有很重要的位置，原材料配比、掺量以及产地的不同，都会影响混凝土的色调。因此必须在施工前进行混凝土颜色的调配来确定工程施工中混凝土的颜色。

②裂缝：混凝土表面无明显裂缝，不得出现宽度大于 0.12 mm 或长 50 mm 以上的裂缝。

③气泡：混凝土表面的气泡要保持均匀、细小，杜绝出现蜂窝麻面，基本消除表面气泡。混凝土表面气孔直径介于 0.8 ~ 2.0 mm，不应出现 2.5 mm 以上的气孔，且气孔深度不大于 2 mm，气孔率不大于 0.09%。

④平整度：混凝土的表面平整度不大于 2 mm，层间垂直度不大于 3 mm，允许偏差不大于 2 mm。

⑤光洁度：脱模后表面平整光滑，色泽均匀，无油迹、锈斑、粉化物，无流淌和冲刷痕迹。

⑥观感缺陷：无漏浆、跑模和胀模造成的缺陷，无错台、冷缝或夹杂物，无蜂窝、麻面、孔洞及露筋，无剔凿或涂刷修补处理痕迹。

21.7　成品保护

下道工序施工时，要注意对成品结构物的保护，不得碰撞及污染混凝土表面；在混凝土交工前，对易被碰触的部位柱、阳角等处，拆模后可钉薄木条或粘贴硬塑料条加以保护。另外还要加强对施工人员的教育，避免人为污染或损坏。

21.8　安全环保措施

21.8.1　安全措施

(1)设立专职安全员并建立旁站制度，及时纠正和消除施工中出现的不安全苗头。

(2)对施工人员定期进行安全教育和安全知识考核。

(3)对各种临时的承重结构及模板认真检算设计，确保强度、刚度和稳定性。

(4)高空作业要严格按照规范和安全作业规则佩戴安全帽、安全带并设置安全网，大风、大雨等不良气候条件下不得进行高空作业。

(5)吊装作业时，起重机下严禁人员逗留，并设立明显的作业和禁入标志。

(6)模架所有操作平台的边缘处，均应设置防护栏杆，必要时应挂安全网，同时应在模架的适当部位配备消防器材。

(7)移动模架拼装及过孔作业时，应派专人检查起重移动设备各系统，确保万无一失。

(8)工地设立明显的安全警示牌和安全注意事项宣传栏。

(9)各类机械设备操作人员必须持证上岗，无证人员或非本机人员不得上机操作。

(10)场内电路布置要规范化，电器开关设在防雨防晒的电器柜内，距离地面不小于1.5 m。

(11)针对张拉作业的特点，制订相关的安全技术措施，张拉过程中不准敲击千斤顶，严禁预应力筋正前方站人。高压油管接头要紧密，要随时检查，防止高压油喷出伤人。

(12)压浆人员操作时要戴防护眼镜、口罩和安全帽。

(13)冬季做好人员、机械设备的防冻工作。

21.8.2　环境保护

(1)进场后立即组织全体职工学习相关法律法规，使每个参与建设的职工都懂法、守法、依法施工。同时自觉接受当地环保及其他相关行政部门的监督和管理。

(2)在各项施工中应尽量减少对原有自然环境的破坏。

(3)加强对施工技术的改造，积极推广清洁生产，减少污染源。

(4)加强环境管理，全面推行污染排放控制原则，将污染降低到最低限度。

(5)弃渣堆放点应远离河道，不覆盖原有植被，控制在规划好的空地内。

(6)力行节水减污，提高施工用水的重复利用率，降低废水排放量。

(7)制订和健全排污法规体系，加强排污管理。

(8)继续加强施工污染的终端处理，控制污染物排放总量，降低污染。

(9)加强环境监测和事故预防，避免污染事故的发生。必要时邀请有关环保科研部门来工地现场检测，以确认是否发生污染。

(10)保护原有植被。对合同规定的施工界限内外的植草、树木等尽力维持原状；砍伐树木和其他经济植物时，应事先征得所有者和业主的批示同意，严禁超范围砍伐。

(11)临时用地范围内的耕地要采取措施复耕，并在其他裸露地表植草或种树进行绿化。

(12)工程完工后，及时进行现场彻底清理，并按设计要求采用植被覆盖或其他处理措施。

(13)施工时的临时道路应定期维修和养护，经常洒水，减少尘土飞扬。

21.9 质量记录

本施工工艺质量验收时应提供的书面记录有：

(1)原材料(水泥、砂、石、钢筋、外掺剂)进场复验报告，钢绞线、锚具复验报告。

(2)钢筋加工及安装检查报告。

(3)混凝土浇筑记录。

(4)混凝土强度报告。

(5)张拉原始记录表和压浆记录表。

(6)张拉设备检验报告。

(7)现浇箱梁检查记录表。

(8)其他，如冬期养护记录等。

22 装配式预应力混凝土T梁(小箱梁)预制施工工艺标准

22.1 总则

22.1.1 适用范围

本标准适用于跨径 25 ~ 50 m 装配式预应力混凝土 T 梁(小箱梁)和跨径 20 ~ 40 m 装配式预应力混凝土小箱梁。

22.1.2 编制参考标准及规范

(1)《公路桥涵施工技术规范》(JTG/T F50—2011)。
(2)《公路钢筋混凝土及预应力混凝土桥涵设计规范》(JTG 3362—2018)。
(3)《公路工程质量检验评定标准》(JTG F80/1—2017)。
(4)《公路工程施工安全技术规范》(JTG F90—2015)。
(5)《高速公路施工标准化指南》(交通运输部公路局 2012.11)。
(6)《湖南省高速公路桥梁预应力精细化施工指南》(湘高局〔2010〕597 号文)
(7)公路施工手册《桥涵》(交通部第一公路局主编，人民交通出版社)

22.2 术语

22.2.1 后张法

后张法是指先浇筑混凝土，待达到规定的强度后再张拉预应力筋以形成预应力混凝土构件的施工方法。

22.2.2 预拱度

预拱度是指为抵消梁在张拉预应力筋时所产生的上拱，在制作底模时所预留的下拱的校正量。

22.3 施工准备

22.3.1 技术准备

(1)组织技术人员熟悉梁板预制的设计文件，领会设计意图，核对工程数量及图纸中的错漏及存在的问题，及时上报，并接受设计单位的技术交底。

(2)预制场的选址。根据T梁、小箱梁的预制数量、工期，确定预制场的规模，预制场选址原则上不宜设在主线征地范围内，若确实存在用地困难等特殊情况或设计预制场就设在路基上时，预制场的顶面应在路面底基层以下，以保证路面的厚度；选址以方便、合理、安全、经济及满足工期为原则，尽量减少租地面积和场地的恢复工作。

(3)进行预制场施工平面图的设计，内容包括用地范围，施工临时便道便桥，制梁区，存梁区，门吊轨道位置，机械停放场地，各类半成品、建筑材料堆放场地和仓库、生产和生活设施位置，水源、电源、变压器的容量和位置，临时供水管线，供电线路以及一切安全、消防设施等位置，绘制预制场平面布置图。

(4)编制安全可靠、技术可行、经济合理的专项技术施工方案和专项安全技术方案，编制施工组织设计。

(5)进行预制梁模板的设计，包括底模、侧模、内模和端模。

(6)进行混凝土配合比的设计。

(7)一线作业操作人员的岗前培训、上岗考试等教育培训。

22.3.2 材料准备

22.3.2.1 原材料、半成品采购与存放

(1)对预制梁板涉及的工程材料进行现场调查，并结合工程规模和施工进度安排确定仓储数量，选择好供应商和生产商，落实好材料管理“源头把关、过程控制”的各个环节。

(2)对预制场施工用的水泥、钢筋、钢绞线、锚具、波纹管、外加剂等主要材料实行资格备案制，并应加强进场质量检验。

(3)建立工程材料管理台账，记录材料的生产厂家、生产日期、数量、规格、批号及使用部位。

(4)材料验收合格后，合理选择存放场所，规范堆码，并考虑好防火、防盗、防潮及运输、装卸、加工等因素，避免二次倒运。

22.3.2.2 原材料、半成品试验

(1)严格控制材料源及生产工艺，所有材料、半成品、成品应在自检和监理工程师抽检合格后方可使用，外委试验项目应事先报告监理工程师同意。原材料、半成品应按其检验状态和结果对使用部位进行标识。试验台账应记录取样送检日期、代表数量、检测单位、检测结果、报告日期以及不合格材料的处理情况等内容。

(2)钢材、水泥、钢绞线、锚具、波纹管、外加剂等主要材料的质量证明书和试验检验报告应与工程交(竣)工资料一起备案备查，作为对工程质量终身负责的证据。

22.3.3 机具准备

22.3.3.1 机具进场与停放

(1)混凝土集中拌和，钢筋集中加工，混凝土搅拌运输车、吊车由项目部统一管理和调度，预制场的设备为龙门吊、混凝土吊斗、电焊机、氧割设备、振捣器、张拉设备等，进入现场设备的规格和数量应满足工程质量、安全、环保和进度的要求。

(2)现场各类机械设备的停放位置应合理规划，摆放整齐。

22.3.3.2 设备的安装调试

(1)预制场龙门吊属特种设备，使用前应具有省级技术质量监督局出具的检验检测合格证明，其安装调试、拆卸应有经审批的施工方案和安全技术措施，并应由具备安装拆卸资质和从业人员资质的队伍进行。气瓶应有安全条码及有效仪表。

(2)龙门吊应在显著位置悬挂操作规程牌，标明机械名称、型号种类、操作方法、保养要求、安全注意事项及特殊要求等。

(3)应定期对设备进行检查维修和保养清洗，并建立特种设备检修、维护台账，保证设备安全可靠，运转正常，严禁设备带病作业。

22.3.4 作业条件准备

22.3.4.1 施工场地

(1)预制场地已完成“四通一平”，即做好临时水、电、通信和施工便道(便桥)的修建工作，并做好场地平整、硬化、排水等工作 。

(2)预制场施工平面布置图已完成并经监理工程师批准。

(3)混凝土集中拌和站、钢筋集中加工厂已建好，混凝土搅拌机、吊车已进场，可满足预制场的需要。

22.3.4.2 预制场地建设

一线工作人员已培训、考试，特殊工种可持证上岗，对各班组人员已进行了技术交底。

22.3.5 劳动力组织

装配式预应力混凝土T梁(小箱梁)预制施工工艺的劳动力组织如表22－1所示。

表22－1 装配式预应力混凝土T梁(小箱梁)预制施工劳动力组织

工种	人数	职责范围	备注
混凝土工	8～10	底模座浇筑、梁板混凝土浇筑、配合预应力张拉管道压浆	人数由预制场规模确定
龙门吊安装	—	安装龙门吊及轨道	由有资质的队伍安装
钢筋	12～16	负责钢筋、预埋件安装	
模板	8～10	模板安装	
混凝土养护	2～3	负责混凝土养护	安排2～3班养护

续表 22－1

工种	人数	职责范围	备注
预应力张拉	2	负责预应力张拉、压浆	混凝土班组配合
施工员	1～2人	负责解决技术难题，组织施工、质检、做砼试件，负责调度、协调各班组工作	值班人员
质检员	1		
技术员	1		
实验员	1		
电工	1		

22.4　工艺设计和控制要求

22.4.1　技术要求

（1）龙门吊应有足够的起吊能力和安全系数，设计考虑的荷载（梁自重＋脱模的黏结力）×1.2 冲击系数，还应考虑风载。

（2）模板应采用大块钢模板，且有必需的强度、刚度和稳定性，保证结构的设计形状、尺寸和模板各部件之间的相互位置的准确性；模板板面光滑平整，接缝严密，确保混凝土在强烈振动下不漏浆；模板便于制作，装卸容易，施工操作方便，保证安全。

（3）混凝土的拌制、运输、浇筑、养生的操作过程必须符合规范要求；预制的梁板必须符合工程质量检验评定标准。

（4）施加预应力宜采用预应力智能张拉系统。

22.4.2　材料质量要求

（1）水泥、钢筋、钢绞线、锚具、外加剂、砂石材料等主要材料必须按规定频率自检和监理抽检进行试验，其各项检测指标应符合国家和行业相关规范规定。

（2）各种材料、半成品应妥善保管或覆盖，防止材料受潮、锈蚀、污染。

22.4.3　职业健康安全要求

（1）施工前做好安全技术交底，施工过程中发挥专职安全员的检查督促作用。

（2）机械操作手、特殊工种人员必须持证上岗，专机专人，严格遵守安全技术操作规程。

（3）做好工地上的安全防护设施，做好个人防护用品的发放工作。

22.5　施工工艺

22.5.1　施工工艺流程

装配式预应力混凝土 T 梁（小箱梁）预制施工工艺流程如图 22－1 所示。

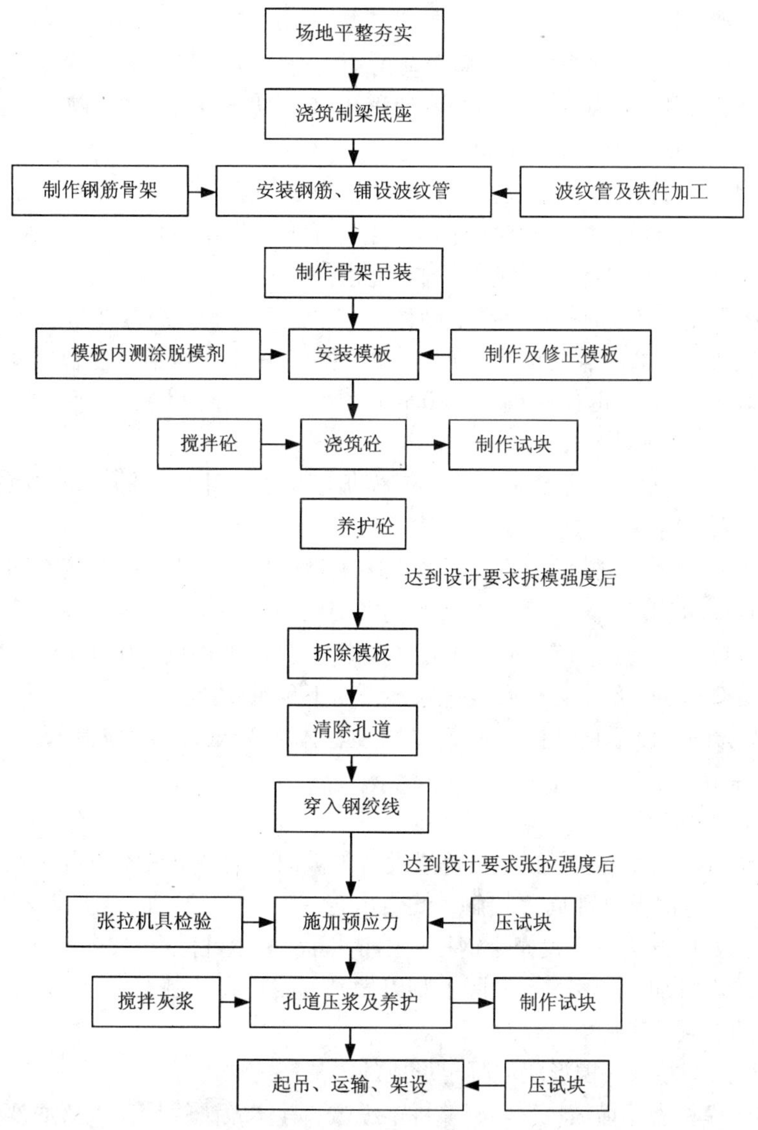

图22－1　装配式预应力混凝土T梁(小箱梁)预制施工工艺流程图

22.5.2　操作工艺

22.5.2.1　预制场建设

包括“四通一平”，生产区和生活区的设施建设、场地硬化、排水设施、龙门吊安装等。

22.5.2.2　模板的制作

T梁整套模板由底模、侧模、端模三部分组成，空心板梁则增加了内模，由四部分组成。底模在现场制作，侧模、端模、内模则由专业的模板工厂制作。

1. 底模

(1)底模模板数量应根据预制梁的总数量、工期、台座周转时间计算。

(2)底模布置的间距应能满足施工作业的要求，龙门吊轨道与台座端之间的距离应满足龙门吊的安全运梁空间。

(3)预应力张拉以后，整个梁体的质量就由均匀分布在底板上的荷载变为支承与两端的集中荷载，因此梁端的底座应加强，在台座两端2~3 m范围内的台座基础上做处理，如开挖加深用片石混凝土，加大受力面积等措施。

(4)考虑到底板周转次数多，应坚固平整无沉降，一般采用混凝土底座加少量钢筋，底座预留对拉螺栓孔与侧模螺栓孔相对应；混凝土底座上铺设6 mm厚钢板，钢板应平整，并锚固在混凝土底座上，拼接焊缝必须打磨平整、光滑。

(5)底板分段长度应考虑构造需要、制作方便、温度影响、焊接变形等因素。自梁端至吊点一节为端底板，梁端吊点处设活动底板，以便脱模吊运。两活动底板之间的中间底板分段长度钢模可取6~8 m。钢板断缝5~10 mm，用腻子粉堵缝堵缝刮平，防止钢板高温时翘起。

(6)为保证侧模与底模接触不漏浆，在底模板两侧放置止浆设施，如在底模两侧安装小槽钢，槽钢内嵌入塑料(橡胶)管止浆。

(7)T梁>20 m应在底模上设置向下的二次抛物线反拱，其反拱值按不同跨径及存梁期的时间或按设计要求确定。

(8)10M和13M非预应力空心板预制时在跨中设置预拱度，10M跨预拱度为14 mm，13M跨预拱度为20 mm，预应力空心板一般不设向下预拱度。

(9)填切交界的地段不宜设置梁底座，除非地基做特殊处理，也应慎重。

(10)梁底座应是水平的，不能设有坡度。

(11)预埋调平钢板：

因为支座垫石与支座是水平的，当桥梁设有纵坡时，如果梁底不设调平钢板或者调平钢板调整不准确，梁与钢板出现局部接触，就会出现一个小三角空间，造成支座脱空易损坏。有的设计单位的处理方法是增设楔型钢板。因钢板面积大，桥梁纵坡各不相同且数量多，要加工楔型钢板困难且加工费用高，实际上难以做到。我们在预制梁板时，一般采用在梁底增加一个三角形的混凝土来调坡(图22-2)。

①T梁纵坡的调整——楔形块混凝土形成的方法

因T梁翼板模板做了横坡，只要调整桥梁纵坡，具体做法就是在T梁底座预埋调平钢板处挖一个小洞，铺筑砂浆，做成与桥梁实际纵坡相同、方向相反的坡面，预埋钢板安路在该坡面上，浇筑砼后，增加一个三角形(契型)砼，T梁安装后，预埋钢板呈水平状支撑在支座上与支座紧密接触，有竖曲线的桥梁应考虑竖曲线的影响。如图22-3所示。

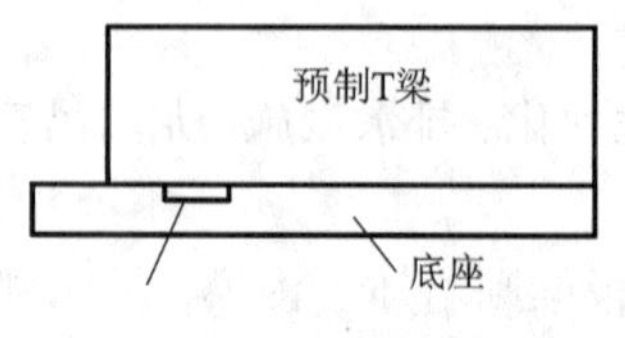

图22-2 预埋调平钢板

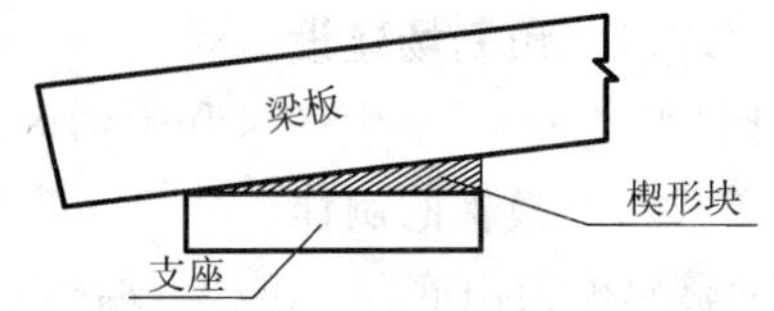

图22-3 楔形块混凝土形成的方法

值得注意的是需要分清桥梁是上坡还是下坡，以吊装前进方向为准，如果是上坡，预埋

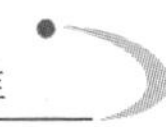

钢板安置在梁端一边，如果是下坡，钢板则安置在梁中间一边。例如某桥为3%的上坡，调平钢板长为60 cm，楔形混凝土块最大高度应为：60 ×3% =1.8 cm。

②空心板纵坡、横坡的调整——楔形混凝土块形成的方法

空心板不但要调整纵坡，而且要调整横坡，否则空心板安装后会呈阶梯状，从底面上看很不美观。

中国公路工程咨询集团有限公司设计的空心板调整纵横坡的同楔形块形成方法如下：

在空心板底模支座处开口，设6 cm深调节槽，槽四周侧面贴1 cm厚硬塑料板，槽底设10 mm厚钢板固定在底模上，槽底钢板上设3个坡度调节螺杆，按公式计算并调整三个螺杆的高度，然后拧紧定位螺母。将支座钢板放入槽内，绑扎空心板钢筋，浇筑砼，即形成楔形块砼。应特别注意的是支座钢板形成的纵横坡应与桥梁实际纵横坡相反，当桥梁有"S"形弯时，应按照横坡的变化设置。螺杆偏小，应加大到 ϕ16 mm以上。

计算三个螺杆高度的公式：

$$h_1 = 4 - a \times i_2$$
$$h_2 = 4 + a \times i_2 + b \times i_1$$
$$h_3 = 4 + q \times i_2 - b \times i_2$$

式中：i_1——代表桥梁纵坡；i_2——代表桥面横坡。

在滑板支座上用的调平钢板上，凿2 mm深槽，嵌入3 mm厚的不锈钢板，梁板支承在四氟板支座上，取消支座下钢板，这样既可减少施工难度，又可提高梁板与支座紧密接触的质量。

梁板预埋调平钢板是一个非常细致的工作，来不得半点马虎，如果钢板调坡不准确，会产生两个后果，一是梁板安装以后，支座局部受压，引起支座变形，严重的会脱空(一块空心板梁可能是三个支座受力，一个支座脱空)，影响支座寿命，二是架设梁板后，两板高低不平，梁底失去美观，梁上桥面砼厚度不一，不是加厚桥面砼就是桥面砼厚度达不到设计要求，安装调平钢板技术交底及详细，要有专人负责，并且技术员(施工员)首先要示范。

2. 侧模、端模

(1)侧模、端模一般采用钢模，可委托工厂加工制作。在与工厂签订合同时，应提出模板制作要求和模板验收标准。应按批准的模板加工图进行制作。

(2)模板的界面尺寸与长度(分扇长度和组拼后总长度)要准确。钢模放样、拼装及整体拼焊应在工作平台或胎具上进行。工作平台的底梁应具有足够的刚度和稳定性，台面必须平整。钢模放样与下料务必准确。

(3)直角处必须倒角，包括小的负弯矩锚座和横隔板直角处。转角要光滑，模面要平直，焊缝要平顺，应打光磨平。

(4)模扇间连接螺栓孔的配合要准确，在组装模扇时，相对位置要准确，焊缝要平顺。侧模模扇端头的连接角钢弯制成形后，用统一的标准样板校验，并成对配套钻孔。

(5)T梁侧模翼板应按设计制作可调的螺杆结构横坡。

(6)弯道桥梁外弧边板翼板要加宽，其加宽值是根据平曲线半径和桥梁跨径计算出的，取大加宽值制作模板，内弧边板外侧模不调整。浇筑混凝土前，内弧、外弧均按坐标放样装侧模，形成设计的内、外弧形。缓和曲线段按曲线加宽放样。

(7)端模需要两套模板，第一套是浇筑梁体用，其形状按张拉用锚固板的位置做成阶梯

状，预应力筋预留孔位置要准确；第二套模板为封端用。

(8)模板制作完成后应进行试拼，检查拼缝平整度、外形尺寸、断面尺寸等指标，对不合格的应进行调整。

(9)模板的验收：

施工单位应建立模板进场验收制度。模板制作完成后，应组织人员去工厂进行验收，其质量检验按表22－2执行。

表22－2　模板质量检验标准

项目			允许偏差/mm
钢模板制作	外形尺寸	长和宽	+0，－1
		肋高	±5
	面板端偏斜		0.5
	连接配件(轴栓、卡子等)的孔眼位置	孔中心与面板的间距离	±0.3
		板端中心与桥端的间距	+0，－0.5
		沿板长、宽方向的孔	+0.6
	板面局部不平		1
	板面和板侧扰度		±1

注：板面局部不平用靠尺、塞尺检测。

(10)验收合格后用油漆打上拼装顺序号。

3. 内模

内模周转频率高，不容易损坏，考虑到装模和拆模方便，采用四合式活动钢模，纵向每1 m一节；端部采用一板模板。

22.5.2.3　**钢筋的制作、绑扎及预埋件**

开工前应认真校对设计文件，对钢筋布置图与钢筋数量表及工程数量表进行对照复核。

钢筋应集中加工，钢筋从加工场运往预制场的半成品采用平板车或专用运输车运输。

1. 钢筋加工

(1)钢筋表面应洁净、无损伤，加工前应将表面的油渍、漆皮、鳞锈清除干净，对除锈后钢筋表面有严重麻坑、斑点和已伤蚀截面的应剔除不用。

(2)钢筋应平直，无局部弯折，成盘的钢筋和弯曲的钢筋应调直。采用冷拉方法调直钢筋时，HRB300、HRB400级的钢筋的冷拉率不宜大于1%。

(3)钢筋的形状、尺寸应按照设计的规定进行加工。加工后的钢筋，其表面不应有削弱钢筋截面的伤痕。

(4)钢筋的弯制和端部的弯钩，应符合设计要求。设计未做要求时，应符合规范规定。应按设计一次弯曲成形，不得反复弯曲或调直后再弯曲；严禁热弯成形。

(5)钢筋下料，加工前应对钢筋的下料长度、连接接头的设置等进行设计计算，避免出现主筋不必要的接长、连接长度不足、焊接接头位置不符合设计要求、弯曲角度不满足设计要求等现象。

(6)箍筋的末端应做弯钩,弯钩的形状应符合设计要求。

2. 钢筋连接

(1)钢筋的焊接接头宜采用闪光对焊或采用电弧焊。钢筋焊接的接头形式、焊接方法、焊接材料应符合现行行业标准《钢筋焊接及验收规程》(JGJ 18—2012)的规定。

(2)每批钢筋焊接前,应按实际条件进行试焊,并检验接头的外观质量及规定的力学性能,试焊质量经检验合格后方可正式施焊。

(3)电弧焊宜采用双面焊,仅在双面焊无法施焊时,方可采用单面焊缝。采用搭接焊时,两钢筋搭接端应先折向一侧,两焊合的钢筋的轴线应在一条直线上。双面焊焊缝长度应不小于5 d,单面焊焊缝长度应不小于10 d。

3. 钢筋的绑扎

(1)按设计图纸在底模上和两侧放样标识钢筋的位置。钢筋的级别、直径、根数、间距等应符合设计的规定。

(2)钢筋的交叉点宜采用直径0.7~2.0 mm的铁丝扎牢,必要时采用点焊焊牢。绑扎宜采用逐点改变绕丝方向的8字形方式交错扎结。绑扎时应做到底座上纵向钢筋均匀成直线,横向钢筋垂直于纵向钢筋,两侧竖向钢筋应垂直。横向钢筋呈水平,横向钢筋先扎端部、中间控制点,而后扎中间,使绑扎后的钢筋成矩形或方形。

(3)构件拐角处的钢筋交叉点应全部绑扎;中间平直部分的交叉点可交错绑扎,绑扎的交叉点宜占全部交叉点的40%以上。

(4)绑扎钢筋的扎丝头不得进入混凝土保护层内。

(5)T梁翼板钢筋在模板装好后绑扎,弯道桥梁边板外翼板钢筋按设计提供的加宽值加长。

(6)空心板铰缝内预埋钢筋,按设计要求,铰缝钢筋必须露出足够的长度才能扳平搭接,浇筑混凝土后,使所有空心板成为一个整体,共同受力。要做到这一点,在钢筋制作时,将铰缝内预埋钢筋下端弯一个角度,绑扎在马蹄钢筋上,上端位于空心板的边缘,紧贴模板,基本做到铰缝钢筋全外露。

(7)混凝土垫块应具有足够的强度(不低于结构混凝土强度)和密实性;采用其他材料的垫块时,除应满足使用强度要求外,其材料中不应含有对混凝土产生不利影响的成分。垫块的厚度不应出现负误差,正误差不应大于1 mm。

(8)预制场应派人负责设置垫块。垫块应相互错开,分散设置在构件的侧面、底面和顶面的钢筋和模板之间,所不舍的数量应不小于4个/m^2,重要部位适当加密。

(9)垫块应与钢筋绑扎牢固,且扎丝头不应进入混凝土保护层内。

(10)浇筑混凝土前,应对垫块的位置、数量和坚固程度进行检查,对不合要求的及时处理,应符合钢筋混凝土保护层厚度的设计、规范要求。

4. 预埋件

(1)预制梁应编号,对号入座,其目的:一是边跨、中跨、边梁和中梁的钢筋和预应力筋不要搞错,二是使桥梁的纵、横坡符合设计要求,三是正确预埋梁底钢板。T梁箱梁预埋钢板应分别对待,梁端属伸缩缝端时,预埋钢板中心与支座中心重合;梁端在连续墩上不预埋钢板;梁端属墩梁固定,预埋钢板向梁端后延10~20 cm,以增加梁的预埋钢板与墩帽预埋钢板的焊接长度。

(2)T梁按T梁的纵坡调整—楔形混凝土块形成的方法预埋钢板，空心板梁按纵、横坡的调整—楔形混凝土块形成的方法预埋钢板，每片空心板梁预埋4块，方向应一致。

(3)当采用板式支座时，伸缩缝处的预埋钢板的底部铣2 mm左右的槽，嵌入3 mm厚的不锈钢板，钢板直接支承在四氟板支座上。

(4)当采用盆式支座时，预埋钢板按照盆式支座上钢板螺栓中心的位置钻4个孔焊固相应的螺栓，以防浇筑混凝土时移位，吊装梁是为安装盆式支座做准备，禁止用焊接法安装盆式支座。

(5)其他预埋钢筋。主梁预制时，除注意按梁板的设计图纸预埋钢筋(如锚座封端预埋钢筋)和预埋件外，还应注意查阅各种型号伸缩缝的一般构造图、桥梁护栏钢筋构造图和桥面排水管布置图，按设计要求预埋钢筋和排水孔。

22.5.2.4 **波纹管、锚垫板安装**

1.预应力管道安装

(1)管道材料应按设计要求选用，一般由金属波纹管和塑料波纹管构成。金属波纹管宜采用厚度不小于0.35 mm的镀锌冷轧薄钢带卷制，其性能和质量应符合规范要求；塑料波纹管宜以高密度聚乙烯树脂(HDPE)或聚乙烯(PP)为主要原料经热熔挤出成形，壁厚、刚度等应满足要求。

(2)管道进场时除按合同检查出厂合格证和质量保证书核对规格数量外，还应对外观尺寸、集中荷载作用下的径向刚度、抗渗和弯曲强度进行检验，按批进行检验。金属波纹管每批应是由同一钢带生产厂生产的同一批钢带所制造的产品，累计半年或50000 m以下生产量为一批。塑料波纹管每批应是由同一配方、同一生产工艺、同设备稳定连续生产的产品，每批数量不超过10000 m。

(3)管道不应有漏浆现象，且应具有足够的强度和刚度，应能在浇筑混凝土的重力作用下保持原有的形状，并能按要求传递黏结应力。

(4)管道在使用前应进行外观检查，其内外表面应清洁、无锈蚀、油污、孔洞和不规则褶皱，咬口不应有开口或脱胶。

(5)管道应按设计规定的坐标位置准确安装，以梁底为基准，直接量出相应点的高度，标记在钢筋上，定出波纹管中心或波纹管底的位置。一般情况下，定位筋不宜大于1.0 m，曲线段与扁平波纹管应适当加密。定位筋电焊固定在钢筋上，使管道能牢固地置于模板内的设计位置，且在混凝土浇筑期间不产生位移。当管道与普通钢筋重叠时，应移动普通钢筋，不得改变管道的设计位置。定位的管道直线段应平顺，曲线段应圆滑，其端部的中心线应与锚垫板相垂直。

(6)管道接头处的连接管宜采用直径大一级的同类管道，其长度宜为被连接管道内径的5~7倍。连接时不得使接头处产生角度变化及在混凝土浇筑期间发生转动或位移。连接管两端用密封胶带或塑料热缩管封裹。所有管道的接头应具有可靠的密封性能，并应满足真空度的要求。

(7)所有管道应在每个顶点设排气孔及需要时在每个低点设排水孔。压浆管、排气管和排水管应用最小内径为20 mm的标准管或适宜的塑料管，与管道之间的连接应采用金属或塑料结构的扣件，长度应满足从管道引出结构物以外。

(8)为防止浇筑混凝土的波纹管漏浆堵塞和变形，浇筑混凝土之前应在波纹管内穿入大塑料软管，扁波纹管宜穿入数根小塑料管。待浇筑完成4 h后拔出。不宜先穿预应力筋后浇混凝土。

(9)焊接钢筋时，应做好波纹管的保护工作，如在管道上覆盖湿布，防止因焊渣熔穿管壁等。

2. 锚垫板安装

(1)预埋锚垫板的位置一定要准确，应与端模紧密结合，不得平移或转动，保证锚固面与钢束垂直。

(2)墩顶负弯矩预应力扁锚锚垫板和扁形波纹管的预埋位置应准确，扁形波纹管宜放大一级，便于穿入钢绞线。

22.5.2.5 安装侧模、端模

1. 安装前准备

(1)模板安装前应抛光打磨，清楚污垢，涂刷脱模剂。应采用专用脱模剂，不得使用废机油及其混合物。

(2)弯道桥梁外弧边板外侧模翼板按最大值加宽，内弧边板外侧模不调整，安装翼板侧模时，内外均应安装成设计的圆弧线。

2. 安装规定

(1)模板应按设计要求准确就位。安装模板时，对拉螺杆应牢靠，对拉螺杆应外套PVC管，保证对拉螺杆的重复使用。螺杆宜用$\phi16\sim\phi20$ mm圆钢；对拉螺杆应拉紧，为防止螺杆滑丝，必要时带双螺帽，防止模板在浇筑混凝土的过程中产生移位。

(2)模板安装过程中必须设置防倾覆的支撑。

(3)侧模与底模之间在底模预埋的小槽钢内设置橡胶管(塑料管)防止漏浆。

(4)钢筋穿过端模和翼板侧模时，模板孔应堵塞，防止漏浆。

(5)端模板与底模、侧模必须紧密结合，并与孔道轴线垂直。

(6)空心板内模安装可以考虑将内模拼装好入模内，不就位，等底板砼浇筑一段后，再就位内模，一边浇筑一边就位内模，既保证了底板混凝土的密实度又不耽误浇筑时间，效果好。

(7)没有设置吊环的空心板梁，装模时宜在侧模板下端底板上安装长20 cm、宽8 cm、高15 cm的木块，浇筑混凝土后，马蹄形成一个缺口，便于安装梁板就位后，吊装梁的千斤八角头能顺利抽出，边板悬臂上注意留洞，以便于梁板安装。

22.5.2.6 混凝土浇筑

1. 浇筑前准备

(1)预制梁的编号，应对照桥梁总体布置图进行检查，如纵、横坡是否调整，T梁横坡走向是否正确，特别是有“S”弯的桥梁，更应重点检查。检查梁端是伸缩缝、墩梁固结端还是连续墩以及钢板的预埋情况。

(2)对模板、钢筋和预埋件进行检查，模板内的杂物、积水、钢筋污染应清理干净。模板如有缝隙或孔洞，应堵塞严密不漏浆。

(3)应对混凝土的均匀性和坍落度等性能进行检测。

2. 混凝土浇筑工艺

(1)T梁一般采用水平浇筑，当梁高跨长或混凝土跟不上浇筑速度时，可采用斜面分层、纵向分段、水平分层浇筑。

(2)浇筑方向从梁的一端循序进展到另一端。在接近另一端时，为避免梁端混凝土产生蜂窝等不密实现象，改从另一段向相反方向投料，在距该端4~5 m处合拢。

(3)分层下料、振捣，每层厚度不超过30 cm，上下层浇筑时间相隔不宜超过1 h(气温在30℃以上)或1.5 h(气温在30℃以下)，上层混凝土必须在下层混凝土振捣密实后方能浇筑，以保证混凝土有良好的密实度。

(4)马蹄部分钢筋紧密，为保证质量，可先浇马蹄部分，后浇腹板。其横隔板的混凝土与腹板同时浇筑。

(5)分段长度宜取4~6 m，分段浇筑时必须在前一段混凝土初凝前开始下一段混凝土的浇筑，以保证浇筑的连续性。

(6)为避免腹板、翼板交界处因腹板混凝土沉落而造成纵向裂纹，可在腹板混凝土浇筑后略停一段时间，使腹板混凝土充分沉落，然后再浇翼板混凝土。但必须在腹板混凝土初凝前浇完翼板混凝土，并及时抹平、收浆。

(7)使用插入式振动器时，应遵循“快进慢出”的原则，移动间距不超过作用半径的1.5倍，与侧模保持50~100 mm的距离，每次振捣应以混凝土停止下沉、不泛气泡、表面平整泛浆为准。

(8)T梁马蹄及腹板处应采用附着式振捣器和插入式振捣器联合振捣。

(9)浇筑混凝土期间，应随时检查模板、钢筋、管道、锚垫板及预埋件的稳固情况，发现问题及时处理。

3. 宽幅空心板混凝土浇筑

(1)宽幅空心板宜由梁两端同时向跨中，按底板、腹板、顶板的顺序浇筑混凝土，先浇筑底板混凝土4~6 m后，再阶梯式浇筑腹板、顶板混凝土，当腹板混凝土的分层坡脚到达底板4~6 m位置后，底板再向前浇筑4~6 m位置，以此类推，浇至跨中合拢。

(2)宽幅空心板底板浇筑有几种方法：

①底板混凝土从顶板预留工作孔下料，浇至底板与腹板结合处，底板浇筑完成一段后采用木板或3 mm厚钢板封底，再浇腹板、顶板混凝土。

②内模拼装好以后，放入梁内不就位，待底板浇完一段后，安装就位，浇一段底板安装一段内模。

③安装好内模浇筑混凝土，投料与腹板内实行振捣，判断底板混凝土已饱满，腹板内混凝土不再下沉。

三种方法的浇筑，主要是保证底板混凝土密实。

(3)浇筑底板混凝土时注意预留通气孔。

(4)模板边角、锚垫板下，预应力管道位置处，注意加强振捣，保证砼密实。

(5)浇筑混凝土期间，应随时检查模板、钢筋、管道、锚垫板及预埋件的稳固情况，发现问题及时处理。

(6)及时填写混凝土记工记录。

(7)每片梁浇筑混凝土均应做好做足试件。

(8)混凝土浇筑完毕4 h后抽出管道内的塑料胶管，管道内如有漏浆应清洗。如果是先穿束，应在混凝土初凝前拉动钢绞线，以防漏浆凝固钢绞线。

22.5.2.7　**混凝土养护**

混凝土浇筑完成后，应在收浆后尽快采用透水土工布或薄膜覆盖并洒水保湿养护，养护时间不少于7 d。当气温低于5℃时，应采取保温养护的措施，不得向混凝土表面洒水。

22.5.2.8　**拆除模板**

(1)模板的拆除不宜过早，应在混凝土强度达到2.5 MPa，且能保证其表面及棱角不致因拆模而受损坏时方可拆除；拆除侧模时应注意拆除方法，切忌野蛮操作，以防横隔板、锚座混凝土掉角、崩坏。

(2)拆模应从端头开始，而后两侧，箱梁从内模开始，应在保证混凝土表面不掉皮，模板上不黏混凝土时，方可拆除。

22.5.2.9　**预应力筋的制作与安装**

1. 材料与器具

(1)材料

①所采用的钢绞线应符合现行国家标准《预应力混凝土用钢绞线》(GB/T 5244—2014)的规定和要求。

②钢绞线进场应分批验收，验收时，除应核对其质量证明书、包装、标志、规格并逐盘进行外观质量检查外，还须委托有相应资质的公路工程试验检测机构按照检测项目、抽检项目频次和取样数量进行外形尺寸、抗拉强度、最大力总伸长力、弹性模量、松弛性能等项目的检测，其检测结果应符合国家现行规定。

③预应力筋应存放于干燥的仓库，现场存放应在地面上架设枕木，加盖篷布，保持干燥。

(2)锚具、夹具

①锚具、夹具应符合国家现行标准《预应力筋锚具、夹具和连接器》(GB/T 14370—2007)的规定和要求。

②锚具应满足分级张拉、补张拉以及放松预应力的要求，锚具垫板应具有足够的强度和刚度，且宜设置锚具对中止口以及压浆孔或排气孔。

③夹具应具有良好的自锚性能、松锚性能和安全的重复使用性能。

④锚具、夹具进场时，除应按出厂合格证和质量证明书核查其锚固性能类别、型号、规格和数量外，还应委托有相应资质的公路工程试验检测机构进行检测。

2. 预应力筋的制作

(1)预应力筋下料

①下料长度应满足预应力筋设计尺寸及张拉需要。

②预应力筋的切断，应采用切断机或砂轮锯，严禁采用电弧、氧焊切割。

③下料过程中严禁在地面上拖拉，以避免预应力筋磨损。

(2)预应力筋编束

预应力束由多根钢绞线组成时，同束内应采用强度相等的预应力钢材。编束时，应逐根理顺，绑扎牢靠，防止互相缠绕。编束分短束梳编穿束和长束梳编穿束。

①短束编束穿束

跨径小于或等于45 m的预制梁及其他钢束长度较短、根数较少、重量较轻的预应力钢束可采用短束梳编穿束工艺。

短束梳编穿束工艺步骤(以一束9根的钢束为例):

(A)机具准备:扎钩、扎丝、梳束板(可用锚具代替)、透明胶带、刀片、油性笔、号码纸、卷扬机、钢丝绳(宜为 ϕ8 mm)等。

(B)下料:每束钢绞线下料时应有一根钢绞线长出10~20 cm作为中间钢绞线,其余各根钢绞线的下料长度应基本一致。

(C)编号:每根钢绞线的两端应编上同样的号码,用透明胶带将写好的号码绑在钢绞线的两端,同时对锚具进行编号,两端的锚具应同时编号,一块锚具顺时针编号,另一块锚具逆时针编号。编号应写在锚具的外露面(上夹片的一面)。如图22-4所示。

(D)端头绑扎:端头绑扎宜分层进行。先逐层绑扎再整体绑扎。如图22-5所示,1、2、8号钢绞线作为一层,7、9、3号钢绞线作为一层,4、5、6号钢绞线作为一层,绑扎好后的钢绞线根据每束钢绞线根数的不同呈正方形、矩形、梯形等形状。

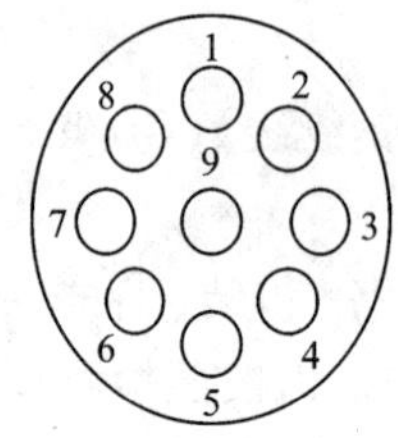

图22-4 锚具1

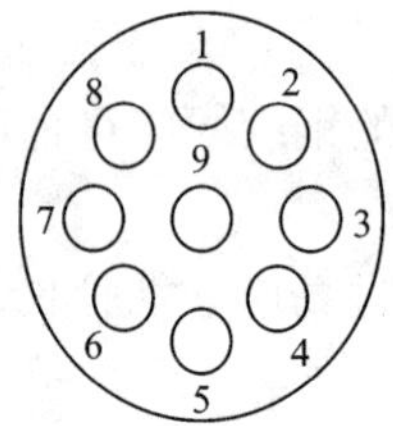

图22-5 锚具2

(E)梳束:利用梳束板或锚具对钢绞线进行梳理,每梳理钢绞线长度约1 m时,用扎丝将钢绞线扎紧,绑扎时扎丝端头朝上。逐段绑扎直至将钢绞线梳理完毕。

(F)穿束:钢丝绳一端连接卷扬机,另外一端做成绳套与钢绞线穿入端绑牢,穿入端端头可用塑料瓶套住并用胶带缠紧。启动卷扬机缓慢匀速拉动钢绞线。

(G)对中调整:穿束完毕后,将穿入端钢丝绳、塑料瓶和胶带等去除,使钢绞线编号外露,先将中间钢绞线套入锚具孔内中间位置,上夹片,稍微顶紧,再将其他钢绞线分别套入对应的锚具孔内。旋动锚具使两端锚具各孔位对中。

(H)注意事项:

(a)钢绞线的编号在两端按从小到大呈锥形排列,以透明胶黏牢。

(b)钢绞线绑扎须牢固,顺序不能打乱,绑扎后的钢绞线要能成为一个有一定刚度的整体。

(c)钢绞线在穿束时,注意绑扎接头需要朝上,防止扎丝刮坏锚垫板。

②长束梳编穿束

跨径大于45 m的预制梁、连续现浇构件及其他钢束长度较长、钢绞线根数较多、重量较重的预应力钢束应采用长束梳编穿束工艺。

长束梳编穿束工艺的主要步骤如下:

(A)钢绞线下料完毕后在其一端套入锚板作为梳束工具(也可用限位板),用砂轮锯将该端钢绞线各索端头切割20~30 cm,但保留中心的一根钢丝。

(B)将中心丝穿入具有与锚具相似位置孔的牵引螺塞(牵引螺塞上各孔距略大于钢绞线直径)后镦头，镦头直径大于牵引螺塞孔的直径，以满足整束穿束时拖动钢绞线平动的要求。

(C)镦头后的整束钢绞线通过牵引螺塞和螺旋套连接，牵引螺塞外径和螺旋套内径相同，均带有丝口，拧紧即可。

(D)钢绞线穿束前钢绞线端头(包括切割部分)须用胶带缠绕保护(注意牵引头缠胶带以前，应先用卷扬机牵引，使各根钢绞线在镦头处长短一致)，防止穿束过程中钢绞线端头散索。

(E)将牵引螺塞与螺旋套连接，螺旋套另一端由卷扬机上的钢丝绳牵引，穿束时由卷扬机缓慢牵引整束钢绞线平动完成整束穿束。若受场地限制可利用转向滑轮，也可增加卷扬机，钢绞线牵引时应采用锚板边梳理边绑扎，绑扎间距宜为1.0 m。在穿束过程中，注意只克服钢绞线与波纹管的摩阻，便于对系统的保护。

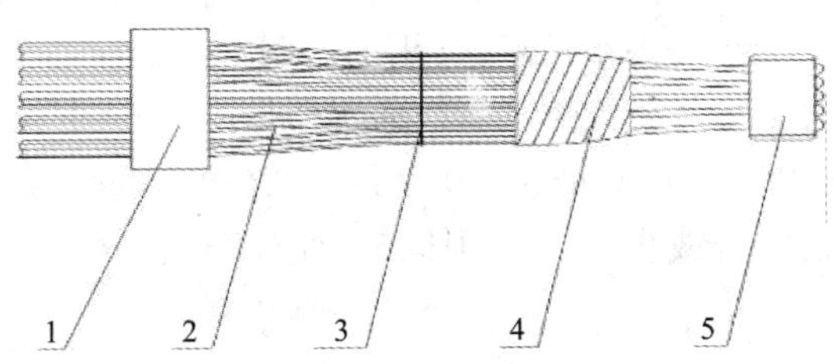

图22-6 梳编穿束示意图

1—梳束板(或锚具)；2—钢绞线；3—扎丝；4—绑扎交代；5—牵引螺塞

3. 预应力筋的穿束时间

(1)预应力混凝土后张梁板在混凝土浇筑之前不得穿束，混凝土浇筑前应在管道内穿入硬塑料管。

(2)浇连续段墩顶混凝土前，负弯矩预应力可以先穿束再浇筑。穿束前必须认真检查波纹管是否通畅，对损坏之处进行修复。

(3)任何情况下，当在安装有预应力筋的附近进行电焊时，对全部预应力筋及金属件均应进行保护，防止沾上焊渣或造成其他损坏。

22.5.2.10 **预应力张拉施工**

1. 张拉设备质量控制

(1)预应力张拉机具设备及仪表必须有合格证书及相应铭牌，压力表应选用防振型，表面最大读数为张拉力的1.5~2.0倍。

(2)张拉设备应配套标定配套使用，标定时活塞的运行方向应与实际使用时一致。

(3)千斤顶、压力表和油泵应结合施工现场整体静态标定，同时应满足满量程标定(至少80%以上)，以降低摩阻影响。

(4)为保证静态标定和张拉时能持荷保压，千斤顶不得有明显的内泄漏现象，即加压时进油表显示压力读数，回油表读数接近零。

(5)长期不使用、标定时间超过6个月、6个月内正常使用超过两百次、使用中预应力机具设备或仪表出现反常现象、千斤顶检修后均应重新标定。

(6)当采用测力传感器计量张拉力时，测力传感器应按国家相关规定的检验周期检定，千斤顶和压力表可不做标定。

(7)梁端张拉时理论伸长量在 300 mm 以内时宜选用行程 200 mm 的千斤顶，理论伸长值大于 300 mm 时应选用行程 250 mm 的千斤顶。

(8)施加预应力所用的机具设备及仪表应由专人使用和管理，并应定期维护和校验。标定时，施工方负责张拉的专人应参与标定读数。

(9)预应力张拉是指桥梁结构预应力采用计算机智能控制技术，通过仪器自动操作，完成钢绞线的张拉施工。具有以下优点：

①智能张拉依靠计算机运算，能精确控制施工过程中所施工的预应力值，系统设置在张拉力下降超过 1% 时，张拉各阶段自动补偿张拉至规定值，因此能将张拉力误差范围控制在 ±1%。

②系统传感器能实时自动采集钢绞线伸长量数据，并反馈到计算机，自动计算伸长量，及时校核伸长量，与张拉力同步控制，实现真正的“双控”。

③控制系统可按规范要求设定加载速率、停顿点和持荷时间等张拉过程，排除人为、环境因素影响；同时可缓慢卸载，避免冲击损伤夹片，减少回缩量，且可准确测定实际回缩量。

④一台计算机能控制两台或多台千斤顶同时、同步对称张拉，实现多顶两端同步张拉工艺。

2. 预应力张拉施工

(1)后张法预应力筋的张拉和锚固应符合下列规定：

①张拉前对梁板的混凝土的几何尺寸、龄期和强度必须符合设计要求，设计无要求时，其混凝土强度不应低于设计强度的 85%。张拉时间不应早于 7 d，迟于 21 d。锚垫板及周边混凝土须密实，若有蜂窝及缺陷，拆模后应立即进行处理。

②安装张拉设备时，应使张拉合力作用线与预应力筋的轴线重合。锚具、限位板安装前孔位分布应重合一致，安装时必须保证各个孔位对中，不能发生偏位。

③张拉顺序应符合设计要求，当设计未规定时，可采取分批、分阶段两端对称同时张拉，张拉程序应符合设计规定。

④预应力筋应整体张拉锚固。对墩顶负弯矩扁平管道中平行排放的预应力钢绞线束，在保证各根钢绞线不会重叠时，采用小型千斤顶逐根张拉，但应考虑逐根张拉时预应力损失对控制预应力的影响。

⑤预应力筋采用两端张拉时，应对称、两端同时张拉。

⑥预应力筋在张拉控制应力达到稳定后方可锚固。对夹片式锚具，锚固后夹片顶面应齐平，其相互间的错位不宜大于 2 mm，且露出锚具外的高度不应大于 4 mm。锚固完毕并经检验合格后方可切割端头多余的预应力筋，切割时应采用砂轮锯，严禁采用电弧进行切割，同时不得损伤锚具。

⑦切割后预应力筋的外露长度不应小于 30 mm，锚具采用封端混凝土保护。

⑧张拉程序应符合设计规定，设计未规定时，可按表 22－3 的规定进行。

表22－3 张拉程序

预应力筋种类		张拉程序
钢绞线束	具有自锚性能的锚具	低松弛预应力筋 0→初应力→σ_{con}(持荷5 min锚固) 普通松弛力筋 0→初应力→1.03σ_{con}(锚固)
	其他锚具	0→初应力→1.05σ_{con}(持荷5 min)→σ_{con}(锚固)

(2)张拉锚固后需要放松预应力时，须符合以下要求：

①对于承压式锚具，可用张拉设备松开锚具，将预应力缓慢卸除。

②对于夹片式、锥塞式锚具可采用专用放松装置将锚具松开。

③严禁在预应力筋存在拉力的状态下直接将锚具卸去。

④对于需再次锚固的预应力筋，严禁将有夹痕的部分进入受力段。

⑤应有可靠的放张方案和详细的放张记录。

(3)预应力张拉施工控制应符合下列要求：

①张拉速率控制：

在张拉施工中，张拉速率应控制在张拉控制力的10%～15%/min，对于长度大于50 m的弯束或长束，张拉速率应降低，宜取张拉控制力的10%/min，并匀速加压，为确保多点张拉的同步性，可增加几个停顿点。

②钢绞线伸长量控制，预应力张拉采用张拉力和伸长值的双重控制法，以张拉力为主，伸长值做校核。

钢绞线实际伸长值与理论伸长值的差值应符合设计的要求，设计无规定时，实际伸长值与理论伸长值的差值应控制在±6%以内，否则应暂停张拉，待查明原因并采用措施予以调整后，方可继续张拉。

钢绞线预应力筋在张拉前应进行初张拉，初应力宜采用张拉控制应力σ_{con}的10%～15%。

预应力筋的理论伸长值ΔL(mm)可按下式计算：

$$\Delta L = P_p L / A_p E_p$$

式中：ΔL——各分段预应力筋的理论伸长值(mm)；

P_p——各分段预应力筋的平均张拉力(N)

L——预应力筋的分段长度(mm)；

A_p——预应力筋的截面面积(mm^2)；

E_p——预应力筋的弹性模量(N/mm^2)。

预应力筋张拉的实际伸长值ΔL(mm)，可按下式计算：

$$\Delta L = \Delta L_1 + \Delta L_2$$

式中：ΔL_1——从初应力至最大张拉应力间的实测伸长值(mm)；

ΔL_2——初应力以下的推算伸长值(mm)，采用初应力至最大张拉力间的实测伸长量按比例推算。

③持荷时间控制：

持荷时间为油泵开启、油压表读数稳定后的稳压时间，最短不得少于5 min。两端张拉

50 m(不含)以上时的预应力筋宜取8 min。

④张拉同步性控制:

预应力筋张拉同步性控制包括:单束钢绞线两端张拉同步性、整束钢绞线对称张拉同步性、张拉过程同步性、张拉停顿点同步性。为保证张拉施工过程满足以上四个同步性,切实控制有效预应力的大小和同断面不均匀度,可采用预应力张拉智能控制系统进行张拉,以排除人为、环境因素影响,实现张拉停顿点、停顿时间、加载速率的完全同步性。由计算机完成张拉、停顿、持荷等命令的下达。

(4)断丝分析与处理应符合以下要求:

①钢绞线每束断丝或滑丝不大于1丝,每个断面断丝之和不超过该断面钢丝总数的1%。

表22-4　预应力筋断丝、滑移限制

类别	检测项目	控制数
钢绞线	每束钢绞线断丝或滑丝	1丝
	每个断面断丝之和不超过该断面钢丝总数的百分比	1%
单根螺纹钢筋	断丝或滑移	不容许

②断丝的原因分析:

(A)整束不均匀度过大,部分钢绞线应力大于其极限强度。

(B)钢绞线或锚具本身质量有问题。

(C)千斤顶重复多次使用,导致张拉力不准确。

(D)限位板、工具锚与锚具孔位分布不重合一致,发生偏位。

③断丝的处理:

(A)由同束各钢绞线受力不均引起的断丝,说明梳、编、穿束存在质量问题,须严格按照本指南第5章的要求进行梳编穿束施工。

(B)因锚具、钢绞线不合格而出现断丝,须更换锚具与钢绞线,并应严格控制锚具与钢绞线的进场检验。

(C)由张拉力偏大引起的断丝,应对千斤顶重新进行整体静态标定,标定时应严格控制千斤顶的内泄漏。

(D)因锚具、限位板、工具锚孔位分布不一致而造成的断丝,安装时应加强检查,发现孔位不重合应及时重新按锚具孔位分布加工限位板、工具锚。

22.5.2.11　孔道压浆与封锚

1. 孔道压浆

(1)预应力张拉锚固后,孔道应尽早压浆,且应在48 h内完成,否则应采取避免预应力筋锈蚀的措施。

(2)压浆材料的性能应符合以下要求:

①水泥应采用性能稳定、强度等级不低于42.5的低碱硅酸盐水泥或者低碱普通硅酸盐水泥,水泥性能要求符合规范要求。

②外加剂应与水泥具有良好的相容性。减水剂应采用高效减水剂,其减水率不小于20%

③膨胀剂宜采用钙矾石或复合型膨胀剂，不得采用以铝粉为膨胀源的膨胀剂。

(3)压浆设备应符合下列规定：

①搅拌机的转速应不低于1000 r/min，且能满足在规定的时间内搅拌均匀的要求。

②储存将夜的储料罐亦应具有搅拌能力，且应设置网格尺寸不大于3 mm的过滤网。

③压浆机应采用活塞式可连续作业的压浆泵，其压力表的最小分度值不大于0.1 MPa，最大量程应使实际工作压力在其25%～75%的量程范围内。宜采用带平排气阀的压浆嘴进行施工。

④真空辅助压浆工艺中采用的真空泵应能达到0.1 MPa的负压力。

(4)压浆前的准备工作：

①应在工地实验室对压浆材料加水试配，试配的浆液强度应符合设计规定；浆液的各项性能指标均应确认符合规范要求后方能正式压浆。

②采用压力水冲洗预留孔道内的杂物，并应观测预留孔道有无串孔现象，再采用空压机吹除孔道内的积水。

③对压浆设备进行清洗，清洗后的设备内不应有残渣和积水。

(5)孔道压浆：

①压浆顺序和操作要点应按先下层后上层的顺序进行压浆，同一管道的压浆应连续进行，一次完成。压浆应缓慢、均匀地进行，不得中断，并应将所有最高点的排气孔依次一一打开和关闭，使孔道内排气畅通。

②浆液自拌制完成到压入孔道的延续时间不宜超过40 min，且在使用前和压浆过程中应连续搅拌，对于延迟使用所致流动度降低的水泥浆，不得通过额外加水增加其流动度。

③对水平或曲线孔道，压浆的压力宜为0.5～0.7 MPa。压浆的充盈度应达到孔道另一端饱满且排气孔排出与规定流动度相同的水泥浆为止。关闭出浆口后，宜保持一个不小于0.5 MPa的稳压期，保持时间宜为3～5 min。

④压浆后，应立即将梁端的浆液清洗干净，同时应清除支承板、锚具及端部混凝土的污垢。压完浆后，所有进出浆口均应予以封闭，直到浆液终凝前，所有塞子、盖子过阀门均不得移动或打开。

⑤真空辅助压浆工艺：

(A)工艺流程图如图22－7所示。

(B)锚头处应采用环氧砂浆封锚，以防压浆抽真空时漏气或漏浆。封锚时应留排气孔。

(C)进出浆口应用阀门止浆回流，不得用木塞或弯折进出口管道的办法止浆。

(D)压浆前应清理锚垫板上的水泥浆及其他杂物，保证表面平整，预留孔道及孔道两端应保证其气密性。正式采用真空泵辅助压浆前，应采用真空泵试抽真空。

(E)压浆时先开动真空泵，检查真空度，当真空压力表指示在－0.06～0.1 MPa时，保持真空泵在启动状态，开启压浆端阀门，将拌和好的浆液向孔道压注，直至与压浆口相同稠度的浆体从出浆口连接的透明管中排出。

(F)压浆完成后，应立即清洗连接至真空泵的透明管，以便下次压浆观察。

⑥压浆时每一工作班应制作留取不少于3组尺寸为40 mm×40 mm×160 mm的试件，标准养护28 d，进行抗压强度和抗折强度试验，作为质量评定的依据。

⑦压浆过程中及压浆后48 h内，构件混凝土的温度及环境温度不得低于5℃，否则应采

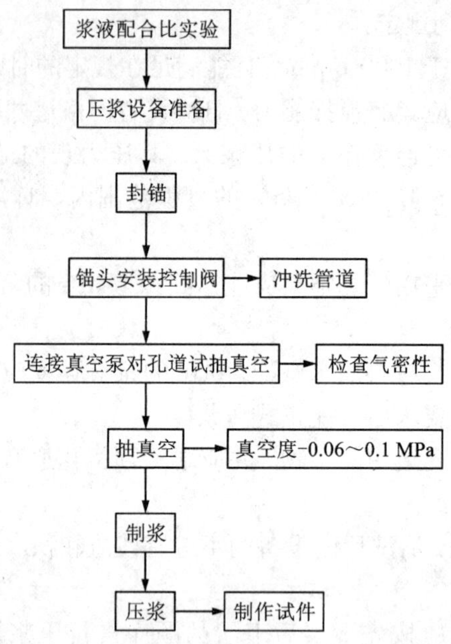

图 22－7　真空辅助压浆工艺流程图

取保温措施，并按冬季施工的要求处理。当环境温度高于35℃时，压浆宜在夜间进行。

⑧整体压浆过程中详细做好施工记录，记录项目包括压浆材料、配合比、压浆日期、搅拌时间、初始流动度、浆液温度、环境温度、稳压压力及时间、真空泵的真空度。

⑨预制构件在压浆前不得脱模堆码或安装，压浆后应在浆液强度达到规定值的80%后方可移运和安装。

2. 封端

(1)封端之前应清理梁断面锚具、钢筋并凿毛，按设计要求绑扎、焊接钢筋。设伸缩缝装置的梁端封端时，应严格按照设计的伸缩缝的规格、型号预埋伸缩缝钢筋。

(2)需要封端的梁板应在梁板安装前进行。封端模板的安装应校核梁长，其长度应符合规定。正交的桥梁端模应垂直于梁轴线，斜交的桥梁端模与梁轴线交角应等于桥梁的斜交角度，否则梁板安装后会成锯齿状，缝宽不规则，影响伸缩缝的安装。模板应固定准确，不漏浆。

(3)封端混凝土与主体混凝土一致，养护不少于7 d。

22.5.2.12　**构件脱模堆码**

(1)构件压浆后，其浆体强度达80%以上，方可脱模移运。移运前构件上应标明梁板编号及浇筑混凝土、张拉、压浆的日期。

(2)构件的存放应符合下列规定：

①存梁台座应坚固稳定(填方区和填挖交界区存放台座应做地基处理)，且宜高出地面20 cm以上。存放场地应有相应的排水设施，并保证梁板在存放期间不致因支点沉降而受到损坏。

②梁板存放时，其支点应符合设计规定的位置，支点处应采用枕木或其他适宜的材料进

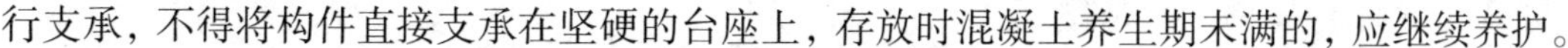

行支承，不得将构件直接支承在坚硬的台座上，存放时混凝土养生期未满的，应继续养护。

③梁板应按安装先后顺序编号存放，预应力混凝土梁板的存放时间不超过3个月，特殊情况下不超过5个月。

④当构件需要多层堆码时，不得超过两层，且应有可靠的防倾覆措施。

⑤雨季应采取有效措施防止因地面软化下沉而造成构件的断裂及损坏。

22.6 质量标准

(1)预制梁施工质量标准如表22－5所示。

表22－5 预制梁施工质量标准

项次	检查项目		规定值或允许偏差	检验方法
1	混凝土强度/MPa		在合格标准内	按JTG F80/1—2004附录D检查
2	梁长度/mm		+5，－10	尺量：每梁
3	宽度/mm	干接缝(梁翼缘、板)	±10	尺量：每梁3处
		湿接缝(梁翼缘、板)	±20	
4	高度/mm	梁	±5	尺量：检查2个断面
5	断面尺寸/mm	顶板厚	+5，－0	尺量：检查2个断面
		底板厚		
		腹板或梁肋		
6	平整度/mm		5	2 m直尺： 每侧面每10 m梁长测1处
7	横隔梁及预埋件位置/mm		5	尺量：每件

预应力筋的制作安装误差应满足《公路桥涵施工技术规范》(JTG/T F50—2011)的要求。

(2)外观鉴定：

①混凝土表面平整，颜色一致，无明显施工接缝。

②混凝土表面不得出现蜂窝、麻面，如出现必须修整。

③混凝土表面不得出现受力裂缝，如出现且超过0.15 mm必须处理。

22.7 成品保护

(1)注意移运梁时安全措施万无一失，保证梁体不受大的冲击。

(2)按梁吨位及存梁层数设计存梁区枕梁。存梁时注意梁的支撑牢固，做好梁间连接。

(3)压浆后强度满足要求后才能移运。

22.8 安全环保措施

22.8.1 安全措施

(1)应建立健全安全生产管理制度，保证安全资金投入，设置安全管理职能部门，配备相应的专职安全员并建立24 h旁站制度，及时纠正和消除施工中出现的不安全苗头。

(2)对施工人员定期进行安全教育和安全知识的考核，施工作业前进行安全技术交底。

(3)对各种临时的承重结构及模板认真检算设计，确保强度、刚度和稳定性。

(4)高空作业要严格按照规范和安全作业规则佩戴安全帽、安全带和设置安全网，大风、大雨等不良气候条件下不得进行高空作业。

(5)吊装作业时，起重机下严禁人员逗留，并设立明显的作业和禁人标志。

(6)吊梁和移梁作业时，派专人检查起重设备各系统，确保万无一失。

(7)工地设立明显的安全警示牌和安全注意事项宣传栏。

(8)各类机械设备操作人员必须持证上岗，无证人员或非本机人员不得上机操作。

(9)场内电路布置要规范化，电器开关设在防雨防晒的电器柜内，距离地面不小于1.5 m。

(10)张拉时，严禁非工作人员进场，操作人员不得站在张拉千斤顶后，以防飞锚伤人。高压油管接头要紧密，要随时检查，防止高压油喷出伤人。

(11)压浆人员操作时要穿防护鞋，戴防护眼镜、口罩和安全帽。

(12)冬季做好人员、机械设备的防冻工作。

(13)预制场范围内配置消防设施和器材，设置消防安全标志。

22.8.2 环境保护

(1)力行节水减污，提高施工用水重复率，降低废水排放量。

(2)施工现场宜经常洒水，避免扬尘污染空气。

(3)继续加强施工污染的终端处理，控制污染物排放总量，降低污染。

(4)节约用地，少占农田，不得随意占用或破坏施工现场周围相邻的道路、植被等。

(5)工程完工后，及时进行现场彻底清理，临时用地范围内的耕地采取措施复耕，其他裸露地表则植草或种树进行绿化。

22.9 质量记录

本施工工艺质量验收时应提供的书面记录有：

(1)原材料(水泥、钢筋、外掺剂)的出厂合格证和进场复验报告，钢绞线、锚具)的出厂合格证和复验报告。

(2)钢筋加工及安装检查报告。

(3)混凝土浇筑记录。

(4)混凝土强度报告。

(5)张拉原始记录表和压浆记录表。

(6)张拉设备配套检验报告。

(7)T梁(小箱梁)检查记录表。

(8)其他，如冬期养护记录等。

23　双导梁架桥机架设T梁(小箱梁)施工工艺标准

23.1　总则

23.11.1　适用范围

利用运梁车喂梁、双导梁架桥机架设桥梁上构梁板安装常用的施工方法；适用于预制T梁、工字梁、小箱梁的安装施工。

23.1.2　编制参考标准及规范

(1)《公路桥涵施工技术规范》(JTG/T F50—2011)。
(2)《公路工程质量检验评定标准》(JTG F80/1—2017)。
(3)《高速公路施工标准化技术指南》[桥梁工程](交通运输部公路局2012)

23.2　术语

23.2.1 试吊

试吊是指架桥机拼装好后的初次吊装。试吊时先吊离支承面20~30 mm后暂停，对各主要受力部位做细致检查，经确认受力良好后，方可继续起吊。

23.2.2　吊点

吊点是指起吊构件(重物)的连接点，应为起吊时对构件(重物)最安全的点。

23.2.3　运梁车

运梁车是指用于将各种预制梁段从预制场运至架桥机下的一种专用运输车辆。

23.3　施工准备

23.3.1　技术准备

(1)熟悉和分析施工现场情况，拟定运梁路线；熟悉设计图纸、机械操作规程，编制预制梁安装施工组织设计，明确吊装工作量，吊装工期。编制施工技术方案时，要考虑高空作业危险性较大的特点。编制安全专项方案施工技术方案；上述文件应上报监理批准。

(2)预制梁安装应由专业队伍施工，施工前应对吊装人员进行岗前培训、上岗考试等教育培训；对所担负的工程进行技术交底，如施工顺序、施工方法、施工工艺要求及注意事项、安全防控措施等。

(3)施工测量准备，校核墩台梁板的平面位置和标高，支座标高、螺栓孔位的校验工作。

23.3.2　材料准备

(1)临时支撑材料：枕木、木枋、木楔。

(2)支座及临时支座。

23.3.3　主要机具

(1)运输设备：运梁拖车、平板车。

(2)起重设备：架桥机、龙门吊、汽车起重机。

(3)安全设备：安全带、安全网、安全帽、防滑靴等。

(4)辅助设备：电焊机、发电机等。

23.3.4　作业条件

(1)架桥机已拼装好，且具有法定机构出具的检验检测合格证明。

(2)从梁场至安装地点的道路已修好，可满足大型车辆运梁的要求。

(3)墩(台)盖梁混凝土强度已达到设计要求；梁板已预制好。

23.4　工艺设计和控制要求

23.4.1　技术要求

(1)架桥机必须是专业厂家生产的架桥机，具有吊重最大起重量1.2倍的安全系数；其抗倾覆稳定系数应不小于1.3；架桥机过孔时其抗倾覆稳定系数不小于1.5。

(2)对弯桥、坡桥、斜桥的梁板，其安装的平面位置、高程及几何线形应符合设计要求。

(3)安装后应做到各梁端整齐一致，梁端缝顺直，宽度符合设计要求。不得有硬伤、掉角和裂纹等缺陷。

(4)支座安装后，支座应无脱空，支座偏压、变形不得超过规范和行业标准。

23.4.2 机具要求

(1)架桥机应由专业厂家生产，选型应满足最大起重重量1.2倍的安全系数。

(2)架桥机进场后应进行拼装、调试，使用前联系省(市)质量技术监督局进行检验检测，出具合格证明后方可使用。

(3)运输梁的车辆：车长应能满足支点间的距离要求，支点处应设活动转盘，防止搓伤构件混凝土。

(4)准备吊梁用的千斤索，各种钢丝绳的安全系数 $k=8\sim9$。

23.5 施工工艺

23.5.1 工艺流程

双导梁架桥机架设T梁(小箱梁)施工工艺流程如图23-1所示。

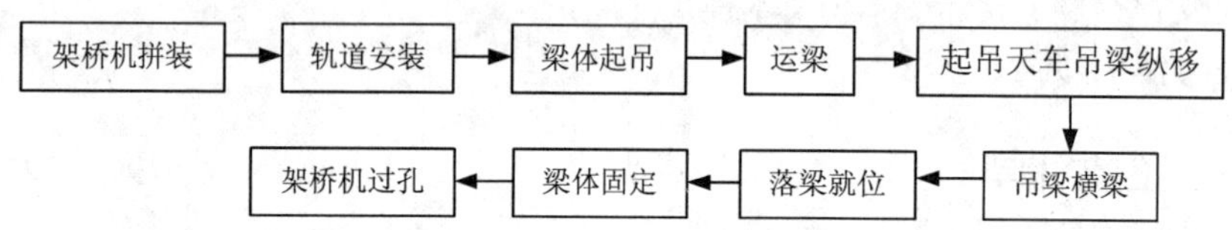

图23-1 双导梁架桥机架设T梁(小箱梁)施工工艺流程图

23.5.2 操作工艺

1. 吊装前准备工作

(1)吊装前应对作业环境调查，针对运输、安装作业范围内的障碍物，输电线路、通信线路等应采取拆除或避让措施。

(2)对于预制场距离安装地点较远，需要借用地方道路运输梁体的的情况，安装前应对运输路线进行勘察，并办理道路安全相关手续，确保运梁工作安全顺利。

(3)对吊运工具、架设安装设备应按实际施工荷载进行强度、刚度和稳定性验算。

(4)预制梁吊离台座时，应检查梁底混凝土质量(主要是空洞、露筋、钢筋保护层)。

(5)监理验收梁板的几何尺寸，特别是弯道上的桥梁和斜交的桥梁应重点核查；验收预应力体系、压浆、封锚、混凝土强度、凿毛、滑板支座的不锈钢板安装等，必须有监理签认方可安装。

(6)验收支座垫石平面尺寸、标高按+5 mm，-10 mm控制，超高的垫石应磨低；平整度按两对角方向四角高差不得大于2 mm控制；垫石顶面应无浮浆，表面应平整、清洁、无油污。盆式支座安装前，应采用环氧砂浆准确预埋座板螺栓。

(7)检查墩(台)盖梁混凝土质量和浇筑日期，符合设计要求的强度才能安装。

(8)在墩(台)盖梁上放出每片梁的纵向中心线、梁板端头横线，支座垫石上放出支座中心十字轴线，并弹出墨线，在梁板梁端弹出梁的竖向中心线，便于安装就位。

2. 支座安装

(1)永久支座的规格型号应符合设计要求，并有检验检测资料；临时支座要有足够的强度；当采用砂箱(筒)作临时支座时，在首片预制梁安装前应对临时支座进行压缩试验，确定临时支座的压缩量。砂箱(筒)用砂应进行过筛并晒干处理。

(2)安装板式橡胶支座应使支座中心线同支垫石上的中心线重合。

(3)盆式支座安装，上座板与下座板必须用细螺栓链接，禁止焊接；支座上下各部纵横向必须对中，支座顺桥中心线必须与主梁中心线重合或平行。

(4)球形支座、钢支座等其他支座安装必须符合设计和规范要求。

3. 架桥机安装就位

(1)在桥头路堤上铺设三条轨道至桥台，在两边的轨道上拼装架桥机，再将架桥机推移至安装孔。推移时，纵移行车应置于导梁后端，以增加后端平衡质量，确保倾覆稳定系数大于1.5。

(2)架桥机在桥上拼装及移动时，必须使架桥机重量落在梁肋上。

4. 装车运梁

(1)应按吊装顺序、梁的编号对号入座，梁板必须经检验合格后方可装车。

(2)采用专用运梁车，车长应满足支点间的距离，支点处应设活动转盘。

(3)运梁专用车开至预制场由龙门吊起吊装车，预制梁重心线与车辆纵向中心线的偏差宜小于10 mm，可在梁端的顶部中心挂线锤，检查梁端面上的竖向中线，观察梁是否向两侧倾斜。预制梁应按设计的支点放置。预制梁装车后应对梁端两侧进行临时固定(支撑)，防止倾覆。装卸梁时，必须支撑稳妥后，方可卸除吊钩。

(4)便道上运梁车的行车速度严禁超过5 km/h，当道路有坑洼高低不平时，应及时处理平整。

(5)桥上运梁前应将行驶运梁车的两片梁横隔板、湿接缝连接钢筋焊接好，运梁时形成多片梁共同受力，防止对裸梁造成损伤；梁顶预埋锚固肋要打平，便于行车；过墩顶时要用厚钢板或型钢骨架贴钢板搭“桥”过墩顶，两端接梁顶应平顺，保证运梁车安全行驶。

5. 喂梁

将梁运至架桥机后跨内，两端同时起吊。预制梁安装初吊时，应先进行试吊。试吊时先吊离支承面20～30 mm后暂停，对各主要受力部位做细致检查，经确认受力良好后，方可撤除支垫，继续起吊。

6. 架桥机吊梁

(1)预制梁的起吊、纵向移动、横向移动及就位等，应统一指挥、协调一致，按预定的施工顺序进行。

(2)梁的吊点位置应符合设计规范。若采用吊环时必须是热轧光圆钢筋制作且吊环应顺直。吊绳与起吊构件的交角小于60°时，应该设置吊架或起吊扁担，改善吊环受力。

(3)预制梁起吊应平稳、匀速。两端高差应不大于300 mm，应行驶在架桥机行梁跨正中并适当固定，将梁运至安装跨。

7. 架桥机带梁横移

架桥机两端安装有钢轮，在墩(台)上安有轨道，可以带梁横移将梁运送到安装位置。架桥机中心线处于与安装位置轴线同一直线或平行线上。

8. 落梁就位

(1)落梁就位应缓慢下放，先落一端，再落另一端。在梁端挂锤球，当梁端中心线与盖梁的纵向中心线重合时，即就位准确。当就位不准确需调整位置时，严禁仅吊起一端用撬棍强行移动预制梁，应整体起吊调整，保证支座的均衡受力，避免支座损伤。

(2)梁体与支座应密贴，出现脱空、严重偏心受压应进行调整；调整方法一般可用千斤顶顶起梁端，在支座上下表面铺涂 AB 胶或环氧砂浆，再次落梁时，在重力作用下使支座上下表面相互平行且同梁底、垫石顶面全部密贴，同时使一片梁两端的支座处在同一平面内。

(3)梁板就位后应注意伸缩缝的预留宽度，如果过宽或过窄应适当调整梁板的前后位置。

(4)梁板就位后应及时设置保险垛或支撑，将构件临时固定。对于横向自稳性较差的 T 梁，应与先安装的构件进行可靠的连接，防止倾倒。

(5)一孔吊装完成后，应检查梁板安装平面尺寸是否符合设计要求，支座是否有异常情况，检验合格后方可准备架桥机过孔。

9. 架桥机过孔步骤

(1)收起尾支腿，先将主梁前冲 8 ~ 10 m，再依次调整前支腿和中支腿的距离及桁车的位置，使两支腿的距离满足整机的稳定性要求，同时中支腿与尾支腿的间距应满足过孔的要求，如图 23 - 2 所示。

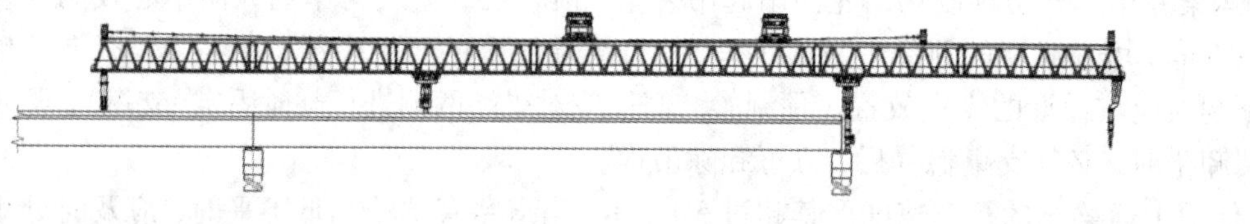

图 23 - 2

(2)开动反滚轮前移电机，使主梁前移，随时调整两桁车在主梁上的位置，确保整机的稳定性，直至前方临时支腿到达前方墩台，如图 23 - 3 所示。

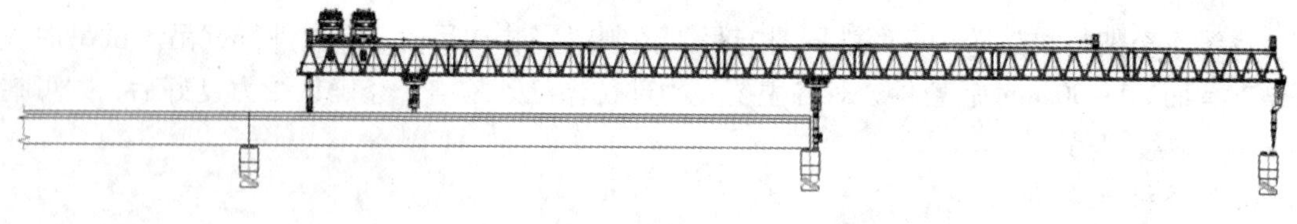

图 23 - 3

(3)调整尾支腿、前支腿和临时支腿，使中支腿不受力，如图 23 - 4 所示。

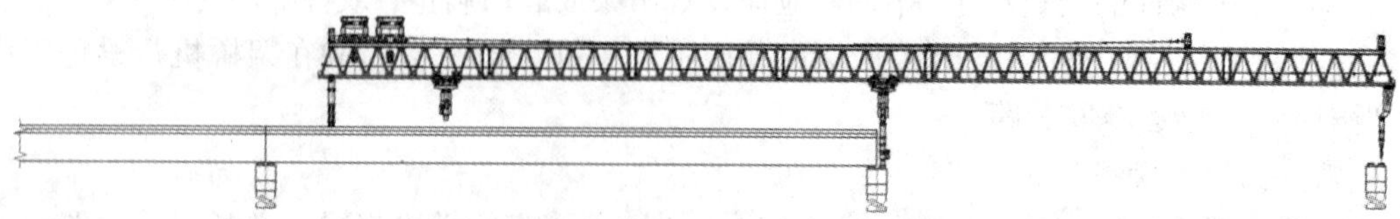

图 23 - 4　顺序三、调整尾支腿、前支腿和临时支腿，使中支腿不受力

(4)将中支腿前移，紧靠前支腿之后，调整各支腿使前支腿腾空，带上横移轨道，开动支腿运行机构(反辊轮驱动机构)，使前支腿移至前方墩台，如图 23 -5 所示。

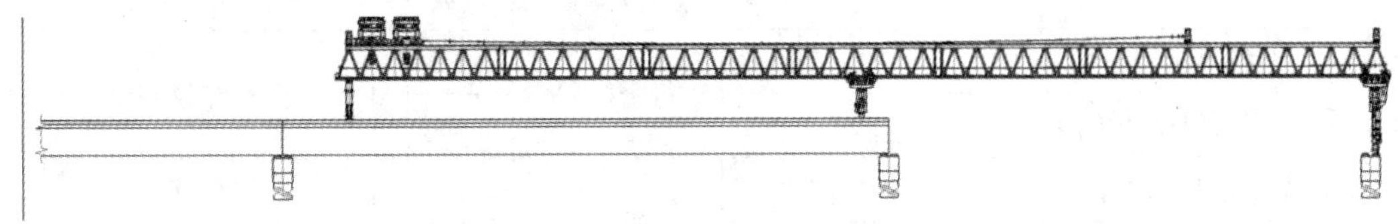

图 23 -5

(5)收起尾支腿，支好前、中支腿，收起临时支腿，准备前移主梁，如图 23 -6 所示。

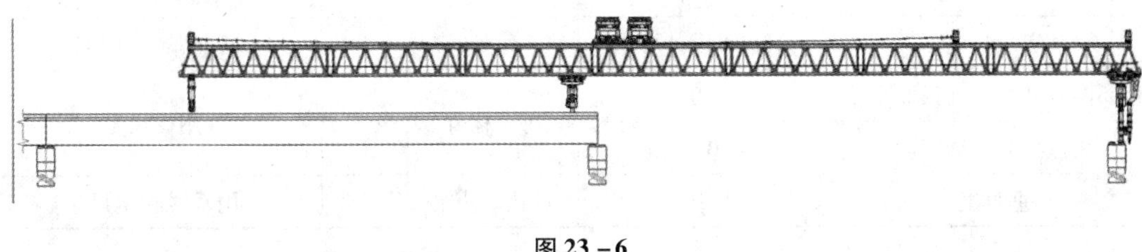

图 23 -6

(6)主梁前移到位，将主梁与前中支腿固定可靠，跨孔完成，支好尾支腿，纵移桁车回到尾部，准备下一孔的架梁作业，如图 23 -7 所示。

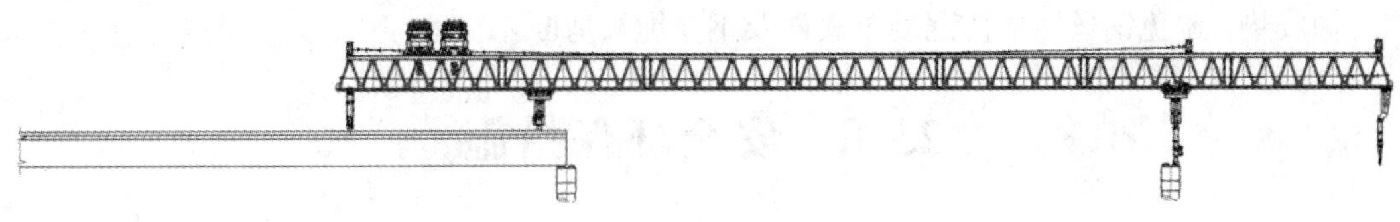

图 23 -7

(7)注意事项：架桥机每次移动支腿和横梁均采用水准仪检查支垫平整状况。过孔时，严禁人员搭乘主梁、横梁、支腿随架桥机前进。

23.6　质量标准

梁、板安装允许偏差应符合表 23 -1 的规定。

表 23-1　梁、板安装允许偏差

<table>
<tr><th colspan="2" rowspan="2">项目</th><th rowspan="2">允许偏差/mm</th><th colspan="2">检验频率</th><th rowspan="2">检验方法</th></tr>
<tr><th>范围</th><th>点数</th></tr>
<tr><td rowspan="2">平面位置</td><td>顺桥纵轴线方向</td><td>10</td><td rowspan="2">每个构件</td><td>1</td><td rowspan="2">用经纬仪测量</td></tr>
<tr><td>垂直桥纵轴线方向</td><td>5</td><td>1</td></tr>
<tr><td colspan="2">焊接横隔梁相对位置</td><td>10</td><td rowspan="2">每处</td><td>1</td><td rowspan="3">用钢尺量</td></tr>
<tr><td colspan="2">湿接横隔梁相对位置</td><td>20</td><td>1</td></tr>
<tr><td colspan="2">伸缩缝宽度</td><td>+10，-5</td><td rowspan="3">每个构件</td><td>1</td></tr>
<tr><td rowspan="2">支座板</td><td>每块位置</td><td>5</td><td>2</td><td>用钢尺量，纵、横各一点</td></tr>
<tr><td>每块边缘高差</td><td>1</td><td>2</td><td>用钢尺量，纵、横各一点</td></tr>
<tr><td colspan="2">焊缝长度</td><td>不小于设计要求</td><td>每处</td><td>1</td><td>抽查焊缝的 10%</td></tr>
<tr><td colspan="2">相邻两构件支点处顶面高差</td><td>10</td><td rowspan="2">每个构件</td><td>2</td><td rowspan="2">用钢尺量</td></tr>
<tr><td colspan="2">块体拼装立缝宽度</td><td>+10，-5</td><td>1</td></tr>
<tr><td colspan="2">垂直度</td><td>1.2%</td><td>每孔 2 片梁</td><td>2</td><td>用垂线和钢尺量</td></tr>
</table>

23.7　成品保护

预制梁安装过程中，吊具、捆绑钢丝绳与梁底面、侧面的拐角接触处应安装护梁铁瓦或消力橡胶垫，避免钢丝绳损伤混凝土表面及钢丝绳被剪断。

23.8　安全环保措施

23.8.1　安全措施

23.8.1.1　**施工机械的安全控制措施**

(1)各种机械操作人员和车辆驾驶员，必须取得操作合格证，不准将机械设备交给无本机操作证的人员操作，对机械操作人员要建立档案专人管理。

(2)操作人员必须按照本机说明书规定，严格执行工作前的检查制度和工作中注意观察及工作后的检查保养制度，严禁机械带病运转或超负荷运转。

(3)驾驶室或操作室保持整洁，严禁存放易燃、易爆物品，严禁酒后操作机械。

(4)指挥施工机械作业人员，必须站在可让人瞭望的安全地点并应明确规定指挥联络信号。

(5)起重作业严格按照《建筑机械使用安全技术规程》(JGJ 33—2012)和《建筑安装工人安全技术操作规程》规定的要求执行。

23.8.1.2　**梁体架设安装安全技术措施**

(1)参加架设的操作人员要有明确的分工，并建立岗位责任制。劳动分工要尽可能稳定，不要在操作前临时调换工种，以免由于技术不熟练而发生意外事故。

(2)吊装作业区严禁非工作人员进入，所有人员均不得在起吊和运行的吊物下站立。

(3)在下列情况下，应停止吊运安装作业：

①吊装设备有故障，达不到安全要求时。

②自然条件恶劣，大雨或6级以上大风时。

③操作人员不全，影响工作进行时。

④现场发生事故，尚未处理完毕时。

(4)施工现场用电安全措施：

①施工现场制订详细的电气安全操作规程、电气安装规程、电气运行管理规程和电气维修检查制度，做好交接班、电气维修作业记录和接地电阻、手持电动工具绝缘电阻、漏电开关测试记录。

②施工现场的电气设备均应符合建设部《施工现场临时用电安全技术规范》的规定，输电线路采用三相四线制和“三级配电二级保护”的要求，电线(缆)均按要求架设，不随地拖拉，各类电箱均应符合市建委规定的标准电箱，总配电箱和分配电箱安装在适当位置，并有重复接地保护措施，重复接地电阻值不大于10 Ω。执行“一机、一闸、一漏、一箱”制。

③变配电室符合“四防一遍”要求，建立相应的管理制度，配置好必要的安全防护用品。

④电工作业时必须穿戴好个人防护用品，并严格执行电气安全操作规程，做到持证上岗。

23.8.2　环保措施

大气的主要污染来源有运输、燃油机械等，应采取的控制措施有：

(1)施工机械设备应有较好的密封或防尘设备，施工通道必要时进行洒水处理。

(2)严禁在施工现场焚烧任何废弃物和会产生有毒有害气体、烟尘、臭气的物质，熔融沥青等有毒有害物质要使用封闭和带有烟气处理装置的设备处理。

23.9　质量记录

本施工工艺质量验收时应提供的书面记录有：

(1)支座进场复验报告。

(2)梁、板吊装记录。

(3)梁、板安装质量检验评定表。

(4)质量验收记录。

24 预应力混凝土连续(刚构)梁桥悬浇施工工艺标准

24.1 总则

24.1.1 适用范围

悬臂浇筑法(简称悬浇)适用于大跨径的预应力混凝土连续梁桥、T型刚构桥、连续刚构箱梁桥等结构。悬浇施工方法特别适用于宽深的河流和山谷、施工水位变化频繁不宜水上作业的河流，以及通航频繁且施工时需要有较大净空的河流、湖泊、海域上桥梁的施工。其最大的优点是施工不受季节、河道水位的影响，不影响桥下通航，不需要大量的支架和临时设备，是大跨连续梁桥的主要施工方法。

预应力混凝土连续梁桥、连续刚构桥采用悬浇施工的方法时，采用悬臂挂篮施工的形式要根据悬臂浇筑工艺对挂篮设计的技术要求，综合各种形式的挂篮施工特点满足规范的要求，在施工中须进行体系转换。

预应力混凝土连续梁桥墩梁是铰接(设置支座)，不能承受弯矩，在悬浇时需采取措施，临时将梁板与桥墩固结，待悬浇施工到至少一端合拢后才能解除恢复原状；T型刚构桥、连续刚构梁桥墩梁是固结的，采用悬浇施工时，结构本身已具有一定的抗弯能力，可根据设计和施工要求，在墩旁设置临时托架等方法进行施工。

24.1.2 编制参考标准及规范

(1)《公路工程技术标准》(JTG B01—2014)。

(2)《公路钢筋混凝土及预应力混凝土桥涵设计规范》(JTG 3362—2018)。

(3)《公路桥梁抗风设计规范》(JTG/T 3360-01—2018)。

(4)《公路桥涵施工技术规范》(JTG/T F50—2011)。

(5)《公路工程质量检验评定标准》(JTG F80/1—2017)。

(6)《公路工程施工安全技术规范》(JTG F90—2015)。

(7)《公路工程水泥及水泥混凝土试验规程》(JTG E30—2005)。

24.2　术语

24.2.1　悬臂浇筑

悬臂浇筑是指浇筑较大跨径的悬臂梁桥的上部构造时，采用移动式挂篮作为主要施工设备，以桥墩为中心，对称向两岸利用挂篮逐段浇筑梁段混凝土，待混凝土达到要求强度后，张拉预应力束，再移动挂篮，进行下一节段的施工。施工中不需要架设支架和使用大型吊装设备。

24.2.2　挂篮

挂篮是悬臂施工中的主要设备，按结构形式一般可分为桁架式、斜拉式、型钢式及混合式4种。挂篮一般由承重系统、底模系统、模板系统(内，外)、行走系统、后锚固系统组成。承重系统包括前横梁、后横梁和立柱。底模系统主要承担钢筋混凝土重量及施工作业人员机具重量兼做施工平台，底模采用钢模板或竹夹模，平铺于底板纵梁上与前下横梁和后下横梁用销栓连接。模板系统外围为大块模，骨架与模板连接采用固接，悬臂部分用吊带兜住外膜骨架上，与底模同挂篮一起移动，内膜采用内导梁移动。行走系统分为滑床梁行走系统、组合桁架行走系统和模板行走系统三部分。后锚固系统采用碳元或精轧螺纹粗钢筋，作用是将挂篮承受的荷载传至箱梁上，并防止挂篮倾覆。

24.3　施工准备

24.3.1　技术准备

(1)熟悉和分析复核施工设计图纸、挂篮设计图纸、上构箱梁的测量放样准备工作、主要技术标准、施工现场的施工环境、气候资料等细则，编制悬浇施工的单项施工组织设计，向现场技术人员及班组进行书面的一级技术交底和安全交底。

(2)选择合适的墩顶梁段及附近梁段的施工方法和墩梁临时固结及解除的方法，并要通过施工设计计算，满足规范要求。

(3)悬臂现浇连续刚构施工方案主要内容已完成批复。

(4)选择合格挂篮形式，悬臂挂篮的制作和荷载试验(挂篮要经过设计计算，挂篮质量与梁段混凝土的质量比控制在0.3～0.5，特殊情况下也不应超过0.7)，挂篮支撑平台除了要有足够的强度和刚度之外，还应有足够的平面尺寸，以满足梁段的作业人员现场作业的需要。

(5)挂篮设计主要参数：

①挂篮总重量控制在设计限重之内。

②允许最大变形(包括吊带变形总和)为20 mm。

③施工行走时的抗覆安全系数为2.0。

④自锚固定系统的安全系数为2.0。

⑤上水平限位系统安全系数为2.0。

⑥斜位水平限位系统安全系数为2.0。

⑦挂篮空载行走时冲击系数为1.3。

(6)挂篮加工完成后必须进行加工试拼及荷载试验。挂篮所使用的材料必须是可靠的，应进行必要的材料力学性能试验。

(7)挂篮悬浇施工前对施工人员进行全面的技术、操作、安全二级交底，确保施工过程的工程质量和人身安全。

24.3.2 材料准备

(1)混凝土施工配合比的选定要按混凝土设计强度要求，分别做泵送混凝土配合比以及普通混凝土配合比的试验配合比和施工配合比，并要求满足全部悬臂浇筑施工的混凝土要求。

(2)原材料：水泥、石子、砂、钢筋、钢绞线、锚具、波纹管等要由持证材料员和试验员按规范要求及设计文件规定进行检验，确保其原材料质量符合相应的标准。

24.3.3 主要机具

(1)施工所需的材料、机械设备的组织进场。

(2)起重设备：塔吊(必须进场前选定好安装位置)安装、浮吊、吊车、卷扬机、手拉葫芦等。

(3)安全设备：安全帽、安全带、救生衣、灭火器等。

(4)混凝土的灌注设备及运输设备：拌和站(机)、运输车、输送泵、输送管、振捣器、串桶等。

(5)钢筋加工设备如电焊机、成套加工设备等。

(6)挂篮、模板、支撑架等，还有张拉压浆设备：油泵、千斤顶、压浆机等。

24.3.4 作业条件

(1)为了减少各种材料的运距，避免无效劳动，要有效组织现场的平面及立体交叉作业，最大限度地利用合理空间。靠在大门围墙上设置工程概况、施工进度计划、施工总平面图、现场管理制度、防火安全保卫制度等标牌。

(2)对现场道路要进行全面整修，主要道路需要硬化，保证运输道路畅通无阻。现场排水系统保证通畅，排水以自然排水沟排水，加强对排水沟的清理。

(3)对办公、生活区周围环境保持整洁，对现场的水准点和轴线控制桩应有标志加以保护。对车辆路过现场外主干道路进行定期打扫，对各种机械设备整齐停放，做好保养维修。

(4)保证施工用水其中包括生产、生活和消防用水，管道的布置和选型因该要以施工用水量为依据，合理进行利用。施工用电因该严格按照《施工现场临时用电安全技术规范》进行正规的电气设计，配备专门的电工加强用电管理。

(5)对现场设备机械要做到熟练掌握，要有专门的作业人员如起重机、塔吊、电焊工、张拉、压浆、钢筋工等人要进行培训指导，要对作业人员进行安全紧急救援措施的培训及交底。台风、暴雨等天气应停止高空作业。

24.3.5 劳动力组织

预应力混凝土连续(刚构)梁桥悬浇施工工艺劳动力组织如表 24－1 所示。

表 24－1　预应力混凝土连续(刚构)梁桥悬浇施工劳动力组织

工种	人数	工作地点	职责范围
施工队长	1	整个施工现场	负责跟班组织施工管理工作、协助总指挥工作等
技术负责人	1	整个施工技术负责	负责跟班解决施工中的技术问题，协调总编写技术措施
施工副队长	1	整个施工现场	负责组织施工管理工作、协助指挥工作等
施工技术员	8	整个施工现场	负责跟班解决施工中的施工技术问题，编写施工技术措施等
现场施工员	8	整个施工现场	负责跟班解决施工中的问题
吊装工	10	施工现场	负责现场吊装运输
钢筋工	40	施工现场	负责钢筋制作、现场钢筋绑扎、搬运及现场清理等
模板工	32	施工现场	负责模板制作、安装
测量员	2	施工现场	负责放样，位置高程等测量
张拉压浆工	20	施工现场	负责预应力张拉、压浆
电焊工	32	施工现场	负责钢筋焊接、氧割等
电工	2	整个施工现场	负责现场动力、照明、通信等电器系统的维修保护
砼工	32	施工现场	负责混凝土的浇筑
其他(杂工)	16	施工现场	现场调节
总计	205		

注：此表以广深沿江高速太平特大桥四个 T 八个挂篮同时作业为例一个作业班施工配备人员，未计后勤、行政等人员。

24.4　工艺设计和控制要求

24.4.1 技术要求

(1)按照挂篮设计原则，挂篮需满足桥梁上部构造设计的构造要求；满足挂篮整体及各杆件强度、刚度、稳定性的要求；满足挂篮施工中的可操作性；桁架及其他构件尽量轻型化；减轻工人的劳动强度；提高工作效率；提高挂篮的施工安全性。

(2)挂篮吊带和精扎螺纹钢安装时必须保证垂直，桁架和受力杆必须保持水平、同高、稳定。内外模滑道梁必须安装平直、可靠。

(3)对已施工节段的预留接长钢筋应该注意保证其长度、根数、位置的准确。对于直径大于 16 mm 的钢筋，其接长连接必须采用钢套筒连接或其他有效的机械连接方式，不得采用绑扎。焊接部位必须满足焊接长度、焊缝饱满、无气泡、无残渣等要求。

(4)在混凝土浇筑过程中，高度大于2 m的地方，必须连接溜槽或串桶，以免引起不必要的混凝土离析。在梁段死角、钢筋密集的地方加强振捣，不要漏振、少振或不振，避免造成混凝土面出现蜂窝、露筋现象，确保混凝土设计强度。

(5)预应力张拉完毕，禁止撞击锚头和钢束，在满足锚固长度的前提下，其多余部分必须采用切割机切割，严禁焊割或氧割；在切割机切割预应力钢筋多余部分时，应边切割边淋水，防止切割时温度过高，损伤局部混凝土或局部温度过高造成钢绞线回缩。

(6)千斤顶与压力表应配套验校，以确定张拉力与压力表之间的关系曲线，校验需经主管部门授权的法定计量机构定期进行，当千斤顶使用超过6个月或200次或在使用过程中出现不正常的现象时，应重新检验。

(7)张拉结束并切割端头多余的预应力筋之后，采用强度不小于40 MPa的水泥砂浆对工作锚进行封锚，待封锚强度达到要求后进行管道压浆。压浆用水泥浆强度不得低于40 MPa，压浆施工完成后，应及时进行封端施工，以免造成外露锚后钢筋生锈。

24.4.2 材料质量要求

(1)建筑材料应满足结构强度和耐久性的要求，同时满足抗冻、抗渗和抗侵蚀的需要。

(2)悬浇箱梁混凝土强度要满足设计要求，一般为C60。

(3)预应力钢绞线采用高强度低松弛的ϕ15.2 mm，标准强度$f = 1860$ MPa，弹性模量$E =$ 195000 MPa，单丝直径5 mm。

(4)竖向预应力筋采用JL32精扎螺纹钢，标准强度$f = 785$ MPa，弹性模量$E =$ 200000 MPa。

(5)水泥浆抗压强度要求达到$R_{28} = 50$ MPa，水泥标号不得低于425号普通硅酸盐水泥。

24.4.3 职业健康安全要求

(1)必须严格按照企业职业健康安全管理体系的文件要求对施工人员开展培训，并严格执行。作业人员如未接受过此类培训，由公司对其进行宣传教育后方可进行作业。

(2)作业人员上岗前要进行职业健康体检，施工过程中要定期进行职业健康体检，公司要定期对职工进行职业病防治知识培训。

(3)所有作业工人员必须按照有关规定配备符合国家标准的劳动防护用品。未按规定佩戴和使用劳动防护用品的，不得上岗作业。

24.4.4 环境要求

(1)在工程的实施阶段，采取合理可行的措施以疏通施工区域内部环境的污水，设计施工必要的导流设施，使之不会对施工区域及基本的工程设施等造成侵蚀或污染；设置必要的拦污净化处理设施，防止将含有污染物或可见悬浮物的污水直接排放到河流中。

(2)机械设备操作时，尽量减少噪声、废气等污染，控制噪声按《建筑物施工场界噪声限值》(GB 12523—2011)的规范执行。千斤顶、油泵、机械设备定时保养，防止油污泄漏。

(3)施工中，负责保护施工范围内的相关建筑物、植被、管线，以保持周围环境的协调。

24.5 施工工艺

24.5.1 工艺流程

预应力混凝土连续(刚构)箱梁悬浇施工工艺流程如图 24－1 所示。

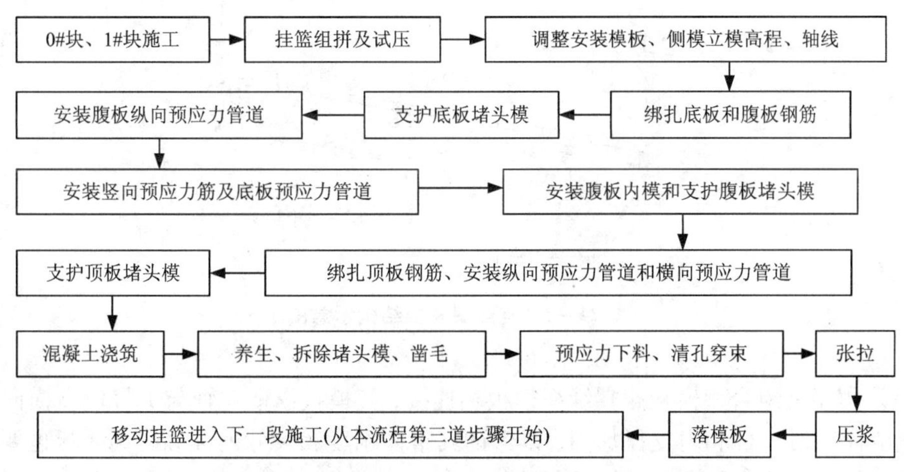

图 24－1 预应力混凝土连续(刚构)箱梁悬浇施工工艺流程图

24.5.2 操作工艺

(1)在墩身施工时，预埋 0、1#块施工托架主纵梁工字钢和型钢牛腿支撑钢板，墩身施工完后，在主纵梁上按间距布置型钢作为主横梁，形成 0、1#块现浇支架的施工支承平台。再在主横梁上布置三角形桁架及整体钢模板，作为浇筑箱梁砼的模板系统。

(2)在 0 号块(1 号块)施工完成后，张拉完预应力、压浆并锚固，拆除模板，然后拼装挂篮。依据挂篮设计资料，确定挂篮组拼控制线，按照实际起重的能力选择合理的起重方案。按照先主桁次底篮再模板最后其他附属结构的顺序进行挂篮的组拼。挂篮拼装的安全、质量要求严格按照设计图纸上的拼装顺序进行拼装，连接部位全部采用螺栓连接，螺栓必须测力扳手进行检测，预拉力不小于 125 kN，精轧螺纹吊杆使用前必须验收合格。

(3)挂篮组拼完成后，为了检验挂篮的性能参数，消除结构的非弹性变形，获取挂篮弹性变形曲线的参数为箱梁施工提供数据，应对挂篮进行试压，试压一般采用试验台座加压法和水箱加压法进行试压。压载时间自压载结束到开始卸载为 48 h，从开始加载就要布置好观测点(对称分布 6 点)，观测次数为加载前、加载时(0.1 F、0.5 F、1.0 F、1.2 F)、加载完成、加载 12 个 h、加载 24 个 h、加载 48 个 h、卸载。根据观测的数据，分析、推断弹性变形和非弹性变形，通过预压将非弹性变形消除，根据弹性变形结果控制抬高量，施工中设专人负责测量，并进行计算。调试合格后，经监理验收合格后方可进行下一道施工。

(4)模板安装顺序：底模→外侧模→顶板内模→端头模→底板堵头模→顶板堵头模→外翼边板。

底模安装一般采用钢模板，用侧模包底模的方法进行，依据设计资料，复核悬浇梁段轴线控制网和高程基准点，确定并调整底模的轴线及标高。立模时应该预留预拱度包括挂篮的弹性变形及通过计算软件分析而得的施工后期预拱度值，监控单位实施现场监控(图 24 -2)。

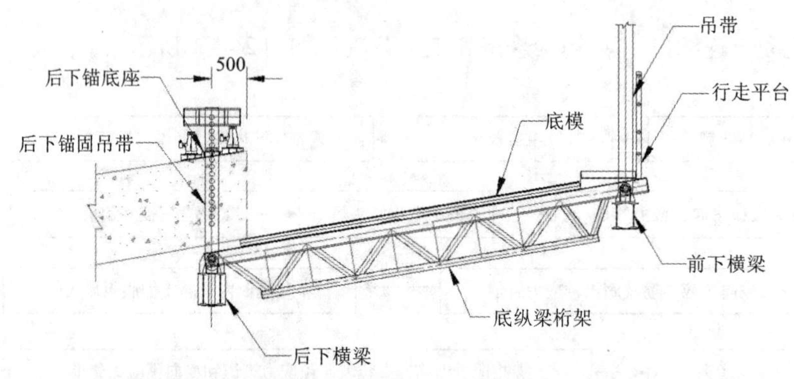

图 24 -2　挂篮底模板结构示意图

侧模采用型钢组合型模板跟翼缘板模板相连接，其模板纵横向轴与 1 号块纵横向轴相吻合，两侧侧模用对拉杆和内支撑加固，以保证其整体刚度和尺寸的准确。翼缘板也要调整轴线及标高，相应地要控制内顶模的标高(图 24 -3)。

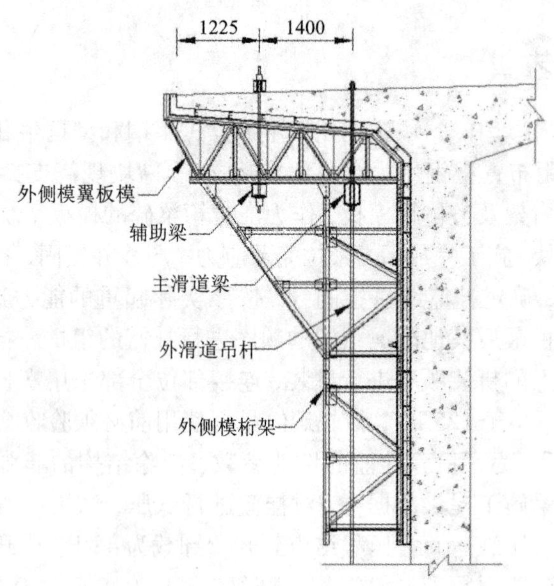

图 24 -3　挂篮外侧模结构示意图

内模分为内顶模和内腹板模，也是采用型钢组合型模板，内腹模主要是保证腹板的几何尺寸，内顶模主要保证顶板厚度，并按设计位置正确预埋预埋件和预留预留孔。经过驻地监理工程师检查、批准之后进入下一道工序(图 24 -4)。

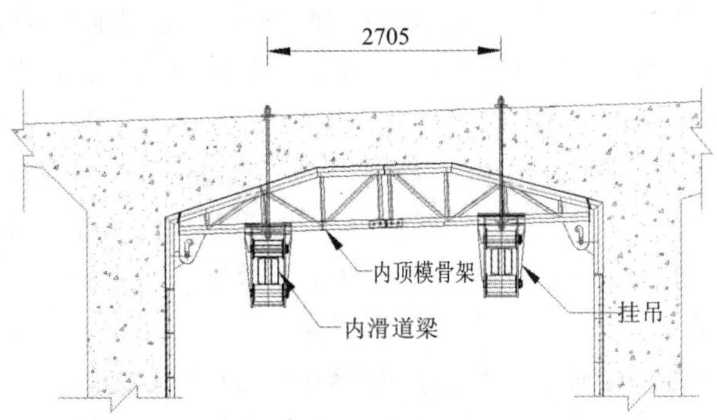

图 24－4　挂篮内侧模结构示意图

(5)钢筋的制作：根据设计资料，先在加工场将钢筋制作成形，经过吊车或塔吊将钢筋运输到已完成的箱梁顶面，依次摆放好，自检人员检查钢筋的型号(必须符合国家标准：GB 1499.2—2007)、根数，合理地确定不同型号钢筋的绑扎顺序。然后进行底板绑扎钢筋，凡需要焊接的钢筋均应按规范满足可焊性要求，必须符合《公路桥涵施工技术规范》中的有关规定，钢筋构造连接方式为采用搭接焊和闪光接触对焊。在钢筋骨架外采用塑胶垫块做保护层垫块，强度等级跟梁体标号相同。

(6)在进行底板钢筋绑扎时进行底板的堵头模支护，能有效地控制钢筋的稳固，防止钢筋的变形，确保钢筋的位置准确。

(7)预应力管道及定位钢筋一般在钢筋绑扎过程中就已经安装完成，利用定位钢筋和钢筋骨架绑扎或电焊牢固管道，尺寸偏差不得大于2 mm，如果管道与构造钢筋位置冲突，则适当移动构造钢筋，绝对保证预应力管道按设计位置定位。预埋管道在每段部位置的准确采用堵头填塞或在纵向波纹管内插入 PVC 管，以免浇筑混凝土时振动脱落而进浆阻塞管道。模板上将每个断面的波纹管的位置提前用氧气割出圆洞，然后将每个部位的波纹管对号放入。在波纹管锚头、波纹管连接和波纹管接头处必须用胶带纸密封，封住压浆管管口，将压浆管固定好，要注意按施工设计方案布置出气孔和出浆孔。

(8)安装腹板内模要注意：腹板是否有预埋钢筋，腹板预应力管道是否安装位置准确，保护层是否达到设计标准，模板是否在绑扎钢筋前清理干净(水泥残渣用打磨机磨干净)，打上脱模剂。然后进行内模安装，安装时内撑杆按照设计图纸上的腹板宽度尺寸来确定，对拉杆满足腹板宽度，检查螺帽是否到位。

(9)按照本节(5)和(7)条要求绑扎钢筋和安装顶板横向预应力及纵向预应力管道，另外在锚下除布设与锚具配套的螺旋筋外，必须布设不少于四层的锚下钢筋网，纵向钢束锚后也应设置不少于四层的锚后钢筋网，并在钢束同向设置加强筋，以有效地散发集中的局部应力，预埋护栏钢筋严格按照《公路桥涵标准图梁式桥上部公用构造》(JT/GQB 014—1973)的规定进行施工，挂篮的预埋孔由施工设计人员确定预埋孔的位置画出设计图纸，位置要准确，以免影响挂篮后锚系统的使用。

在安装横向钢束锚固槽口时可适当地开大槽口尺寸，避免封锚状态欠佳，槽口紧贴模板、密封防止进浆，线形要均匀平顺，防止弯曲。竖向精扎螺纹的槽口位置应按设计严格放置，避免位置过偏，上下不能对齐，引起竖向精扎螺纹钢筋张拉与实际不吻合及张拉时对混凝土的局部破坏，或过高锚定后高出箱梁顶面引起对桥面的影响而切割造成竖向精扎螺纹钢筋的强度损失。在三向预应力管道相碰撞时，保证纵向预应力管道位置沿纵向平行，移动横竖向预应力管道，用作后锚的竖筋不允许偏位，横竖向相碰时，保证竖向移动横向，但横向最大偏位不得大于10 cm。经驻地监理工程师验收签字合格后，方可进入下一道施工。

(10)混凝土的浇筑施工首先要有原材料的检验报告单和混凝土的施工配合比(设试验室配合比为：水泥∶水∶砂子∶石子 $=1:x:y:z$，则施工配合比调整为：$1:(x-ym-zn):y(1+m):z(1+n)$，其中现场砂子含水率为 m，石子含水率为 n)。

其次混凝土施工所用的骨料、水泥、外加剂等必须符合有关规定。

由于本箱梁混凝土设计为C60混凝土，梁段的钢筋及预应力管道较密，选用的混凝土配合比的坍落度应以10～15 cm为宜。混凝土拌制采用拌和站集中拌制，用混凝土输送车运到现场，再由输送泵通过输送管道把混凝土送到浇筑地点，必须保证混凝土泵能连续工作，在输送过程中时间不宜超过3 h。为了使后浇筑的混凝土不引起先浇筑混凝土的开裂，箱梁梁段混凝土一次性浇筑成形，并在底板混凝土初凝以前全部浇筑完毕，也就是要求挂篮的变形全部发生在混凝土初凝前，以免裂纹产生。由于箱梁梁段横坡比较大，要采取有效措施避免因重力的原因导致混凝土出现水料分离，比重轻的混凝土料向横坡下坡流动，引起桥面不必要的调坡，增加结构重量。

悬臂浇筑施工过程中，挂篮两边对称移动，浇筑混凝土时，两边梁段混凝土相差不得超过设计要求混凝土的偏差重量。

(11)混凝土的养护常用方法主要有自然养护、加热养护和蓄热养护，自然养护是指自然条件下(高于5℃)，对混凝土采取的覆盖、浇水湿润、挡风、保温等养护措施，自然养护又分为覆盖浇水养护和塑料薄膜养护两种。高性能混凝土养护时间大于7 d，当混凝土强度达到2.5 MPa后方可拆除堵头模，为确保新旧混凝土的结合度，张拉钢束完毕后必须将该节与下段相接截面深度凿毛，经凿毛处理的混凝土面，应该用水冲洗干净。凿毛截面凹凸深度不得小于10 mm。

(12)当箱梁混凝土浇筑后，应将预应力管道冲洗干净，按照设计图纸上下料长度下料，计算出工作长度。下料时，应采用圆盘锯切割，切割面为一平面，以便检查断丝、滑丝，不得采用氧割和焊割切割。纵向预应力筋穿束时先将导线穿过孔道与预应力筋束连接在一起，由卷扬机、转向等机械设备牵引穿束，穿束后检查预应力筋外露情况，保证两端外露长度基本相同，满足张拉要求，最后安装锚具和千斤顶。

待混凝土强度达到设计要求时(无设计要求时按设计强度的75%控制)即可开始张拉。纵向跟竖向张拉，尤其是纵向预应力筋张拉是控制工期和质量的关键工序，张拉必须按设计要求的顺序进行，先张拉纵向预应力，竖向跟横向桥面预应力在挂篮前移动后立即张拉。张拉后的钢束和钢筋应做明显的标记，绝对不许漏拉，张拉应有完整准确的张拉记录，包括钢筋编号、伸长量、张拉吨位等。

张拉时确保“三同心两同步”，“三同心”即锚垫板与管道同心、锚具与锚垫板同心、千斤顶与锚具同心。“两同步”即T构两侧两端均匀对称同时张拉。施工中应根据设计提供的钢束伸长量结合施工现场实测摩阻系数计算的钢束伸长量，综合取值后，报监理审核批准后作为钢束张拉的监控条件之一，钢绞线在张拉前，应进行试拉，预应力值可采用钢丝抗拉标准强度的80%，持荷时间不少于5 min。所有钢束张拉都要求张拉力与伸长量双控，以张拉力为主，伸长量允许误差在±6%以内，每个截面都不允许断丝、滑丝、少根。

竖向精扎螺纹钢筋张拉要严格控制，按照施工规范要求下料、张拉和压浆等，必须做到全张拉、全锚定、全压浆、全合格，全过程做到每次张拉均有完整的原始记录。

张拉应该注意的事项：

①在张拉过程中特别注意安全，严禁人员站在千斤顶后部，操作人员和测量人员应站在侧向进行工作，油泵开动过程中，不得擅自离开，如需离开，必须把油阀门全部松开或切断电路。

②每根张拉完毕后，锚具尽快用封端混凝土保护，当需要长期外露时，采取防锈措施。检查端部和其他部位是否有裂缝，及时注意梁体和锚具的变化，并填写张拉记录表。

③施加预应力所用的机具设备及仪表应由专人使用和管理，并定期维护和校验。

(13)压浆要求：

①水泥浆的最大泌水率不得超过3%，拌和后泌水率宜控制在2%，泌水率应该在24 h内全部被浆吸回，搅拌好的水泥浆必须通过过滤器，置于蓄浆桶内，并不断搅拌，以防止泌水沉淀。水泥浆的稠度应该控制在14～18 s。同时水灰比控制在0.4～0.45最好，为了减少收缩，可以掺入0.04水泥用量的铝酸钙AEA膨胀剂和适量的减水剂，水灰比可以减小到0.35。

②水泥浆自拌制至压入孔道的延续时间，视气温情况而定，一般在30～45 mm范围内，对于因延迟使用所致的流动度降低的水泥浆，不得通过加水来增加流动性。压浆时，对曲线孔道和竖向孔道应从最低点的压浆孔压入，由最高点的排气孔排气和泌水。压浆宜先压注下层孔道，压浆应均匀进行，不得中断，并应将所有最高点的排气孔依次一一放开和关闭，使孔道内排气通畅。

③采用真空压浆时，试抽真空，启动真空泵，使系统负压能达到0.07～0.1 MPa，当孔道的真空度保持稳定时，停泵1分钟，若压力降低至小于0.02 MPa，即可以认为基本达到真空，如果不满足此要求，则表示孔道未能完全密封，需要进行检查及更正，灌浆的时候，当真空度达到并维持在负压0.08 MPa左右时，打开阀门，启动灌浆泵，开始灌浆；观察出浆口的出浆情况，当出浆流畅、稳定且稠度与蓄浆桶浆体基本一致时，关闭灌浆泵，并关闭另一端阀门，再次启动灌浆泵，使灌浆压力达到0.4 MPa左右。

(14)预应力张拉压浆完成后即可以拆除模板，拆除模板的顺序：堵头模→端模板→内模板→外侧翼缘板模板→底模。

(15)桁架式挂篮(如菱形挂篮)的主桁架结构如图24－5所示。

挂篮的移动必须遵照以下几点进行：

①先将滑道梁后锚松开，用千斤顶将主梁前支点支撑稳固，再用挂篮自备液压行走系统将滑道梁转移到位，进行后锚锚固，如图24－6所示。

②当滑道梁移到水平位置后，主梁的前支点用千斤顶进行拆除，主梁后锚锚杆松开，让主梁落在滑道梁的滑动面上，主梁的前移带动侧模模板，底模模板由主桁架吊带带动牵引，内模模板靠内滑梁整体滑移到位，滑到位以后将主梁后锚锚杆锚紧(不得少于15根)，并用测力扳手张拉15 t。挂篮移到位后，技术人员检查后锚系统，没到位的及时进行改正，如图24－7所示。

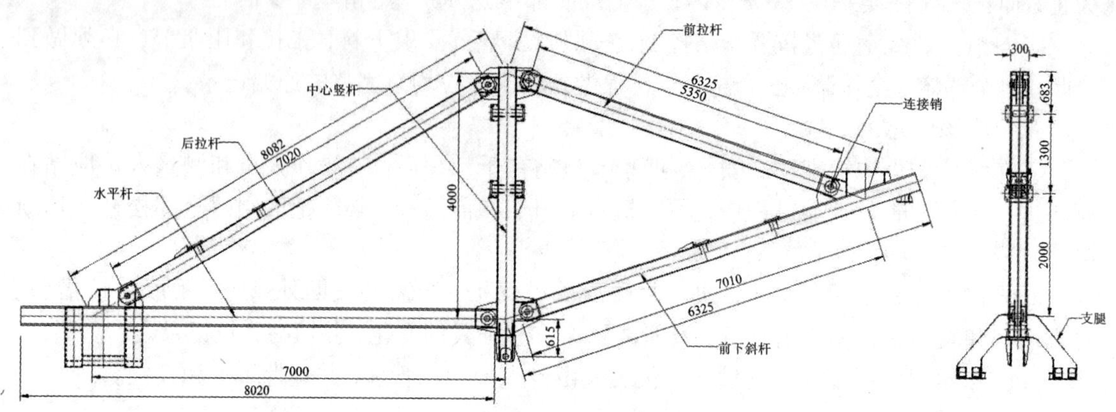

图 24－5 菱形主桁架纵梁结构示意图

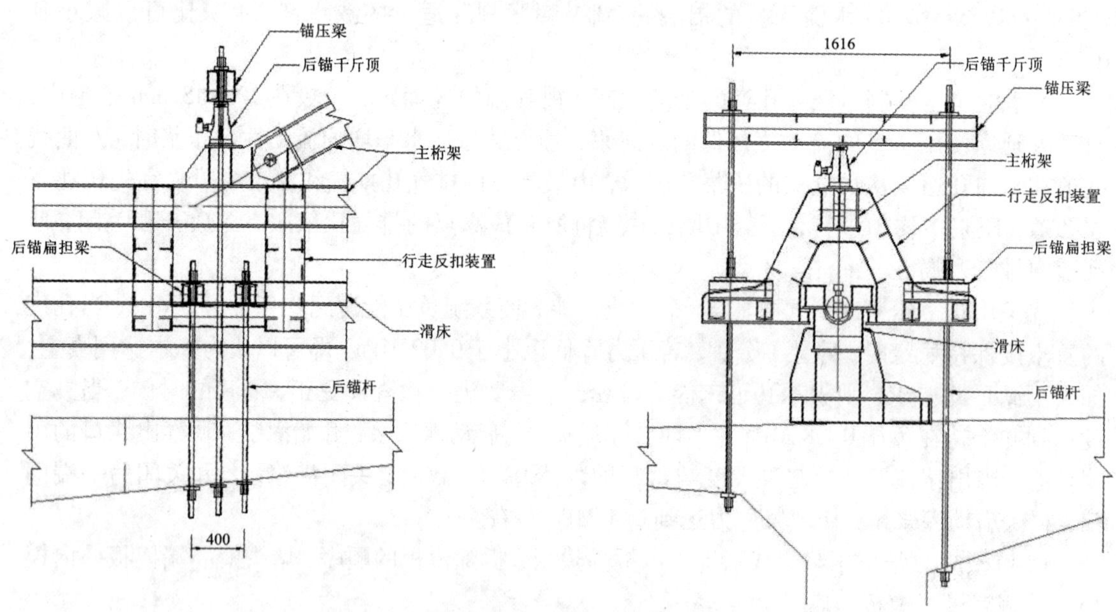

图 24－6 挂篮主桁后锚固示意图

③挂篮移动注意事项：挂篮移动时要保持整体平移，左、中、右桁架协调一致，防止移动时桁架水平受力过大。挂篮移动时左右晃动距离不能大于 1 cm，同时控制好滑道梁方向，滑道梁固定方向偏差在 2 cm 以内。挂篮移动时移动速度不宜过快，主梁移动前要检查滑道梁的锚固情况，要求每根滑道梁要锚固三根以上的竖向精扎螺纹钢，防止挂篮移动时发生倾覆失稳，如图 24－8 所示。

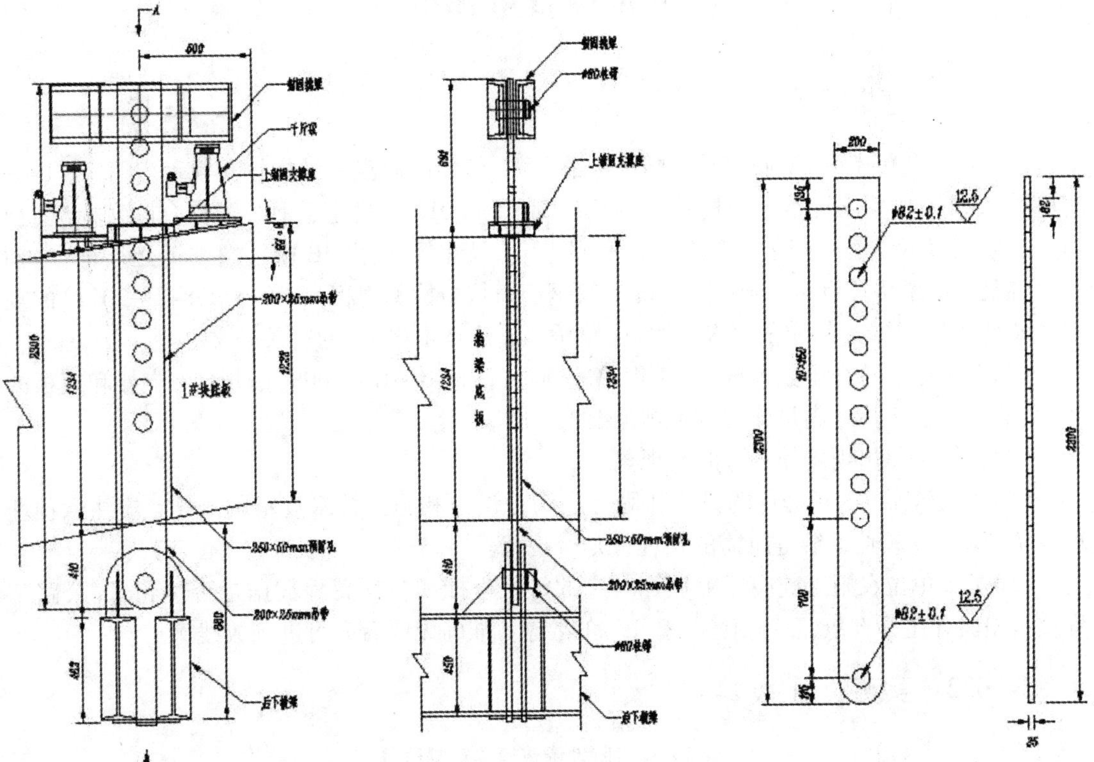

后下锚结构图　　　　A—A断面图　　　　吊带结构图

图 24－7　挂篮后主锚固结构及吊带示意图

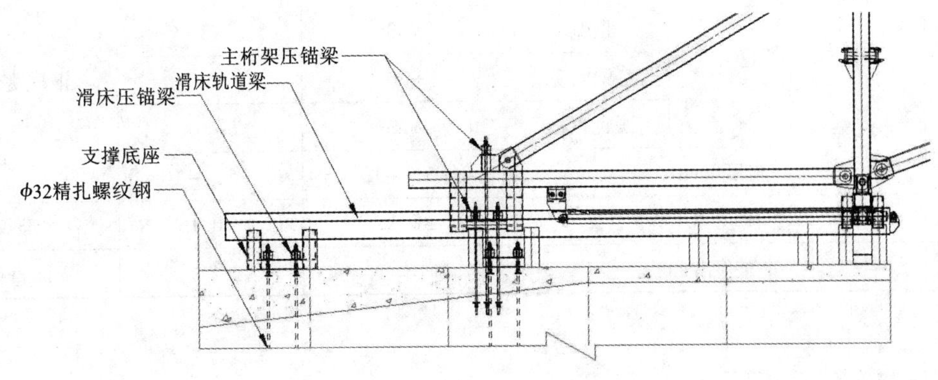

图 24－8　挂篮滑床锚固示意图

24.6 质量标准

24.6.1 基本要求

(1)所有的原材料：钢筋应符合国家标准《钢筋焊接网混凝土结构技术规程》JGJ/T 114—2014、《冷轧带肋钢筋混凝土结构技术规程》JGJ 95—2011 的规定，钢绞线符合国家标准《预应力混凝土用钢绞线》(GB/T 5244—2014)的规定，竖向预应力 JL 精扎螺纹钢必须符合《预应力混凝土箱梁桥腹板竖向预应力精轧螺纹钢筋张拉力检测规程》(DB43/T 847—2013)的规定，水泥、砂、石、水的质量要求均按《公路桥涵施工技术规范》的有关条文办理。

(2)钢板必须符合国家标准《低碳钢热轧圆盘条》(GB 701—2008)的规定，支架和模板的强度、刚度、稳定性应满足施工技术规范要求。

(3)梁体不得出现露筋和空洞的现象。

(4)箱梁施工时，预埋件的设置和固定应满足设计和施工技术规范的规定，应注意预埋现浇防撞墙、安装伸缩缝等所需的预埋件是否规范。

(5)施工单位在施工前应仔细核算对应的桩位坐标和各项高程数据是否达到了《公路工程质量检验评定标准》(JTG F80/1—2017)的要求，准确无误后方可进到放线施工。

24.6.2 实测项目(表 24－2)

表 24－2 就地浇筑箱梁实测项目

项次	检查项目		交通行业标准	企业标准	检验方法
1	混凝土强度/MPa		合格标准内	合格标准内	按评定标准
2	轴线偏位/mm		10	10	全站仪
3	梁顶面高程/mm		±10	±10	水准仪
4	断面尺寸/mm	高度	+5，－10	+5，－10	钢尺丈量
		顶宽	±30	±30	
		箱梁底宽	±20	±20	
		顶底腹板	+10	+10	
5	长度/mm		+5，－10	+5，－10	
6	横坡/%		±0.15	±0.15	水准仪
7	平整度/mm		8	8	2 m 直尺

24.6.3 外观鉴定

(1)钢筋表面是否生锈，焊渣是否干净，钢筋是否顺直。预应力筋是否生锈，有无滑丝、断丝现象。波纹管是否无损伤、无漏洞、无变形。

(2)观测混凝土表面平整，颜色一致，无明显施工接缝。

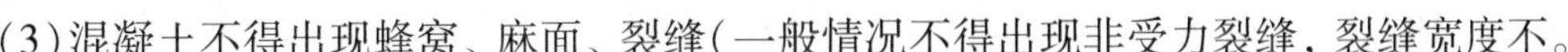

(3)混凝土不得出现蜂窝、麻面、裂缝(一般情况不得出现非受力裂缝，裂缝宽度不。

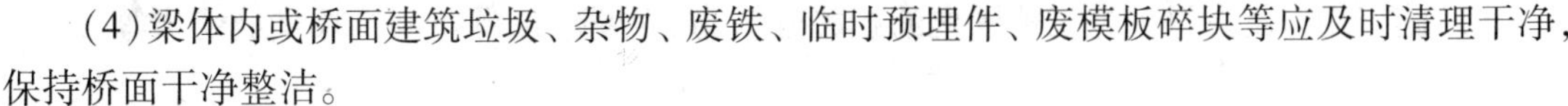

(4)梁体内或桥面建筑垃圾、杂物、废铁、临时预埋件、废模板碎块等应及时清理干净，保持桥面干净整洁。

24.7　成品保护

在浇筑混凝土之前，应该注意模板面、钢筋、预应力筋、波纹管的保护措施，不得踩踏污染，在浇筑混凝土时，对模板对接缝位置、对拉杆焊接或螺帽进行仔细检查，保证模板不松动、不位移、不变形。在浇筑混凝土后，成品混凝土必须达到终凝时间后，施工人员才能在混凝土面上进行施工，才能扰动钢筋。拆除模板时时刻保护好结构不被损坏、碰撞，避免大的冲击。在挂蓝移动时，应对称匀速进行，避免过大的冲击，对结构造成不利影响。

24.8　安全环保措施

24.8.1　安全管理及技术措施

(1)施工建立健全各种规章制度，针对工程特点，借鉴成功的管理经验，建立健全的安全生产制度，做到有章可循，认真贯彻落实“安全第一，预防为主”的方针和“从严治本，基本取胜”的指导思想，严格按照国家及建设部颁布的安全技术操作规程和安全规则组织施工。思想重视到位，精力投入到位，狠抓落实到位，加强安全生产管理工作，提高预测预防能力，消除事故隐患，使安全生产始终处在受控状态之中，定期由安全领导小组组织全体人员，认真学习有关施工安全规则和安全技术操作规程，提高全员的安全生产意识。

(2)工班每日由班组长或安全员进行班前安全讲话，提出当天的安全生产具体要求和注意事项，做到“预防为主，防治结合”。项目部和施工队伍将根据安全目标和本工程施工特点，对安全生产事故进行严格的归类划分，并制订相应经济处罚条款，签订安全生产责任状。

(3)推行安全标准化工地建设，抓好现场管理，搞好文明施工，施工现场做到合理布局，场地平整，机械设备安置稳固，材料堆放整齐，施工现场设置醒目的照明和安全标语和安全警示标志，提醒所有施工人员注意安全。严格按照施工现场安全用电规程的要求，进行施工现场电力设施的布置和使用，非专业人员不得使用和操作专业电力机械和供电设施，用电施工机械设施触电保护器。所有施工人员均须佩戴安全帽、系好安全带并张挂安全网、安全栏杆，保证作业安全。

24.8.2　环保管理、环保技术措施

(1)在工程的实施阶段，采取合理可行的措施以疏通施工区域内部环境的污水，设计施工必要的导流设施，使之不会对施工区域及基本的工程设施等造成侵蚀或污染；设置必要的拦污净化处理设施，防止将含有污染物或可见悬浮物的污水直接排放到河流中。

(2)机械设备操作时，尽量减少噪声、废气等污染，控制噪声按《建筑物施工场界噪声限值》(GB 12523—2011)的规范执行。配备有专职安全员，施工现场的张拉操作人员、电工、焊工、机械工等特殊工种必须持证上岗，杜绝违章作业。千斤顶、油泵、机械设备定时保养，

防止油污泄漏。

(3)施工中，负责保护施工范围内的相关建筑物、管线，以保持周围环境的协调等。

24.9 质量记录

本施工工艺质量验收时应提供的书面记录有：

(1)对原材料型号、材质进行抽样检查，并出示出厂合格证。

(2)水泥的出厂合格证(记录好水泥到达时间，超过3个月水泥，进行降低等级处理)。

(3)钢筋进行抽样检验(监理到现场进行检验，遵守“先试验，后使用”原则)，出厂合格证及钢筋试验单抄件。

(4)隐蔽工程验收记录及评定。

(5)混凝土试块和水泥浆试块28 d标准抗压强度试验和评定。

(6)模板高程、尺寸的检验记录。

(7)成品混凝土保护层厚度、钢筋数量、现场混凝土抗压强度检验报告。

(8)张拉、压浆记录表。

(9)现场悬臂浇筑检查记录表。

(10)悬臂挂篮拼装及试压检查记录表。

(11)张拉机具、千斤顶、油表检验标定报告。

(12)箱梁高度、底板线性、挠度、位移测量记录。

25　桥面整体化及调平层施工工艺

25.1　总则

25.1.1　适用范围

本标准适用于组合箱梁、T 梁、板梁的湿度缝、湿接头、端(中)横(隔板)梁及桥面水泥混凝土调平层的施工。

25.1.2　编制参考标准规范

(1)《公路桥涵施工技术规范》(JTG/T F50—2011)。
(2)《公路工程质量检验评定标准》(JTG F80/1—2017)。
(3)《公路水泥混凝土路面施工技术细则》(JTG F25—2014)。
(4)《公路工程施工安全技术规范》(JTG F90—2015)。

25.2　术语

25.2.1　湿接头

T 梁两横隔梁连接采用现浇砼连接的部分称为湿接头。

25.2.2　湿接缝

T 梁两翼板连接成一整体采用现浇砼连接的部分称为湿接缝。

25.2.3　铰缝

用现浇砼把安装在桥梁上的各块空心板连成整体所设计的缝称为铰缝。

25.3 施工准备

25.3.1 技术准备

(1)根据设计图纸和现场情况，编制施工技术方案和施工组织技术，桥面整体化内容包括T梁横隔梁湿接头，T梁翼板湿接缝，墩顶混凝土现浇，负弯矩预应力筋张拉、压浆、封锚，拆除临时支座(体系转换)，桥面砼调层平。

(2)测量桥面标高，掌握现实的桥面标高与设计的桥面标高的层距，必要时采取调整桥面标高等措施，以保证桥面铺装厚度。

(3)对现场作业人员进行培训和技术交底。

25.3.2 材料准备

混凝土集中拌和，钢筋集中加工，对工程部提出的材料进场计划进行备料和加工，对于混凝土防雨淋的彩条布、塑料薄膜、养生用的土工布等，提前准备。

25.3.3 机具准备

(1)凿毛、清扫设备、空压机、风镐、抽水机、洒水车、高压水枪。

(2)灌注混凝土设备，插入式振捣器、震动梁或三滚轴整平仪、小吨位混凝土运输车。

(3)负弯矩预应力张拉设备。

25.3.4 作业条件

(1)架桥机单幅架设梁板或者是分离式桥梁架设，只有在全桥架完，桥上无架桥机、运梁车行走时，才可浇筑砼。架梁期间可以作业钢筋焊接、绑扎、装模。

(2)架桥机左、右幅同时架梁，如果架桥机行走左幅，右幅可以进行横隔梁湿接头、湿接缝和墩顶混凝土施工。当架桥机需要换边时，即从左幅转到右幅时，右幅最后一次浇筑的混凝土强度应达到85%以上。

(3)空心板铰缝浇筑期间和浇筑后，砼强度未达到85%以上，不能通过混凝土罐车等重车。

25.3.5 劳动力组织

桥面整体化及调平层施工工艺的劳动力组织如表25－1所示。

表25－1 桥面整体化及调平层施工劳动力组织

工种	人数	工作地点	职责范围
施工队长	1	整个施工现场	负责跟班组织施工管理工作、协助总指挥工作等
工班长	1	桥面施工现场	负责跟班组织施工，协调各工种交叉作业等
技术员	1	整个施工现场	负责跟班解决施工中的技术问题，编写技术措施等

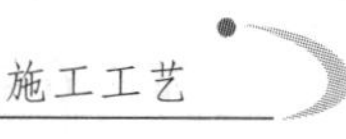

续表 25－1

工种	人数	工作地点	职责范围
安全员	1	整个施工现场	负责跟班检查安全措施、安全措施的执行情况及安全教育工作，对安全生产负责
质量检查员	1	整个施工现场	负责跟班检查工程质量，组织各工种交接及质量保证措施的执行情况，对工程质量负责
测量员	2	施工现场	负责桥面平面测量、高程放样
搅拌站工作人员	6	整个搅拌站	负责搅拌站混凝土的配比和生产
司机	4	施工现场，钢筋加工场和搅拌站之间	负责混凝土的运输、钢筋的运输及搅拌站砂石铲运
钢筋工	8	钢筋施工现场	负责钢筋加工及施工现场钢筋安装
混凝土摊铺、振捣	6	桥面混凝土摊铺	负责混凝土摊铺及养生
电工	1	整个施工现场	负责现场动力、照明、通信等电器系统的维修保护
材料员	1	材料仓库	负责施工材料供应及管理
杂工	2	整个施工现场	负责清理场地，模板边补混凝土，养生，切缝和保护现场
总计	35		

注：此表为一个作业班施工配备人员，未计后勤、行政等人员。

25.4　工艺设计和控制要求

25.4.1　技术要求

(1)严格按照设计的施工程序进行施工。如T梁施工程序为：T梁架设安装临时支撑后，安装永久支座，焊接墩梁固结，浇筑墩顶现浇连续段及横向连接(湿接头、湿接缝)张拉第一、二跨间，第三、四跨墩顶现浇连续段负弯矩钢架束，张拉第二、三跨间现浇连续段负弯矩钢束，拆除临时支座，浇筑桥面调平层混凝土。空心板梁吊装完成后，浇筑铰缝混凝土后，浇筑桥面调平层。

(2)T梁湿接头、湿接缝、墩顶连接段混凝土，空心板铰缝混凝土，未达到设计强度的85%以上时，禁止重型车辆在桥上通行。为保证混凝土不受损伤，安排作业时，采取先远后近的倒退法浇筑混凝土。

(3)墩顶连接段负弯矩钢束张拉混凝土达85%以上时方可张拉。临时支座在压浆强度达到设计规定值后方能拆除。

(4)桥面调平层混凝土浇筑的厚度、材料、混凝土强度应满足设计要求；桥面纵坡、横坡，特别是有“S”弯的桥面应符合设计要求；桥面的平整度应符合设计要求；施工接缝应密贴、平整、无错台。

25.4.2　材料质量要求

水泥、钢筋、钢绞线、外加剂、砂、石料等进场经自检、监理抽检，所有试验结果指标符合规范要求。

25.4.3 职业健康安全要求

(1)机械操作必须按照出厂使用说明书规定的技术性能、承载能力和使用条件，正确操作，合理使用，严禁超载和违章作业。

(2)搅拌机作业过程中，严禁在料斗行驶路线上停留或作业，如需在料斗下作业，应将料斗升起，用铁链或插销固定锁紧，确保人员安全。

(3)电工必须严格按照规范操作，必须穿戴绝缘鞋、绝缘手套等，实施“一机一匝一箱一漏”，严禁违章操作。

25.4.4 环境要求

(1)施工垃圾和施工废水，必须运到指定地方，防止水土污染。

(2)剩料应倾倒在不影响生态环境和群众生产生活的地方，严禁随便丢弃，造成环境污染。

25.5 施工工艺

25.5.1 工艺流程

(1)现浇端(中)横隔梁湿接头、湿接缝、墩顶连续段混凝土工艺流程如图25-1所示。

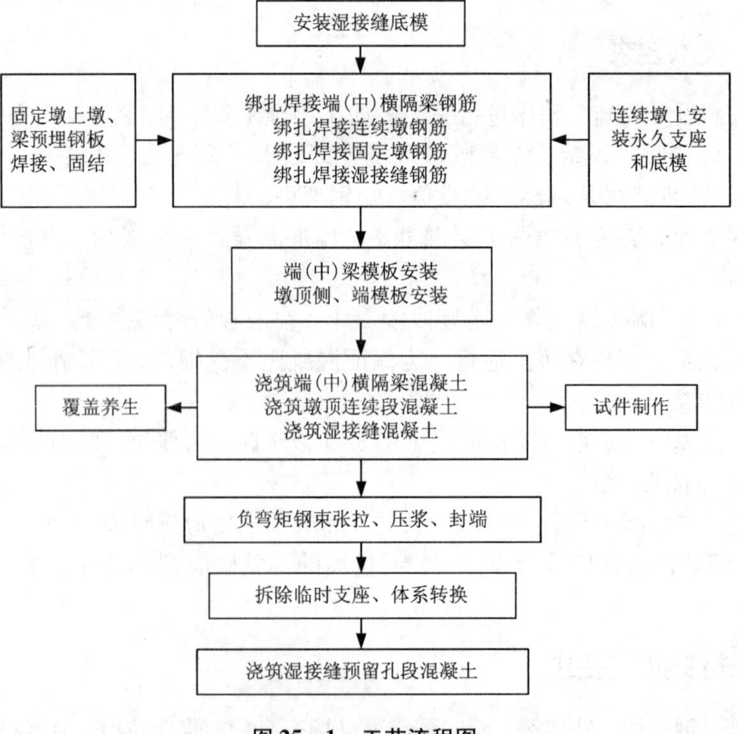

图25-1 工艺流程图

(2)桥面混凝土调平层施工工艺流程如图 25 -2 所示。

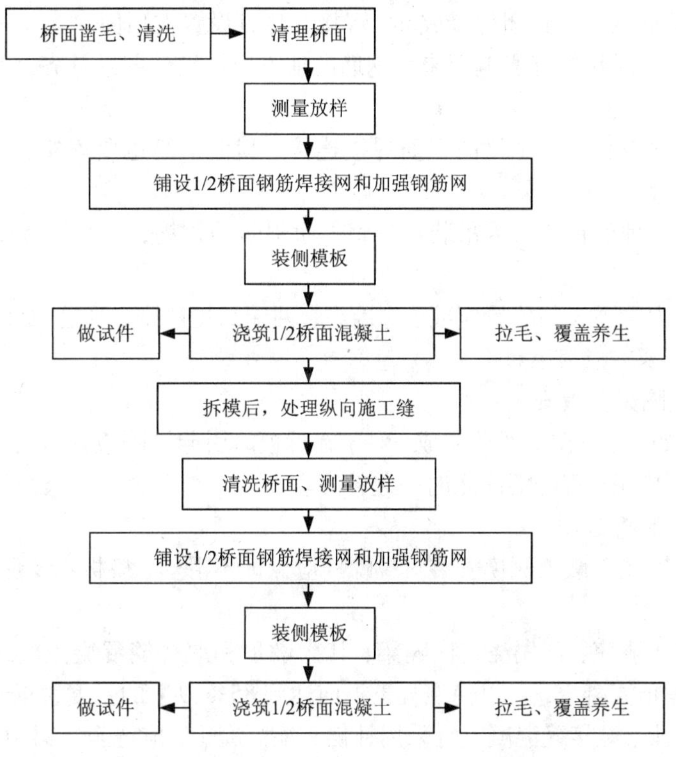

图 25 -2 桥面混凝土调平层施工工艺流程图

25.5.2 操作工艺

25.5.2.1 桥面整体化

1. 湿接缝底模板

(1)湿接缝底模板的设置应考虑拆除方便，一般模板底部采用可调节锚杆或吊模支撑方法。

(2)底模板安装以后要用水泥砂浆将模板与 T 梁翼板之间的空虚堵塞，防止漏浆。

2. 连续墩上安装永久支座和底模

(1)应严格控制支座标高和平面位置。

(2)底模下部应设木锲、木方，以便于拆除再利用，同时应保持不下沉、不变形、不漏浆。底模与支座接触处应密封，可用双面胶纸贴封，防止漏浆。

3. 固定墩墩梁预埋钢板焊接固定

墩、梁预埋钢板焊接长度、质量必须符合设计要求。

4. 钢筋绑扎、焊接

(1)端(中)横隔梁：

横隔梁钢筋焊接无法采取双面焊的情况下，可以采取帮条单面焊，其焊接长度应不小于

10 d，一根钢筋两端需焊 20 d。

(2)湿接缝钢筋：

①湿接缝的环形钢筋应封闭焊接成环，焊接部位宜设置在顶面。

②预制梁板时因对拉螺杆影响而未埋钢筋的地方应按设计图纸补齐，不可缺少翼板横向联系钢筋。

(3)连续墩钢筋应将两片主梁的主筋焊接连接，其他钢筋也要连接，严格按图施工，不可缺失。

(4)固定墩上预埋的钢筋或因吊装梁时碍事而割断的钢筋，应按焊接接长的要求全部接高于设计要求。

(5)墩顶预应力管道安装位置应准确，接头管两端封裹严密，管道顺直。

5. 端(中)横隔梁、墩顶模板安装

(1)端(中)横隔梁模板安装：

①端(中)横梁凿毛应在架梁前完成，对于在拆模时引起横隔板开裂的混凝土应在架梁前凿除。装模时加长模板，现浇混凝土时一起补齐。

②模板应考虑装拆方便。

(2)墩顶模板安装。墩顶侧模安装对拉螺杆应保证不滑丝，模板不变形。

6. 浇筑混凝土

(1)浇筑混凝土顺序：首先浇筑横隔梁，其次墩顶和湿接缝混凝土浇筑可以平行、交叉进行。优先浇筑墩顶混凝土，可以使混凝土提前达到 85% 以上的强度，便于张拉。

(2)浇筑湿接头、湿接缝混凝土宜采用补偿收缩混凝土，应浇至与梁顶面同一水平面上，不要高也不能低。

(3)浇筑混凝土时严禁重车驶入，对已浇筑混凝土未达到设计规定强度时，不能驶入砼罐车等重车，以防对强度不高的混凝土产生破坏。

(4)混凝土浇筑完毕收浆后，应覆盖保湿养生，特别是湿接缝混凝土厚度小，需加强养生。

7. 负弯矩钢束张拉、压浆、封端

(1)负弯矩钢束张拉，其混凝土强度、弹性模量(或龄期)应符合设计规定，设计未规定时，混凝土强度应不低于设计强度的 80%，龄期不低于 7 d。

(2)负弯矩张拉可采用小千斤顶逐根张拉，应采用两端对称同时张拉。

(3)张拉顺序应符合设计要求，设计未规定时，可按先张拉短束，后张拉长束的顺序进行。

(4)先简支后连续的 T 梁，箱梁现浇连续段负弯矩预应力筋长度较短，管道平顺摩阻力不大，两端张拉时钢绞线回缩及锚具压缩导致的预应力损失较大，应对其预应力施工进行控制，确保有效预应力的建立。

(5)现浇连续段负弯矩预应力筋施工注意事项：

①每座桥负弯矩预应力筋张拉前都应从不同束长、不同布束方式的预应力筋中各抽一束进行摩阻测试。摩阻测试方法参见《公路桥涵施工技术规范》(JTG/T F50—2011)附录 C－2。

②根据管道摩阻测试结果，确定超张拉系梁作为相同束长、同类布束方式的预应力筋的超张拉系数。

③由确定的超张拉系统实施张拉，减少钢绞线、锚具回缩引起的预应力损失，并宜采用低回缩锚具。

(6)张拉前做好孔道封口保护，张拉时严禁随意切断槽口处的纵、横向钢筋。

(7)负弯矩钢束张拉是在挂蓝内进行的，高空作业，施工环境差，更应该重视质量和安全。应派责任心强、操作熟练有经验的专工张拉。每束张拉时，现场技术员、监理必须旁站，详细记录，现场签字。

(8)张拉完成后，应尽快封锚，压浆，封端。

8. 拆除临时支座，体系转换

桥墩较矮时，在负弯矩张拉、压浆、封锚后，即可进行桥面调平层施工，以后再拆除临时支座；当桥墩较高(15 m)时，如果施工桥面调平层后再拆临时支座，要花很高的代价上桥墩拆临时支座。因此高墩临时支座的拆除宜在负弯矩张拉压浆达到设计强度后进行，其方法是在墩顶湿接缝处留一个人孔，挂吊篮下放入到墩顶拆除临时支座，实现体系转换，拆除临时支座后清除墩上杂物。

9. 湿接缝

浇筑湿接缝预留孔，浇筑时注意处理好施工缝，保证新老混凝土结合好。

10. 空心板铰缝施工

浇筑铰缝混凝土是保证空心板桥梁整体性的重要一环。铰缝混凝土的作用是把每块空心板连接成一个整体，在车辆荷载作用下，桥梁整体受力，如果铰缝混凝土浇筑不好，随着通车时间的延长，空心板会慢慢分离，形成单板受力，桥面容易出现纵向裂缝，空心板底部出现横向裂缝，危及桥梁的安全，因此我们应特别重视空心板铰缝的施工，并做到以下几点：

(1)检查铰缝钢筋数量是否符合设计图纸，凡少预埋的应补埋；预埋钢筋未露出或露出长度达不到设计要求的应设置补强钢筋。

(2)铰缝钢筋必须按图纸扳平搭接施工，保证铰缝混凝土与预制板有效结合，以确保桥梁通车后的耐久性和使用寿命。

(3)铰缝槽内杂物要清除，清洗干净。

(4)底缝处采用吊模，浇筑混凝土前先用15#砂浆填底缝，人工插扦，保证底缝密实不漏水，禁止不填底缝就浇筑铰缝混凝土。

(5)浇筑混凝土时必须用插入式振捣器密实，防止漏浆。铰缝漏水，说明混凝土松散、有质量问题，应尽量避免。混凝土应浇平梁顶面，过高会侵占桥面调平层，过低则会清洗困难和积水。

25.5.2.2 桥面混凝土调平层

1. 桥面凿毛、清洗、清理桥面

(1)施工前应对每片梁的顶面进行详细检查并对梁顶面凿毛，去除表面松散的混凝土、浮渣及油迹等杂物，用高压水枪将梁面清洗干净。

(2)检查梁顶锚固架立钢筋是否符合设计要求，如果少于设计，应钻孔植筋锚固补齐。被打倒在梁顶的锚固架立筋应扳起直立。

2. 测量放样

(1)架设后的梁顶桥面标高与设计的梁顶桥面标高差值较大时，应按调整后的桥面标高进行放样，控制好桥梁纵坡与横坡。

(2)当桥梁有“S”弯时，应加密控制点，如横坡由2%→0%→-2%时，要控制好横坡的渐变过渡段的标高，以保证沥青桥面的厚度。

3. 钢筋焊接网和加强钢筋网片的铺装

(1)桥面混凝土调平层浇筑长度以一联为宜，宽度应尽量采用单幅全宽施工，减少纵向接缝。但是浇筑混凝土必须用输送泵，混凝土坍落度大，易引起桥面收缩裂纹，成本也较高。

(2)分幅施工的分幅宽度一般单幅采取二次浇筑，分幅位置在桥中心，护栏边的分幅应考虑护栏，预埋钢筋不影响振动梁或三辊轴整平机的行驶。由分幅位置确定平面控制点，并在主梁顶面放样，弹出墨线。

(3)钢筋网宜采用钢筋焊接网片，绑扎钢筋网片时，应先按照设计网片平面布置示意图，先在梁顶面放样划线，然后铺设绑扎。在一联中钢筋焊接网是连续铺放过去的，中间应无断缝。网片连接采用扎丝绑扎结实，禁止用电焊。梁、板端部和负弯矩区按设计要求应铺设加强钢筋网片。

(4)应严格控制钢筋网片的高程，保证整幅钢筋焊接网片的保护层厚度，也不得贴近梁板顶面；不得使用砂浆垫块和非锚固钢筋网支架，应绑扎在锚固架立钢筋上。

(5)弯道上的桥梁，外孤处当钢筋焊接网的长度和宽度不够时，应按设计间距现场绑扎钢筋进行补长和加宽。

4. 桥面标准带施工和装侧模

桥面混凝土调平层侧模，通常采用两种方法，一是在内外护栏处设置桥面标准带，适用于单幅全宽施工；二是装侧模，适用于单幅半幅施工。

(1)在内外护栏处设置桥面标准带的具体做法：

①紧贴内外护栏，宽度宜不小于50 cm，沿桥长方向按照不大于2.0 m的间距放出高程控制点，并测出各控制点处桥面设计高程与实际梁顶面高程的差值。

②在控制点处可采用电锤在梁上钻孔植筋，钢筋顶面即为现浇混凝土的调平层的设计高程。在钢筋侧面焊接角钢(槽钢)，使角钢(槽钢)既可做标准带的侧模，又可控制标准带混凝土顶面高程。

③标准带的混凝土应认真浇筑，这是护栏内的桥面调平层。混凝土初凝前应认真检测高程，保证标准带高程准确。

④标准带应在钢筋焊接网铺调之前完成。

(2)单幅半幅施工装侧模的具体做法：

①在分幅宽度边线按模板长度布点，并测出各控制点处桥面设计高程与实际梁顶高程的差值。

②装侧模板。钢模采用槽钢，其高度与桥面调平层厚度相等；装模板一是注意线形应符合设计高度，直线段应是一条直线，曲线段应装成圆滑的曲线；二是严格控制模板顶面高程即为桥面调平层高程，也是振动梁或三辊轴机组的轨道。

③模板与梁体采用螺栓固定。模板装好后，检查模板与梁顶面是否存在空隙，否则用砂浆堵塞，防止漏浆。

5. 浇筑桥面混凝土调平层

(1)浇筑混凝土前，再次把桥面清理干净，洒水湿润梁板顶面，但不得有积水，如有，要用海绵、棉纱将积水吸干。

(2)桥面调平层混凝土宜采用低坍落度混凝土，应严格控制坍落度和粗集料规格，其配合比适当增加含砂率。

(3)混凝土应连续浇筑，一联一次浇筑。振捣时宜采用插入式振捣器，使集料分布均匀，一次插入振捣时间不少于 20 s，然后采用表面(平板)振捣器纵模交错全面振捣，最后采用振动梁沿轨道进行全幅振捣，直至振捣密实。振动梁操作时，应设专人控制行驶速度、铲料和填料，保证调平层饱满、密实及表现平整。

(4)一次抹面，振动梁作业完毕后，宜在作业面上架设人工操作平台，作业人员在操作平台上采用木抹进行第一次抹面，并用短木抹找边，第一次抹面应将混凝土表面的水泥砂浆排出，并应控制好大面平整度；第二次抹面，混凝土初凝前，宜先采用磨光面对面进行搓揉，避免出现裂缝，再采用钢抹进行二次抹面，二次抹面时，应控制好局部平整度。

(5)混凝土在二次抹面后，应进行表面拉毛处理，然后采用土工布覆盖进行养护。

6. 处理纵向施工缝和横向施工缝

半幅桥面调平层完成后，拆除模板，处理纵向施工缝和横向施工缝(如有)，清除杂物、水泥砂浆，凿成垂直面，凿毛。纵缝必须是直线或者是弧线，否则需弹墨线切缝修正。

7. 另半幅桥面

按前述的程序，清洗桥面，施工放样，装侧模，浇筑另半幅调平层混凝土。

8. 注意事项

浇筑桥面调平层，宜避开高温、大风天气，防止混凝土现面过快失水导致开裂。

25.6 质量标准

混凝土桥面铺装施工质量检验标准按表 25－2 的要求执行。

表 25－2 混凝土桥面铺装施工质量标准

<table>
<tr><th colspan="3">项目</th><th colspan="2">规定值或允许偏差</th></tr>
<tr><td colspan="3" rowspan="2">厚度/mm</td><td>沥青混凝土</td><td>水泥混凝土</td></tr>
<tr><td>+10，－5</td><td>+20，－5</td></tr>
<tr><td colspan="3">强度或压实度</td><td colspan="2">符合设计要求</td></tr>
<tr><td rowspan="5">平整度</td><td rowspan="2">高速公路、一级公路</td><td>IRI/(m·km^{-1})</td><td>2.5</td><td>3</td></tr>
<tr><td>σ/mm</td><td>1.5</td><td>1.8</td></tr>
<tr><td rowspan="3">其他公路</td><td>IRI/(m·km^{-1})</td><td colspan="2">4.2</td></tr>
<tr><td>σ/mm</td><td colspan="2">2.5</td></tr>
<tr><td>最大间隙 h/mm</td><td colspan="2">5</td></tr>
<tr><td colspan="3">抗滑构造深度</td><td colspan="2">符合设计要求</td></tr>
<tr><td colspan="2" rowspan="2">横坡/%</td><td>水泥混凝土面层</td><td colspan="2">±0.15</td></tr>
<tr><td>沥青混凝土面层</td><td colspan="2">±0.3</td></tr>
</table>

25.7 成品保护

(1)当砼抗压强度达到2.5 MPa，并保证棱角不致因拆模面受损坏时，可拆除模板。拆模时，可用锤轻轻敲击板体，使之与混凝土脱离，再吊运至指定位置堆放。吊运模板时要平衡，防止碰伤系梁砼及模板，不允许用猛烈地敲打和强扭等方法进行。模板拆除后，应及时取出对拉螺栓，并用砂浆将孔塞平，模板应进行维修整理，以方便下次使用。

(2)及时进行养护，防止表面收缩开裂。

(3)T梁湿接头、湿接缝、墩顶连接段混凝土和空心板铰缝混凝土，未达到设计强度85%以上时，禁止重型车辆在桥上通行。

25.8 安全环保措施

25.8.1 安全措施

(1)制订安全文明施工经济责任制，设立专职安全文明生产监督员。

(2)在施工区设立安全文明生产警示牌，并做好安全防护设施的设立工作。进入施工场地要戴安全帽。

(3)所有参与施工的人员要做到持证上岗。

(4)用电开关板均做成盒式，专人操作，电工持证上岗。

(5)安全设施，如安全帽、安全带、安全网等应符合质量要求，进入施工现场必须正确配戴安全帽，高空作业必须系好安全带。2 m以上高空必须设置安全防护措施，如果条件不允许，必须使用安全带，或安全防护网。

25.8.2 环保措施

(1)确保施工范围内没有闲杂人员，施工现场有防尘措施，保证进场便道畅通。

(2)施工中的废油、废水、废渣有指定点排放和处理。

(3)进出当地道路时，及时进行清扫，保证道路清洁。

25.9 质量记录

本施工工艺质量验收时应提供的书面记录有：

(1)水准及坐标放样记录。

(2)钢筋加工及安装记录。

(3)模板安装验收表。

(4)混凝土浇筑记录。

(5)成品验收表。

26 伸缩缝安装施工工艺标准

26.1 总则

26.1.1 适用范围

本标准适用于新建和改建桥梁的桥面系附属工程的伸缩缝安装施工。

26.1.2 编制参考标准及规范

(1)《公路桥涵施工技术规范》(JTG/T F50—2011)。
(2)《公路工程质量检验评定标准》(JTG F80/1—2017)。
(3)中华人民共和国交通行业标准《公路桥梁伸缩装置》(JT/T 327—2016)。
(4)《公路工程水泥及水泥混凝土试验规程》(JTG E30—2005)。

26.2 术语

26.2.1 伸缩缝

伸缩缝是指为适应材料膨胀变形对桥梁结构的影响，而在桥梁结构的两端设置的间隙。

26.2.2 伸缩量

以设置伸缩缝装置时为基准，把桥梁结构在伸缩缝装置处由于温度升高引起的伸长量、由于温度下降引起的收缩量、由于混凝土收缩徐变引起的收缩量等绝对值的合计值，即伸缩缝装置的拉伸值和压缩值的综合，称为伸缩量。伸缩缝装置的伸缩量这一专业术语，以前有很多种表述，但是这里就是表示桥梁结构的伸缩缝。

26.2.2 富余量

因考虑桥梁结构的挠度产生的变位、由伸缩装置应考虑的结构形式以及伸缩装置加工和安装时的误差等因素的影响而预留之余量，称为富余量。这里的富余量包括伸缩缝装置拉伸与压缩两种状态下的预留量值。

26.3 施工准备

26.3.1 技术准备

(1)熟悉设计图纸，按设计图纸或经业主审定的伸缩缝类型、规格、型号在浇筑桥面调平层砼时，布置安排预留槽口和预留伸缩缝锚固钢筋或螺栓。

(2)选择有资质、信誉好的生产商，负责生产伸缩缝装置和到现场进行安装。

(3)根据设计图纸，所有桥梁伸缩缝的道数、伸缩装置的类别、规格型号、伸缩缝的长度等，汇总报监理审核后，提供给生产商，由生产商派人到现场进行伸缩缝长度的复查，确认无误后再进行生产。

(4)做好钢纤维(聚丙烯)砼的配合比试验。

(5)伸缩缝安装前对施工作业人员进行技术、安全生产和环保的交底，确保工程质量、安全生产和环境保护。

26.3.2 材料准备

(1)原材料如钢筋、水泥、钢纤维(聚丙烯纤维)、外加剂、沙石等应及时采购与库存，并加强进场质量检验。材料进场后，应在自检和监理抽检的所有指标合格后方能使用。

(2)伸缩缝浇筑的砼数量少，如果自建拌和站不划算，可以购买商品砼，但应事先签订协议，保质保量按时提供砼。

(3)伸缩装置的生产应与生产商签订合同，保证按时供应与安装。

26.3.3 主要机具设备

砼切割机、空压机、风镐、电焊机、吊车、水车、砼拌和站、砼搅拌运输车、振动棒等。

26.3.4 作业条件

桥面伸缩缝施工时应封闭交通。

26.3.5 劳动力组织

伸缩缝安装施工工艺的劳动力组织如表26－1所示。

表26－1 伸缩缝安装施工劳动力组织表

工种	人数	工作地点	职责范围
施工队长	1	整个施工现场	负责跟班组织施工管理工作、协助总指挥工作等
工班长	1	伸缩缝现场	负责跟班组织施工，协调各工种交叉作业等
技术员	1	整个施工现场	负责跟班解决施工中的技术问题，编写技术措施等

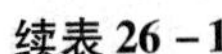

续表 26－1

工种	人数	工作地点	职责范围
安全员	1	整个施工现场	负责跟班检查安全措施、安全措施的执行情况及安全教育工作，对安全生产负责
质量检查员	1	整个施工现场	负责跟班检查工程质量，组织各工种交接及质量保证措施的执行情况，对工程质量负责.
测量工	2	施工现场	负责伸缩缝平面位置、高度、坡度、平整度的测量。
伸缩缝切割及清理工	11	整个施工现场	负责伸缩缝内的桥面沥青砼的切割及杂物清理
毛勒伸缩缝安装工	10	毛勒伸缩缝安装施工现场	负责毛勒伸缩缝的现场安装
模板工	6	伸缩缝的模板安装施工现场	负责模板安装及拆除
钢筋工	10	伸缩缝钢筋施工现场	负责钢筋加工及安装
钢纤维混凝土上料工	10	伸缩缝砼浇筑	负责砼浇筑及养生
电工	1	整个施工现场	负责现场动力、照明、通信等电器系统的维修保护
材料员	1	材料仓库	负责施工材料供应及管理
总计	56		

注：此表为一个作业班施工配备人员，未计后勤、行政等人员。

26.4　工艺设计和控制要求

26.4.1　技术要求

(1)伸缩装置应能满足梁体的自由伸缩，并要求具有较好的耐久性、良好的防水性和施工的方便性。

(2)浇筑砼伸缩缝应与两边桥面卸接顺直平整不跳车，达到行车舒适的目的。

(3)伸缩装置要适应梁的温度变化、砼的徐变及收缩引起的伸缩、梁端的旋转、梁的挠度等因素引起的接缝变化等。

(4)伸缩装置宜采用横桥向整体安装。

(5)对伸缩装置安装施工的程序和工艺要进行严格控制，方能保证安装施工质量。

26.4.2　材料质量要求

(1)伸缩装置的规格、性能应符合设计要求，并应符合现行行业标准《公路桥梁伸缩装置》(JT/T 327—2016)的规定。

(2)模数式伸缩装置所用的异形钢梁沿长度方向的直线度应满足 1.5 mm/m 的要求，全长应满足 10 mm/10 m 的要求；钢构件外观应光洁、平整，不得扭曲变形，且应进行有效的防腐处理。伸缩装置应在工厂进行组装，出厂时应附有有效的产品质量合格证明文件；吊装位置应采用明显颜色标明；在运输和存放过程中应避免阳光直接暴晒或雨淋雪浸，并应保持清洁，防止变形。

26.4.3 职业健康安全要求

(1)在操作之前必须检查操作环境是否符合安全要求，道路是否封闭，机具是否完好无损，安全设施和防护用品是否齐全，经检查符合要求后才可施工。

(2)起吊伸缩缝材料时，起吊点位置要正确，两端要均衡，以防伸缩缝材料倾斜伤人。吊臂工作范围内不得有人停留。

(3)现场施工人员应戴好安全帽，穿好警示服，道路交叉口处应设置好警示标志，以防止车辆冲入施工现场。

(4)从事焊接、切割作业的人员必须持有效的资格证件，并取得相应焊接、切割的有效操作证。

26.4.4 环境要求

(1)施工现场实行封闭化，易起尘的施工面及时洒水围挡，保证现场扬尘排放达标。

(2)切割槽口的沥青块以及混凝土渣子分类存放，提高回收利用率。

(3)车辆运输不超载，出入冲洗车轮，保证运输无遗洒。

(4)现场施工的机械设备在使用及检修前要在机械下面垫上防油污的材料，以防止机械喷洒油污污染现场环境。

26.5 施工工艺

26.5.1 工艺流程

伸缩缝安装施工工艺流程如下图所示：

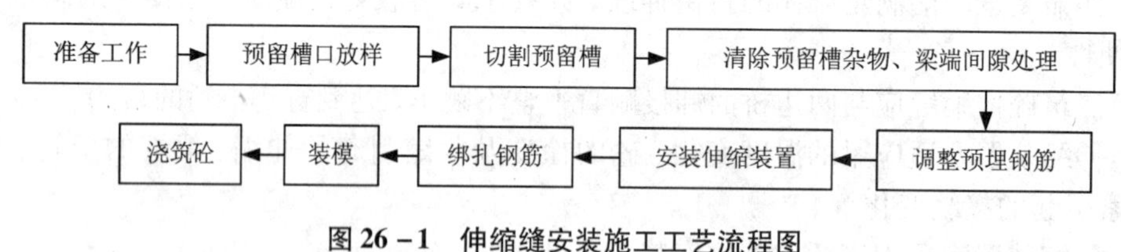

图 26－1 伸缩缝安装施工工艺流程图

26.5.2 操作工艺

26.5.2.1 **准备工作**

(1)按照设计图纸，认真核对伸缩装置的桩号、规格型号、角度、长度与安装的位置是否对应，确定无误后，方可施工。

(2)测量放样桥梁的中心线，测量伸缩装置两侧桥面的高程、纵横坡度及平整度。

(3)对现场作业人员进行分工任务交底和技术、安全交底。

(4)对设备状态进行逐一检查，保证施工时各种设备正常运转。

(5)按规定设置好施工标志，杜绝一切安全事故。

(6)连续观测安装伸缩缝前一个星期的气温变化情况，并做好记录，待安装伸缩缝时参考。

26.5.2.2 **预留槽口放样**

(1)摊铺沥青砼时，应保证连续作业，在伸缩装置两边各 20 m 范围内不得停机，避免因机器停止影响此路段面的平整度，从而影响伸缩装置的安装质量。

(2)伸缩装置的切缝位置宜根据 3 m 直尺的平整度检测情况确定(以伸缩装置为中心，两侧宽度一般控制在 300 ~ 500 mm 以内，对称布置)。

26.5.2.3 **切割预留槽**

(1)切割时必须拉线保证预留槽的两条边线成直线，进刀要均匀，防止出现缺边现象。

(2)水泥砼路面宜采用湿切，切缝深度不得大于 40 mm，防止桥面钢筋被切断；沥青路面必须采用干切，切缝深度不得低于 100 mm，确保沥青路面切断。

(3)当槽边沥青砼有悬空、空洞时，应加宽再切，直至沥青砼路面全部密实为止。

26.5.2.4 **清理预留槽杂物和修整梁端间隙**

(1)清除预留槽内的沥青砼时，应在预留槽两边铺好塑料布与路面隔离，防止漏油、漏水、灰尘污染路面。清除的沥青路面废料可临时堆放应距槽口 1 m 以外，但必须堆放在垫好的彩条布上，不得随意倾倒在桥梁的墩台处。

(2)使用风镐凿除沥青砼路面时，风镐不能太靠近切线，以免造成缺边，不得使用橇棍大块橇，防止影响相邻路面。

(3)彻底清除预留槽构造内的杂物，同时将槽内预埋钢筋握裹的砼清理干净，对槽内砼外露面进行凿毛处理。

(4)两端间隙过大时，必须采取有效措施进行处理，避免伸缩装置型钢架空，两端间隙过小时，应凿除多余砼，保证伸缩装置受力正常。

(5)对特殊形式的伸缩装置在伸缩装置槽口施工之前应与生产厂沟通，核对预留槽口的尺寸与预埋件。

(6)槽口清理完成后，将路面及时清理干净，废渣必须外运倾倒在业主指定的弃土场。

26.5.2.5 **调整预埋钢筋**

(1)检查梁、板端部和桥台处预埋钢筋的直径、数量、间距、位置是否符合设计要求，与梁、板和桥台锚固是否可靠。如不符合设计要求应进行处理。

(2)如果没有预埋钢筋或少预埋钢筋，必须增设门型锚固钢筋，植筋钻孔深度应大于 8 cm，采用 A 级胶黏剂固结，并根据需要增设膨胀螺栓；对于损坏、错位、折断的预埋钢筋，施工时可采用 U 型钢筋、型钢锚固环和预埋钢筋牢固焊接，U 型环开口必须一正一反相间焊接，防止松开夹板后伸缩缝产生变形。对锚固不可靠的预埋钢筋应重新植筋。

(3)对压倒、扳弯的预埋钢筋应扶正、调直、清洗油污和灰尘等。

26.5.2.6 **安装伸缩装置**

(1)安装前应经监理对槽口尺寸、预埋锚固钢筋、结构缝宽以及预留槽口清理干净情况进行验收，符合设计要求后才能安装。

(2)伸缩装置安装前，应按照现场实际气温调整安装时的伸缩值，并采用专用卡具将其固定。

(3)安装时，先进行直线定位，伸缩装置的中心线应与梁端结构缝的中心线相重合，伸缩装置应对称放置在构造缝中心线两侧，伸缩装置长度与桥梁宽度要对正，在锚环与槽口间焊接水平钢筋应进行直线度定位，全长应满足10 mm/10 m的要求。

(4)进行高度定位，沿桥面横坡方向每米一点用水平尺测量水平高度并定位，伸缩装置顶面标高低于路面标高1 ~2 mm/m，再采用6 m直尺检查伸缩装置的顶面高度与桥面铺装高差是否满足要求。

(5)确定水平高度后用立筋将锚板或锚环于预留钢筋焊接，两侧每米一个焊点，不得焊在边梁上，保证调平后的伸缩装置不再发生移动即可。D160型以上的伸缩装置定位时，钢筋一定要焊在支撑箱紧靠边梁的两侧，以防止因伸缩装置本身自重产生的变形。

(6)临时固定后对伸缩装置的标高应再复核一次，复核无误后，将伸缩装置上的锚固环与梁或桥台上的预埋钢筋两侧同时焊牢，如要调整伸缩间隙，可先将一侧焊牢，待达到已经确定的安装温度时解除锁定，调整伸缩装置的上口宽度，正确后再将另一半焊牢，并放松固定夹板，使其自由伸缩，此时伸缩装置已产生效用。

(7)梳齿板式伸缩缝安装时，应采取措施防止产生梳齿不平、扭曲和变形等现象，并应对梳齿间隙的偏差进行控制，在气温最高时，梳齿的横向间隙应不小于5 mm，齿板的间隙应不小于15 mm。

(8)其他特殊形式和特殊规格的伸缩装置，宜按照产品推荐的方法进行安装施工。

26.5.2.7　**绑扎钢筋**

(1)按设计图纸进行钢筋绑扎、焊接，对焊接的钢筋进行一次检查，除去焊渣，保证焊点饱满、光滑，无气孔、砂眼等。

(2)对D160以上的伸缩装置必须设置钢筋网，钢筋网应尽可能地设置在支承弹簧点下部，保证受力均匀。

26.5.2.8　**安装模板**

(1)在安装伸缩装置前先用泡沫塑料板将伸缩缝位处填塞，两端装模，防止浇筑时砼把间隙堵塞或进入型口及支撑箱内，影响伸缩。

(2)模板固定后应检查其是否牢靠、密封，如发现有空隙必须用砂浆封堵，防止砼振捣时跑模、漏浆。

26.5.2.9　**浇筑砼**

(1)伸缩装置两侧预留槽内灌注的砼应为C50钢纤维砼，其质量应符合规范的相关规定。

(2)砼浇筑应沿横坡从高处向低处浇筑，必须振捣密实；D160型以上伸缩缝应将承重箱一侧砼振捣到另一侧后，再反向振捣，并一次浇筑，保证整体性。

(3)砼平整度应控制在规定范围内，砼面平于路面(或低于沥青路面1 mm)，高于型钢1 ~2 mm，禁止砼低于型钢。

(4)在浇筑砼时，不得将砼溅在边梁的型口内，以免橡胶密封条嵌入不牢出现渗水现象，钢梁表面及时清理干净。

26.6 质量标准

26.6.1 质量控制

(1)伸缩装置的锚固应牢靠，不松动，伸缩性能有效。

(2)伸缩装置两侧的砼无开裂现象，梁端缝隙无砼、碎石等杂物堵塞。

(3)伸缩装置应无阻塞、渗漏、变形、开裂等现象，不符合要求应进行整修。

(4)伸缩装置两侧砼的类别和强度，应符合设计要求。

(5)伸缩装置处不得积水。

(6)伸缩装置安装完成后，护栏预留的槽口应及时修补，保证线型平顺、颜色一致。

26.6.2 质量标准

伸缩装置安装质量应符合《公路桥涵施工技术规范》(JTG/T F50—2011)表 21.3.9 的规定。

26.7 成品保护

(1)毛勒伸缩缝进场后，应吊放在平整的场地内，并支垫、覆盖好。吊放时应多点起吊，以防变形。

(2)桥上安装时仍应多点吊装，谨慎操作，以防碰坏及变形。

(3)过渡段混凝土浇筑后，应严格覆盖好，并及时养护，防止混凝土开裂。养护期内不得踩踏及开放交通。

26.8 安全环保措施

26.8.1 安全措施

(1)制订吊装、电焊、破除、混凝土浇筑等各项安全操作细则，并对现场施工人员进行安全技术交底。

(2)设置现场安全员，加强安全管理，严禁从桥上向桥下乱丢材料、机具和杂物，采取措施严防桥上坠落、触电等事故的发生。

(3)对所使用的设备进行检查，保证处于完好使用状态。

(4)起重工、电焊工、驾驶员等各工种必须持证上岗，并严格按操作规程进行作业。

(5)六级以上大风停止作业；高温施工，应按劳动保护规定做好防暑降温措施，适当调整作息时间，尽量避开高温时间；夜间施工必须有符合操作要求的照明设备，雨季施工要有防雨、防洪措施。

26.8.2　环保措施

(1)电焊工焊接时必须戴防护眼罩，电工必须穿绝缘胶鞋，钢筋工、混凝土工应戴手套。

(2)破除和清扫的废渣、杂物等，应及时运到指定的地点弃放，严禁由桥上向桥下乱抛乱弃。

(3)原材料、半成品的摆放均应整齐有序，保持预制场整洁。

(4)施工结束后，场地清理干净，不得遗留杂物。

26.9　质量记录

本施工工艺质量验收时应提供的书面记录有：

(1)原材料(水泥、砂、碎石、钢筋、外加剂等)进场复检记录。

(2)毛勒伸缩缝进场验收记录。

(3)毛勒伸缩缝安装温度与各梁之间间距记录。

(4)毛勒伸缩缝高程检测记录。

(5)混凝土浇筑记录。

(6)混凝土强度记录。

(7)毛勒伸缩缝长度、缝宽、与桥面高差、纵坡、横向平整度等实测项目检查记录。

(8)外观检查记录。

27 混凝土裂缝处理施工工艺标准

27.1 总则

27.1.1 适用范围

本标准适用于结构性裂缝、非结构性裂缝、静止裂缝、活动裂缝和尚在发展的裂缝等病害处理。

27.1.2 编制参考标准及规范

(1)《公路养护技术规范》(JTG H10—2009)。
(2)《公路桥涵养护规范》(JTG H11—2004)。
(3)《公路技术状况评定标准》(JTG 5210—2018)。
(4)《公路养护安全作业规程》(JTG H30—2015)。
(5)《公路桥梁加固设计规范》(JTG/T J22—2008)。
(6)《公路桥梁加固施工技术规范》(JTG/T J23—2008)。
(7)《混凝土结构加固设计规范》(GB 50367—2013)。

27.2 术语

27.2.1 结构性裂缝

结构性裂缝是指由外荷载引起的裂缝，其分布及宽度与外荷载有关。这种裂缝的出现，预示着结构承载力可能不足或者存在其他严重问题。

27.2.2 非结构性裂缝

非结构性裂缝是指由变形引起的裂缝，如温度变化、混凝土收缩等因素引起的裂缝。这种裂缝对桥梁的承载能力影响较小。

27.2.3 静止裂缝

静止裂缝是指形态、尺寸和数量已稳定不再发展的裂缝。

27.2.4 活动裂缝

活动裂缝是指宽度在现有环境和工作条件下始终不能稳定，易随着结构构件的受力、变形或环境温度、湿度变化而时张、时闭的裂缝。

27.2.5 尚在发展的裂缝

尚在发展的裂缝是指长度、宽度和数量尚在发展，但经历一段时间后发展将会终止的裂缝。

27.2.6 裂缝表面封闭法

裂缝表面封闭法是指对混凝土构件表面微小裂缝进行封闭处理的方法。

27.2.7 压力注浆法

压力注浆法是指通过一定的压力将浆液压入混凝土裂缝中的方法。

27.2.8 自动低压渗注法

自动低压渗注法是指采用低压注射装置，利用注浆体良好的渗透性能处理裂缝的方法。

27.3 施工准备

27.3.1 技术准备

(1)在施工前，应对加固桥梁的技术状况进行复查，并将复查结果通知有关单位。在桥梁的加固施工过程中，应加强观测与检查，及时反馈信息指导施工。

(2)施工使用的主要材料应具有国家相关管理部门认定的产品性能检测报告和产品合格证，其物理力学性能指标应满足设计要求。

(3)对桥梁各类试验和检测仪器应进行标定，桥梁加固设备应按要求校验，标定和校验应由经有关主管部门认定的计量机构进行。

(4)施工前应进行技术交底。

27.3.2 材料准备

主要施工材料有裂缝灌缝胶、注浆嘴、封口胶等。材料的采购进场必须随货附带有产品出厂合格证和出厂检验报告，以初步判断该材料是否满足本加固工程的品质要求。材料进场后应立即抽样送检，待检验合格后方可投入使用。

27.3.3 主要机具

混凝土裂缝处理施工要使用的机具主要有注浆机、空压机、风镐、砂轮机、称量器、刮刀等。

27.3.4 作业条件

可以根据施工现场地形情况，采用搭设支架平台或直接采用桥梁检测车等措施，需注意平台的稳固性和作业高度。

27.3.5 劳动力组织

混凝土裂缝处理施工工艺的劳动力组织如表27－1所示。

表27－1 混凝土裂缝处理施工劳动力组织

工种	人数	工作地点	职责范围
施工队长	1	整个施工现场	负责跟班组织施工管理工作、协助总指挥工作等
工班长	1	整个施工现场	负责跟班组织施工，协调各工种交叉作业等
技术员	1	整个施工现场	负责跟班解决施工中的技术问题，编写技术措施等
安全员	1	整个施工现场	负责跟班检查安全措施、安全措施的执行情况及安全教育工作，对安全生产负责
质量检验员	1	整个施工现场	负责跟班检查工程质量，组织各工种交接及质量保证措施的执行情况，对工程质量负责
测量工	1	施工现场	负责裂缝宽度、长度、位置测量记录
电工	1	整个施工现场	负责现场动力、照明、通信等电器系统的维修保护
材料员	1	材料仓库	负责施工材料供应及管理
杂工	4	整个施工现场	负责混凝土基面打磨清理、裂缝封闭、灌浆处理等
总计	12		

注：此表为一个作业班施工配备人员，未计后勤、行政等人员。

27.4 工艺设计和控制要求

27.4.1 技术要求

裂缝修补原则：

(1)规范原则：可靠性鉴定确认必须修补的裂缝，应根据裂缝的种类进行修补设计，确定修补材料、修补方法和时间；混凝土结构因承载力不足引起的裂缝，除按规范规定的适用修补方法进行修补外，还应采用适当的加固方法对结构进行补强和加固。

(2)技术原则：

静止裂缝：可依据裂缝宽度和干湿环境选择修补材料和方法，即时进行修补。

活动裂缝：修补时，应先消除其成因，并观察一段时间，确认已稳定后，再按静止裂缝的处理方法进行修补；对于不能完全消除成因的裂缝，但已确认其对结构、构件的安全性不构成危害时，可使用具有弹性和柔韧性的材料进行修补。

尚在发展的裂缝：不可即时进行修补；应待裂缝停止发展后再采取适当方法进行修补或加固。

27.4.2 材料质量要求

(1)裂缝灌缝胶(注射剂)材料主要采用改性环氧树脂、改性丙烯酸树脂和改性聚氨酯类材料制成。其技术性能和工艺性能应符合表 27－2、表 27－3 的规定。

表 27－2 裂缝灌缝胶(注射剂)技术性能指标

检验项目		性能或质量指标	试验方法标准
钢－钢拉伸抗剪强度标准值/MPa		≥10	GB/T 7124
胶体性能	抗拉强度/MPa	≥20	GB/T 2568
	受拉弹性模量/MPa	≥1500	GB/T 2568
	抗压强度/MPa	≥50	GB/T 2569
	弯曲强度/MPa	≥30 且不得呈脆性(碎裂状)破坏	GB/T 2570
不挥发物含量(固体含量)		≥99%	GB/T 14683
可灌注性		在产品使用说明书规定的压力下，能注入宽度为 0.1 mm 的裂缝	现场试灌注固化后，取芯样检查

表 27－3 裂缝修补胶(注射剂)工艺性能指标

检验项目	性能或质量指标	试验方法标准	备注
混合后初始黏度	≤500 m·Pa·s	GB/T 12007.4	气温 25℃下测定
可操作时间	≥60 min	GB/T 7123	气温 25℃下测定
施工环境温度	5～40℃	—	5℃时应具有可灌性；40℃时应在 40 min 内可灌注完毕

(2)裂缝修补材料主要为聚合物砂浆，聚合物材料有天然或合成橡胶浆、热塑性或热固性聚合物树脂(主要为不饱和聚酯树脂和环氧树脂等)及水溶性聚合物(包括纤维素衍生物—基甲纤维素(MC)、聚乙烯醇(PVA)、聚丙烯盐—聚丙烯酸钙和糠醇等)。其掺入量为水泥质量的 5～25%。其技术性能应符合表 27－4 的规定。

表 27－4 修补裂缝用聚合物砂浆技术性能指标

检验项目		性能或质量指标	试验方法标准
浆体性能	劈裂抗拉强度/MPa	≥5	GB 50367—2006 附录 G
	抗压强度/MPa	≥40	GB/T 2569
	抗折强度/MPa	≥10	GB50367—2006 附录 H
注浆料与混凝土的正拉黏结强度(MPa)		≥2.5 且为混凝土破坏	GB 50367—2006 附录 F

(3)裂缝一般封闭主要采用环氧树脂材料；裂缝表面封护增强材料，主要采用 E 型和 S 型 GF 布、CF 布及其配套的胶黏剂。

(4)活动裂缝修补材料主要采用无流动性的有机硅酮、聚硫橡胶、改性丙烯酸酯、聚氨酯等柔性的嵌缝密封胶类修补材料。活动裂缝修补材料还可用于混凝土与其他材料接缝界面干脆性裂隙的封堵。

27.4.3 职业健康与安全

(1)现场施工人员应穿工作服，同时还须佩戴口罩和手套，施工人员严禁在现场吸烟。

(2)当树脂黏附在皮肤上时，应立即用肥皂水冲洗，溅入眼内则应用清水清洗或及时就医。

27.5 施工工艺

27.5.1 工艺流程

宽度 <0.15 mm 裂缝封闭处理施工工艺流程如图 27 -1 所示。

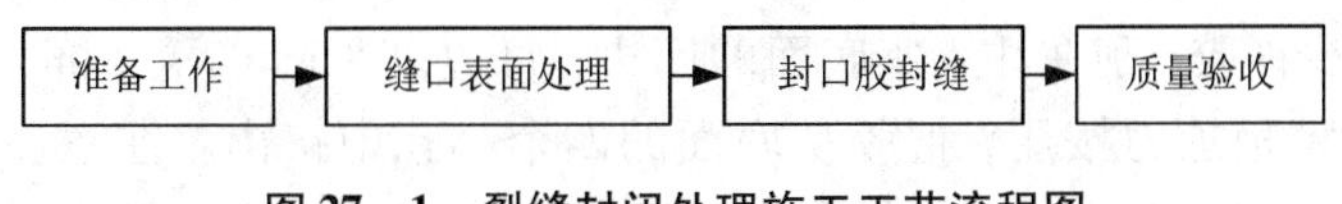

图 27 -1 裂缝封闭处理施工工艺流程图

宽度≥0.15 mm 裂缝灌浆处理施工工艺流程如图 27 -2 所示。

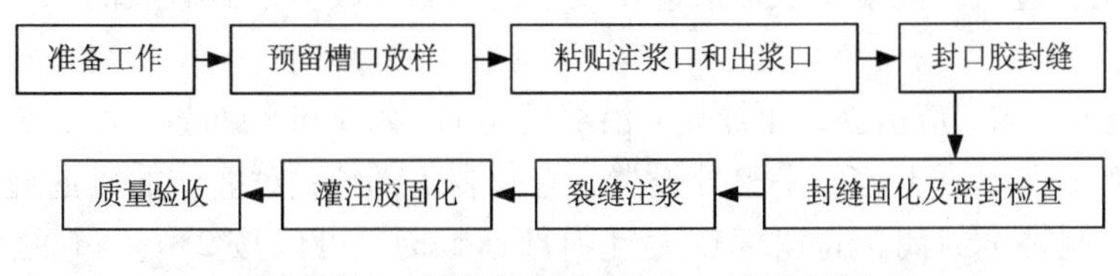

图 27 -2 裂缝灌浆处理施工工艺流程图

根据以上两种施工流程可以看出，裂缝封闭处理施工工艺流程与深层缺陷修补基本相同，因此以下按裂缝灌浆处理施工工艺介绍操作工艺。

27.5.2 操作工艺

27.5.2.1 **准备工作**

(1)熟悉设计文件、研究施工图纸及现场核对。检查图纸完整性以及有无矛盾和错误。组织技术人员对设计图纸、资料进行会审工作。

(2)施工前对桥梁病害进行进一步复核检查，并对桥梁部分结构尺寸以及现场实际情况进行深入调查，发现与设计不一致的情况时及时与设计单位联系。并根据新掌握的资料，结合施工经验、技术和设备条件，对所拟定的加固方案、施工计划、技术措施进行重新评价和研究。

(3)测量裂缝的位置、宽度、长度，绘制裂缝展开图。

(4)由于结构内部连通的裂缝可能在混凝土构件表面分散分布，因此，需将主裂缝附近的细微裂缝标出，防止遗漏。

27.5.2.2　**缝口表面处理**

(1)用砂轮机或钢丝刷沿裂缝走向清理宽约5 cm范围内的混凝土表面，仔细清除混凝土表面的浮浆、风化碳化层、松散层、灰尘等。混凝土表面质量不良、缝两侧有较多细微龟裂的部位，应清理至8～10 cm宽。

(2)用锤子和钢钎凿除缝两侧疏松的混凝土块和砂粒，露出坚实的混凝土表面。

(3)用略潮湿的抹布清除表面的浮尘并彻底晾干。

(4)混凝土表面的油污要用抹布沾丙酮擦净。

(5)如果缝内潮湿，要等其充分干燥，必要时可用喷灯烘干。

27.5.2.3　**粘贴注浆嘴和出浆嘴**

(1)用两把洁净干燥的刮刀分别取封口胶的两种成分，放到托灰板上。一次能用完一套整包装的量时不必称量，全部混合即可；用量较少时要分别称量两种成分，按规定配比配制。留在罐内的两种成分不得相互接触，以免发生反应造成变质，并且注意盖严罐盖。

(2)用刮刀反复混合搅拌胶的两种成分，使其呈现均匀一致的灰色。

(3)用刮刀取少许胶，刮在注入座底面的四边，每边以8 mm宽、5 mm厚为度。将注入孔对正裂缝中心，稍稍加力按压，把胶从底面的四个小孔中挤出。注意注入孔不要被胶堵塞，胶不要黏到注入座颈部的小突起和橡胶圈上，黏好后不要再移动注入座。

(4)一手按住注入座的顶端，防止其移位，另一只手用刮刀取胶将底板的各边包覆。包覆部分的内缘至盖住4个小孔，外缘扩展至直径8～10 cm的圆形范围。完成以后，注入座的蓝色底边应完全被遮盖。混凝土表面质量不良、缝两侧有较多细微龟裂的部位，应加以特别注意。

(5)注入座的布置，应掌握以下原则：沿缝的走向，每1 m约布置3个；裂缝分岔处的交叉点应设注入座；选混凝土表面平整处设置，避开剥落部位；对墙体的贯通缝，可在一侧布置注入座，另一侧完全封闭；缝宽度较大且内部通畅时，可以按2个/m注入座的密度来布置。

27.5.2.4　**封口胶封缝**

在沿裂缝走向5 cm宽的范围内用刮刀刮抹封口胶，厚度2 mm左右，尽量一次完成，避免反复涂抹。缝两侧有较多细微龟裂的部位，应抹至8～10 cm宽，并按压胶的边缘，消除卷边。混凝土剥落处要填充密实，与注入座衔接的地方要特别注意。封口胶的用量为每延米裂缝200 g左右。

27.5.2.5　**封缝固化及密封检查**

密封完成后，让封口胶自然固化。注意固化过程中防止其接触水。固化时间：气温20℃时，待强时间约12 h；气温30℃以上时，待强时间约6 h。

封口胶固化后，用0.3 MPa气压逐个注入器进行试气检查，用毛刷沾上肥皂水涂在封好的胶面和座子四周，当出现气泡时说明有砂眼，用粉笔做好标记，再进行补封，直至合格为止。

27.5.2.6 **裂缝注浆**

(1)将注入器的连接端(蓝色)安装在注入座上，把卡口部分的两扣卡紧，用力不要过猛，以免损坏座的颈部，注意使橡胶密封圈处于正常位置。同一条裂缝上的注入器一起安装好。

(2)当注入器全部安装好并且封口胶充分固化后配制低浓度灌缝胶。根据本次注胶工程量估计用量，每次配制500 mL左右，主剂和固化剂的比例为10:3，用量杯控制加入量，将主剂和固化剂倒入一个2000 mL小塑料桶内，充分搅拌约3 min，倒入注浆机的盛料杯中，按动注胶机，先将注胶管中的空气排除，再将注胶管头插入注入器入孔内，用点动将胶压入注入器内约80%的胶液，当胶充满注入器后，注入器内弹簧被压缩，在弹簧作用下胶液产生0.3～0.4 MPa压力，将胶慢慢注入缝内，经反复多次往注入器内注胶，保证缝内注胶充分饱满。当注入器内胶变化很小，基本保持稳定时，方可停止继续往注入器内注胶。留在注入器内的胶，在注入器的弹簧压力下，长时间慢慢充分注入修复的缝中，当胶固化后，每个注入器还留5 mL以上的胶，认定灌缝合格。

(3)水平走向的裂缝从一端开始逐个注入，倾斜或垂直走向的裂缝要从较低一端开始向上推进。如注入器膨胀后收缩较快，说明该处裂缝深，缝内空间大，要补灌，直到能保持膨胀状态。

(4)操作时要两人配合，一人操作注浆机，另一人托扶注入器和阀门，不要让注入座的颈部不正常受力。

27.5.2.7 **灌注胶固化**

让灌注胶自行固化，固化时间为10～24 h，气温越高，速度越快。固化后敲掉注入器和注入座，如有必要，用砂轮机把封口胶打磨平整。

27.5.3 环境要求

(1)雨天或空气潮湿条件下不宜施工。

(2)气温在5℃以下、相对湿度RH>85%、混凝土表面含水率在8%以上、有结露的可能时，无有效措施不得施工。

(3)施工时现场应保持良好的通风，并注意戴护目镜和橡胶手套。若与皮肤接触，及时用肥皂水清洗；若与眼睛或黏膜接触，立即用大量温水冲洗，并马上到医院处理。

(4)产品应密封保存，避免与食物接触，不得将残余产品倒入土壤或水中。

27.6 质量标准

(1)表面处理：沿裂缝走向宽5 cm的范围内无水泥翻沫、灰尘、油污、疏松的混凝土块、不牢固的砂粒，混凝土表面和缝内干燥。

(2)注入座的黏结：注入座布置正确。封口胶呈均匀一致的灰色。底板的四个小孔中均有胶挤出，底板下无空洞、蜂窝等缺陷。注入孔畅通，注入座颈部的小突起和橡胶圈上没有附着的胶。

(3)裂缝密封：表面封缝材料固化后应均匀、平整，没有出现裂缝，无脱落；密封的宽度、厚度大致均匀，无空洞、蜂窝。

(4)注入：各注入座不残不断，注浆机及管路密封良好。注入过程中封口胶密封的部分不渗漏，各注入器均能保持膨胀状态。

(5)当注入裂缝的灌注胶达到7 d固化期后，应采取取芯法对注浆效果进行检验。芯样检验应采用劈裂抗拉强度测定方法，检验结果符合以下条件的其中一项即为合格：

①沿裂缝方向施加的劈力，其破坏应发生在混凝土部分(即内聚破坏)。

②破坏虽有部分发生在界面上，但其破坏面积不大于破坏面总面积的15%。

27.7 成品保护

(1)露天施工时为不使雨水、沙尘等附着于修补面上，须使用塑料膜养护24 h以上，注意塑料膜不可碰触到施工面。

(2)修补部位的聚合物砂浆、环氧材料终凝前，应采取保护措施，避免其表面受雨水、风及阳光直射影响，并应及时养护。

27.8 安全环保措施

(1)确认各材料的使用方法、保管方法、管理方法后再施工。

(2)进行注入工作时应戴防护眼镜，如果材料误入眼内，要立即用水冲洗。

(3)用丙酮清洗工具时要在通风良好的场所进行，戴橡胶手套，或用毛刷等间接清洗。

27.9 质量记录

本施工工艺质量验收时应提供的书面记录有：

(1)混凝土缺陷现场检查记录表。

(2)裂缝病害现场检查记录表。

(3)混凝土缺陷修补质检表。

(4)裂缝封缝质检表。

(5)裂缝灌浆质检表。

28 混凝土缺陷处理施工工艺标准

28.1 总则

28.1.1 适用范围

在混凝土施工过程中，不论现场管理水平如何，混凝土结构的施工都不可能在非常理想的条件下进行，往往会由于种种原因造成混凝土缺陷，或者是结构形式的特殊，或者是气候条件的恶劣，或者是施工方法、施工工艺的不规范等，一般情况下，很容易在混凝土结构的浇筑过程中或刚刚施工完不久产生质量缺陷。混凝土结构的表面缺陷大致可以分为：表面风化、剥落、蜂窝、麻面、错台、孔洞、露筋、破损等，不管是哪一种表层缺陷，都会影响混凝土结构的外观质量，甚至影响结构的使用寿命。

混凝土缺陷按缺陷程度分类，主要可分为表层缺陷和深层缺陷。混凝土表层缺陷指混凝土剥落、崩裂、局部范围大的孔洞等，其深度未超过钢筋保护厚度，钢筋未发生外露锈蚀，可采用聚合物砂浆进行修补。混凝土深层缺陷指缺陷深度达到或超过钢筋保护厚度，钢筋外露锈蚀，可采用环氧砂浆或环氧混凝土修补。

本标准主要适用于以上混凝土缺陷的处理。

28.1.2 编制参考标准及规范

(1)《公路养护技术规范》(JTG H10—2009)。

(2)《公路桥涵养护规范》(JTG H11—2004)。

(3)《公路技术状况评定标准》(JTG 5210—2018)。

(4)《公路养护安全作业规程》(JTG H30—2015)。

(5)《公路桥梁加固设计规范》(JTG/T J22—2008)。

(6)《公路桥梁加固施工技术规范》(JTG/T J23—2008)。

(7)《混凝土结构加固设计规范》(GB 50367—2013)。

28.2 术语

28.2.1 环氧砂浆

环氧砂浆是以环氧树脂为主剂，配以促进剂等一系列助剂，经混合固化后形成的一种高强度、高黏结力的固结体，具有优异的抗渗、抗冻、耐盐、耐碱、耐弱酸防腐蚀性能及修补加固性能。

28.2.2 聚合物砂浆

聚合物砂浆是近年来工程上新兴的一种新型建筑材料，它是由胶凝材料、骨料和可以分散在水中的有机聚合物搅拌而成的。简单地说，就是指在建筑砂浆中添加聚合物黏结剂，从而使砂浆性能得到很大改善的一种建材。

28.2.3 阻锈剂

阻锈剂是以离子态或气态吸附到钢筋表面，由于钢筋的电场非常强，因此这些阻锈剂分子是朝向钢筋方向吸附的，到达钢筋表面后即与钢筋反应形成类似铁锈的化学膜，但这一化学膜是相当钝化的，不会像铁锈一样容易溶于水而流失。

28.2.4 混凝土复合界面剂

混凝土复合界面剂是一种双组分、高性能聚合物改性水泥基材料，由多种材料复合改性而成，可使新老混凝土界面的过渡区明显强化，增强新、旧混凝土的界面黏结。

28.3 施工准备

28.3.1 技术准备

(1)在施工前，应对加固桥梁技术状况进行复查，并将复查结果通知有关单位。在桥梁的加固施工过程中，应加强观测与检查，及时反馈信息指导施工。

(2)施工使用的主要材料应具有国家相关管理部门认定的产品性能检测报告和产品合格证，其物理力学性能指标应满足设计要求。

(3)桥梁加固用材料的检验应依据国家及行业现行有关标准执行。

(4)对桥梁各类试验和检测仪器应进行标定，桥梁加固设备应按要求校验，标定和校验应由经有关主管部门认定的计量机构进行。

(5)应按照设计文件和技术规范要求编制作业指导书。

(6)施工前应进行施工技术交底。

28.3.2 材料准备

主要施工材料有环氧树脂、袋装水泥、聚合物砂浆、封口胶、混凝土修补胶、混凝土复合界面剂、砂石骨料等。材料的采购进场必须随货附带有产品出厂合格证和出厂检验报告，以初步判断该材料是否满足本加固工程的品质要求。材料进场后应立即抽样送检，待检验合格后方可投入使用。

28.3.3　主要机具

混凝土表层缺陷处理施工需要使用的机具主要有空压机、风镐、砂轮机、称量器、刮刀、油刷、砂浆搅拌机等。

28.3.4　作业条件

可以根据施工现场的地形情况，采用搭设支架平台或直接采用桥梁检测车等措施，需注意平台的稳固性和作业高度。

28.3.5　劳动力组织

混凝土缺陷处理施工工艺的劳动力组织如表 28－1 所示。

表 28－1　混凝土缺陷处理施工劳动力组织

工种	人数	工作地点	职责范围
施工队长	1	整个施工现场	负责跟班组织施工管理工作、协助总指挥工作等
工班长	1	整个施工现场	负责跟班组织施工，协调各工种交叉作业等
技术员	1	整个施工现场	负责跟班解决施工中的技术问题，编写技术措施等
安全员	1	整个施工现场	负责跟班检查安全措施、安全措施的执行情况及安全教育工作，对安全生产负责
质量检验员	1	整个施工现场	负责跟班检查工程质量，组织各工种交接及质量保证措施的执行情况，对工程质量负责
测量工	1	施工现场	负责缺陷位置放样测量
电工	1	整个施工现场	负责现场动力、照明、通信等电器系统的维修保护
材料员	1	材料仓库	负责施工材料供应及管理
杂工	4	整个施工现场	负责混凝土基面打磨清理、缺陷修补等
总计	12		

注：此表为一个作业班施工配备人员，未计后勤、行政等人员。

28.4　工艺设计和控制要求

28.4.1　技术要求

(1)根据不同的混凝土表面缺陷形式选择修补措施，不可盲目修补；针对不同部位、不同使用要求的建筑物采用不同的处理措施。

(2)修补作业应精雕细刻，不可急于求成，需要有耐心、细心和足够的时间来保证。必须严格按照规定的工艺流程和操作方法进行修补作业。

(3)掺配混合料时应先进行试验，经确定具有合格的性能及与应用处混凝土的颜色相近时方可采用，而且施工中要严格按照掺配比例进行作业。

(4)选用的修补材料，除了满足建筑物运行的各项要求外，其本身的强度、耐久性、与老混凝土的黏结强度等，均不得低于老混凝土的标准。

(5)当修补区位于有外观要求的部位时，修补材料应有与老混凝土相一致的外观。

(6)修补时应将不符合要求的混凝土彻底凿除，清除松动碎块、残渣，凿成陡坡，再用高压风水冲洗干净。

(7)对错台、局部不平整等缺陷进行处理时应遵循“宁磨不补、多磨少补”的处理原则。

(8)加强缺陷处理后的养护，防止出现二次缺陷。

28.4.2 材料质量要求

混凝土表层缺陷处理所采用的主要材料技术指标可参考表28－2和表28－3。

表28－2 钢筋阻锈剂基本性能指标表

性能项目	性能或质量指标
化学成分	复合氨基醇
渗透深度	40～80 mm
密度(20°)	约1.13 kg/L
黏度(21°)	约25 m·Pa·s
pH	约11

表28－3 修补胶主要性能指标表

性能项目	性能要求	试验方法标准
胶体抗拉强度/MPa	≥30	GB/T 2568
胶体抗弯强度/MPa	≥40且不得呈脆性(碎裂状)破坏	GB/T 2570
胶体抗压强度/MPa	≥50	GB/T 2569
与混凝土的正拉黏结强度/MPa	≥2.5且为混凝土内聚破坏	《加固规范》附录F

28.4.3 职业健康与安全

(1)现场施工人员应穿工作服，同时还须佩戴口罩和手套，施工人员严禁在现场吸烟。

(2)当树脂黏附在皮肤上时，应立即用肥皂水冲洗，溅入眼内则应用清水清洗或及时就医。

28.5 施工工艺

28.5.1 工艺流程

混凝土表层缺陷处理施工工艺流程如图 28－1 所示。

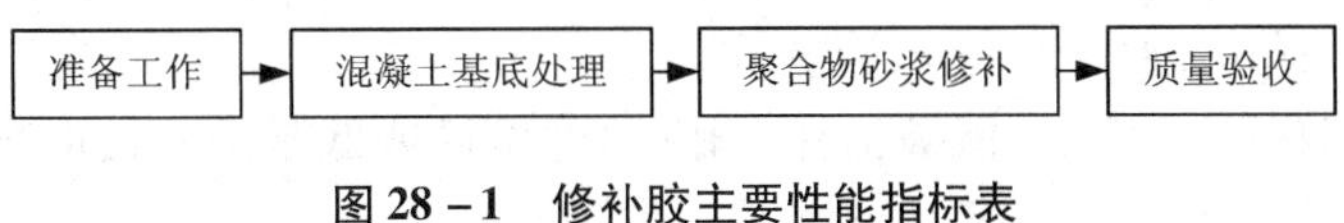

图 28－1 修补胶主要性能指标表

混凝土深层缺陷处理施工工艺流程如图 28－2 所示。

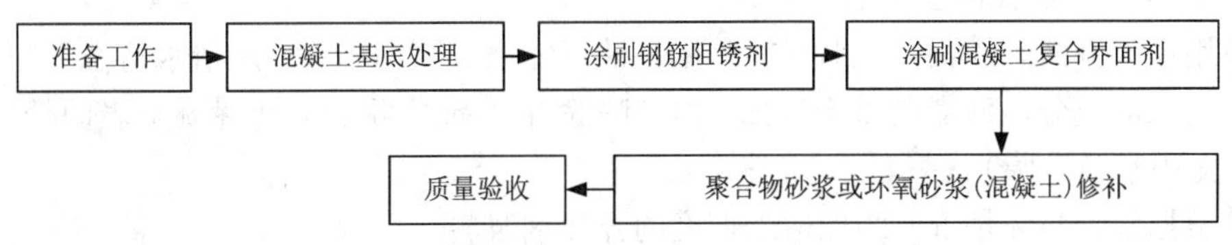

图 28－2 修补胶主要性能指标表

根据以上两种施工流程可以看出，表层缺陷修补施工工艺流程与深层缺陷修补基本相同，因此以下按深层缺陷施工工艺介绍操作工艺。

28.5.2 操作工艺

28.5.2.1 准备工作

(1)熟悉设计文件、研究施工图纸及现场核对。检查图纸完整性以及有无矛盾和错误。组织技术人员对设计图纸、资料进行会审工作。

(2)施工前对桥梁病害进行进一步复核检查，并对桥梁部分结构尺寸以及现场实际情况进行深入调查，发现与设计不一致的情况时及时与设计单位联系。并根据新掌握的资料，结合施工经验、技术和设备条件，对所拟定的加固方案、施工计划、技术措施进行重新评价和研究。

(3)施工时首先对待加固区域的裂缝病害进行处理：对小于 0.15 mm 的裂缝进行封缝处理，对不小于 0.15 mm 的裂缝进行灌浆处理。

28.5.2.2 混凝土基底处理

凿除局部混凝土空鼓、剥落、表面风化部分，一般不少于 5 mm，用高压水、喷砂、磨刷等方法处理混凝土表面，去除油污和浮浆，直至露出粗骨料，保证混凝土基面清洁、干燥。

28.5.2.3 涂刷钢筋阻锈剂

(1)用钢钎将钢筋头周边的混凝土凿除，深度为 2 cm，露出钢筋头；用电动切割机切除钢筋头，使其低于混凝土表面 2 cm。

(2)混凝土的露筋用电动金刚石磨片打磨除锈，露出金属光泽。

(3)在钢筋头及外露钢筋处及外延 20 cm 范围涂刷阻锈剂，直至基面吸收饱和。

(4)待表面干燥 6 h 后涂刷第二遍。

(5)待表面干燥 6 h 后涂刷第三遍。

(6)等待渗透 48 h 后，用高压水等方法将表面残留物清理，方可进行其他施工。

(7)注意事项：

①涂刷基面(混凝土表面)环境温度最低 +5℃，最高 +35℃。

②基面要无尘、无脏物、无油渍、未粉化、无涂料。

③一般按照材料用量要求涂刷 3 遍。

④防锈浸渍剂为即用型，不能被稀释，用刷子、滚筒或低压手喷设备施工，直至浸透，不要在阳光直射下使用。

⑤为提高浸透速度，用防锈浸渍剂处理过的混凝土表面必须在 2 天后用净水湿润 1 ~ 2 遍。

28.5.2.4　**涂刷混凝土复合界面剂**

(1)用钢丝刷清除表面疏松颗粒，并用无油压缩空气吹净粉尘，用清水清洗干净。

(2)施工前充分湿润老混凝土表面，但在喷涂界面剂时必须保证混凝土表面处于饱和面干(表面无积水及水膜)状态。

(3)根据施工具体情况，调配适当稠度的界面剂浆料。

(4)在老混凝土表面喷涂(可用喷枪)或刮涂一层调配好的浆料，涂刮厚度应尽可能均匀，厚度按 1 ~2 mm 控制。

(5)老混凝土表面涂刮浆料后，应在浆料初凝前浇筑新混凝土或砂浆，一般情况下不超过 60 min。

28.5.2.5　**聚合物砂浆或环氧砂浆(混凝土)修补**

(1)聚合物砂浆修补施工过程中，应避免振动。

(2)聚合物砂浆终凝前，应采取保护措施，避免其表面受雨水、风及阳光直射影响。

(3)大面积缺陷时应选用环氧砂浆或环氧混凝土修补，当采用环氧混凝土时，其粗集料粒径不宜大于 15 mm。

28.5.3　环境要求

(1)雨天或空气潮湿条件下不宜施工。

(2)气温在 5℃以下、相对湿度 RH >85 %、混凝土表面含水率在 8% 以上、有结露的可能时，无有效措施不得施工。

(3)如遇霜冻、降雨，不能使用防锈浸渍剂。

(4)施工时现场应保持良好的通风，并注意戴护目镜和橡胶手套。若与皮肤接触，及时用肥皂水清洗；若与眼睛或黏膜接触，立即用大量温水冲洗，并马上到医院处理。

(5)产品应密封保存，避免与食物接触，不要将残余产品倒入土壤或水中。

28.6 质量标准

(1)混凝土缺陷处理完成后表面应平整，无裂缝、脱层、起鼓、脱落等，修补处表面与原结构表面的色泽应基本一致。

(2)修补后平整度偏差应满足表28－4的要求。

表28－4 平整度允许偏差值实测项目

项次	检验项目	允许偏差	检验方法与频率
1	梁体平整度/mm	5	钢尺丈量
2	阴阳角/(°)	5	尺量

(3)对修补浇筑面积较大的混凝土或砂浆，应预留强度试块；新旧混凝土黏合情况可通过敲击法和钻芯取样检测。

28.7 成品保护

(1)露天施工时为不使雨水、沙尘等附着于修补面上，须使用塑料膜养护24 h以上，注意塑料膜不可碰触到施工面。

(2)修补部位的聚合物砂浆、环氧材料终凝前，应采取保护措施，避免其表面受雨水、风及阳光直射影响，并应及时养护。

28.8 安全环保措施

(1)桥梁加固施工，应减少对交通的影响。对于不中断交通桥梁的加固施工，必须采取以下安全措施：

①施工前应与公路及交通相关管理部门办理有关手续，按批准的时间、范围进行施工。

②严格按现行《公路养护安全作业规程》的规定设置警示牌、限速牌、反光锥和其他安全设施。桥下有通航要求时，应布置航行标志和警示灯。

③桥梁加固前，作业区路段各公路出入口及作业区前方适当位置应设置公告信息牌，并向社会发布相关公告信息。

④桥梁加固施工前，应制订由于交通事故、车辆故障等引起的交通堵塞应急预案，在突发事件发生后及时启动。

(2)桥梁加固施工宜在晴天和白天进行；必须在不良天气或夜间施工时，应有相应的施工保障措施。

(3)桥梁加固施工，应采取必要措施保护生态环境。

28.9　质量记录

本施工工艺质量验收时应提供的书面记录有：

(1)混凝土缺陷现场检查记录表。

(2)裂缝病害现场检查记录表。

(3)混凝土缺陷修补质检表。

(4)裂缝封缝质检表。

(5)裂缝灌浆质检表。

29 无黏结体外预应力加固施工工艺标准

29.1 总则

29.1.1 适用范围

本标准主要适用情况有：

(1)混凝土梁中预应力筋或普通钢筋严重锈蚀及其他病害造成结构承载力下降。

(2)需要提高桥梁的荷载等级。

(3)用于控制梁体裂缝及钢筋疲劳应力幅度。

(4)高应力状态尤其是大型结构的加固等情况。

(5)适用于对钢筋混凝土受弯、受拉和偏心受拉构件的加固，不适用于素混凝土构件的加固。

29.1.2 编制参考标准及规范

(1)《公路养护技术规范》(JTG H10—2009)。

(2)《公路桥涵养护规范》(JTG H11—2004)。

(3)《公路技术状况评定标准》(JTG 5210—2018)。

(4)《公路养护安全作业规程》(JTG H30—2015)。

(5)《公路桥梁加固设计规范》(JTG/T J22—2008)。

(6)《公路桥梁加固施工技术规范》(JTG/T J23—2008)。

(7)《混凝土结构加固设计规范》(GB 50367—2013)。

29.2 术语

29.2.1 加固施工

加固施工是指对桥梁进行使用功能恢复或承载能力提高及缺陷处理的施工。

29.2.2 无黏结体外预应力

无黏结体外预应力是指无黏结预应力筋与混凝土不直接继承而处于无黏结的一种状态，

对布置于承载结构本体之外的无黏结钢束张拉而产生的预应力。

29.2.3 体外预应力加固

体外预应力加固是指通过增设体外预应力筋（包括钢绞线、高强钢丝束和精轧螺纹钢筋）对既有混凝土结构主动施加外力，以改善原结构的受力状态的加固方法。

29.2.4 环氧涂层预应力筋

环氧涂层预应力筋是指表面涂有封闭环氧层的预应力筋。

29.3 施工准备

29.3.1 技术准备

29.3.1.1 **体外预应力的组成**

体外预应力系统由锚固块、转向块、体外索、锚具、减振装置等主要五部分组成。

29.3.1.2 **锚具**

体外预应力体系仅靠锚固端传力，因此体外预应力锚固体系的可靠性和安全性比一般体内预应力锚固体系要高，须使用专用的体外索锚具和夹片。体外预应力的锚具的外观尺寸较普通锚具更大，且还增加了一些辅助配件，如密封装置、防松装置、防护装置等。

29.3.1.3 **体外索**

体外索主要有光面钢绞线、无黏结钢绞线、平行钢丝、成品索等类型。体外索较多采用无黏结钢绞线，环氧喷涂带PE的单根钢绞线具有良好的耐腐蚀性能，不需要再进行防护，具有很好的适用性。

29.3.1.4 **锚固块及转向块**

体外预应力体系仅靠锚固块及转向块传力，锚固块和转向块必须和原结构有效连接，传递应力，锚固块及转向块一般采用钢筋混凝土结构和钢结构。

钢筋混凝土结构锚固块采用在原桥结构上钻孔、种植钢筋、浇筑混凝土成形。钢筋混凝土锚固块的外形及尺寸可以做得足够大，保证和原结构能够有效地连接，均匀地将应力传递到原结构，但是对混凝土浇筑质量要求严格，在部分位置混凝土浇筑困难。张拉力大的锚固块均采用钢筋混凝土形式。

钢结构锚固块采用种植锚栓和灌注结构胶的方式将钢锚箱固定在原结构上。钢结构锚固块具有施工快捷的优点，锚固块能够工厂化加工。但钢锚固块安装受原结构施工空间及自身重量的影响，在很多位置不能采用；钢锚固块仅靠锚栓和胶黏剂连接，传力较为集中，结合面容易产生裂缝，且安装很困难。钢锚固块比较适合施工空间开阔且应力较小的小型锚固块。

29.3.2 材料准备

主要施工材料有无黏结环氧涂层钢绞线、转向器、锚固块、钢板材料、环氧树脂结构灌注胶、化学锚栓等。材料的采购进场必须随货附带有产品出厂合格证和出厂检验报告，以初步判断该材料是否满足本加固工程的品质要求。材料进场后应立即抽样送检，待检验合格后方可投入使用。

29.3.3　主要机具(表 29－1)

表 29－1　主要施工设备机具配置表

序号	名称	规格型号	单位	数量
1	电焊机	30 kVA	台	按实际需要配置
2	电锤	ϕ30 mm	台	
4	自动割枪		台	
5	氧割设备		台	
6	注胶泵		台	
7	挂篮		套	
8	吊篮支架		套	
9	张拉设备		套	
11	手提式打磨机		台	

体外索的张拉机具根据张拉的要求分单孔千斤顶和整体千斤顶。单孔千斤顶用于施工空间狭小或分丝单孔张拉的体外索，整体千斤顶用于整体张拉的体外索。

简单介绍 FASTEN 环氧喷涂带 PE 钢绞线整体张拉的张拉体系：FASTEN 环氧喷涂带 PE 钢绞线为新产品，钢绞线的环氧涂层很厚，为避免工作夹片重复多次咬合钢绞线，造成夹片堵塞，引起滑丝现象，采用了张拉期间工作夹片不受力的悬浮张拉体系。如图 29－1 所示。

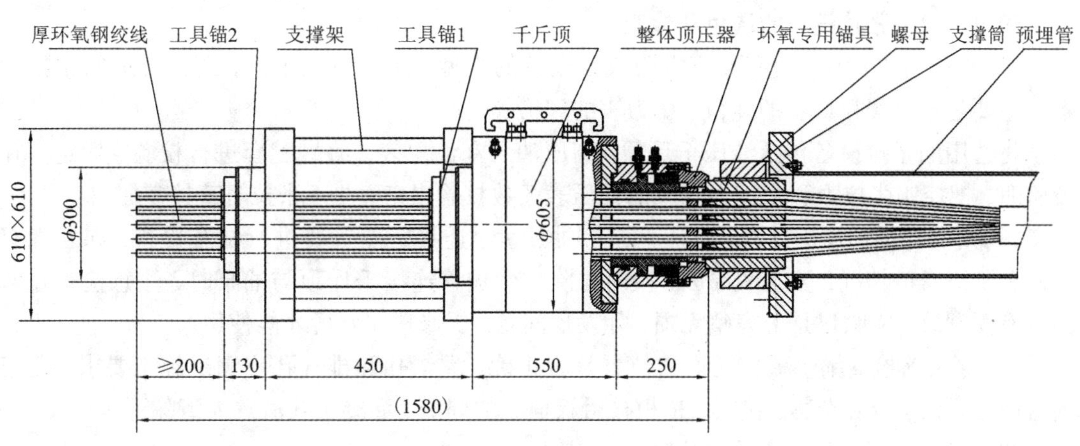

图 29－1　张拉体系示意图

张拉过程中，始终是工具锚 1 和工具锚 2 受力，工作锚始终不受力，不咬合钢绞线，直至张拉完成后，使用整体顶压器顶压工作夹片，卸压回油后工作锚及工作夹片才锚固钢绞线。

29.3.4 作业条件

根据实际需要可采用搭设满堂支架式施工或悬吊式挂篮进行施工。

29.3.5 **劳动力组织**

无黏结体外预应力加固施工工艺的劳动力组织如表29－2所示。

表29－2 施工作业劳务人员配置表

序号	班组名称	人数/组	合计人数
1	挂篮支架拼装班组	8	24
2	体外预应力班组	8	
3	裂缝缺陷处理班组	4	
4	杂项作业班组	4	

29.4 工艺设计和控制要求

29.4.1 技术要求

29.4.1.1 **构件的检查、清理**

(1)施加预应力前应对混凝土构件进行检验，外观及尺寸都应符合标准要求。

(2)穿束前检查锚固块和转向器的位置是否正确，锚具、垫板接触板面上的焊渣、混凝土残渣等都要清除干净。

29.4.1.2 **张拉设备的选用和检查**

(1)根据构件特点、所有预应力筋及锚夹具的类型、张拉力大小等，选择合适的张拉设备。主要是选择张拉设备的吨位、压力表的规格等。

将选用的张拉设备包括油压千斤顶、高压油泵和油压表，编号配套进行校验、标定。在校验时，把控制张拉力和张拉力相应的油压表读数校验出来，便于张拉时直接掌握。

(2)对所用的油压千斤顶、高压油泵和油压表、连接管路等要进行试车检查，如发现有漏油和不正常的情况，要查明原因，及时排除。紫铜管连接千斤顶与油泵时，注意检查在弯曲处有无裂纹，喇叭口是否完整无损，如发现问题，要修理完好后才能使用。

(3)穿束前检查锚垫板和孔道的位置是否正确，灌浆孔和排气孔应满足施工要求，孔道内应畅通，无水分和杂物，锚具、垫板接触板面上的焊渣、混凝土残渣等要清除干净。

29.4.1.3 **钢筋和锚夹具的检验**

预应力筋穿入孔道前，应检查其品种、规格、长度和有关的冷拉记录及机械性能试验报告。所用锚夹具应按其质量标准要求进行检验(或核对有关的检验记录)，并进行外观检查，看有无裂缝、变形或损伤情况。检查合格后要用煤油或汽油擦净油污和脏物，与预应力筋配套堆放，不能混杂。

29.4.2　材料质量要求

29.4.2.1　**环氧涂层钢绞线**

一般采用填充型环氧涂层钢绞线，预应力钢绞线应为符合美国 ASTMA416－92 标准生产的低松弛 270 级钢绞线，各项性能指标满足《预应力混凝土用环氧涂层钢绞线》(ISO14655：1999(E))的相关要求，以及现行国家标准《预应力混凝土用钢绞线》(GB/T 5224—2014)的有关规定。主要要求如下：

(1)预应力钢绞线进场时应分批验收。验收时，除应对其质量证明书、包装、标志和规格等进行检查外，还应抽样检查钢绞线的表面质量、直径偏差并进行力学性能试验。

(2)预应力筋的实际强度不得低于国家标准的规定。预应力筋的试验方法应按现行国家标准的规定执行。

(3)预应力运输及现场施工时，应做好保护工作，防止尖锐物体损伤环氧涂层。

29.4.2.2　**锚具及夹具**

(1)预应力钢绞线锚具应按设计要求采用专用低回缩量锚具，锚具回缩量应不大于 1.0 mm。

(2)锚具、夹具应符合《预应力筋用锚具、夹具和连接器》(GB/T 14370—2015)标准和国际后张预应力协会 FIP《后张预应力体系的验收和应用建议》《体外预应力材料及体系》的规定。

(3)锚具应具备分级张拉、补张拉以及放松预应力的要求；除具有单根张拉的性能外，还应具有整束张拉的性能；应有良好的自锚性能、松锚性能和安全的重复使用性能。

(4)锚具及夹具除应按出厂合格证和质量证明书核查其锚固性能类别、型号、规格和数量外，还应进行外观检查、硬度检验和静载锚固性能试验，锚具效率系数 η_a 不小于 0.95。除应满足静载锚固性能要求外，还应满足循环次数为 200 万次的疲劳性能试验要求。

(5)预应力筋用锚具、夹具在安装前应擦拭干净。锚具安装时应与孔道对中，各根预应力钢束应平顺，不得扭绞交叉，夹片应打紧，并外露一致。

29.4.2.3　**锚具安装及预应力筋制作**

(1)计算钢绞线的下料长度时应考虑结构孔道长度、固定端长度、张拉端锚板厚度、张拉千斤顶长度、弹性回缩值、张拉伸长值及张拉工艺等因素。本设计钢绞线外露最小预留长度(张拉端锚垫板外侧面距钢绞线端部长度)为 70 cm。

(2)钢绞线切割采用砂轮机，不得采用电弧切割。

(3)将钢绞线编束并捆扎好，各根预应力钢束应平顺，不得扭绞交叉，夹片应打紧，并外露一致。钢绞线安装施工时，应有保护表面环氧涂层的措施。

(4)安装张拉端锚垫板。锚具、夹具在安装前应擦拭干净。锚具安装时应与孔道对中。

29.4.3　职业健康与安全

(1)桥梁加固施工，必须严格遵守安全操作规程，建立健全安全生产管理制度。

(2)采用化学材料施工时，应符合以下规定：

①配制化学浆液的易燃原料，应密封保存，远离火源。

②配制及使用场地必须通风良好，操作人员防护应符合有关劳动保护要求。

③工作场地严禁吸烟、明火取暖，并配备相关的消防设施。

④施工完成后，现场及结构内不应遗留有害化学物质。

29.5 施工工艺

29.5.1 工艺流程

无黏结体外预应力加固具体施工工艺流程如图 29－2 所示。

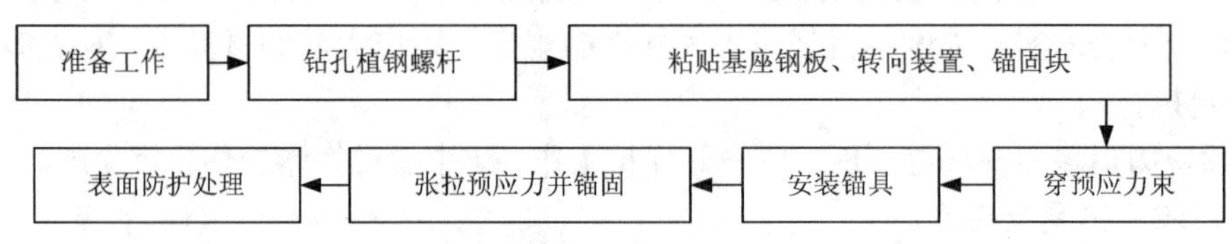

图 29－2 无黏结体外预应力加固施工工艺流程图

29.5.2 操作工艺

29.5.2.1 **准备工作**

(1)熟悉设计文件、研究施工图纸及现场核对。检查图纸完整性以及有无矛盾和错误。组织技术人员对设计图纸、资料进行会审工作。

(2)施工前对桥梁病害进行进一步复核检查，并对桥梁部分结构尺寸以及现场实际情况进行深入调查，发现与设计不一致的情况时及时与设计单位联系。并根据新掌握的资料，结合施工经验、技术和设备条件，对所拟定的加固方案、施工计划、技术措施进行重新评价和研究。

(3)施工时首先对待加固区域的裂缝病害进行处理：对小于 0.15 mm 的裂缝进行封缝处理，对不小于 0.15 mm 的裂缝进行灌浆处理；对混凝土表面缺陷进行处理：清除黏布范围内梁体表面剥落、疏松、蜂窝、腐蚀等劣化混凝土，露出混凝土新鲜层，并用混凝土修补材料对表面的缺陷进行修补。

(4)对体外预应力转向器、锚固块基座位置的混凝土表面进行打磨处理：被粘贴的混凝土表面应打磨平整，除去表面浮浆、油污等杂质，直至完全露出结构新层面，并保持干燥。粘贴处阳角应打磨成圆弧状，阴角以修补材料填补成圆弧倒角，圆弧半径应不小于 25 mm。

29.5.2.2 **钻孔植钢螺杆**

(1)定位：钻孔之前，必须先按设计要求进行定位放线，确保植筋位置准确。混凝土钻孔前，应用钢筋探测仪查明钢筋分布，尽量避免碰到钢筋。如实际钻孔过程中遇到原有混凝土中的钢筋、混凝土剥落等原因导致植筋位置严重偏离设计和规范要求，应及时报告现场监理工程师，并征得设计同意后进行调整。

(2)钻孔：根据钻孔直径选择匹配的钻头直径，钻孔结束后，应对孔深与垂直度进行检查。孔深应不小于设计值，垂直度应满足规范要求。

(3)清孔：对形成的孔先用压缩空气清理孔内浮尘，再用甲苯或工业丙酮清洗，如遇潮湿基层，还应将孔内积水清除、吹干。

(4)注胶：成孔质量检查后，立即根据结构胶的使用说明按比例配置结构胶，再将配置好的结构胶注(塞)入孔内。注胶量必须严格控制，保证螺杆植入与孔壁之间饱满。若螺杆植入后发现胶量不足或达不到饱满要求，则必须将螺杆抽出，重新补胶后再植入。

29.5.2.3 粘贴基座钢板、转向装置及锚固块

1. 转向器制造

转向器基本构造由外钢板、内分丝管、支撑定位隔板、高强环氧砂浆填料组成。依据圆弧之间、圆弧与直线两种转向方式，将转向器分为两种构造形式。

(1)支撑定位隔板开孔应与锚垫板开孔位置保持一致，以保证各根钢绞线位置平行，使钢绞线受力均匀，其中转向器 A 中间定位隔板的孔位中心较端部定位隔板偏离圆心 5 mm。

(2)内分丝管采用 HDPE 管，外径 ϕ25 mm，安装分丝管前应在内部预涂润滑剂。为防止体外束在转向器端部弯折，同时防止环氧涂层刮伤，应在分丝管端部 2 cm 范围内黏帖一层橡胶作为衬垫。

(3)高强环氧砂浆应试配，保证轴心抗压强度标准值不小于 32 MPa，同时具有一定的流动性。在填充高强环氧砂浆施工时，应保证转向器内部密实，严禁出现空洞现象。

(4)定位隔板应开砂浆灌注孔 1 ~ 2 个，孔径大小应适宜灌注要求。

2. 转向器基座施工

转向器基座为钢结构，通过植入钢螺杆固定并灌注黏钢胶，使基座钢板与原结构混凝土连接成整体。施工时技术要求如下：

(1)基座定位应准确，放线时需检查其中心是否在同一水平高度以及与桥墩表面距离一致，当发现在不同高度或距离桥墩表面的距离不一致时，应先对桥墩表面进行处理。

(2)基座安装前，应无对桥墩混凝土基面进行处理。在基座中心位置将圆弧凸起部分打磨平整(理论圆弧突起高度约 4 mm)后，再进行下一步施工。基座安装时，应有精度控制措施，以保证安装精度。

3. 转向器安装

转向器通过与基座钢板焊接连接，在施工过程中发现安装间隙较小，可以对基座钢板进行打磨处理，禁止使用氧气、乙炔烧割。

4. 锚固块施工

(1)锚固块钢材的切割面应无裂纹、夹渣、分层等外观缺陷，切割中的尺寸偏差及边缘加工均应满足相关规范的的规定。钢构件制造时须注意部分加劲钢板的尺寸应依据实际安装情况进行适当的调整。

(2)在进行粘贴钢板、植钢螺杆部位，钢板制孔以现场桥墩混凝土实际钻孔位置为准；同时锚固座预应力束开孔应保证孔位距桥墩表面距离一致，避免出现偏差，在工厂加工时应加以注意。

(3)锚固座应与底基座钢板进行焊接，锚固座是体外预应力的主要传力点，而且张拉吨位较大，因此施工时必须确保质量符合要求。环向预应力锚固块主传力焊缝为单侧坡口角焊缝，焊缝强度需与构件等强，同时注意焊接的施工顺序，避免因主要受力焊缝无法焊接而不能满足设计受力要求。

(4)由于实际孔位的位置可能与图纸不完全吻合，因此底基座钢板应依据图纸及实际情

况放样现场钻孔，以便于安装。锚固座的锚垫板安装时必须与预应力束垂直，定位应精确，锚垫板孔道中心及转向器中心位置与设计值的误差不得大于 3 mm。钢螺杆螺母拧紧后与底座钢板焊接。

(5)在安装完锚固座后，在混凝土与底座钢板接触面灌注钢板胶。粘贴钢板表面处理与桥墩混凝土粘贴钢板处理要求一致。灌胶前需将钢板周边与孔隙密封，预留直径 10 ~ 12 mm 灌胶孔，间距 300 ~ 400 mm。胶黏剂配制好后，应在 30 min 内及时进行灌注，避免时间过长造成胶体流动性降低，使灌浆施工困难，其质量不易保证。灌注时一定要低压低速灌胶，边灌边用小锤轻敲钢板。钢板灌注后，用小锤沿粘贴面轻轻敲击钢板，如无空洞声，表示已粘贴密实，否则应钻 2 个以上小孔注胶(一个为排气孔)进行修补。

29.5.2.4　**穿预应力束**

(1)按照设计图纸计算无黏结钢绞线下料长度，下料长度的计算应考虑钢束曲线长、锚夹具长度、千斤顶长度及外露工作长度等因素。

(2)穿束前首先要准确计算张拉端的 PE 护套剥除的长度，无黏结预应力筋张拉段范围内 PE 层先行去掉，将内部油脂全部清除干净，以确保夹片与钢绞线的咬合。穿束过程中必须小心，防止碰坏刮伤体外索的索体 PE 护套。穿束完成后方能安装锚头。千斤顶及其辅助设备(如工作锚、限位板、悬浮式张拉支撑撑脚)要求配套安装与使用，相关的加工尺寸及参数须准确一致。

(3)布索完成后，按图纸要求在相应位置设置减震器或减震支座。

29.5.2.5　**张拉预应力并锚固**

1. 施加预应力要求

(1)施加预应力所用的机具设备及仪表应由专人使用和管理，并应定期维护和校验。施加预应力所用的机具需与所用的低回缩量锚具配套使用。

(2)预应力索张拉采用单根等值张拉工艺进行施工，即采用小型千斤顶每束钢束每次张拉一根钢绞线，依次按顺序来完成单束钢束的张拉。

(3)预应力钢束张拉遵循先下后上(竖桥向)，并应注意同一锚固块上的两束须同时张拉，每次张拉后应至少持荷 2 min。

(4)转向器及锚固块的植入抗剪螺栓强度，后浇环氧砂浆(混凝土)强度达到要求后，才能进行张拉作业。

(5)钢绞线采用应力控制方法张拉，以伸长值进行校核。

(6)在预应力束张拉过程中须对锚固块处混凝土进行应力监测，当发现应力值超过允许值时，应立即停止张拉，采取措施后才能继续张拉，张拉时应仔细观察桥墩裂缝的变化情况。

2. 张拉程序

每道预应力分三级循环张拉，即首先按顺序全部张拉至 15% σ_{con}，第二次再全部张拉至 60% σ_{con}，最后依次全部张拉至 100% σ_{con}。

3. 施工注意事项

(1)在张拉结束后，预应力束锚固工作长度不进行切割，在防护罩内注入防腐油脂进行防护。

(2)预应力筋张拉时，应有相应的安全措施，预应力筋两端严禁站人。

(3)在预应力筋锚固后，因故必须放松时，宜采用专门的放松装置将锚具松开，任何时候都不得在预应力筋存在拉力状态时直接将锚具切去。

29.5.2.6　**表面防护处理**

施工完成后，应按照设计要求对所有外露钢结构表面进行防腐防锈处理，如材料喷涂环氧底漆或刮涂环氧树脂封口胶等。

29.5.3　环境要求

体外预应力钢结构外露表面防腐防锈处理环境条件控制：

(1)施工现场空气相对湿度应在85%以下。

(2)钢材表面温度应大于0.3℃以上。

(3)环境温度应在40℃以下、5℃以上。

其他施工环境无特殊要求。

29.6　质量标准

(1)转向器安装前应先检查其内壁是否光滑，不得有毛刺。穿束时各转向器及支点处均须有人检查，且须设置防护设施，防止PE护套损伤。

(2)施工前进行试植，严格按照合同与设计要求选择胶种，结构植筋胶必须具有产品合格证或质量保证书。倘在钻孔过程中发现混凝土有异常现象，如混凝土强度过低、混凝土存在孔洞、疏松等严重缺陷时，要及时反映，在该问题得到解决后方可继续施工。

(3)锚固座处混凝土局部受力较大，为减少植筋对混凝土原结构的破坏，钻孔应垂直锚固平面，不得任意加大钻孔直径，在灌胶前应将孔内石渣、灰尘等杂物清理干净。

(4)灌注黏钢应在所有钢结构焊接施工完成后进行。

(5)体外预应力加固的张拉控制及尺寸偏差应符合表29－3的要求。

表29－3　体外预应力张拉力及尺寸偏差实测项目

项次	检查项目		规定值或允许偏差	检查方法与频率
1	钢索坐标/mm	梁长方向	±30	尺量：抽查50%；各转折点
		梁高方向	±10	
2	张拉力值		符合设计要求	查油压表读数：全部
3	张拉伸长率		符合设计要求，设计未规定时，±6%	尺量：全部
4	断丝滑丝数	钢束	每束1根，且每断面不超过钢丝总数的1%	目测；每根(束)
		钢筋	不允许	

29.7 成品保护

施工完成后组织进行验收，合格后进行锚端防护罩安装和表面防护处理。

29.8 安全环保措施

(1)桥梁加固施工，应减少对交通的影响。对于不中断交通桥梁的加固施工，必须采取以下安全措施：

①施工前应与公路及交通相关管理部门办理有关手续，按批准的时间、范围进行施工。

②严格按现行《公路养护安全作业规程》的规定设置警示牌、限速牌、反光锥和其他安全设施。桥下有通航要求时，应布置航行标志和警示灯。

③桥梁加固前，作业区路段各公路出入口及作业区前方适当位置应设置公告信息牌，并向社会发布相关公告信息。

④桥梁加固施工前，应制订交通事故、车辆故障等引起的交通堵塞应急预案，在突发事件发生后及时启动。

(2)桥梁加固施工宜在晴天和白天进行。必须在不良天气或夜间施工时应有相应的施工保障措施。

(3)桥梁加固施工，应采取必要措施保护生态环境。

(4)体外预应力张拉施工安全注意事项：

①张拉现场应有明显标志，与该工作无关的人员严禁入内。

②张拉或退出楔块时，千斤顶后面不得站人，以防预应力筋拉断或锚具楔块弹出伤人。

③油泵运转有不正常情况时，应立即停车检查。在有压力情况时不得随意拧动油泵或千斤顶各部位的螺丝。

④作业应由专人负责现场指挥。操作时严禁摸踩及碰撞预应力筋，在测量伸长及拧螺母时，应停止开动千斤顶或卷扬机。

⑤张拉时，螺丝端杆、套筒螺丝及螺母应有足够的长度，夹具应有足够的夹紧能力，防止锚具夹具不牢而滑出。

⑥千斤顶支架必须与梁段垫板接触良好，位置正直对称，严禁多垫块，以防支架不稳或受力不均倾倒伤人。

⑦在高油压管的接头应加防护套，以防喷油伤人。

29.9 质量记录

本施工工艺质量验收时应提供的书面记录有：

(1)混凝土缺陷现场检查记录表。

(2)裂缝病害现场检查记录表。

(3)混凝土缺陷修补质检表。

(4)裂缝封缝质检表。

(5)裂缝灌浆质检表。
(6)粘贴钢板质检表。
(7)钢板(钢结构)外露表面防护涂装质检表。
(8)体外预应力束张拉记录表。
(9)体外预应力束张拉质检表。

30 粘贴钢板加固施工工艺标准

30.1 总则

30.1.1 适用范围

本标准主要适用范围:
(1)适用于受弯及受拉构件，不承受大幅度疲劳荷载、动载。
(2)适应外部环境温度不高于60℃。
(3)相对湿度不大于70%。
(4)无化学腐蚀地区的桥梁结构。
(5)混凝土标号不能过低的构件。

30.1.2 编制参考标准及规范

(1)《公路养护技术规范》(JTG H10—2009)。
(2)《公路桥涵养护规范》(JTG H11—2004)。
(3)《公路技术状况评定标准》(JTG 5210—2018)。
(4)《公路养护安全作业规程》(JTG H30—2015)。
(5)《公路桥梁加固设计规范》(JTG/T J22—2008)。
(6)《公路桥梁加固施工技术规范》(JTG/T J23—2008)。
(7)《混凝土结构加固设计规范》(GB 50367—2013)。

30.2 术语

30.2.1 加固施工

加固施工是指对桥梁进行使用功能恢复或承载能力提高及缺陷处理的施工。

30.2.2 压力注浆法

压力注浆法是指通过一定的压力将浆液压入混凝土裂缝中或钢板粘贴面的方法。

30.2.3 自动低压渗注法

自动低压渗注法是指采用低压注射装置，利用注浆体良好的渗透性能处理裂缝或钢板粘贴面的方法。

30.3 施工准备

30.3.1 技术准备

(1)在施工前，应对加固桥梁技术状况进行复查，并将复查结果通知有关单位。在桥梁的加固施工过程中，应加强观测与检查，及时反馈信息指导施工。

(2)施工使用的主要材料应具有国家相关管理部门认定的产品性能检测报告和产品合格证，其物理力学性能指标应满足设计要求。

桥梁加固用材料的检验应依据国家及行业现行有关标准执行。

(3)对桥梁各类试验和检测仪器应进行标定，桥梁加固设备应按要求校验，标定和校验应由经有关主管部门认定的计量机构进行。

(4)应按照设计文件和技术规范要求编制专项施工方案。

(5)施工前应进行施工技术交底。

30.3.2 材料准备

主要施工材料有配套建筑结构黏胶、钢板、锚固螺栓、锚固用胶等。材料的采购进场必须随货附带有产品出厂合格证和出厂检验报告，以初步判断该材料是否满足本加固工程的品质要求。材料进场后应立即抽样送检，待检验合格后方可投入使用。

黏胶剂材料要求：弹性模量高、线膨胀系数小、比较有韧性、耐久性好。

钢板材料以Q235钢板为宜，钢板、连接螺栓及焊缝的强度设计值按现行钢结构设计规范的规定采用。

30.3.3 主要机具

粘贴钢板加固施工需要使用的机具主要有空压机、砂轮机、手持式钻机、搅拌器、称量器、刮刀及其他配胶用具等。

30.3.4 作业条件

可以根据施工现场的地形情况，采用搭设支架平台或挂篮等措施，需注意平台的稳固性和作业高度。

30.3.5 劳动力组织

粘贴钢板加固施工工艺的劳动力组织如表30－1所示。

表 30－1　粘贴钢板加固施工劳动力组织

工种	人数	工作地点	职责范围
施工队长	1	施工现场	负责跟班组织施工管理工作、协助总指挥工作等
工班长	1	施工现场	负责跟班组织施工，协调各工种交叉作业等
技术员	1	施工现场	负责跟班解决施工中的技术问题，编写技术措施等
安全员	1	施工现场	负责跟班检查安全措施、安全措施的执行情况及安全教育工作，对安全生产负责
质量检验员	1	施工现场	负责跟班检查工程质量，组织各工种交接及质量保证措施的执行情况，对工程质量负责
测量工	1	施工现场	负责粘贴位置放样等测量
电工	1	施工现场	负责现场动力、照明、通信等电器系统的维修保护
材料员	1	材料仓库	负责施工材料供应及管理
杂工	4	施工现场	负责砼基面打磨清理、钢板粘贴、表面处理等
总计	12		

注：此表为一个作业班施工配备人员，未计后勤、行政等人员。

30.4　工艺设计和控制要求

30.4.1　技术要求

（1）原结构混凝土处理：

①用裂缝修补胶灌注结构裂缝，其施工工艺应符合相关规范要求。

②将混凝土黏钢部分表面剥落、疏松、蜂窝、腐蚀等劣化部分清除，并进行清洗、打磨，待表面干燥后，用修补材料将混凝土表面的凹凸部位修复平整。如果有毛刺，应用砂纸打磨。找平面用手触摸感觉干燥后，才能进行下一工序的施工。

（2）基层混凝土强度要求：钢筋混凝土受弯构件应不低于 C20；受压构件应不低于 C15；预应力混凝土构件应不低于 C30。

（3）黏钢钢板厚度要求：采用直接涂胶粘贴的钢板厚度应不大于 5 mm；钢板厚度大于 5 mm 时，应采用压力注浆粘贴或自动低压注浆粘贴。

（4）锚固长度要求：对于受拉区不得小于 200 t，亦不得小于 600 mm；对于受压区，不得小于 160 t，亦不得小于 480 mm；对于大跨度结构或可能经受反复荷载的结构，锚固区还宜增设 U 型箍板或螺栓等附加锚固措施。

直接涂胶粘贴钢板宜使用锚固螺栓，锚固深度应不小于 6.5 倍螺栓直径。螺栓布置的间距应满足下列要求：

①螺栓中心最大间距为 24 倍钢板厚度；最小间距为 3 倍螺栓孔径。

②螺栓中心距钢板边缘最大距离为 8 倍钢板厚度或 120 mm 中的较小者。最小距离为 2

倍螺栓孔径。

如果螺栓只用于钢板定位或粘贴加压，则不受上述限制。

(5)对钢筋混凝土受弯构件进行正截面加固时，钢板宜采用条带粘贴，钢板的宽厚比应不小于30。

(6)对受弯构件正弯矩区的正截面加固，受拉钢板的截断位置距其充分利用截面的距离应不小于规范规定的延伸长度要求。

(7)当粘贴的钢板延伸至支座边缘仍不满足规范对延伸长度的要求时，应采取下列锚固措施：

①对梁，应在延伸长度范围内均匀设置U形箍，且应在延伸长度的端部设置一道加强箍。U形箍应延伸至梁翼缘板底面。U形箍的宽度，对端箍应不小于200 mm；对中间箍应不小于受弯加固钢板宽度的1/2，且应不小于100 mm。U形箍的厚度应不小于受弯加固钢板厚度的1/2。U形箍的上端应设置纵向钢压条；压条下面的空隙应加胶黏钢垫块填平。

②对板，应在延伸长度范围内设置垂直于受力钢板方向的压条。压条应在延伸长度范围内均匀布置，且应在延伸长度的端部设置一道。钢压条的宽度应不小于受弯加固钢板宽度的3/5，钢压条的厚度应不小于受弯加固钢板厚度的1/2。

(8)当采用钢板对受弯构件负弯矩区进行正截面承载力加固时，应采取下列构造措施：

①对负弯矩区进行加固时，钢板应在负弯矩包络图范围内连续粘贴，其延伸长度的截断点应满足规范规定的要求。

②对无法延伸的一侧，应粘贴钢板压条进行锚固。钢压条下面的空隙应加胶黏钢垫块填平。

(9)当加固的受弯构件需粘贴一层以上钢板时，相邻两层的截断位置应错开一定距离，错开的距离应不小于300 mm，并应在截断处加设U形箍(对梁)或横向压条(对板)进行锚固。

(10)当采用钢板进行斜截面承载力加固时，应粘贴成斜向钢板、U形箍或L形箍。斜向钢板和U形箍、L形箍的上端应粘贴纵向钢压条予以锚固。

(11)耐久性要求：钢板及其邻接的混凝土表面，应进行密封防水防腐处理。

30.4.2 材料质量要求

粘贴钢板所采用的树脂黏胶材料应有试验资料证明黏结材料与配套钢材的黏结效果，避免因黏结材料不配套而造成加固效果降低或加固失效。具体技术指标可参考表30-2、表30-3。

表30-2 锚固用胶基本力学性能指标表

性能项目		性能要求	试验方法标准
胶体性能	劈裂抗拉强度/MPa	≥12	GB/T 2568
	受拉弹性模量/MPa	≥1500	
	伸长率/%	≥1.3	
	抗弯强度/MPa	≥90	GB/T 2570
	抗压强度/MPa	≥95	GB/T 2569

续表 30－2

性能项目			性能要求	试验方法标准
黏结能力	钢—钢（钢套筒法）拉伸抗剪强度标准值/MPa		≥22	《加固规范》附录 J
	约束拉拔条件下带肋钢筋与砼的黏结强度/MPa	C30、ϕ25、l＝150 mm	≥12	《加固规范》附录 K
		C60、ϕ25、l＝125 mm	≥19	
	钢—钢不均匀扯高强度/（kN·m^{-1}）		≥12	GJB 94
	钢—钢抗拉强度/MPa		≥25	GB/T 6329
工艺要求	施工环境温度/℃		5～40	
	可操作时间/min		≥60	
	施工现场掺和填料		不允许	
不挥发（固体含量）/%			≥99	GB/T 2793

表 30－3　黏钢用胶基本力学性能指标表

性能项目			性能要求	试验方法标准
胶体性能	抗拉强度/MPa		≥30	GB/T 2568
	受拉弹性模量/MPa		≥4000	
	伸长率/%		≥1.3	
	抗弯强度/MPa		≥45 且不得脆性（碎裂状）破坏	GB/T 2570
	抗压强度/MPa		≥65	GB/T 2569
黏结能力	钢—钢拉伸抗剪强度/MPa	平均值	≥20	GB/T 7124
		标准值	≥15	
	钢—钢不均匀扯高强度/（kN·m^{-1}）		≥16	GJB 94
	钢—钢抗拉强度/MPa		≥35	GB/T 6329
	钢—钢混凝土黏结正拉强度/MPa	试验室	≥2.5 并≥1.2ftk 且内聚破坏	《加固规范》
		现场	≥1.2f_{tk}，且混凝土内聚破坏	
工艺要求	混合后初黏度（25℃时）/（MPa·s）	刷胶	4000～10000	GB/T 12007.4
		注胶	200～1000	
	施工环境温度/℃		5～35	—
	可操作时间/min		≥60	—
不挥发（固体含量）/%			≥99	GB/T 2793

30.4.3 职业健康与安全

(1)现场施工人员应穿工作服，同时还须佩戴口罩和手套，施工人员严禁在现场吸烟。

(2)当树脂胶黏附在皮肤上时，应立即用肥皂水冲洗，溅入眼内则应用清水清洗或及时就医。

30.5 施工工艺

根据施工工艺和适用范围的不同，可将粘贴钢板加固法分为直接涂胶粘贴法(以下简称干黏法)和压力注浆法(或自动低压注浆法，以下均简称注浆法)，前者是指直接通过在钢板和混凝土结构物表面涂抹建筑结构胶粘贴钢板的方法，后者是指通过在钢板和混凝土结构物表面之间压力灌注建筑结构胶粘贴钢板的方法。正是由于施工工艺的不同，决定了两种方法适用范围的不同，直接涂胶粘贴钢板的方法适用于钢板厚度不大于5 mm的情况，而当钢板厚度大于5 mm时，则应采用压力注胶粘贴工艺。

30.5.1 工艺流程

(1)干黏法的施工工艺流程如图30－1所示。

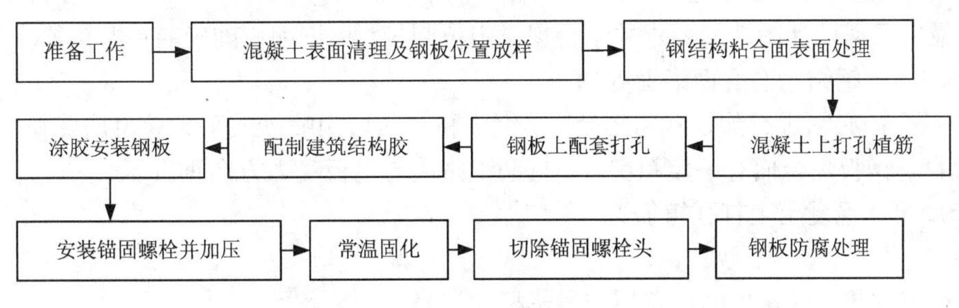

图30－1 干黏法的施工工艺流程图

(2)压力注胶法的工艺流程如图30－2所示。

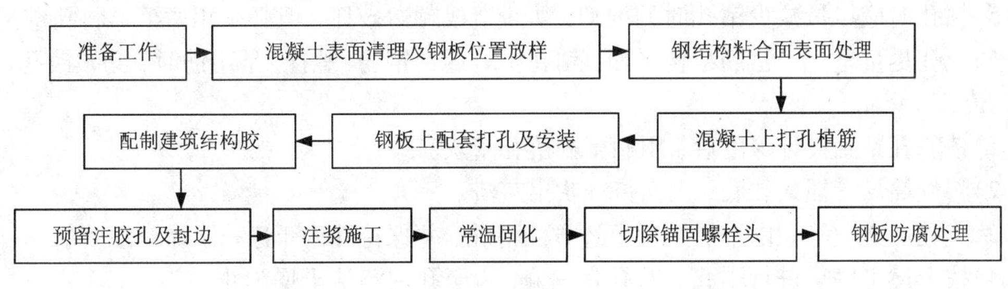

图30－2 干压力注胶法的施工工艺流程图

两种施工工艺流程除粘贴方案不同，其余皆基本相同，下面结合两种方法介绍操作工艺。

30.5.2 操作工艺

30.5.2.1 准备工作

(1)熟悉设计文件、研究施工图纸及现场核对。检查图纸完整性以及有无矛盾和错误。组织技术人员对设计图纸、资料进行会审工作。

(2)施工前对桥梁病害进行进一步复核检查，并对桥梁部分结构尺寸以及现场实际情况进行深入调查，发现与设计不一致的情况时及时与设计单位联系。并根据新掌握的资料，结合施工经验、技术和设备条件，对所拟定的加固方案、施工计划、技术措施进行评价和研究。

(3)施工时首先对待加固区域的裂缝病害进行处理：对小于0.15 mm的裂缝进行封缝处理，对不小于0.15 mm的裂缝进行灌浆处理。

30.5.2.2 混凝土表面清理及钢板位置放样

(1)在混凝土表面划线，确定粘贴钢板位置大样。

(2)清理粘贴钢板的混凝土区域，去除油污等异物，打磨凸角，凿除混凝土表面6~8 mm厚的表层砂浆，使坚实的混凝土石外露，并形成平整的粗糙面，表面不平处应用尖凿轻凿整平，再用钢丝轮清除表面浮浆，剔除表层疏松物，直至露出混凝土新面。

(3)较大凹坑处，可用修补材料(如环氧砂浆等)将表面修复平整。

(4)用无油压缩空气吹除表面粉尘或用清水冲洗干净，待完全干燥后用丙酮或工业酒精清洗混凝土表面，要求无灰尘、无油污，并保持清洁、干燥。

(5)最后根据设计图纸的要求并结合现场定位测量，标记钢板准确的粘贴位置。

30.5.2.3 钢结构黏合面表面处理

钢板黏合面必须进行除锈和粗糙处理；钢板黏合面可用喷砂或平砂轮打磨除锈，直至出现金属光泽，钢板黏合面有一定粗糙度，打磨纹路应与钢板受力方向垂直。

30.5.2.4 混凝土上打孔植筋

1. 钻孔

(1)在需安装锚固螺栓的位置用记号笔标注记号。

(2)用钢筋探测仪检查植筋部位的原混凝土钢筋位置，以确定钻孔位置。

(3)用电钻钻孔，钢筋或螺栓的钻孔直径参照相关的性能指标。标尺设定为成孔深度。

(4)初钻时要慢，待钻头定位稳定后，再全速钻进。

(5)钻孔时应尽量减少钻孔时的振动，防止造成蹦边破坏，但必须用凿毛器将孔壁凿毛。

(6)成孔尽量垂直于植筋结构平面，钻孔中若遇到钢筋(螺栓)是主筋时，必须改孔。

2. 清孔、吹孔

(1)植筋孔钻到设计深度后，用刷子刷落孔壁灰渣。

(2)将气筒导管插入孔底，来回打气吹出灰渣。

(3)成孔后必须等孔内干燥再用上述方法清孔，并保持孔内干净、干燥至注胶前。

(4)按上述工序需进行刷孔及吹孔各三遍，直至孔内清洁干燥为止。

3. 注胶

(1)注胶前，须详细阅读植筋(螺栓)胶的使用说明书，掌握其正确的使用方法，查看胶的有效期，过期的坚决不能使用。

(2)当环境、条件(温度、湿度)不满足时，应停止施工。

(3)检查植筋(螺栓)孔是否干净、干燥。

(4)当上述条件满足后，把植筋胶放入胶枪中，接上混合管(必要时接上延长管)。每支胶最先挤出的肢体颜色不均匀的部分(约10 cm)应弃之，见到颜色一致的肢体后再将混合管插入孔底，从孔底向外注入黏结剂，注满孔洞的2/3，保证植筋(螺栓)后饱满。

4. 植入钢筋(螺栓)

(1)将加工好并已除锈的钢筋(螺栓)轻击至孔底，钢筋(螺栓)插入要缓慢，防止黏结剂在钢筋(螺栓)的快速挤压下喷出，造成钢筋(螺栓)与肢体之间不能完全紧密结合。

(2)钢筋(螺栓)插到孔底后，调整好外露部分位置，用绑丝或其他方法固定好钢筋(螺栓)，并用钢板条模板定位钢筋。

(3)由下向上进行植筋(螺栓)施工时，应先将内装结构胶的胶袋或玻璃管埋入植筋(螺栓)孔中，再用电钻将钢筋(螺栓)植入，通过钢筋(螺栓)的挤压将胶袋或玻璃管破碎，并使流出的植筋胶将孔洞填满，并对钢筋(螺栓)紧密包裹。

(4)养护：在不低于5℃的环境温度下养护30 min，固化期间防止振动。

30.5.2.5 钢板上配套打孔

根据设计图纸进行钢板下料，并根据混凝土上实际的钻孔位置对所要粘贴的钢板进行配套打孔，打孔完成后，焊接钢板接缝(应在钢板安装前完成，严禁钢板安装后再进行钢板焊接)实现钢板的接长。

30.5.2.6 配置建筑结构胶

选择满足规范要求的建筑结构胶，按照其配比说明配置建筑结构胶，使用易散热的宽浅软塑料(聚乙烯)盆或筒作容器，容器内不得有水和油污，保持清洁。先放入已称好需要量的甲组料，然后放入与甲组料相应的事先称好的一定量的乙组料，充分拌和，拌和可用人工，也可用电动搅拌器。搅拌应按同一方向进行，避免产生气泡，搅拌时，应避免水分进入容器。

30.5.2.7 涂胶安装钢板(干黏法)

(1)选择晴朗、干燥天气操作。

(2)将新鲜配好、拌和均匀的建筑结构胶用刮刀紧密、均匀地分别涂抹在做过表面清洁处理的混凝土黏合面和钢板黏合面上，使之充分浸润在黏合面上。

(3)然后再把结构胶涂沫在钢板黏合面上，使之在板宽中央涂抹胶的厚度达3 mm，两侧可薄一些，由多人共同托住钢板对准锚栓向混凝土黏合面合上，并迅速拧紧锚栓锚固钢板，使钢板与混凝土黏合面紧密黏合，挤出多余的建筑结构胶。

(4)涂胶饱满程度检查。用铁锤沿粘贴面轻轻敲击钢板，如无空洞声表示已粘贴密实，否则应剥下钢板，重新补胶粘贴。

30.5.2.8 安装锚固螺栓并加压

干黏法：按植筋(螺栓)位置安装钢板，粘贴好后立即用特制U形夹具夹紧或用木杆顶撑，压力保持在0.05~0.1 MPa，以使胶液刚从钢板边缝挤出为度。

注浆法：按植筋(螺栓)位置安装钢板，紧固螺栓。为控制注浆层厚度，可在每个紧固螺栓孔周围塞垫一定厚度的垫片。

30.5.2.9 预留注胶孔及封边(注浆法)

在钢板上钻注浆孔，一般每平方米可设注浆孔3~4个，注浆孔大小应与注浆嘴相匹配。再埋置注浆嘴座子，用封口胶密封钢板周边及锚固螺栓、注浆嘴座子的周边，同时按加固方案要求安置排气管，钢板周边各角都应设置排气管，水平钢板应保证排气管溢胶位置高于粘贴面。

30.5.2.10　**注浆施工(注浆法)**

(1)选择晴朗、干燥天气操作。

(2)配胶：按推荐的配胶比例准确称取A、B两组，分别搅拌均匀即可进行注浆施工。为了防止反应热在容器内积蓄而造成浪费，应采用少量、多次的配胶原则(一般每次配胶量不宜超过10 kg)，且配好的胶液应立即进行注浆施工。

(3)压力注浆：用合适的灌浆机具从注浆嘴压力注入胶液，注浆工作应从一端开始，当临近注浆嘴有胶液流出时，将当前的注胶嘴封闭，移至出胶的注浆嘴继续注浆。当排气管中有胶液流出时即将其折弯扎紧。注浆的同时用小锤敲击钢板，由声音判断胶液的流动情况及胶液是否注满。倾斜及垂直安装的钢板要从最低位置开始注入。最后一个排气管应在维持注入压力的情况下封堵，以防胶层脱空。施工中，注胶速度不宜过快，注胶先后顺序应合理，以防形成气囊。

30.5.2.11 **常温固化**

(1)钢板粘贴或注浆施工后的最初几小时应注意检查是否有流胶现象，以防脱胶。常温(25℃)下，固化不少于3 d；固化温度降低，固化时间应相应延长。若固化温度低于5℃，则应采取红外线灯或碘钨灯加热等加温措施或使用低温固化改性产品。

(2)固化后，应用小锤轻轻敲击钢板，从音响来判断黏结效果，黏结面积应不少于95%，否则此黏结件不合格，应剥下重新粘贴或采取有效措施补黏或补强。

30.5.2.12　**切除锚固螺栓头**

(1)螺栓头的切除必须采用冷切工艺，不得采用氧割或气割，不得敲击螺栓头，以保证钢板粘贴质量不受影响。

(2)螺栓头的切除必须在钢板粘贴检查合格后进行。

(3)锚固螺栓头是否切除应按设计要求进行，如设计中不要进行切除，则必须对锚固螺栓头与钢板同时进行防腐处理。

30.5.2.13　**钢板防腐处理**

粘贴加固的钢板应按照设计要求进行防腐处理，对于常规的情况可在钢板表面粉刷水泥砂浆保护，如钢板面积较大，为了有利于砂浆黏结，可黏一层钢丝网或点黏一层豆石，并在抹灰时粉刷一道混凝土界面剂。水泥砂浆的厚度：对于梁应不小于20 mm，对于板应不小于15 mm。

对于处在特殊环境或者有特殊要求的桥梁，或要求长效钢板防腐时，可采用环氧防腐涂装处理工艺，参见表30-4。

钢板外露部分在涂漆前必须除锈，用丙酮擦去油污，呈现金属光泽并保持干燥，后涂必须在前涂固化后才能进行。

表 30－4 钢板涂装防护体系表

表面处理及涂层	名称	道数	干膜厚度/μm
表面处理	手工打磨 St3.0 级	—	—
底漆层	环氧富锌底漆	1	60
中间漆层	环氧云铁中间漆	2	120
面漆	丙烯酸脂肪族聚氨酯面漆	2	80
总干膜厚度		5	260

30.5.3 环境要求

(1)雨天或空气潮湿条件下不宜施工。

(2)气温在5℃以下、相对湿度 RH＞85%、混凝土表面含水率在8%以上、有结露的可能时，无有效措施不得施工。

(3)粘贴施工宜在 5～35℃环境温度条件下进行，胶黏剂的选用应满足使用环境温度的要求。

(4)树脂胶类产品应密封贮存在环境温度为5℃～40℃的干燥、清洁的库房内，不得露天堆放或雨淋，包装开启后不得长时间存放。

30.6 质量标准

(1)锚栓的植入深度应符合设计要求，钻孔深度偏差应不大于5 mm。

(2)目测钢板边缘的溢胶，色泽应均匀，胶体应固化。

(3)钢板的有效黏结面积应不小于95%，可采用以下三种方法进行检查：①敲击检测法；②超声波检测法；③红外线检测法。

30.7 成品保护

(1)露天施工时为不使雨水、沙尘等附着于钢板防腐处理面上，须使用塑料膜养护 24 h 以上，注意塑料膜不可碰触到施工面。

(2)因树脂材料抗紫外线能力较差，易老化，施工面在受日光照射或要求美观的场所，喷涂耐候性涂料保护较为合适。

30.8 安全环保措施

(1)桥梁加固施工，应减少对交通的影响。对于不中断交通桥梁的加固施工，必须采取以下安全措施：

①施工前应与公路及交通相关管理部门办理有关手续，按批准的时间、范围进行施工。

②严格按现行《公路养护安全作业规程》的规定设置警示牌、限速牌、反光锥和其他安全

设施。桥下有通航要求时，应布置航行标志和警示灯。

③桥梁加固前，作业区路段各公路出入口及作业区前方适当位置应设置公告信息牌，并向社会发布相关公告信息。

④桥梁加固施工前，应制订由交通事故、车辆故障等引起的交通堵塞应急预案，在突发事件发生后及时启动。

(2)桥梁加固施工宜在晴天和白天进行。必须在不良天气或夜间施工时，应有相应的施工保障措施。

(3)结构胶对皮肤有刺激性，个别人员有过敏反应，胶固化后也不易清除，人体直接接触后应用清水冲洗干净；如不慎溅入眼睛里，大量清水冲洗后应立即就医。施工人员应注意适当的劳动保护，如佩戴安全帽、工作服、手套等。

(4)清洁剂丙酮是易燃物质，应由专人管理，使用时应严格禁止操作者吸烟，以防失火。

(5)施工中应避免钢板弯折，且钢板为导电材质，施工钢板时应注意远离电气设备和电源，或采取可靠的防护措施。

(6)为了减轻粘贴钢板的应力、应变滞后现象，粘贴钢板时应尽量卸除临时荷载，粘贴钢板及胶液固化期间应封闭交通。

(7)钢板成孔禁止采用火焰切割，切割残余应力对钢板材质的影响较大，应采用冷成孔方式，并先在混凝土上打孔完成后，再对应在钢板上配套打孔，安装时个别孔如有问题，可采取单独修孔的方式。

30.9 质量记录

本施工工艺质量验收时应提供的书面记录有：

(1)混凝土缺陷现场检查记录表。

(2)裂缝病害现场检查记录表。

(3)混凝土缺陷修补质检表。

(4)裂缝灌浆质检表。

(5)粘贴钢板质检表。

(6)钢板(钢结构)外露表面防护涂装质检表。

31　粘贴纤维复合材料加固施工工艺标准

31.1　总则

31.1.1　适用范围

本标准适用于各种形式的钢筋混凝土结构或构件的加固补强。

31.1.2　编制参考标准及规范

(1)《公路养护技术规范》(JTG H10—2009)。
(2)《公路桥涵养护规范》(JTG H11—2004)。
(3)《公路技术状况评定标准》(JTG 5210—2018)。
(4)《公路养护安全作业规程》(JTG H30—2015)。
(5)《公路桥梁加固设计规范》(JTG/T J22—2008)。
(6)《公路桥梁加固施工技术规范》(JTG/T J23—2008)。
(7)《混凝土结构加固设计规范》(GB 50367—2013)。

31.2　术语

31.2.1　加固施工

加固施工是指对桥梁进行使用功能恢复或承载能力提高及缺陷处理的施工。

31.2.2　纤维复合材料加固

纤维复合材料加固是指利用专用环氧树脂将抗拉强度极高的纤维复合材料粘贴于混凝土结构表面，并与之形成整体，共同工作。

31.3 施工准备

31.3.1 技术准备

(1)在施工前，应对加固桥梁技术状况进行复查，并将复查结果通知有关单位。在桥梁的加固施工过程中，应加强观测与检查，及时反馈信息指导施工。

(2)施工使用的主要材料应具有国家相关管理部门认定的产品性能检测报告和产品合格证，其物理力学性能指标应满足设计要求。

桥梁加固用材料的检验应依据国家及行业现行有关标准执行。

(3)对桥梁各类试验和检测仪器应进行标定，桥梁加固设备应按要求校验，标定和校验应由经有关主管部门认定的计量机构进行。

(4)应按照设计文件和技术规范要求编制专项施工方案。

(5)实施性施工组织设计应包括以下内容：编制说明、旧桥概况(含技术状况评定结果)、施工准备及施工总体策划、施工组织机构、加固施工方案、交通组织方案、资金计划、总进度计划及进度图、质量管理和质量保证体系、安全生产、环境保护、职业健康等。

(6)施工前应进行施工技术交底。

31.3.2 材料准备

主要施工材料有纤维复合材料、配套树脂黏胶(根据用途主要分为底层树脂、找平树脂、浸渍树脂)等。材料的采购进场必须随货附带有产品出厂合格证和出厂检验报告，以初步判断该材料是否满足本加固工程的品质要求。材料进场后应立即抽样送检，待检验合格后方可投入使用。

31.3.3 主要机具

纤维复合材料加固施工需要使用的机具主要有空压机、砂轮机、搅拌器、称量器、刮刀、滚筒、油刷等。

31.3.4 作业条件

可以根据施工现场的地形情况，采用搭设满堂式支架平台的方式，需注意平台的稳固性和作业高度。

31.3.5 劳动力组织

粘贴纤维复合材料加固施工工艺的劳动力组织如表 31－1 所示。

表 31－1　粘贴纤维复合材料加固施工劳动力组织

工种	人数	工作地点	职责范围
施工队长	1	整个施工现场	负责跟班组织施工管理工作、协助总指挥工作等
工班长	1	整个施工现场	负责跟班组织施工，协调各工种交叉作业等
技术员	1	整个施工现场	负责跟班解决施工中的技术问题，编写技术措施等
安全员	1	整个施工现场	负责跟班检查安全措施、安全措施的执行情况及安全教育工作，对安全生产负责
质量检验员	1	整个施工现场	负责跟班检查工程质量，组织各工种交接及质量保证措施的执行情况，对工程质量负责
测量工	1	施工现场	负责粘贴位置放样等测量
电工	1	整个施工现场	负责现场动力、照明、通信等电器系统的维修保护
材料员	1	材料仓库	负责施工材料供应及管理
杂工	4	整个施工现场	负责混凝土基面打磨清理、粘贴滚涂、表面处理等
总计	12		

注：此表为一个作业班施工配备人员，未计后勤、行政等人员。

31.4　工艺设计和控制要求

31.4.1　技术要求

31.4.1.1　底层处理

(1)用裂缝修补胶灌注结构裂缝，其施工工艺应符合相关规范要求。

(2)将混凝土表面剥落、疏松、蜂窝、腐蚀等劣化部分清除，并进行清洗、打磨，待表面干燥后，用修补材料将混凝土表面的凹凸部位修复平整。如果有毛刺，应用砂纸打磨。找平面用手触摸感觉干燥后，才能进行下一工序的施工。

(3)粘贴处阳角应打磨成圆弧状，阴角以修补材料填补成圆弧倒角，圆弧半径应不小于 25 mm。

31.4.1.2　涂刷底胶

(1)调制好的底胶应及时使用，用一次性软毛刷或特制滚筒将底胶均匀涂抹于混凝土表面，不得漏刷、流淌或有气泡。待底胶固化后检查涂胶面，如涂胶面上有毛刺，应用砂纸打磨平顺，如胶层被磨损，应重新涂刷，固化后方可进行下一道工序。

(2)底胶固化后应尽快进行下一道工序，若涂刷时间超过 7 d，应清除原底胶，用砂轮机磨除，重新涂抹。

31.4.1.3　粘贴纤维复合材料

(1)在待加固的混凝土表面按照设计图纸放样，确定纤维复合材料的各层位置。

(2)按照设计尺寸裁剪纤维复合材料，纤维复合材料搭接长度不宜小于 100 mm，搭接位置宜避开主要受力区。裁剪的纤维布材必须呈卷状妥善摆放并编号。已裁剪的纤维复合材料应尽快使用。

(3)粘贴纤维复合材料前应对混凝土表面再次擦拭，确保粘贴面无粉尘。混凝土表面涂刷胶黏剂时应做到胶体不流淌，胶体涂刷不出控制线，涂刷均匀。

(4)粘贴立面纤维复合材料时应按照由上到下的顺序进行。用滚筒将纤维复合材料从一端向另一端滚压，除去胶体与纤维复合材料之间的气泡，让胶体渗透到纤维复合材料，浸润饱满。选用的滚筒应在滚压过程中不产生静电作用。

(5)当采用多条或多层纤维复合材料加固时，在前一层纤维布表面用手指触摸感到干燥后立即涂胶黏剂粘贴后一层纤维复合材料。

(6)最后一层纤维复合材料施工结束后，在其表面均匀涂抹一层浸渍树脂(面层防护)，自然风干。

(7)对于受弯构件宜在受拉区沿轴向平直粘贴纤维复合材料进行加固补强，并在主纤维方向的断面端部进行锚固处理。

(8)当采用碳纤维板加固时，不宜搭接，应按设计尺寸一次完成下料。

31.4.2 材料质量要求

粘贴纤维复合材料加固所采用的材料种类，特别指出黏结材料应为与碳纤维片材相配套的产品；原则上应有试验资料证明黏结材料与配套碳纤维片材的黏结效果，避免因黏结材料与碳纤维片材不配套而造成加固效果降低或加固失效。

纤维复合材料必须按设计要求和技术指标采用，粘贴材料技术指标可参考表 31－2、表 31－3。

表 31－2 浸渍/黏接用胶黏剂基本性能指标表

<table>
<tr><th colspan="3">检验项目</th><th>性能或质量指标</th><th>试验方法标准</th></tr>
<tr><td rowspan="5">胶体性能</td><td colspan="2">抗拉强度/MPa</td><td>≥40</td><td rowspan="3">GB/T 2568</td></tr>
<tr><td colspan="2">受拉弹性模量/MPa</td><td>≥2500</td></tr>
<tr><td colspan="2">伸长率/%</td><td>≥1.5</td></tr>
<tr><td colspan="2">弯曲强度/MPa</td><td>≥50 且不得脆性(碎裂状)破坏</td><td>GB/T 2570</td></tr>
<tr><td colspan="2">抗压强度/MPa</td><td>≥70</td><td>GB/T 2569</td></tr>
<tr><td rowspan="4">黏接能力</td><td rowspan="2">钢—钢拉伸抗剪强度/MPa</td><td>平均值</td><td>≥20</td><td rowspan="2">GB/T 7124</td></tr>
<tr><td>标准值</td><td>≥14</td></tr>
<tr><td colspan="2">钢—钢不均匀扯离强度/(kN·m⁻¹)</td><td>≥20</td><td>GJB 94</td></tr>
<tr><td colspan="2">与混凝土的正拉黏结强度/MPa</td><td>≥2.5 且为混凝土内聚破坏</td><td>《加固规范》</td></tr>
<tr><td rowspan="3">工艺要求</td><td colspan="2">混合后初黏度(23℃时)/(MPa·s)</td><td>3000～10000</td><td>GB/T 12007.4</td></tr>
<tr><td colspan="2">施工环境温度/℃</td><td>5～35</td><td>—</td></tr>
<tr><td colspan="2">可操作时间(25℃时)/min</td><td>≥60</td><td>—</td></tr>
<tr><td colspan="3">不挥发物含量(固体含量)/%</td><td>≥99</td><td>GB/T 2793</td></tr>
</table>

表 31－3　底胶主要性能指标表

性能项目	性能要求		试验方法标准
钢－钢拉伸抗剪强度标准值/MPa	当与 A 级胶匹配：≥14	当与 B 级胶匹配：≥10	GB/T 7124
与混凝土的正拉黏结强度/MPa	≥2.5，且为混凝土内聚破坏		《加固规范》附录 F
不挥发物含量(固体含量)/%	≥99		GB/T 12007.4
混合后初黏度(23℃时)/(MPa·s)	≤6000		GB/T 12007.4
胶体抗拉强度/MPa	≥0		GB/T 2568
可操作时间(25℃时)/min	60～120		GB/T 14683

31.4.3　职业健康与安全

(1)现场施工人员应穿工作服，同时还须佩戴口罩和手套，施工人员严禁在现场吸烟。

(2)当树脂黏附在皮肤上时，应立即用肥皂水冲洗，溅入眼内则应用清水清洗或及时就医。

31.5　施工工艺

31.5.1　工艺流程

粘贴纤维复合材料加固具体施工工艺流程如图 31－1 所示。

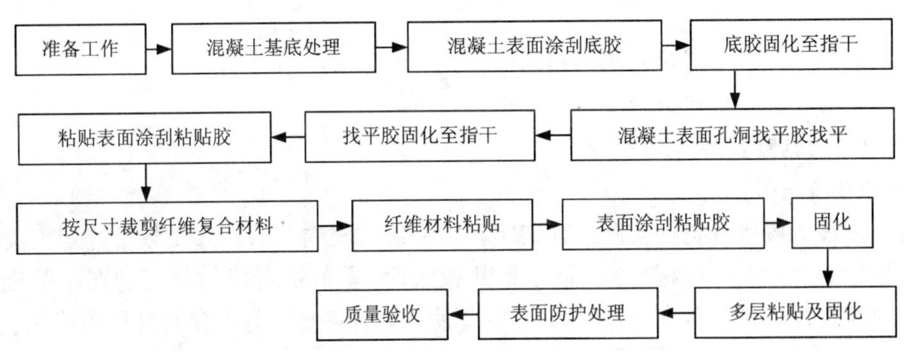

图 31－1　粘贴纤维复合材料加固施工工艺流程图

31.5.2　操作工艺

31.5.2.1　准备工作

(1)熟悉设计文件、研究施工图纸及现场核对。检查图纸完整性以及有无矛盾和错误。组织技术人员对设计图纸、资料进行会审工作。

(2)施工前对桥梁病害进行进一步复核检查，并对桥梁部分结构尺寸以及现场实际情况进行深入调查，发现与设计不一致的情况时及时与设计单位联系。并根据新掌握的资料，结合施工经验、技术和设备条件，对所拟定的加固方案、施工计划、技术措施进行重新评价和研究。

(3)施工时首先对待加固区域的裂缝病害进行处理：对小于0.15 mm 的裂缝进行封缝处理，对不小于0.15 mm 的裂缝进行灌浆处理。

31.5.2.2　**混凝土表面处理**

(1)在混凝土表面划线，确定粘贴碳纤维布的位置。

(2)在该范围除去粉刷层，清除结构表面剥落、疏松、蜂窝等劣质混凝土，露出混凝土结构层，混凝土表面的凸出部分应凿掉，使其尽可能平整，必要时可用修补材料(如环氧砂浆等)将表面修复平整。

(3)转角粘贴处要进行倒角处理，并打磨成圆弧状，圆弧半径应不小于20 mm。

(4)将被粘贴混凝土面打磨平整，除去表层浮浆、松散物及油污等杂质，直至露出混凝土新面。

(5)用丙酮或工业酒精清洗混凝土表面，要求无灰尘、无油污，并保持清洁、干燥。

31.5.2.3　**涂刷底胶**

(1)配制底层树脂胶，根据环境温度控制底胶的浓度，底胶浓度不宜大。

(2)将底胶涂抹在混凝土表面，用笔刷和橡皮刮刀用力反复涂抹，使底胶能均匀充分地黏附在混凝土表面，并浸入混凝土。

31.5.2.4　**找平处理**

(1)配制找平树脂胶，按比例将A、B两组分胶均匀地搅拌，用电动搅拌机搅拌5 min。用胶量少时也可用人工搅拌，搅拌要充分均匀。

(2)底层树脂胶手触干燥后对混凝土表面凹陷部分用找平胶修补填平，应使混凝土面达到光滑、平整。

(3)转角处应用找平胶修复为光滑的圆弧形，半径不小于20 mm。

(4)找平胶手触干燥后进行下一步工序。

31.5.2.5　**粘贴纤维材料**

1.裁剪纤维材料

(1)根据设计图纸和构件实际尺寸编制各构件纤维材料裁剪尺寸及数量计划表。

(2)按计划表裁剪纤维材料，为便于粘贴和保管，裁好的纤维材料应卷在小圆棍(筒)上(圆棍或圆筒直径应大于20 mm)，并编号以备使用。在裁剪、剪布存放过程中应保持碳纤维布表面无灰尘、杂物。

2.配制浸渍胶

(1)根据需粘贴的纤维材料数量(面积)确定所需浸渍胶的数量。

(2)按配合比例将A、B两组份胶装入容器中，用电动搅拌机充分搅拌，搅拌时间不少于5 min。用胶量少时也可用人工搅拌，必须搅拌充分、均匀。每次搅拌的胶应当次使用，超过时间不可使用。

3.涂抹底层浸渍胶

将配制好的浸渍胶用橡皮刮刀或滚筒均匀地涂刷在构件表面。根据施工时的温度，涂胶

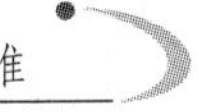

量可适当调整。

4. 粘贴纤维材料

涂刷底层浸渍胶后立即将预先裁剪好的纤维材料均匀地敷设在底层浸渍胶上。用专用的橡皮刮刀或橡胶圆筒沿纤维方向滚压或刮平，注意不要来回滚压，应沿一个方向滚压刮平，排除气泡和多余的胶液，使浸渍胶充分渗透到碳纤维布中并与混凝土表面牢固黏接，滚压刮平时不得损伤碳纤维。多层粘贴时重复上述 2 ~ 3 步骤。待纤维布表面指触干燥时即可进行下一层粘贴。

5. 涂抹上层浸渍胶

待碳纤维布指触干燥后，再在碳纤维布面上涂刷浸渍胶。

若需粘贴多层碳纤维布时，重复上述步骤。

31.5.2.6 **养护、固化**

(1)纤维材料粘贴后需在一定条件下进行养护，达到所需要的硬度。

①当环境温度保持在 20℃以上时，一般需 24 h 固化。

②当低于 15℃时，需 48 h 固化。

③当环境温度较低时，可采取人工加温，使温度保持在 15 ~ 20℃，一般使用红外线灯加热。

(2)碳纤维布粘贴后应防止雨淋或受潮，防止风沙、污染物弄脏，并保护施工面不受硬物损伤。

31.5.2.7 **表面防护处理**

根据设计要求对最后一层纤维材料表面进行防护，防护措施可为粉刷水泥砂浆保护层或涂抹环氧涂料等。

31.5.3 环境要求

(1)雨天或空气潮湿条件下不宜施工。

(2)气温在 5℃以下、相对湿度 RH > 85%、混凝土表面含水率在 8% 以上、有结露的可能时，无有效措施不得施工。

(3)对玻璃纤维复合材料，相对湿度不宜大于 80%。如确需在潮湿的构件上施工，必须烘干构件表面或采用专门的胶黏剂。

(4)纤维复合材料粘贴宜在 5℃ ~ 35℃的环境温度条件下进行，胶黏剂的选用应满足使用环境温度的要求。

31.6 质量标准

31.6.1 目视检测

(1)检测标准：对粘贴后不久的纤维复合材料进行目视检查，要求不能有间隙、缺脂区及皱纹产生。

(2)处理方法：对存在间隙或缺脂的部位应加补浸渍树脂，对存在皱纹的纤维复合材料应切除后重新粘贴。

31.6.2　金属锤测试

(1)检测标准：完工后3 d，用金属锤轻敲，以检测碳纤维布补强面是否有空孔或含浸不良现象，要求空孔率在5%以下。

(2)处理方法：大面积空孔或含浸不良的区域，以切割机切除，重新粘贴，并注意搭接长度不少于15 cm。当空孔直径小于2 cm时，可用注射器注入树脂补强。

31.6.3　现场拉拔试验

(1)检测标准：拉拔结果破坏面必须为混凝土破坏或拉拔强度大于2.5 MPa才视为合格。

(2)测试频率：视作业区域原则上500 m^2 测试一次，不足500 m^2 仍需测试一次。

(3)处理方法：不合格区域则在原测试位置30 cm范围内再取样测试，直到测试通过。仍不合格，则该不合格施工面须切除，重新粘贴。

31.6.4　质量检查及验收

粘贴碳纤维复合材料施工质量检验及验收标准应符合表31－4的要求，其他纤维复合材料参照相关标准执行。

表31－4　碳纤维复合材料粘贴质量检验实测项目

<table>
<tr><th>项次</th><th colspan="3">检验项目</th><th>合格标准</th><th>检验方法</th><th>频数</th></tr>
<tr><td>1</td><td colspan="3">碳纤维布材粘贴误差/mm</td><td>中心线偏差≤10</td><td>钢尺测量</td><td>全部</td></tr>
<tr><td>2</td><td colspan="3">碳纤维布材粘贴</td><td>≥设计数量</td><td>计算</td><td>全部</td></tr>
<tr><td rowspan="4">3</td><td rowspan="4">粘贴质量</td><td colspan="2">空鼓面积之和与总粘贴面积之比/%</td><td><5</td><td>小锤敲击法</td><td>全部或抽样</td></tr>
<tr><td rowspan="2">胶黏剂厚度/mm</td><td>板材</td><td>2±1.0</td><td rowspan="2">钢尺测量</td><td rowspan="2">构件3处</td></tr>
<tr><td>布材</td><td><2</td></tr>
<tr><td colspan="2">硬度(布材)/(°)</td><td>>70</td><td>测量</td><td>—</td></tr>
</table>

31.7　成品保护

(1)露天施工时为不使雨水、沙尘等附着于粘贴面上，须使用塑料膜养护24 h以上，注意塑料膜不可碰触到施工面。

(2)因树脂材料抗紫外线能力较差，易老化，施工面在受日光照射或要求美观的场所，喷涂耐候性涂料保护较为合适。

31.8　安全环保措施

(1)桥梁加固施工，应减少对交通的影响。对于不中断交通桥梁的加固施工，必须采取

以下安全措施：

①施工前应与公路及交通相关管理部门办理有关手续，按批准的时间、范围进行施工。

②严格按现行《公路养护安全作业规程》的规定设置警示牌、限速牌、反光锥和其他安全设施。桥下有通航要求时，应布置航行标志和警示灯。

③桥梁加固前，作业区路段各公路出入口及作业区前方适当位置应设置公告信息牌，并向社会发布相关公告信息。

④桥梁加固施工前，应制订由交通事故、车辆故障等引起的交通堵塞应急预案，在突发事件发生后及时启动。

(2)桥梁加固施工宜在晴天和白天进行。必须在不良天气或夜间施工时，应有相应的施工保障措施。

(3)桥梁加固施工，应采取必要措施保护生态环境。

(4)由于纤维材料为电的良导体，裁剪及使用纤维材料时应尽量远离电源，尤其是高压电线及输电线路。

(5)纤维材料的配套用胶要远离火源，避免阳光直接照射，配置及使用胶的场所必须保持良好的通风。

(6)现场施工人员应穿工作服，同时还须佩戴口罩和手套，施工人员严禁在现场吸烟。

(7)当树脂黏附在皮肤上时，应立即用肥皂水冲洗，溅入眼内则应用清水清洗或及时就医。

31.9 质量记录

本施工工艺质量验收时应提供的书面记录有：

(1)混凝土缺陷现场检查记录表。

(2)裂缝病害现场检查记录表。

(3)混凝土缺陷修补质检表。

(4)裂缝封缝质检表。

(5)裂缝灌浆质检表。

(6)粘贴纤维复合材料质检表。

(7)粘贴纤维材料表面防护涂装质检表。

图书在版编目（CIP）数据

常见桥梁工程施工工艺标准／湖南路桥建设集团有限责任公司编著. —长沙：中南大学出版社，2019.6

ISBN 978－7－5487－3672－1

Ⅰ.①常… Ⅱ.①湖… Ⅲ.①桥梁施工—技术标准 Ⅳ.①U445－65

中国版本图书馆 CIP 数据核字(2019)第 134357 号

常见桥梁工程施工工艺标准

湖南路桥建设集团有限责任公司 编著

□**责任编辑** 刘颖维

□**责任印制** 易建国

□**出版发行** 中南大学出版社

社址：长沙市麓山南路 邮编：410083

发行科电话：0731－88876770 传真：0731－88710482

□**印　　装** 长沙印通印刷有限公司

□**开　　本** 787×1092 1/16 □**印张** 23 □**字数** 581 千字

□**版　　次** 2019 年 6 月第 1 版 □2019 年 6 月第 1 次印刷

□**书　　号** ISBN 978－7－5487－3672－1

□**定　　价** 148.00 元